Stefan Schröder
Freigeistige Organisationen in Deutschland

Religion and Its Others

Studies in Religion, Nonreligion and Secularity

Edited by
Stacey Gutkowski, Lois Lee, and Johannes Quack

Volume 8

Stefan Schröder

Freigeistige Organisationen in Deutschland

—

Weltanschauliche Entwicklungen und strategische
Spannungen nach der humanistischen Wende

DE GRUYTER

ISBN 978-3-11-064404-3
e-ISBN (PDF) 978-3-11-061283-7
e-ISBN (EPUB) 978-3-11-061162-5
ISSN 2330-6262

Library of Congress Cataloging-in-Publication Data
Names: Schroder, Stefan, 1975- author.
Title: Freigeistige Organisationen in Deutschland : Weltanschauliche
  Entwicklungen und strategische Spannungen nach der humanistischen Wende /
  Stefan Schroeder.
Description: 1 [edition]. | Boston : De Gruyter, 2018. | Series: Religion and
  its others ; Volume 8 | Includes bibliographical references and index.
Identifiers: LCCN 2018029289 (print) | LCCN 2018038063 (ebook) | ISBN
  9783110612837 (electronic Portable Document Format (pdf)) | ISBN
  9783110611489 (print : alk. paper) | ISBN 9783110611625 (e-book epub) |
  ISBN 9783110612837 (e-book pdf)
Subjects: LCSH: Secular humanism--Germany. | Free thought--Germany.
Classification: LCC BL2765.G3 (ebook) | LCC BL2765.G3 S37 2018 (print) | DDC
  211/.60943--dc23
LC record available at https://lccn.loc.gov/2018029289

Bibliografische Information der Deutschen Nationalbibliothek
Die Deutsche Nationalbibliothek verzeichnet diese Publikation in der Deutschen
Nationalbibliografie; detaillierte bibliografische Daten sind im Internet über http://dnb.dnb.de
abrufbar.

© 2020 Walter de Gruyter GmbH, Berlin/Boston
Dieser Band ist text- und seitenidentisch mit der 2018 erschienenen gebundenen Ausgabe.
Druck und Bindung: CPI books GmbH, Leck

www.degruyter.com

Inhalt

Danksagung — VII

Abkürzungsverzeichnis — IX

1 Einleitung — 1
1.1 Zu den Begriffen ‚freigeistige Organisation' und ‚freigeistige Szene' — 2
1.2 Freigeistige Organisationen als Gegenstand der Religionswissenschaft — 5
1.3 Fragestellung und Zielformulierung — 7
1.4 Aufbau und Gliederung der vorliegenden Studie — 8

2 Theoretischer Horizont und Forschungsstand — 11
2.1 Säkularität und Nichtreligion — 11
2.2 Exkurs: Der ‚Neue Atheismus' — 26
2.3 Theoretische Perspektiven auf freigeistige Organisationen — 30
2.4 Zur Geschichte freigeistiger Organisationen in Deutschland — 37
2.5 Freigeistige Organisationen in Deutschland nach 1945 — 52
2.6 Desiderata — 81

3 Methodologie und Methodik: Grounded Theory — 83
3.1 Grounded Theory als Methodologie — 84
3.2 Grounded Theory als Methodik — 86
3.3 Epistemologische und methodologische Anfragen an die Grounded Theory — 91
3.4 Forschungsdesign — 93

4 Empirische Analysen: Vergleich des sozialpraktischen und des weltanschaulich-agonalen freigeistigen Organisationstypus — 99
4.1 Auf dem Weg zu einer Typologie freigeistiger Organisationen — 99
4.2 Kontext — 100
4.3 Phänomen — 101
4.4 Ursächliche Bedingungen — 119
4.5 Handlungs- und interaktionale Strategien — 138
4.6 Intervenierende Bedingungen — 215
4.7 Konsequenzen — 230

4.8 Reichweite der Typologie: Internationale Kontextualisierung als Ausblick —— **237**

5 **Schlussbetrachtung —— 243**
5.1 Historischer und theoretischer Erkenntnisfortschritt —— **244**
5.2 Ausblick: Freigeistige Organisationen als Gegenstand komparativ-religionswissenschaftlicher Arbeit —— **249**

Quellenverzeichnis —— 251
    Sekundärliteratur —— 251
    Primärliteratur —— 264
    Interviews —— 275
    Teilnehmende Beobachtungen —— 276
    Dokumente —— 277
    Emails —— 277

Personenregister —— 278

Sachregister —— 280

Danksagung

Bei der vorliegenden Studie handelt es sich um eine überarbeitete Fassung meiner Dissertation, die am 29. September 2017 von der Kulturwissenschaftlichen Fakultät der Universität Bayreuth angenommen wurde. Das Rigorosum fand in Form eines wissenschaftlichen Kolloquiums am 9. Oktober 2017 statt. An dieser Stelle möchte ich die Gelegenheit nutzen, mich bei einigen Menschen zu bedanken, die zur Entstehung der Dissertation und dieser Monographie entscheidend beigetragen haben.

Zuvorderst möchte ich mich bei allen Funktionären und Mitgliedern freigeistiger Organisationen bedanken, die mir einen Feldzugang ermöglicht haben, indem sie mir in Interviews und informellen Gesprächen Rede und Antwort standen oder für teilnehmende Beobachtungen und Archivrecherchen ihre Türen öffneten. Die Offenheit und Hilfsbereitschaft, die mir im Feld entgegengebracht wurden, betrachte ich keinesfalls als Selbstverständlichkeit, sondern als großes Geschenk.

Meinem Doktorvater Prof. Dr. Christoph Bochinger danke ich für die engagierte Begleitung meines Dissertationsprojektes, für das konstruktive Ringen um adäquate Heuristiken und Konzepte sowie sein gleichzeitiges Vertrauen in meine Arbeit, das mir stets das Gefühl von Freiheit und Wertschätzung vermittelte. Prof. Dr. Paula Schrode danke ich für ihre kompetente Zweitbetreuung und die kritisch-konstruktiven Hinweise hinsichtlich der Potenziale meiner Arbeit.

Auch zahlreiche Kolleg(inn)en haben wesentlich zur endgültigen Fassung der vorliegenden Studie beigetragen. Ich danke Dr. Steffen Führding für seine religionswissenschaftliche Expertise zur gesamten Arbeit, PD Dr. Markus Dressler für hilfreiche Hinweise zum Theorieteil und Dr. Julia Schröder für die kritische Begutachtung des Methoden- und Empirieteils. Dr. Patrick Holze und Anna Schneegans gilt mein Dank für das im positivsten Sinne des Wortes pedantische Lektorat. Allen Bayreuther Kolleg(inn)en und Studierenden danke ich für kritische Kommentare und Nachfragen in Seminaren und Kolloquien, die zur Schärfung der Programmatik meiner Studie beigetragen haben. Ebenso wichtig waren die Mittagessen in der Mensa und die Doktorandenstammtische, bei denen die Arbeit auch einmal in den Hintergrund rücken durfte.

Während des Entstehungsprozesses meiner Dissertation erhielt ich die Möglichkeit, ihre zentralen Thesen auf mehreren Tagungen und Workshops zur Diskussion zu stellen. Von den vielen Personen, die mir dabei wichtiges Feedback gaben, kann ich hier nur einzelne hervorheben. Als besonders fruchtbar erwies sich der Austausch mit Prof. Dr. Johannes Quack und seinem Team aus Frankfurt am Main beziehungsweise Zürich in gemeinsamen Panels auf der DVRW-Tagung in Göttingen (2013), der IAHR-Tagung in Erfurt (2015) und einem Nonreligion-Doktorandenworkshop in Zürich (2015). Ulf Plessentin danke ich für seine wertvollen Hinweise zum ‚Neuen Atheismus' im Rahmen eines Seminars der Friedrich-Ebert-Stiftung 2015 in Dortmund.

Dank gebührt auch Dr. Sophie Wagenhofer, Alice Meroz, Katrin Mittmann und Sabina Dabrowski von De Gruyter sowie den Reihenherausgebern, vor allem Prof. Dr. Johannes Quack, die mich auf dem Weg zur Publikation der vorliegenden Studie hervorragend betreut haben. Dem vom Verlag beauftragten anonymen Gutachter bzw. der anonymen Gutachterin danke ich für wichtige Hinweise und konstruktive Kritik, die der Studie ihren letzten Schliff verliehen haben.

Ein besonderer Dank geht schließlich an Dr. Horst Groschopp, ein ausgewiesener Kenner der freigeistigen Szene, der mir nicht nur bei Kaffee und Bier für mehrere erhellende Gespräche zur Verfügung stand, sondern mir auch Zugang zu den Schätzen seines Privatarchives in Zwickau gewährte. Viele Wissensfragmente verbanden sich für mich erst dadurch zu einem zusammenhängenden Bild.

Zum Schluss möchte ich mich bei Ingeborg, Dieter, Julia und Anna bedanken. Ihr seid meine wichtigsten Kritiker. Ohne eure Unterstützung, eure Geduld und euer Vertrauen würde es dieses Buch nicht geben.

Stefan Schröder
Bayreuth, 5.5.2018

Abkürzungsverzeichnis

BDV	Bundesdelegiertenversammlung des *HVD*
BFG	Bund für Geistesfreiheit
BFGD	Bund Freireligiöser Gemeinden Deutschlands
BHA	British Humanist Association
BRD	Bundesrepublik Deutschland
DBM	Deutscher Bund für Mutterschutz
DDR	Deutsche Demokratische Republik
DFB	Deutscher Freidenkerbund
DFG	Deutsche Forschungsgemeinschaft
DFV	Deutscher Freidenker-Verband
DFW	Dachverband Freier Weltanschauungsgemeinschaften
DGEK	Deutsche Gesellschaft für Ethische Kultur
DGHS	Deutsche Gesellschaft für Humanes Sterben
DMB	Deutscher Monistenbund
DNH	Det norske Hedningsamfunn
DVfG	Deutscher Volksbund für Geistesfreiheit
EA	Projekt Effektiver Altruismus
EHF	European Humanist Federation
EKD	Evangelische Kirche in Deutschland
EU	Europäische Union
FES	Friedrich-Ebert-Stiftung
FOWID	Forschungsgruppe Weltanschauungen in Deutschland
FwBT	Fachverband für weltliche Bestattungs- und Trauerkultur
GBB	Giordano Bruno Bund
GBS	Giordano Bruno Stiftung
GG	Grundgesetz der *BRD*
GmbH	Gesellschaft mit beschränkter Haftung
GpF	Gemeinschaft proletarischer Freidenker
GWUP	Gesellschaft zur Wissenschaftlichen Untersuchung von Parawissenschaften
HAB	Humanistische Akademie Bayern
HABB	Humanistische Akademie Berlin-Brandenburg
HAD	Humanistische Akademie Deutschland
HEF	Human-Etisk Forbund
HPD	Humanistischer Pressedienst
HSV	Humanistisches Selbstverständnis
HU	Humanistische Union
HVD	Humanistischer Verband Deutschlands
IBKA	Internationaler Bund der Konfessionslosen und Atheisten
IFB	Internationaler Freidenkerbund
IHEU	International Humanist and Ethical Union
ISSSC	Institut für Secular Studies am Pitzer Colleg
JuHu	Junge Humanistinnen und Humanisten in Deutschland
JWD	Jugendweihe Deutschland

K.d.ö.R.	Körperschaft des öffentlichen Rechts
KK	Komitee Konfessionslos
KORSO	Koordinierungsrat säkularer Organisationen
KPD	Kommunistische Partei Deutschlands
LER	Lebensgestaltung-Ethik-Religionskunde
LGBTQ	Lesbian, Gay, Bisexual, Transgender and Queer
LSVD	Lesben- und Schwulenverband in Deutschland
MIZ	Materialien und Informationen zur Zeit
NdBK	Neue deutsche Bestattungskasse
NSS	National Secular Society
PR	Public Relations
RAG	Reichsarbeitsgemeinschaft der freigeistigen Verbände der deutschen Republik
REMID	Religionswissenschaftlicher Medien- und Informationsdienst
RDF	Richard Dawkins Foundation for Reason and Science
RDU	Religionsgemeinschaft Deutscher Unitarier
SED	Sozialistische Einheitspartei Deutschlands
SPD	Sozialdemokratische Partei Deutschlands
UNESCO	United Nations Educational, Scientific and Cultural Organization
USA	Vereinigte Staaten von Amerika
VFF	Verein der Freidenker für Feuerbestattung
VfFF	Verband für Freidenkertum und Feuerbestattung
VFG	Volksbund für Geistesfreiheit
VpFD	Verband proletarischer Freidenker Deutschlands
WK	Weimarer Kartell
WRV	Weimarer Reichsverfassung
ZK	Zentralkomitee der DDR
ZpFD	Zentralverband proletarischer Freidenker Deutschland

1 Einleitung

‚Freigeistige Organisationen' – auf den ersten Blick erscheint schon das Konzept wie ein Widerspruch in sich. Der freiheitsliebende Freigeist, der nach Autonomie und Individualismus strebt und jede Form von Abhängigkeit und Dogmatismus ablehnt, auf der einen; die Organisation, die sich durch Kollektivität und eine *corporate identity* auszeichnet, auf der anderen Seite. „Organizing atheists is like herding cats", heißt es im angloamerikanischen Volksmund. Der Religionswissenschaftler Günter Kehrer spricht sogar von einer „Unmöglichkeit, Religionslosigkeit zu organisieren." (Kehrer 2006, 201)

Es mag mit solchen Einschätzungen zusammenhängen, dass die Entwicklung freigeistiger Organisationen in Deutschland seit 1945 weitestgehend unter dem Radarschirm der Sozial- und Kulturwissenschaften geblieben ist. Dessen ungeachtet existieren solche Organisationen nach wie vor, darunter einige, die sich sowohl hinsichtlich ihrer Mitgliederzahlen als auch mit Blick auf ihre gesellschaftspolitische Tragweite in einem kontinuierlichen Wachstumsprozess befinden. Die mitgliederstärkste unter ihnen, der Humanistische Verband Deutschlands (*HVD*[1], 20.000 Mitglieder), ist in fünf Bundesländern Körperschaft des öffentlichen Rechts (K.d.ö.R.), beschäftigt in ihren Landesverbänden über 1.500 hauptamtliche Mitarbeiter, ist Träger von rund 50 Kinderbetreuungseinrichtungen, richtet einen konfessionell-humanistischen Unterricht (Lebenskunde) an öffentlichen Schulen in Berlin und Brandenburg und an einer eigenen Weltanschauungsschule in Fürth (Bayern) aus, an dem über 50.000 Schüler[2] teilnehmen und erreicht jährlich über 10.000 Teenager und ihre Familien über ihre Jugendfeiern. Die Giordano Bruno Stiftung (*GBS*), 2004 durch den pensionierten Unternehmer Herbert Steffen und den Philosophen Michael Schmidt-Salomon gegründet, versammelt rund 8.500 Unterstützer in ihrem Förderkreis, aus dem heraus sich mittlerweile über 50 Regional- und Hochschulgruppen im gesamten deutschsprachigen Raum gegründet haben. Sie hat zahlreiche bekannte Persönlichkeiten mit akademischem oder künstlerischem Hintergrund für ihren Beirat und ihre aufsehenerregenden Kampagnen gewonnen und zeichnet als Träger für den Humanistischen Pressedienst (*HPD*) verantwortlich, dessen Online-Artikel

---

1 Namenskürzel von freigeistigen Organisationen und andere Abkürzungen in Großbuchstaben werden kursiv gehalten, um sie in den Analysen (Kapitel 4) von den Schlüsselkategorien unterscheiden zu können. Ein Abkürzungsverzeichnis befindet sich zwischen dem Inhaltsverzeichnis und dieser Einleitung.
2 Zur besseren Lesbarkeit wird für Personen oder Personengruppen in der dritten Person Singular und Plural nur die maskuline Form angegeben. Andere Geschlechterformen sind dabei jeweils, sofern nicht anders expliziert, mitzudenken.

jährlich millionenfach aufgerufen werden. Diese oberflächliche Betrachtung allein fordert das oben genannte Narrativ heraus.

Die vorliegende Studie widmet sich auf explorative, theoriebildende Weise gegenwärtigen freigeistigen Organisationen in Deutschland. Sie nimmt diese als kollektive Akteure in den Blick und fragt danach, welche Weltanschauungen[3], Handlungspraxen, Strategien und Ziele solche Zusammenschlüsse von sogenannten Freigeistern in Wechselwirkung mit Kontextfaktoren wie Recht, Politik oder Medien vertreten beziehungsweise verfolgen. Dabei werden schließlich zwei Organisationstypen innerhalb der Szene rekonstruiert und voneinander unterschieden: der *sozialpraktische* und der *weltanschaulich-agonale Organisationstypus*. Anders als im oben genannten Narrativ entsteht somit nicht das Bild einer in unzählige Einzelmeinungen zersplitterten oder gar „unmöglichen", sondern einer strategisch gespaltenen freigeistigen Organisationslandschaft in Deutschland.

1.1 Zu den Begriffen ‚freigeistige Organisation' und ‚freigeistige Szene'

Das Attribut ‚freigeistig' hat sich in der Forschungsliteratur (zum Beispiel Fincke 2002; Weir 2006; Mastiaux 2013) als Bezeichnung für eine Reihe von Organisationen[4] etabliert, die sich in Deutschland Mitte des 19. Jahrhunderts zunächst als

---

[3] In Anschluss an Schmidt-Lux (2008) bezeichnet der Begriff ‚Weltanschauung' in dieser Studie umfassende menschliche „Sinnstiftungen, Weltdeutungen, soziale Normen und Handlungsanweisungen, die eine absolute Geltung beanspruchen." (Schmidt-Lux 2008, 66) Im Unterschied zu Weltbildern enthalten Weltanschauungen also neben Seins- auch Sollensaussagen und bearbeiten Gefühle menschlicher Ohnmacht und Kontingenz, wobei sie dazu auf transzendente Prinzipien oder Wesen zurückgreifen können, aber nicht notwendigerweise müssen (Schmidt-Lux 2008, 71–76). Weltanschauungen sind abhängig vom jeweiligen gesellschaftspolitischen und kulturellen Kontext und somit historisch kontingent. Sie können in diesem Rahmen mehr oder weniger individuell und subjektiv sein, sich jedoch auch verbreiten, von mehreren Menschen geteilt werden und sich in Form von sozialen Trägern gesellschaftlich und politisch etablieren. Somit unterscheidet sich der Weltanschauungsbegriff in der vorliegenden Studie von seinem religionsrechtlichen Bedeutungsumfang im deutschen Grundgesetz (*GG*), das Weltanschauung Religion als säkulares Äquivalent gleichordnet, zum Beispiel mit Bezug auf Bekenntnisfreiheit (Art. 4) oder die Rechte und Privilegien entsprechender (Religions- und Weltanschauungs-) Gemeinschaften (Art. 140 i.V.m. Art. 137 Abs. 7 *WRV*). Vergleiche dazu weiterführend Kapitel 4.5.1.2.
[4] Unter Organisation sei in der vorliegenden Studie in Anschluss an Hartmut Esser (2000, 5) „ein für bestimmte Zwecke eingerichtetes soziales Gebilde mit einem formell – beziehungsweise ‚institutionell' – vorgegebenen Ziel, mit formell geregelter Mitgliedschaft, einer das Handeln der Mitglieder regelnden institutionellen ‚Verfassung', sowie – meist – einem eigenen ‚Erzwingungsstab' zur Durchsetzung dieser Verfassung" bezeichnet. Dass in „modernen Organisations-

freireligiöse Reformgemeinden, im weiteren historischen Verlauf auch als religionskritische Freidenkerverbände außerhalb der beiden Großkirchen herauszubilden begannen. Eine nähere Bestimmung des Begriffes ‚freigeistige Organisation' bleibt jedoch in der Regel aus. In dieser Studie seien darunter Organisationen gefasst, die sich durch ein naturalistisches Weltbild sowie eine herausfordernde Haltung gegenüber dem jeweiligen religiösen Establishment auszeichnen. Letztere wird mitunter aus einer explizit religiösen Perspektive heraus eingenommen – beispielhaft genannt sei hier der Bund Freireligiöser Gemeinden Deutschlands (*BFGD*)[5] –; in der Regel grenzen sich freigeistige Organisationen jedoch bewusst und entschieden von einem religiösen Selbstverständnis ab. Wesentliches Merkmal dieser Organisationen ist aber ihre häufig ausgeprägte

---

gesellschaften" (Gabriel, Gebhardt und Krüggeler 1999a, 10) auch die religiöse Gegenwartskultur zunehmend organisatorische Strukturelemente aufweist, zeigen Kehrer (1982) sowie Gabriel, Gebhardt und Krüggeler (1999b).

[5] Aus diesem Grund wird hier von der Bezeichnung ‚nichtreligiöse' oder ‚säkulare Organisationen' Abstand genommen, zumal diesen Begriffen im Rahmen der interdisziplinären Säkularitäts- und Nichtreligionsforschung eine spezifische metasprachliche Bedeutung zukommt, die sich nicht ohne Weiteres auf den Gegenstand der vorliegenden Studie übertragen lässt (vergleiche dazu ausführlich Kapitel 2.1). Ebenfalls verworfen werden die Attribute ‚atheistisch', ‚religionskritisch', ‚humanistisch' und ‚konfessionsfrei'. Beim ‚Atheismus' handelt es sich begriffslogisch um eine abstreitende Haltung gegenüber dem Existenzpostulat eines Gottes oder mehrerer Götter. Während eine solche Haltung zwar bei allen freigeistigen Organisationen in Deutschland in der einen oder anderen Weise eine Rolle spielt, ist sie erstens nicht unumstritten (so gibt es laut *GBS*-Vorstand Michael Schmidt-Salomon [2011, 119–120] mit einer naturalistischen Weltsicht vereinbare Gottesbegriffe) und zweitens häufig nur von randständiger Bedeutung für die betreffenden Organisationen. Ähnlich verhält es sich mit dem Attribut ‚religionskritisch', das die Organisationen auf eine Eigenschaft beziehungsweise ein Handlungsziel festlegt und in diesem Sinne Perspektiven auf sie verengt. Dadurch werden alternative Religionsbezüge ausgeblendet, denen für die Ausrichtung der Organisationen eine wichtige Bedeutung zukommen kann (siehe dazu vor allem die Analysen zum sozialpraktischen Organisationstypus unter Kapitel 4). Der Humanismusbegriff findet mit wenigen Ausnahmen (gesammelt aufgeführt bei Groschopp 2016, 68) erst seit etwa 1990 zur Bezeichnung der betreffenden Organisationen als objekt- und metasprachlicher Begriff Anwendung. In der vorliegenden Studie wird in diesem Zusammenhang die These vertreten, dass der Begriff einen historischen Wandlungsprozess (Stichwort ‚humanistische Wende', Kapitel 2.5) der Szene seit etwa 1980 beschreibt und deshalb weniger gut geeignet ist, sie in ihrer Gesamtheit und Tradition zu erfassen (zum Humanismusbegriff und seiner Verwendung in der freigeistigen Szene vergleiche auch Baab 2013). Die Bezeichnung ‚organisierte Konfessionsfreie' ist deshalb problematisch, weil die freigeistige Szene in Deutschland Organisationen umfasst, deren Funktionäre ihre weltanschauliche Auffassung zum Teil durchaus als Bekenntnis auffassen und diesbezüglich zum Beispiel von einer „humanistischen Konfession" sprechen (zum Beispiel Jahn-Graf 2005; Groschopp 2010, 149; Schilt 2010).

Religionsbezogenheit[6]: Ihr Selbstverständnis konstituiert sich erst im Prozess einer kontinuierlichen Auseinandersetzung mit Religion/en. Diese kann von Fall zu Fall unterschiedlich ausgestaltet sein: Neben kritischen Formen der Religionsbezogenheit sind auch dialogorientierte, kooperative oder imitierend-konkurrierende Religionsbezüge möglich (ähnliche Formen beschreiben auch Quack, Schuh und Kind im Erscheinen).

In der Forschungsliteratur werden freigeistige Organisationen innerhalb spezifischer raumzeitlicher Settings häufig unter dem Begriff ‚Bewegung' zusammengefasst (mit Bezug auf den deutschen Kontext etwa Weir 2006; Mastiaux 2013, 37–66; für die Vereinigten Staaten von Amerika [USA] zum Beispiel Cimino und Smith 2007; LeDrew 2016; zu sozialen Bewegungen allgemein vergleiche Heberle [1951] 1967; della Porta, Kriesi und Rucht 1999; Kern 2008; Roth und Rucht 2008). Mastiaux definiert dabei vier Merkmale einer Bewegung:

1. Ein Netzwerk individueller und kollektiver Akteure, die mehr oder weniger informell miteinander in Verbindung stehen.
2. Das Vorhandensein einer kollektiven Identität, also eines Zusammengehörigkeitsgefühls, einer Solidarität oder geteilter Meinungen und Überzeugungen.
3. Kollektives Handeln in einem politischen oder kulturellen Konflikt. Zweck ist dabei die Herausforderung oder die Verteidigung bestehender Autoritäten.
4. Das Beschreiten nicht-institutioneller Wege. (Mastiaux 2013, 40)

Eine Übertragung dieser Definition auf die Gesamtheit gegenwärtiger freigeistiger Organisationen in Deutschland erscheint insofern problematisch, als bei genauerer Betrachtung ein „kollektives Handeln in einem politischen oder kulturellen Konflikt" in diesem Kontext nicht erkennbar ist. Es existieren vielmehr erhebliche praktische Unterschiede und strategische Widersprüche zwischen dem weltanschaulich-agonalen und dem sozialpraktischen Organisationstypus. Letzterer beschreitet dabei zudem sehr wohl institutionelle Wege (siehe Kapitel 4).

Aus diesem Grund wird der Begriff ‚Szene' in der vorliegenden Studie gegenüber dem der ‚Bewegung' bevorzugt. Hitzler und Niederbacher (2010, 15–26)[7] definieren ‚Szene' als „*Netzwerk, in dem sich unbestimmt viele beteiligte Personen und Personengruppen vergemeinschaften*", und das einen „gewissen Organisie-

---

6 Diese Religionsbezogenheit markiert einen wesentlichen Unterschied zum Phänomen der religiösen Indifferenz (auch: Areligiosität), das in Nordwesteuropa und in Deutschland vor allem in den neuen Bundesländern weit verbreitet ist (Kehrer 2006; Bagg und Voas 2010; Tiefensee 2011; Zuckermann 2012a; Quack und Schuh 2017). Der Begriff ‚religiöse Indifferenz' bezeichnet in der vorliegenden Studie eine Haltung, nach der die Frage nach Religion ebenso wenig Relevanz für die Lebensführung besitzt „wie die Frage, woher die Löcher im Käse kommen." (Kehrer 2006, 208)
7 Für den Hinweis auf den Szenebegriff von Hitzler und Niederbacher danke ich Benedikt Erb.

rungsgrad" aufweisen kann. Während sich Szenen durch geteilte Interessen und Gesinnungen auszeichnen, die der sozialen Verortung dienen, tritt bei ihnen die gemeinsame strategische Ausrichtung in einem politischen oder kulturellen Konflikt in den Hintergrund. Szenenetzwerke sind labil und dynamisch, und Verbindungen zwischen Szenemitgliedern können sich unterschiedlich ausgestalten und mehr oder weniger lose sein (Hitzler und Niederbacher 2010, 15–26). Dies entspricht der Interaktion zwischen freigeistigen Organisationen in Deutschland, deren tatsächliche Intensität und Ausrichtung von Fall zu Fall stark variieren kann. Der Begriff ‚freigeistige Szene' umfasst somit freigeistige Organisationen und ihre Mitglieder, geht jedoch gleichzeitig über diese hinaus. So gibt es beispielsweise Akteure innerhalb der freigeistigen Szene, die regelmäßig auf Veranstaltungen oder als Autoren in Publikationen freigeistiger Organisationen anzutreffen sind, ohne deren Mitglied zu sein. Um neben freigeistigen Organisationen auch diese ihnen zugewandten Umwelten zu erfassen, sei der Begriff ‚freigeistige Szene' eingeführt.

1.2 Freigeistige Organisationen als Gegenstand der Religionswissenschaft

Aufgrund ihrer häufig ausgeprägten Religionsbezogenheit stellen freigeistige Organisationen eine wichtige Ergänzung zum Gegenstandsbereich der Religionswissenschaft dar. Während Fachvertreter in den vergangenen 30 Jahren im Nachgang des sogenannten *cultural turn* innerhalb der Disziplin (dazu ausführlich Gladigow 2005) die religiöse Vielfalt und Pluralisierung von Gesellschaften detailliert in den Blick genommen haben, werden Menschen, die sich keiner Religion/sgemeinschaft zuordnen lassen, noch immer häufig als monolithische „Restkategorie" (Krech 2005, 123) konzeptualisiert, die aus dem Gegenstandsbereich der Disziplin herausfällt.[8] Dies erscheint zum einen empirisch problematisch, weil ihr Anteil an der Gesamtbevölkerung in Deutschland laut dem Religionswissenschaftlichen Medien- und Informationsdienst *(REMID)* 2015 bei 31,4 Prozent lag (Religionswissenschaftlicher Medien- und Informationsdienst 2017) – ein sehr umfänglicher „Rest", der zudem hinsichtlich sozialstatistischer Merkmale, Einstellungen und Handlungspraxen ebenso heterogen zu sein scheint

---

[8] Entsprechend gestaltet sind häufig auch statistische Erhebungen, in denen die angesprochenen Bevölkerungsteile unter einer gemeinsamen Sammelkategorie ‚no religion' zusammengefasst werden. Zur Entwicklung differenzierterer Erhebungsinstrumente leisten zum Beispiel Bertelsmann-Stiftung 2009; Baker und Smith 2009a, 2009b, 2015; Lim, MacGregor und Putman 2010; Merino 2012 und Cragun 2015 einen Beitrag.

wie religiöse Bevölkerungsschichten (vergleiche dazu zum Beispiel Murken 2008 und Wohlrab-Sahr 2009). Zum anderen kann eine solche Ausweitung des Gegenstandsfeldes auch auf konzeptueller und theoretischer Ebene einen Mehrwert erzeugen. Der aktuellen interdisziplinären, häufig makrotheoretisch gerahmten Diskussion um die Bestimmung von ‚Säkularität' oder ‚Säkularismus' liegt nicht selten ein binäres Verständnis von Religion und Säkularität als „two sides of a coin" (Davie 2012) zu Grunde, das einer universellen, substanzialistischen Logik folgt (zum Beispiel Taylor 2007). Einem induktiven religionswissenschaftlichen Ansatz folgend werden am empirischen Beispiel freigeistiger Organisationen in der vorliegenden Studie die vielfältigen identitären Klärungs- und Abgrenzungsversuche im objektsprachlichen Grenzbereich von Religion und Säkularität rekonstruiert, die in vielen Konstellationen quer zu dieser Logik liegen, zumindest aber ihre Unschärfe und Mehrdeutigkeit aufzeigen. So lässt sich diese Studie auch als ein Beispiel und ein Plädoyer für die interpretative Rekonstruktion von multiplen beziehungsweise „vielfältigen Säkularitäten" (Burchardt und Wohlrab-Sahr 2011, 2013; Burchardt, Middell und Wohlrab-Sahr 2015) lesen, die meso- oder mikroperspektivisch aus empirischen Kontexten heraus erfolgt. Heuristisch wird dabei auf das Konzept ‚Nichtreligion' in der Verwendung des Anthropologen und Religionswissenschaftlers Johannes Quack zurückgegriffen (Quack 2013, 2014; Quack, Schuh und Kind im Erscheinen), mit dessen Hilfe sich unterschiedliche Formen individueller und/oder kollektiver Religionsbezüge in konkreten empirischen Konstellationen differenziert analysieren lassen. Während zum deutschen Kontext, vor allem mit Bezug auf den Osten des Landes, der als weitgehend säkularisiert gilt, bereits eine Reihe empirischer Arbeiten vorliegt, die die Säkularität und/oder Religionsbezogenheit von Individuen in den Blick nimmt (zum Beispiel Neubert 1998; Pickel und Pollack 2000; Karstein, Schaumburg und Wohlrab-Sahr 2005; Murken 2008; Wohlrab-Sahr 2009), werden Gruppen beziehungsweise Gemeinschaften[9] nur selten überhaupt thematisiert oder haben Mitglieder zum Gegenstand und verbleiben somit indirekt doch auf der Ebene von Individuen (vergleiche dazu etwa Mastiaux 2013). Einzelne Arbeiten existieren zur Geschichte freigeistiger Organisationen in Deutschland bis 1933. Einige von ihnen legen den Schwerpunkt dabei auf deren Entstehungszeit Mitte des 19. Jahrhunderts, die als Emanzipationsprozess in Abgrenzung zu den christlichen Großkirchen verstanden werden kann (Weir 2006; Nanko 2006; Groschopp 2011). Die darauffolgende Entwicklung der Freidenkerverbände zu sozialdemokratisch und sozialistisch politisierten Massenorganisationen mit insgesamt über 700.000

---

[9] Zur allgemeinen analytischen und theoretischen Unterscheidung zwischen Individuum und Gemeinschaft in der Religionswissenschaft vergleiche Bochinger und Frank 2015.

Mitgliedern in den 1920er und 1930er Jahren vollzieht im Detail vor allem Kaiser (1981, 1982) nach. Mit der vorläufigen Zerschlagung der Szene und durch das Verbot oder die Gleichschaltung ihrer Organisationen in der Anfangszeit nationalsozialistischer Herrschaft Mitte der 1930er Jahre reißt auch die historische Auseinandersetzung mit freigeistigen Organisationen in Deutschland weitestgehend ab, obwohl es nach 1945 schon früh zu Neugründungen kam. Die Feststellung, dass diese nicht an die Mitgliederzahlen und die politischen Netzwerke der Vorkriegszeit anknüpfen konnten, mündet in vernichtenden Aussagen zu ihrer (fehlenden) gesellschaftspolitischen Relevanz, wie die des Kirchenhistorikers Jochen-Christoph Kaiser, sie seien „funktionslos geworden." (Kaiser 2003, 122)

1.3 Fragestellung und Zielformulierung

Löst man sich von einem Vergleich mit der Vorkriegszeit und den entsprechenden Maßstäben, so lassen sich seit einigen Jahren jedoch durchaus bemerkenswerte Dynamiken innerhalb der freigeistigen Szene in Deutschland beobachten. Sie entstanden vor allem im Rahmen der wesentlich durch internationalen Austausch herbeigeführten *humanistischen Wende* (dazu ausführlich Kapitel 2.5) – seit den späten 1980er Jahren wird der Begriff ‚Humanismus' dem Vorbild nordeuropäischer freigeistiger Verbände folgend zunehmend als Selbstbezeichnung von freigeistigen Organisationen in Deutschland übernommen – und ist wissenschaftlich bislang weitgehend unbeachtet geblieben (Ausnahmen bilden Fincke 2002, 2017 und Groschopp 2016).

Neben der Behebung dieses historischen Desiderates soll diese Studie auch theoretisch neue Wege beschreiten. Die vereinzelten wissenschaftlichen Beiträge, die sich mit freigeistigen Organisationen als kollektiven Akteuren in unterschiedlichen historischen und geographischen Kontexten beschäftigen, tun dies in der Regel mit säkularisierungstheoretischem Hintergrund (zum Beispiel Weir 2006; Schmidt-Lux 2008; Quack 2012a; Campbell [1971] 2013). Sie gehen davon aus, dass Säkularisierung nicht als anonymer Prozess beziehungsweise reines Nebenprodukt fortschreitender Modernisierung verstanden werden kann, konzeptualisieren sie stattdessen als „Konflikt" (Karstein, Schmidt-Lux und Wohlrab-Sahr 2008) und ergänzen die Säkularisierungsdebatte damit um eine handlungstheoretisch-akteurszentrierte Perspektive. Freigeistige Organisationen erscheinen dann vor allem als religionskritische Akteure, deren Ziel und Funktion darin besteht, die gesellschaftliche Relevanz von Religion/en zurückzudrängen.

So wichtig diese säkularisierungstheoretische Perspektive ist, so verengt ist ihr Blickwinkel auf den Gegenstand. Um ihn zu erweitern, stellt die vorliegende Studie die Ergebnisse eines Grounded Theory geleiteten theoriegenerierenden

Forschungsprojektes zu gegenwärtigen freigeistigen Organisationen am Beispiel des deutschen Kontextes vor. Dies eröffnet nicht nur alternative theoretische Horizonte, sondern ebenso die Möglichkeit, säkularisierungstheoretische Thesen zum Gegenstand herauszufordern und neu zu bewerten. So wird am Ende der vorliegenden Studie aufgezeigt, dass nur einem der rekonstruierten freigeistigen Organisationstypen (dem weltanschaulich-agonalen) eine Säkularisierungsfunktion eigen ist, während der sozialpraktische Organisationstypus mit seiner Strategie und Praxis – intendiert oder nicht – sogar eher entgegengesetzte Wirkungen entfaltet, indem er etablierte religionspolitische und staatskirchenrechtliche Arrangements selbst nutzt und dadurch stabilisiert und legitimiert (dazu ausführlich Kapitel 4).

1.4 Aufbau und Gliederung der vorliegenden Studie

Die vorliegende Studie ist in fünf Kapitel untergliedert. Im Anschluss an diese Einleitung wird in Kapitel 2 der Forschungsstand zu freigeistigen Organisationen in Deutschland abgebildet. Dazu wird das Thema zunächst theoretisch in der Diskussion um Säkularität und Nichtreligion verortet. In Abgrenzung zur häufig rein ideengeschichtlichen Atheismusforschung und der das Säkulare als insubstanzielle Restkategorie konzeptualisierenden Säkularisierungsforschung wird dafür plädiert, Säkularität als das Andere von Religion differenziert zu betrachten und zu beschreiben. Nach einer strukturierenden Darstellung des interdisziplinären Säkularitätsdiskurses folgt eine kritische Rezeption der programmatischen Beiträge Johannes Quacks (2013, 2014) zur sogenannten Nichtreligionsforschung, die dem empirischen Teil dieser Studie als Heursitik dient.

Auf einen kurzen Exkurs, in dem der Gegenstand zum ‚Neuen Atheismus' in Beziehung gesetzt wird, folgt die Fokussierung des Forschungsstandes auf freigeistige Organisationen. Dabei wird eine analytische Trennung zwischen ihrer geschichtlichen Entwicklung und der innerhalb der Forschungsliteratur rekonstruierbaren theoretischen Rahmungen vorgenommen. In Bezug auf letztere dominieren – wie oben bereits beschrieben – säkularisierungstheoretische Beiträge. In einzelnen Fällen werden freigeistige Organisationen jedoch auch unter religionsrechtlich-inkorporationstheoretischen, ritualtheoretischen oder emanzipationstheoretischen Vorzeichen untersucht. Während keines dieser Paradigmen die empirischen Analysen der vorliegenden Studie leitet, werden sie in diesen stets mitreflektiert und schließlich vor dem Hintergrund der Ergebnisse der vorliegenden Studie neu bewertet.

Die darauffolgende historische Abhandlung erlaubt eine Einordnung der empirischen Analysen zur Gegenwart freigeistiger Organisationen in Deutschland hinsichtlich struktureller, weltanschaulicher, praktischer und strategischer Kontinuitäten und Transformationsprozesse. Die Geschichte freigeistiger Organisationen in Deutschland wird von ihrer Entstehungszeit Mitte des 19. Jahrhunderts bis zu ihrem Verbot in Nazideutschland im Wesentlichen anhand von Sekundärliteratur rekonstruiert. Für ihre weitere Entwicklung nach 1945 wird dann aufgrund des oben beschriebenen Mangels an wissenschaftlicher Literatur bereits vermehrt auf Primärquellen (zum Beispiel Verbandszeitschriften) und erhobene Daten (zum Beispiel Experteninterviewanteile) zurückgegriffen.

Im dritten Kapitel wird das methodische Instrumentarium der Grounded Theory nach Corbin und Strauss ([1990][10] 1996) vorgestellt und erläutert, das im Rahmen der empirischen Analysen der vorliegenden Studie zur Anwendung kommt. Dabei werden auch die methodologischen Voraussetzungen und Fallstricke der Grounded Theory diskutiert. Als theoriegenerierende Methodologie mit konkreten methodischen Anweisungen für die verschiedenen Forschungsschritte (Sampling, Analyse, Theoriebildung) und einem abstrakt-handlungstheoretischen Analyseparadigma erscheint die Grounded Theory für das Ziel der vorliegenden Studie, explorativ die gegenwärtige Entwicklung freigeistiger Organisationen in Deutschland empirisch abzubilden und theoretische Perspektiven auf diese zu erweitern, als angemessen. Schließlich wird das Forschungsdesign präsentiert, das einen Vergleich verschiedener freigeistiger Organisationen in Deutschland vorsieht. Als Datengrundlage dient neben *found data* wie Programmschriften, Schriftenreihen, Mitgliederzeitschriften, Internetpräsenzen, Flyern oder Videos auch zwischen 2013 und 2016 erhobenes Material aus 17 halbstandardisierten Interviews mit Funktionären, 16 Beobachtungsprotokollen von Veranstaltungen der Organisationen und zahllosen informellen Gesprächen mit ihren Mitgliedern, Unterstützern und Mitarbeitern.

Diese Daten werden in Kapitel 4 schließlich einer detaillierten Analyse mit Hilfe der kodierenden Auswertungsinstrumente der Grounded Theory unterzogen. Sie folgt der Logik des von Corbin und Strauss (1996, 78–85) entwickelten Kodierparadigmas, das es erlaubt, neben der Weltanschauung, Praxis, Organisationsstruktur und Strategie der Organisationen auch deren Voraussetzungen und Konsequenzen sowie entscheidende Kontextvariablen in den Blick zu nehmen. Das Ergebnis der Analysen ist eine Typologie, nach der innerhalb der freigeistigen Szene in Deutschland zwei Organisationstypen existieren. Der sozialpraktische und der weltanschaulich-agonale Organisationstypus unterscheiden sich dabei weniger hinsichtlich weltanschaulicher Variablen als vielmehr durch

---

[10] Die englische Erstausgabe erschien 1990 unter dem Titel *Basics of Qualitative Research. Grounded Theory Procedures and Techniques*.

ihre praktische und – damit einhergehend – strategische Ausrichtung. Um die Reichweite der Theorie zu testen, werden schließlich Forschungsarbeiten zu freigeistigen Organisationen außerhalb Deutschlands mit den Ergebnissen der vorliegenden Studie verglichen.

Im abschließenden Fazit (Kapitel 5) kehrt die vorliegende Studie zu den anfangs herausdestillierten Desiderata zurück und schreibt ihre Ergebnisse in den religionswissenschaftlichen Diskurs im Allgemeinen und die Säkularitäts- und Nichtreligionsforschung im Besonderen ein. Die Studie endet mit einem Ausblick.

2 Theoretischer Horizont und Forschungsstand

Ehe ausgewählte freigeistige Organisationen im weiteren Verlauf dieser Studie einer Grounded Theory geleiteten, empirischen Analyse unterzogen werden, erfolgt in diesem Kapitel eine Sichtung und Aufarbeitung des Forschungsstandes. Dabei wird sowohl eine theoretische als auch eine historische Perspektive auf das Themenfeld freigeistiger Organisationen eingenommen. Als weiterer theoretischer Rahmen wird das innerhalb der Religionswissenschaft recht neue Feld der Säkularität und Nichtreligion gewählt (Kapitel 2.1). Nach einem kurzen Exkurs zu dem dieses Feld gegenständlich bislang stark dominierenden ‚Neuen Atheismus' (Kapitel 2.2) wird der spezifische Forschungsstand zu freigeistigen Organisationen im Lichte der jeweils gewählten theoretischen Rahmungen diskutiert (Kapitel 2.3). Schließlich wird die Geschichte freigeistiger Organisationen in Deutschland nachvollzogen (Kapitel 2.4 und 2.5). Ziel dieser Vorgehensweise ist neben der Darlegung des bisherigen Standes der Forschung auch ein Offenlegen etwaiger Forschungslücken und damit die Konkretisierung der Fragestellung der vorliegenden Studie (Kapitel 2.6).

2.1 Säkularität und Nichtreligion

Säkularität und Nichtreligion stellen innerhalb der Religionswissenschaft ein recht neues Interessen- und Forschungsgebiet dar (einen aktuellen Überblick bieten Bullivant und Lee 2012 sowie Bochinger 2013). Es ist zunächst zu unterscheiden von Säkularisierungs- und Atheismusforschung, die eine längere Tradition im Fach haben.

Der Begriff Säkularisierung beschreibt in der Regel den Prozess einer Transformation der gesellschaftlichen Rolle von Religion/en in ‚modernen' Gesellschaften, häufig im Sinne eines Bedeutungsverlustes durch strukturelle Modernisierungsprozesse (Rationalisierung, Industrialisierung, Technologisierung, Urbanisierung, Demokratisierung, Verrechtsstaatlichung, Liberalisierung der Marktwirtschaft und so weiter). Dieser wird im Rahmen der Säkularisierungsdebatte auf unterschiedliche gesellschaftliche Ebenen bezogen. Casanova (1994) unterscheidet drei weitläufig unter dem Begriff subsumierte Prozesse, die nicht zwangsläufig gleichzeitig auftreten müssten, und die es analytisch voneinander zu trennen gelte: (1) die Befreiung funktional ausdifferenzierter gesellschaftlicher Teilbereiche (Politik, Wirtschaft, Recht und so weiter) von religiösen Institutionen und Normen auf einer sozialen Makroebene, wobei Religion selbst zu einem funktional unterscheidbaren gesellschaftlichen Teilbereich wird; (2) der Rückgang religiöser Praxis, religiöser Mitgliedschaft und religiöser Glaubensvorstellungen innerhalb der Gesellschaft; (3) der Prozess religiöser Privatisierung, das heißt eines Rückzugs beziehungsweise einer Zurückdrängung von Religion/en aus der öffentlichen Sphäre in den Raum des Privaten (Casanova 1994, 211).

Die Säkularisierungsthese war von den 1960er Jahren ausgehend nicht nur für sozialwissenschaftliche Gesellschaftstheorien paradigmatisch (Casanova 1994, 17; Knott 2010, 116–118), sondern hat sich in vielen westeuropäischen Gesellschaften bis heute auch als eine Art öffentlicher *commonsense* etabliert. Sie galt lange Zeit als so selbstverständlich, dass es kaum jemand für nötig hielt, mit ihr verbundene Annahmen systematisch zu formulieren (Casanova 1994, 17). Dies führte zu einem Wildwuchs unterschiedlichster Entwürfe und Interpretationen der Säkularisierungstheorie, die sich kaum noch überblicken lassen und deren Bezüge untereinander teilweise unklar bleiben (den Versuch eines Überblicks wagen Wohlrab-Sahr 2001b und Schmidt-Lux 2008, 35–59).

Problematisch erscheint zudem die Geschichte der Etablierung des Säkularisierungsbegriffes in den europäischen Geisteswissenschaften, die ihn Mitte des 19. Jahrhunderts von freigeistigen Organisationen wie der National Secular Society (*NSS*) in Großbritannien als Inbegriff des gesellschaftlichen Fortschritts und der kulturellen Emanzipation aufgriffen. Von der expliziten ‚Kulturkampfrhetorik' haben sich zwar bereits die Gründerväter der Soziologie (Weber, Durkheim, Simmel) freigemacht. Die Säkularisierungsthese transportiert die grundsätzliche dichotome Tendenz ihrer Entstehungsgeschichte jedoch bis heute; Säkularisierungsprozesse werden als notwendiges Zeichen der Emanzipation und des Fortschritts, der Demokratie und Aufklärung begrüßt oder als Traditions-, Moralitäts- und sozialer Kohäsionsverlust, Imperialismus oder mentaler Kolonialismus kritisiert und gefürchtet (Quack 2012a, 37). Darüber hinaus erhält das Säkularisierungsparadigma immer wieder kritische empirische Anfragen: Zum einen wird der suggerierte strukturelle Kausalzusammenhang zwischen Modernisierung und Säkularisierung hinterfragt: Neben Anzeichen florierender Religiosität in modernen Gesellschaften, zum Beispiel in den *USA* oder Japan (Casanova 1994, 27), werden dabei auch Prozesse der „Politisierung" (Cannell 2010, 87) oder „De-Privatisierung" (Casanova 1994, 5) von Religion angeführt, zum Beispiel die öffentliche Sichtbarkeit religiöser Immigration, die Rolle der Römisch-Katholischen Kirche bei Demokratisierungsprozessen in Polen und Spanien oder religiös motivierte Gewalt inklusive ihrer gesteigerten Medienpräsenz. Eine Gleichzeitigkeit von Säkularisierungs- und De-Säkularisierungsprozessen scheint somit empirisch durchaus möglich zu sein und stellt die der Säkularisierungsthese häufig inhärente Entweder-oder-Logik (Quack 2014, 443) in Frage. In diesem Zusammenhang wird auch die Berücksichtigung historischer Pfadabhängigkeiten und kultureller Kontingenzen beim Verlauf solcher Prozesse angemahnt (Burchardt und Wohlrab-

Sahr 2011, 55–60).[1] Zum anderen wird hinterfragt, ob die mit der Theorie einhergehende, selten explizit ausformulierte Annahme eines von Religion durchdrungenen Zeitalters vor der Säkularisierung beziehungsweise ‚verzauberter', ‚vormoderner' Gesellschaften außerhalb des ‚Westens' haltbar ist (Dinzelbacher 2009, IX; Quack 2012a, 37).

Es ist nicht das Ziel der vorliegenden Studie, explizit Stellung zu einzelnen Varianten der Säkularisierungsthese und deren Adäquatheit zu nehmen oder eine eigene Version der Säkularisierungstheorie zu entwickeln. An dieser Stelle soll stattdessen die Frage aufgeworfen werden, wie weit der empirische Horizont des allgemeinen Säkularisierungsparadigmas reicht. Die Säkularisierungstheorie ist in mancherlei Hinsicht die Erzählung einer Transformation von Religion/en und Religiosität, vor allem aber eine Geschichte von deren Bedeutungsverlust und ‚Verschwinden'. Dabei bleibt eine differenzierte Auseinandersetzung mit den Resultaten dieses Prozesses jenseits der Substraktionslogik häufig aus. ‚Das Säkulare' beziehungsweise ‚Säkularität' werden in diesem Zusammenhang zu in sich undifferenzierten Sammelkategorien für all das, was nicht (mehr) unter ‚Religion' gefasst wird. Lee spricht in diesem Zusammenhang vom „insubstantial secular." (2015, 49–57) Das Säkulare ist demnach fast alles und damit nichts Konkretes, und wird aufgrund dieses kaum einzufangenden Konzeptumfangs analytisch nahezu unbrauchbar.

> For the historical world of public particularity that goes by the name of ‚the secular' is populated by far too many discrete items for the concept secular ever to be useful in any act of signification – for secular names a cacophony of unregulated stimuli, somewhat akin to white noise. (McCutcheon 2007, 191)

Frühe Versuche einer differenzierteren Beschreibung des Säkularen stammen aus der sogenannten Atheismusforschung. Ein Übersichtswerk zu diesem Forschungszweig legt Minois ([1998][2] 2000) vor. Es handelt sich um eine umfang-

---

[1] Mit Hilfe des Konzeptes ‚Multiple Secularities' übertragen Burchardt und Wohlrab-Sahr (2011, 2013; Burchardt, Middell und Wohlrab-Sahr 2015) in Anschluss an Eisenstadts Konzept der ‚Multiple Modernities' (2003) die Idee unterschiedlicher Pfade in die Moderne auf die Säkularisierungsdebatte. Unter Säkularität verstehen sie „institutionell und kulturell-symbolisch verankerte Formen und Arrangements der Unterscheidung zwischen Religion und anderen gesellschaftlichen Bereichen" (Burchardt und Wohlrab-Sahr 2011, 61) und unterscheiden auf der Grundlage kulturell-historischer Pfad- und gesellschaftspolitischer Kontextanalysen auf internationalem Level verschiedene Idealtypen von Säkularität anhand unterschiedlicher „Leitideen." (Burchardt und Wohlrab-Sahr 2011, 67–71)

[2] Die französische Erstausgabe erschien 1998 unter dem Titel *Histoire de l 'athéisme. Les incroyants dans le monde occidental des origines à nos jours*.

reiche Sammlung von Zeugnissen der Ablehnung von und Kritik an theistischen beziehungsweise allgemein transzendenten Glaubenssystemen von der griechischen Antike bis zur Gegenwart. Dabei werden jedoch auch die geistes- und ideengeschichtlichen Beschränkungen der Atheismusforschung sichtbar, zum Beispiel durch die ausbleibende sozio-politische Kontextualisierung atheistischer Positionen und die fehlende Auseinandersetzung mit den Trägern beziehungsweise Trägergruppen des Atheismus abseits der ‚Philosophie großer Männer' bei Minois. Diesen intellektualistischen Reduktionismus[3] kritisiert bereits Campbell (2013, 22–24). Während der verengte Blickwinkel historisch aufgrund der Quellenlage teilweise unvermeidbar erscheint,[4] ist er in Bezug auf zeitgenössische Formen des Atheismus unbedingt zu beanstanden. Zudem erfasst die traditionelle Atheismusforschung allein theismus- beziehungsweise religionskritische Zeugnisse. Andere Formen der Religionsbezogenheit bleiben unter dem Radarschirm (Quack 2013, 87–88).

Dieser unbefriedigenden Lage hat sich seit etwa 2005 die Säkularitäts- und Nichtreligionsforschung angenommen. In Los Angeles wurde zu diesem Zeitpunkt ein Institut für Secular Studies am Pitzer College (*ISSSC*) eingerichtet.[5] Gleichzeitig konstituierte sich das Institute for the Study of Secularism in Society and Culture, ein Forschungs- und Lehrzentrum am Trinity College in Hartford.[6] 2008 folgte das internationale Nonreligion and Secularity Research Network, das

---

3 Als weitere Beispiele für diesen seien hier Martin 2007; Cliteur 2009; Raters 2009; Eller 2010; Joshi 2011 und Hyman 2012 genannt.
4 Scharfe (2006) diskutiert potenzielle Zeugnisse eines gelebten, volkskulturellen Atheismus in Mittelalter und früher Neuzeit. Dinzelbacher (2009) stellt für das Mittelalter einige Quellen zusammen, deren Einordnung und Interpretation jedoch im Bereich des Spekulativen verbleiben. Beide Arbeiten können als Sinnbild der problematischen Quellenlage betrachtet werden.
5 Auf der Website des Pitzer Colleges heißt es zu dessen Zielen: „Secular Studies is an interdisciplinary program focusing on manifestations of the secular in societies and cultures, past and present. Secular Studies involves the study of non-religious people, groups, thought, and cultural expressions. There are many possible approaches, but the program emphasizes the meanings and impact of political secularism and philosophical skepticism, as well as various forms of private and public secularity. Seeking neither to applaud nor condemn secularism and secularity, secular studies instead attempts to critically understand and analyze both, utilizing the tools and approaches of social science, history, philosophy, as well as the arts and humanities." (Pitzer College 2017)
6 Auf der Website des Instituts heißt es zu dessen Zielen: „The Institute for the Study of Secularism in Society and Culture (ISSSC) was established to advance understanding of the role of secular values and the process of secularization in contemporary society and culture. Nonpartisan and multidisciplinary, the Institute conducts academic research, sponsors curriculum development, and presents public events [...].The Institute serves as a forum for civic education and debate through lectures, seminars and conferences." (Trinity College Hartford o. J.)

wichtige Netzwerk- und Öffentlichkeitsarbeit für zum Thema arbeitende Kultur- und Sozialwissenschaftler leistet, indem es zum Beispiel jährlich Tagungen ausrichtet und einen Blog sowie – in Kooperation mit dem Verlag De Gruyter – eine wissenschaftliche Buchreihe (*Religion and Its Others. Studies in Religion, Nonreligion, and Secularity*) unterhält, in der auch die vorliegende Monographie erscheint (Nonreligion and Secularity Research Network o. J.). Seit 2012 zeichnet es zudem gemeinsam mit dem *ISSSC* für das Online-Journal *Secularism and Nonreligion* verantwortlich, in dem vor allem die Ergebnisse gegenwartsbezogener quantitativer Studien zum Thema publiziert werden (Secularism and Nonreligion o. J.). Der Ethnologe und Religionswissenschaftler Johannes Quack initiierte darüber hinaus ein durch das Emmy Noether-Programm der Deutschen Forschungsgemeinschaft (*DFG*) gefördertes Projekt zum Thema *The Diversity of Nonreligion* (Laufzeit 2012–2016). Seine Nachwuchsforschergruppe bestand dabei aus drei Promovierenden, die zu Säkularität in unterschiedlichen nationalen Kontexten (Philippinen, Schweden, Niederlande) forschen. Das Programm bindet diese Dissertationsprojekte mit Hilfe des Konzeptes ‚Nichtreligion' komparativ zusammen (Universität Zürich 2016; Quack, Schuh und Kind im Erscheinen). Seit 2016 forscht unter der Leitung von Christoph Kleine und Monika Wohlrab-Sahr eine *DFG*-Kollegforschergruppe an der Universität Leipzig zu *Multiple Secularities – Beyond the West, Beyond Modernities*. Ziel der Kollegforschergruppe, zu der neben einigen *Senior* und *Junior Researchern* auch zahlreiche *Fellows* gehören, ist es, den Säkularitätsdiskurs aus dem engen kulturhistorischen Rahmen westlicher Moderne herauszulösen.[7] Schließlich wurden in Großbritannien kürzlich zwei wesentlich von der John Templeton Foundation finanzierte Forschungsprogramme (Laufzeit jeweils 2017–2019) ins Leben gerufen: Das *Scientific Study of Nonreligion Project* am University College London[8] sowie das *Understanding Unbelief Programme* an der University of Kent.[9]

---

[7] Auf der Website der Kollegforschergruppe heißt es dazu: „Based on the hypothesis that drawing boundaries between the religious and non-religious is not an exclusive sign either of modernity or of the ‚West', we explore corresponding emic taxonomies, forms of social differentiation and modes of demarcation. These are to be analysed in their internal developments as well as in relation to modern ‚Western' concepts of social order." (Multiple Secularities – Beyond the West, Beyond Modernities 2017)

[8] Auf der Website des Projektes heißt es zu dessen Zielen: „The Scientific Study of Non-religious Belief project is creating authoritative foundational materials to facilitate large-scale research mapping nonreligious beliefs – that is, the religious, religious-like, and religious-related ideas and convictions of non-affiliates and atheists, relating to God(s) and other supernatural agents and to existential questions about the nature and meaning of life and death." (University College London 2017)

Flankiert wurde diese institutionelle Entwicklung von einer Reihe von Dissertationen und einer kaum noch zu überblickenden Vielfalt an Monographien und Forschungsartikeln zu Säkularität und Nichtreligion.

Säkularitätsforschung lässt sich grundsätzlich als Kontinuum zwischen einem realdefinitorischen und einem konstruktivistischen Pol beschreiben. Für ersteren stehe hier Kleine (2012).[10] Er betrachtet die Unterscheidung religiös/säkular als „potentiell universal." (Kleine 2012, 65) In Anwendung der Religionstheorie Niklas Luhmanns definiert Kleine den Unterschied zwischen beiden über die Leitunterscheidung Transzendenz/Immanenz. Für diese ließen sich zum Beispiel auch in frühbuddhistischen Kreisen Japans und Indiens strukturelle Analogien aufzeigen, wenn sie auch nicht über die Begriffe ‚Religion' und ‚Säkularität' markiert wurden (Kleine 2012, 68–75). Die Begriffe (Signifikanten) – als solche nicht universell – verweisen somit auf ein gesellschaftliches Segment (Signifikat), das sich potenziell in allen Gesellschaften vorfinden lasse (Kleine 2012, 66).

Kleine nimmt damit eine explizite Gegenposition zum zweiten, konstruktivistischen Pol ein (Kleine 2012, 65). Für diesen seien hier McCutcheon (2007) und Führding (2013) angeführt.[11]

> Religion und Säkularität werden [im Rahmen dieser Position; Anm. StS] nicht als natürliche Gegenstände verstanden und auch nicht als Kategorien, die auf Dinge in der natürlichen Welt verweisen. (Führding 2013, 75)

Stattdessen liegt das Forschungsinteresse auf der Frage, wer wie und wo Dinge als ‚religiös' oder ‚säkular' klassifiziert und warum. Der Akt des Klassifizierens wird dabei als eine Tätigkeit begriffen, die nie neutral oder unschuldig sein kann. Die binären Begriffe ‚religiös' und ‚säkular' seien in einer bestimmten historischen Situation überhaupt erst hervorgebracht worden, und sie würden nur im Rahmen der Betrachtung des Spannungsfeldes verschiedener Interessen in dieser Situation verständlich.[12] In diesem Zusammenhang spielen Wissens- und Machtfragen eine entscheidende Rolle (Führding 2013, 77).

---

9 Auf der Website des Programms heißt es zu dessen Zielen: „Understanding Unbelief is a major new research programme aiming to advance the scientific understanding of atheism and other forms of so-called ‚unbelief' around the world. Its central research questions concern the nature and diversity of ‚unbelief'." (University of Kent 2017)
10 Als weiteres Beispiel einer solchen Sicht sei Benthaus-Apel und Wohlrab-Sahr 2006 genannt.
11 Neben McCutcheon und Führding seien noch Cavanaugh (2007) und Fitzgerald (2007) als Vertreter dieser Richtung genannt.
12 Gemeint ist das europäische frühe 17. Jahrhundert im Kontext des 30-jährigen Krieges und sich formierender Nationalstaaten.

> The interesting thing to study, then, is not what religion is or is not, but the ‚making of it' process itself – whether that manufacturing activity takes place in a courtroom or is a claim made by a group about their own behaviors and institutions. (McCutcheon 2007, 196)

Phänomene trügen das Religiöse und das Säkulare somit nicht als innere Qualitäten in sich. Vielmehr handele es sich um kontingente Attribute, die erst in der frühen Neuzeit in ihrer heutigen Verwendungsweise erfunden wurden, um eine historisch spezifische soziale Welt denk- und handhabbar zu machen (McCutcheon 2007, 178–179). Aus diesem Grund betrachtet McCutcheon ‚das Religiöse' und ‚das Säkulare' als dehnbaren binären Code, der sich auf alles Mögliche beziehen lässt.

> As a scholar of social classification, I see no reason to assume, as do many of the people that I happen to read, that the categories ‚religion' [...] and ‚secular', refer to actual qualities in the real world. Instead, they are nothing more or less than codependent, portable discursive markers. (McCutcheon 2007, 197)

Zwischen dem realdefinitorischen und dem konstruktivistischen Pol lässt sich eine Alternative ausmachen, die hier als sanfter Konstruktivismus bezeichnet werden soll. Als solcher lässt sich der genealogische Ansatz Asads (2003) fassen. Er selbst beschreibt ihn als „an effort aimed at questioning its [the secular's, Anm. StS] self-evident character while asserting at the same time that it nevertheless marks something real." (Asad 2003, 16) Asad teilt die Ansicht, dass ‚das Religiöse' und ‚das Säkulare' historisch produzierte Ideen sind, mit deren Hilfe soziale Welten geordnet und legitimiert werden. Die Bedeutung der Konzepte bleibt somit kulturell und historisch kontingent und langfristigem Wandel unterworfen. Sie seien in konkreten historischen Settings aber nicht beliebig umdeutbar, da sie innerhalb von diesen auf zwar sozial hergestellte, aber dennoch real erfahrbare Dinge verwiesen und sich in Form von empirisch wahrnehmbaren Phänomenen materialisieren und soziale Wirkmacht entfalten könnten.

Ein großer Korpus an Forschungsarbeiten, der den sanften Konstruktivismus hinsichtlich des Säkularen zur Anwendung bringt, fokussiert den politischen Säkularismus (zum Beispiel Mahmood 2005; Hirschkind 2006; Dressler und Mandair 2011; Gutkowski 2012). Diese Beiträge sind in der Regel modernisierungskritisch angelegt und nehmen Macht- und Normativitätsaspekte des Säkularen in den Blick. Da sie häufig von Asad inspiriert sind, wird dessen Ansatz in der Folge konzentriert vorgestellt.[13]

---

[13] Eine kritische Würdigung des Ansatzes von Asad findet sich bei Bangstad 2009 und Cannell 2010.

Asad versteht das Säkulare als europäisch-amerikanisches Projekt, das mit ganz bestimmten – und bewussten – Interessen, Zielen und Praxen kapitalistischer liberal-demokratischer Nationalstaaten verschränkt ist. Aus diesen erwachse die politische Ideologie des Säkularismus, die nicht weniger mythenbehaftet sei als die von ihr als irrational und gefährlich gebrandmarkten Religionen, gegen die sie in Stellung gebracht werde. Zum säkularistischen Mythos gehöre zum Beispiel das historische Narrativ, dass der säkulare, liberale, demokratische Nationalstaat religiöse Intoleranz und Gewalt beendet habe:

> Can secularism then guarantee the peace it allegedly ensured in Euro-America's history – by shifting the violence of religious wars into the violence of national and colonial wars? […] A secular state does not guarantee toleration; it puts into play different structures of ambition and fear. The law never seeks to eliminate violence since its object is always to *regulate* violence. (Asad 2003, 6–8)

Säkularismus in diesem Sinne geht über Formen einer staatlich verordneten antireligiösen Repression hinaus, wie sie Schmidt-Lux (2008) sowie Karstein, Schmidt-Lux und Wohlrab-Sahr (2008) für die Deutsche Demokratische Republik (*DDR*) oder Hormel (2010) für die Sowjetunion beschreiben. Demgegenüber vollzieht Asad nach, wie der Säkularismus als Bestandteil einer latenten modernistischen Form des „living-in-the-world" (Asad 2003, 67) von Europa und Amerika ausgehend durch Globalisierung und (kulturelle) Kolonialisierung auf weite Teile der Welt übertragen worden sei und bestimmte Möglichkeiten des Seins und Handelns ermögliche, während er andere ablehne, hemme oder gar deren aktive Bekämpfung vorantreibe (Asad 2003, 73). Diese Form des *living-in-the-world*, die dem Säkularismus konzeptuell vorausgehe, nennt Asad „the secular." (Asad 2003, 16) Er nimmt sie indirekt anhand einer Genealogie ihrer Rahmenkonzepte, zum Beispiel ‚Mythos', ‚das Heilige', ‚moralische Agency', ‚Schmerz/Leid' oder ‚Menschenrechte' in den Blick (Asad 2003, 21–126).

Kritisch setzt sich Asad dabei vor allem mit dem Säkularitätskonzept des Sozialphilosophen Charles Taylor auseinander. Taylor präsentiere eine allzu optimistische und unkritische Deutung des Säkularen und werde somit selbst zu einem Akteur des politischen Säkularismus, indem er Teile des oben genannten säkularistischen Mythos – zum Beispiel den direkten Zugang des Individuums zu Politik durch eine horizontale Gesellschaftsordnung – mit historischer Realität gleichsetze (Asad 2003, 4). Tatsächlich bleibt auch in Taylors 2007 vorgelegtem Opus Magnum *A Secular Age* die von Asad angemahnte ideologiekritische Dekonstruktion des Säkularen weitestgehend aus. Dessen ungeachtet lässt sich Taylors Konzeption des Säkularen durchaus mit der Position des sanften Konstruktivismus und Asads Konzept des *living-in-the-world* in Einklang bringen.[14] Auch Taylor (2007) begreift das Säkulare in erster Linie als zwar sozial konstruierten, aber reale Wirkungen entfaltenden latenten Erfarungshintergrund, den er „context of understanding" (Taylor 2007, 3) nennt. Grundsätzlich unterscheidet Taylor drei Bedeutungsdimensionen des Säkularen: (1) eine von Religion unabhängige Politik und Öffentlichkeit; (2) ein Fehlen religiöser Praxis und Glaubensvorstellungen; (3) veränderte Bedingungen des Glaubens: von einer selbstverständlichen Prämisse in der Selbst- und Welterfahrung des Menschen zu einer Option unter anderen (Taylor 2007, 2–3). Es ist vor allem die dritte genannte Bedeutung des Säkularen, die Taylor interessiert und der er in *A Secular Age* nachgeht. In einem säkularen Zeitalter zu leben heißt demnach nicht notwendigerweise, dass Religion in der Öffentlichkeit oder für das Individuum keine Rolle mehr spielt (wenn dies in manchen Kontexten auch der Fall sein möge), sondern, dass sie von einem selbstverständlichen Ort im Erleben der Menschen zu einer Option geworden ist, die in Form eines „exclusive humanism" (Taylor 2007, 19) auch mehr oder weniger radikal abgelehnt werden kann.

> Now in this regard, there has been a titanic change in our western civilization. We have changed not just from a condition where most people lived ‚naïvely' in a construal (part Christian, part related to ‚spirits' of pagan origin) as simple reality, to one in which almost no one is capable of this, but all see their option as one among many. We all learn to navigate between two standpoints: an ‚engaged' one in which we live as best we can the reality our standpoint opens us to; and a ‚disengaged' one in which we are able to see ourselves as occupying one standpoint among a range of possible ones, with which we have in various ways to coexist. (Taylor 2007, 12)

Das Säkulare beschreibt für Taylor also keine bestimmte (Un-)Glaubensvorstellung, sondern Bedingungen von Glaubensvorstellungen, den weitgehend unbewussten *Verstehenskontext* in modernen, westlichen Gesellschaften. Dieser besitze in seinem Gesamtumfang zwar „no clear limits" (Taylor 2007, 173), sei jedoch durch eine Reihe konkreter, als selbstverständlich empfundener Welt- und Menschenbilder, moralischer und ethischer Vorstellungen und so weiter beschreibbar. Zu diesen gehörten eine lineare Zeit, eine entzauberte Welt, ein sinnloses Universum, individuelle Autonomie, eine Gesellschaftsordnung des direkten Zugriffs gleicher Individuen (Volkssouveränität) und schließlich rein immanente Vorstellungen menschlicher Fülle. Den sich aus diesen Elementen zusammensetzenden Verstehenskontext nennt Taylor „The Immanent Frame." (Taylor 2007, 539) Dieser Rahmen schließt eine religiöse Interpretation der Welt und entsprechende moralisch-spirituelle Quellen keinesfalls aus. Er ist aber nicht

---

14 Eine kritische Würdigung des Ansatzes von Taylor findet sich bei Höffe 2012.

mehr selbst religiös geprägt; seine Logik setzt keine religiösen Prämissen mehr voraus (Taylor 2007, 594). Aus diesem Grund bildet der immanente Rahmen laut Taylor den Hintergrund auch für die Ermöglichung des exklusiven Humanismus, der im 18. Jahrhundert als erste wirklich nichtreligiöse – das heißt in diesem Zusammenhang: nicht über das immanente menschliche Wohl hinausweisende – alternative Ethik und Form von Fülle entstehen beziehungsweise konstruiert werden konnte (Taylor 2007, 264). Dabei handele es sich aber keineswegs um eine teleologische Entwicklung. Die Entstehung des immanenten Rahmens sei vielmehr eine spezifische historische Leistung. Erst Mitte des 20. Jahrhunderts entwickelte sich der exklusive Humanismus nach Taylor zu einer massentauglichen Weltanschauung außerhalb der Kreise sozialer Eliten (Taylor 2007, 294). Vor dem Hintergrund des immanenten Rahmens konnte Taylor zu Folge auch der exklusive Humanismus schon bald nach seiner Entstehung zum Ziel verschiedener Formen der Kritik werden, die religiöse und nichtreligiöse („immanent counter-Enlightenment" [Taylor 2007, 369]) Gestalt annehmen konnten. Was als Forderung nach einem kritischen Umgang mit dem Christentum und einer humanistischen Alternative zum orthodoxen religiösen Weltbild begann, habe zu einem „Nova-Effect" (Taylor 2007, 299), zu einer Vervielfältigung weltanschaulicher Positionen und Optionen geführt, welche sich wechselseitig fragilisierten (Taylor 2007, 299 – 304) und dabei auch Räume zwischen Glauben und Unglauben schufen (Taylor 2007, 352 – 361).

> These axes of contention [...] define a good part of the debate today in which belief and unbelief are implicated. But, as I have argued, it is not simply a debate between belief and unbelief, faith in God versus exclusive humanism. Currents swirl in different directions. (Taylor 2007, 542)

Ausgangspunkt der Entstehung aller heute existierenden nichtreligiösen Weltanschauungen sei zwar die kritische Auseinandersetzung mit der Quelle des ersten exklusiven Humanismus gewesen (Taylor 2007, 268 – 269). Ihre Vielfalt sei gegenwärtig aber kaum mehr zu überblicken (Taylor 2007, 407). Zum Teil würden die unterschiedlichen Fraktionen gar in Koalition mit religiösen Akteuren gegeneinander antreten. „The camp of unbelief is deeply divided – about the nature of humanism, and more radically, about its value." (Taylor 2007, 636)

Während Taylor und Asad einen schlüssigen Hintergrund darstellen, vor dem gegenwärtige empirische religiös-säkulare Aushandlungsprozesse in Europa und Nordamerika stattfinden, geben sie kein analytisches Instrumentarium an die Hand, diese empirisch zu untersuchen. Bei beiden dienen die wenigen angeführten empirischen Beispiele lediglich der Erläuterung makrotheoretischer Überlegungen. Taylors Ausführungen zum *Nova-Effect* im *camp of unbelief* erscheinen sehr abstrakt, die wenigen Beispiele verbleiben auf einer eher philosophischen Ebene (Taylor 2007, 636–637). Wie sich die Akteure des *camps* zueinander und zu religiösen Akteuren verhalten bleibt ebenso ausgespart wie die Frage, ob, und wenn ja, wie solche konkreten Konstellationen auf den immanenten Rahmen, der ja Ergebnis eines historischen Prozesses ist und damit zumindest langfristigem Wandel unterworfen zu sein scheint, zurückwirken. Durch seine Qualifikation als ein „unchallenged framework, something we have trouble often thinking ourselves outside of, even as an imaginative exercise" (Taylor 2007, 549) erscheint der immanente Rahmen nicht mehr sozialkonstruktivistisch-dynamisch, sondern statisch und somit letztlich substanzialistisch. Vor allem aber wird hier eine singuläre Kategorie des Säkularen für die gesamte westliche Welt entworfen, die nicht darauf ausgelegt ist, unterschiedliche kulturhistorische „Pfadabhängigkeiten" (Burchardt und Wohlrab-Sahr 2011; 2013) von Säkularität innerhalb und außerhalb dieses Kontextes zu erfassen und somit den dynamischen Charakter der vielfältigen fortlaufenden diskursiven Aushandlungsprozesse der jeweiligen Konzeptionen des Säkularen zu erfassen. Beide wählen zudem einen normativen Ausgangspunkt – Asad einen modernisierungskritischen, Taylor einen modernisierungsfreundlicheren, den er mit einer christlich-theologischen Agenda zu vereinbaren versucht (zum Beispiel Taylor 2007, 437). Dies zusammengenommen wird deutlich, dass ein religionswissenschaftlicher Ansatz, der auf induktiv-empirischer Forschung und methodischem Agnostizismus gründet, nicht ohne Weiteres an die Beiträge Asads und Taylors anknüpfen kann. Ihr Wert für die vorliegende Studie liegt aber zum einen in ihrer Perspektive des sanften Konstruktivismus begründet, die jedoch nicht nur auf die Entstehung eines singulären euro-amerikanischen Säkularen als nun statischer Verstehenshintergrund bezogen werden, sondern die vielfältigen und kontinuierlich dynamischen Pfadabhängigkeiten der Säkularitätsdiskurse mitberücksichtigen soll. Zum anderen dienen sie den empirischen Analysen der vorliegenden Studie als Kontext (dazu ausführlicher Kapitel 4.2).

Heuristisch anschlussfähiger als diese Form der Säkularitätsforschung erscheint die noch recht junge Nichtreligionsforschung, deren Programmatik vor allem Lee (2012b, 2015) und Quack (2013, 2014; Quack, Schuh und Kind im Erscheinen) darlegen. In ihrem Rahmen wird ‚das Säkulare' weder als insubstanzielle Sammelkategorie nach der Substraktion von ‚Religion' noch als singuläre Kategorie im Sinne eines westlichen Verstehenskontextes oder einer ideologischen Grundlage eines euro-amerikanischen Säkularismus verhandelt. Stattdessen werden verschiedene Arten oder Formen der Säkularität in ihrer jeweiligen historischen Pfadabhängigkeit ausdifferenziert und empirisch untersuchbar gemacht. Nichtreligionsforschung soll dabei nicht als Gegenentwurf, sondern als Ergänzung zu Säkularisierungs-, Säkularismus- und Säkularitätsforschung verstanden werden (Quack 2014, 441). Eine zentrale Bedeutung fällt dabei dem Konzept ‚Nichtreligion' (im Englischen: ‚Nonreligion') zu. Lee (2012b, 131) definiert es als „any position, perspective or practice which is primarily defined by, or in relation to, religion, but which is nevertheless considered to be other than religious." Sie schließt mit ihrer Definition an Campbell (2013) und dessen Entwurf einer *Sociology of Irreligion* an. Campbell versteht unter ‚Irreligion' ablehnende Haltungen gegenüber Religion, und unterscheidet dabei antireligiöse und indifferente Positionen (Campbell 2013, 24–28). Laut Lee (2012b, 131–132) geht das Konzept ‚Nichtreligion' insofern über ‚Irreligion' hinaus, als es nicht nur die Ablehnung von Religion umfasst, sondern – allgemeiner – eine Andersartigkeit, die jedoch nicht ohne Bezug auf Religion definiert oder beschrieben werden kann. So werden zum Beispiel auch alternative Glaubenssysteme, Passageriten und Ethiken von freigeistigen Organisationen – die zwar von Religion abgegrenzt werden, in deren Rahmen jedoch zum Beispiel imitierend (und somit häufig konkurrierend) oder kooperativ Bezug auf Religion genommen wird – darunter gefasst. Ein weiteres, von Quack genanntes Beispiel für Gegenstände der Nichtreligionsforschung ist die Religionswissenschaft (Quack 2014, 458–460).[15] Betont werden muss an dieser Stelle, dass der jeweilige Religionsbezug der genannten Phänomene von ganz unterschiedlicher Qualität ist und diese deshalb gleichzeitig entschieden voneinander abgegrenzt werden müssen. So steht Religionswissenschaft, anders zum Beispiel als die oben genannten alternativen Glaubenssysteme oder Passageriten, für gewöhnlich in einer analytischen Beziehung zu Religion (Quack 2014, 458–460). Es geht somit nicht darum, der Religionswissenschaft und freigeistigen Organisationen substanzialistisch einen gemeinsamen Kern zu unterstellen. Vielmehr dient das Nichtreligionskonzept als heuristisches Instrument. Es schafft alternative analytische Perspektiven auf diese Gegenstände. Lee (2012b, 2015) sieht dahinter die sehr grundsätzliche Funktion, bestimmte Phänomene überhaupt als potenziell relevante empirische Gegenstände religionswissenschaftlicher Forschung erkennbar zu machen. Mit einem

---

[15] Mit dieser Klassifikation geht einher, dass auch die Religionswissenschaft selbst zum Untersuchungsobjekt religionswissenschaftlicher Forschung gemacht werden kann – in der Praxis auf die Spitze getrieben bei McCutcheon (zum Beispiel 1997). Beispiele aus dem deutschsprachigen Raum sind Führding 2006, 2013 und 2015 sowie Schröder 2012. Allgemein gesprochen mahnt der mit dieser Perspektive einhergehende Gedanke, dass es eine unbeteiligte wissenschaftliche Außenperspektive auf Religion nicht gibt, sondern Religionswissenschaft immer selbst in Beziehung zu ihren Gegenständen steht, sie sozial mitkonstituiert und um ihre Definitionsmacht streitet, zur Reflexivität (Quack 2014, 442, 458–461). Dass eine solche Reflexivität zentrale Voraussetzung für einen gelingenden Feldzugang sein und sogar anregende Ideen für das Erschließen toter Winkel bei der religionswissenschaftlichen Begriffs- und Theoriearbeit hervorbringen kann, zeigen Blanes 2006 und Klug 2015.

Verständnis des ‚Säkularen' als Restkategorie nach der Substraktion von Religion gelänge dies nicht:

> Non-religion is ‚stuff'; the secular means only the demotion or absence of some other ‚stuff' – the relevance of religion as a variable. Hence, it is quite wrong to think of the ‚secular' as a more empowering concept than ‚non-religion' for describing phenomena like atheism or humanism. In fact, non-religion – by this definition at least – describes something that is ontologically distinct from religion in a way that the secular is not. (Lee 2012b, 136)

In diesem Sinne konstituiert Nichtreligionsforschung laut Lee ein völlig neues Gegenstandsfeld innerhalb der Religionswissenschaft (Lee 2012b, 129). Quack (2013, 2014) stimmt Lee grundsätzlich darin zu, dass ein Phänomen, das einen Religionsbezug aufweist, „in its own right" (Quack 2014, 442) studiert werden könne, kritisiert jedoch die Restriktivität ihres Nichtreligionskonzeptes (Quack 2014, 447). Obwohl Lee sich von substanzialistischen Verständnisweisen des Begriffes distanziert, spricht sie davon, dass nichtreligiöse Phänomene ontologisch von solchen unterschieden werden könnten, die nicht primär auf Religion bezogen seien. Dazu zählt sie zum Beispiel Rationalismus und *New Age*.

> [Non-religion] would not include phenomena such as rationalism: although researchers may want to talk about a close relationship between rationalist and non-religious cultures, rationalism is ontologically autonomous from religion. By the same token, non-religion would not include many ‚New Age' or ‚alternative' forms of spirituality. These perspectives and cultures may have non-religious aspects, but are usually defined by their own core principles and practices, differentiation from religion being a secondary rather than primary consideration. (Lee 2012b, 131)

Quack schlägt demgegenüber vor, nicht mit der Definition von Phänomenen als ‚religiös' oder ‚nichtreligiös' zu beginnen, sondern ausgehend von konkreten empirischen Gegenständen nach verschiedenen Wegen zu fragen, wie religiöse und nichtreligiöse Felder (in Anlehnung an Bourdieus Feldtheorie) voneinander abgegrenzt und aufeinander bezogen werden. So umfasse ein religiöses Feld zum Beispiel alle Phänomene, die in einem bestimmten sozio-historischen Kontext für gewöhnlich als ‚Religion' konzeptualisiert werden. Die Grenzen solcher Felder seien in der empirischen Realität selten eindeutig und statisch, sondern in der Regel umstritten und dynamisch. Gerade die Aushandlungsprozesse und Grenzarbeiten innerhalb und zwischen den Feldern (sogenannte Feldeffekte, die auch in Bezug auf andere Felder bestehen, zum Beispiel auf das politische, wirtschaftliche, rechtliche oder wissenschaftliche Feld), die je nach raum-zeitlichem Setting ganz unterschiedliche Dynamiken annehmen können, stehen im Fokus des Interesses von Nichtreligionsforschung im Quack'schen Sinne. Felder und konkrete Gegenstände werden dabei stets als relational aufgefasst (Quack 2014, 446–449). Dementsprechend nennt Quack das nichtreligiöse Feld auch „religion-related field." (Quack 2014, 442)

> Accordingly, the religion-related field includes all phenomena that are considered to be not religious (according to the constitution of a concrete object of inquiry, a larger discourse on ‚religion', or according to a certain definition of ‚religion'), while at the same time they stand in a determinable and relevant relationship to a religious field. (Quack 2014, 450)

Wie die oben genannten Beispiele zeigen, kann Religionsbezogenheit in diesem Sinne bei verschiedensten Gegenständen in unterschiedlichen Konstellationen ausgemacht werden und dabei jeweils von unterschiedlicher Art und Qualität sein. Sie kann sich zum Beispiel auf Vorstellungen, Handlungen oder Zugehörigkeiten beziehen und ablehnend, indifferent, wohlwollend oder analytisch sein, sich aber auch in liminalen Zuständen befinden oder dauerhaft in diesen verbleiben.[16]

Dadurch, dass empirische Gegenstände als Ausgangspunkt gewählt werden, schafft es Quack mit seinem Modell, eine beschränkende und einengende, aus dem religiösen Feld übernommene Begriffs- und Theoriegeleitetheit zu vermeiden, wie sie in der Säkularitätsforschung häufig vorzufinden ist.[17] Es geht ihm

---

[16] Differenzierende empirische Studien zu Religionsbezogenheit auf der Ebene von Einstellungen und Erfahrungen finden sich zum Beispiel bei Barker 2005; Zuckerman 2007; Murken 2008; Baker und Smith 2009a, 2009b, 2015; Lim, MacGregor und Putman 2010; Manning 2010; Lee 2011; Braun 2012; Taira 2012 sowie Cox und Possamai 2014. Als Beispiele für komparative empirische Studien zur Unterscheidung ablehnender und indifferenter Formen von Nichtreligion seien Quack 2011 und Zuckerman 2012a genannt. Theoretische Überlegungen zu religiöser Indifferenz legen Wohlrab-Sahr 2001a und Tiefensee 2011 vor, empirische Storch 2003; Kehrer 2006; Bagg und Voas 2010 sowie Lüchau 2010. Bullivant (2012) zeigt am Beispiel von großen Bevölkerungsteilen Großbritanniens auf, dass hier eine auf distanziertem Interesse basierte Relation zu Religion vorliegt, die mit den üblichen Kategorisierungsmustern nicht einzufangen ist. Letztere transzendiert auch die von Karstein, Schaumburg und Wohlrab-Sahr (2005) beschriebene „agnostische Spiritualität". Korrelationen zwischen bestimmten religionsbezogenen Einstellungen und verschiedenen sozialstatistischen Merkmalen diskutieren Bainbridge 2005; Baker und Smith 2009a, 2009b, 2015; Lim, MacGregor und Putman 2010; Inglehart und Norris 2012; McAndrew und Voas 2012; Merino 2012; Cragun 2015 sowie Galen, Pasquale und Zuckerman 2016.

[17] Von den zahlreichen allgemeinen Identifikationen von ‚Quasi'-, ‚Pseudo'-, ‚Ersatz'- oder ‚Zivilreligion' seien hier nur die im Zusammenhang mit freigeistigen Organisationen stehenden Arbeiten von Klimkeit (1971) und Simon-Ritz (1996, 1997) genannt. Von diesen abgesehen werden mitunter auch partielle strukturelle Parallelen untersucht. Neben den von Taylor (2007) in Analogie zu religiösen Formen untersuchten immanent-säkularen Vorstellungen von Fülle sei hier beispielhaft ein Beitrag von Knott (2010) genannt, der anhand von üblicherweise mit Religion in Verbindung gebrachten Charakteristika heilige Gegenstände, Orte und Handlungen in säku-

aber, anders als Lee, nicht nur darum, auf eine Reihe bislang religionswissenschaftlich vernachlässigter Gegenstände hinzuweisen und diese zu erforschen[18] – ein Anspruch, der, wie am Kapitelende dargelegt, auch nicht unproblematisch erscheint – sondern vor allem die relationalen Verwicklungen von Religion und Nichtreligion systematisch in den Blick zu nehmen und zu analysieren (Quack 2014, 456).[19] Aufgrund dieser Relationalität produziert Forschung zu Nichtreligion also immer auch neue empirische und konzeptuelle Perspektiven auf Religion beziehungsweise das religiöse Feld (Quack 2013, 99; Davie 2012). Deshalb definiert die Nichtreligionsforschung auf innovative Weise einen wichtigen Gegenstandsbereich für die Religionswissenschaft.

Das relationale Nichtreligionskonzept nach Quack wird in der vorliegenden Studie insofern aufgegriffen, als sich damit Formen der Religionsbezogenheit gegenwärtiger freigeistiger Organisationen in Deutschland in verschiedenen Konstellationen differenziert empirisch untersuchen lassen. Abstand genommen werden soll jedoch zum einen vom diffusen Feldkonzept Quacks. „The concept of a (religion-related) *Umfeld* builds on but also goes beyond Bourdieu's notion of the (religious) field." (Quack, Schuh und Kind im Erscheinen, Teil 1, Kapitel 2) Anders als Bourdieu geht es Quack nicht um „power struggles" (Quack, Schuh und Kind im Erscheinen, Teil 1, Kapitel 2) und die Akkumulation von Kapital im religiösen Feld, sondern um dessen Außengrenzen und das, was sich jenseits dieser Grenzen befindet. Ungesagt bleibt dabei jedoch, wodurch sich ohne die Berücksichtigung von Kapital und Machtkonflikten ein religiöses und ein nichtreligiöses Feld überhaupt konstituieren. Zum anderen wird in der vorliegenden Studie, anders als bei Quack, nicht von „nichtreligiösen Menschen", „nichtreligiösen Akteuren", „nichtreligiösen Phänomenen" (Quack 2014, 440) oder „nichtreligiösen Gruppen" (Quack, Schuh und Kind im Erscheinen, z.B. Teil 1, Kapitel 2), die ein „eigenes Forschungsgebiet" (Quack 2013) konstituieren, das „in

---

laren Kontexten identifiziert, und sich deshalb dafür ausspricht, ‚das Heilige' als querliegende Kategorie zur religiös/säkular-Binarität zu konzeptualisieren (Knott 2010, 132–133).
18 Methodologische Überlegungen zur Identifikation von Nichtreligion in intellektuellen, sozialen, ästhetischen, symbolischen, praktischen und materiellen Kontexten finden sich bei Lee 2012a. In empirische Forschung überführt werden diese im Rahmen ihrer Dissertation (Lee 2015).
19 Ein recht großer Textkorpus liegt in diesem Zusammenhang zur Diskriminierung von Menschen ohne Religionszugehörigkeit vor, häufig im Kontext der *USA* (Manning 2010; Cragun, Hammer, Hwang und Smith 2012; Cragun, Hammer, Keysar, Kosmin 2012; Heesacker und Swan 2012; Charles, Didyoung und Rowland 2013). Es zeigt sich an diesem Beispiel noch einmal, inwiefern Nichtreligionsforschung einen Perspektivenwechsel hervorbringt: Der übliche Fokus auf die Diskriminierung religiöser Minderheiten, den auch die Religionswissenschaft mit- und reproduziert (dazu Cragun und Hammer 2011; Klug 2015), wird hier umgekehrt beziehungsweise erweitert.

its own right" (Quack 2014, 439) studiert werden könne, die Rede sein. Angesichts der von Quack selbst betonten Relationalität von Nichtreligion und seiner kritischen Rezeption Lees, der er eine Art seichten Essenzialismus vorwirft, ist der attributive Gebrauch des Begriffes missverständlich, weil durch ihn Nichtreligion als stabile, situationsunabhängige Eigenschaft eines Phänomens erscheint. Die Religionsbezogenheit von Organisationen oder Individuen ergibt sich aber erst situativ unter der Voraussetzung eines religiösen Gegenübers, auf das sie sich beziehen lassen. Deshalb ist auch die Rede von einem „eigenständigen Forschungsgebiet" (Quack 2013) irreführend. Die unter dem Nichtreligionsbegriff zusammengefassten Phänomene sind untereinander viel zu heterogen, um sinnvoll von einem Forschungsgebiet sprechen zu können. Gegenstände, die man mit der beschriebenen Heuristik untersucht, können auch auf viele andere Arten und Weisen konzeptualisiert und analysiert werden. Das Nichtreligionsmodell weist – je nach Situation – lediglich auf einen potenziell relevanten und möglicherweise bislang vernachlässigten Blickwinkel auf den jeweiligen Gegenstand hin.

2.2 Exkurs: Der ‚Neue Atheismus'

Die Entwicklung der Säkularitäts- und Nichtreligionsforschung ist zeitlich eng mit der Entstehung des ‚Neuen Atheismus' verknüpft. Dokumentieren lässt sich dies nicht nur über eine Vielzahl von Forschungsarbeiten im Rahmen der Säkularitäts- und Nichtreligionsforschung, die den ‚Neuen Atheismus' selbst zum Gegenstand machen (zum Beispiel Amarasingam 2010; Anglberger und Weingartner 2010; Berner 2011; Plessentin 2012a; McAnulla 2012; Zenk 2012; Kettell 2013), sondern auch über die häufige Herstellung von Bezügen zum ‚Neuen Atheismus', wenn andere Phänomene, zum Beispiel freigeistige Organisationen, verhandelt werden (zum Beispiel Cimino und Smith 2010, 2011, 2015 sowie LeDrew 2012, 2013, 2015, 2016). Dies könnte den Eindruck erwecken, Säkularitäts- und Nichtreligionsforschung sei die Erforschung des ‚Neuen Atheismus'. Dieser Exkurs soll klarstellen, dass es sich beim ‚Neuen Atheismus' zwar durchaus um ein zentrales Thema der Säkularitäts- und Nichtreligionsforschung handelt – kein Gegenstand hat öffentlich mehr Aufsehen erregt und ist breiter diskutiert worden –, dass er jedoch nur einen kleinen Teil des Forschungsfeldes ausmacht.

Bei dem Begriff ‚Neuer Atheismus' handelt es sich ursprünglich um eine journalistische Fremdbezeichnung. Zum ersten Mal Verwendung findet sie 2006 im Artikel *The Church of the Non-Believers* von Gary Wolf im Internet-Magazin *Wired*. Wolf bezeichnet darin Richard Dawkins, Sam Harris und Daniel Dennett, Autoren von zwischen 2004 und 2007 erschienenen englischsprachigen religionskritischen Büchern, als „New Atheists" (Wolf 2006, 184). Der Begriff wurde nicht nur medial, sondern auch wissenschaftlich aufgegriffen und verbreitete sich rasch. Dabei wurde die Gruppe der ‚Neuen Atheisten' erweitert, zum Beispiel um Christopher Hitchens und andere, auch deutschsprachige Autoren wie Michael Schmidt-Salomon (Zenk 2012, 37– 41). Als Selbstbezeichnung hat sich der Begriff – von einigen wenigen Ausnahmen (zum Beispiel Müller 2007; Myers 2013) abgesehen – bis heute nicht durchgesetzt, wenn die so Bezeichneten auch begonnen haben, sich als zusammengehörige Gruppe zu inszenieren: So treten Hitchens, Dawkins, Harris und Dennett gemeinsam im Dokumentarfilm *The Four Horsemen* auf (Antitheists.org 2012).

Die in den religionskritischen Publikationen der ‚Four Horsemen' (Harris 2004; Dawkins 2006; Dennett 2006; Hitchens 2007) ausgebreiteten Ansätze sind in vielerlei Hinsicht heterogen. Dies lässt sich dadurch erklären, dass die Autoren ursprünglich nicht planten, als Gruppe aufzutreten. Dennoch lassen sich einige gemeinsame Charakteristika konstatieren:

1. Globale Religionskritik in epistemisch-moralischer Kopplung[20]: Religiösem Glauben liegt laut den ‚Neuen Atheisten' zum einen ein falsches, anachronistisches, irrationales, ja geradezu verrücktes Welt- und Menschenbild zu Grunde (Harris 2004, 20– 49; Dawkins 2006, 51– 181; Dennett 2006, 200– 246; Hitchens 2007, 24– 34), das zum anderen ethische Mindeststandards nicht erfülle, zu Ausbeutung, Diskriminierung und Gewalt führe und entsprechend sozialen Frieden sowie gesellschaftlichen Zusammenhalt gefährde (Harris 2004, 80– 132; Dawkins 2006, 241– 387; Dennett 2006, 278– 307; Hitchens 2007, 7– 14, 35– 78).
2. Scharfe Kritik an Agnostikern sowie liberalen Gläubigen und Nicht-Gläubigen auf sozio-politischer Ebene: Diese würden dafür sorgen, dass Religion/en, wenn auch nicht unterstützt, so zumindest akzeptiert oder toleriert würde/n, und machten sich damit zum Handlanger von Religion/en (Harris 2004, 16– 22; Dawkins 2006, 341– 348; Hitchens 2007, 3– 14).
3. Aufforderung zu einem atheistischen *Coming-out*: Dawkins (2006, 60– 68, 380) und Dennett (2006, 240– 246) fordern die Inszenierung des Atheismus als Minderheitenbewegung, ähnlich dem Lesbian, Gay, Bisexual, Transgender

---

[20] Quack nutzt das Konzept ‚epistemic moral entanglement' zur Charakterisierung rationalistischer Gruppen in Indien. Sowohl deren Kritik an Religion/en als auch ihre eigenen Positionen zeichneten sich dadurch aus, dass sie sich auf „aspects of technology and science as well as justice and equality" (2012a, 272– 273) beziehen. Religiöse Weltbilder sind demnach nicht nur auf epistemologischem Level als unwissenschaftlich und veraltet zu kritisieren, sondern auch dafür, dass sie im sozialen Bereich Ungerechtigkeit und Unterdrückung hervorriefen. Die Rationalisten in Indien beziehen sich dabei zum Beispiel auf das Kastensystem.

and Queer (*LGBTQ*) Movement. Nur so könne man eine Bewusstseinsveränderung in der Gesellschaft und weltanschauliche Gleichberechtigung erreichen.
4. Aufklärungsimpetus: Dieser entsteht vor allem durch die Forderung nach Bildungsinitiativen, die wissenschaftliche Erkenntnisse aus den Bereichen Religionsgeschichte, Ethik/Moral, Philosophie, Evolutionsbiologie und so weiter in weite Teile der eigenen und teilweise auch der Weltbevölkerung befördern sollen (Harris 2004, 223–227; Dennett 2006, 29–39; Hitchens 2007, 277–283). Vor allem Dawkins ist in diesem Bereich aktiv geworden, zum Beispiel durch die Gründung der Richard Dawkins Foundation for Reason and Science (*RDF*) (Richard Dawkins Foundation for Reason and Science 2017).
5. Verknüpfung von Atheismus und Evolutionstheorie: Dawkins (2006, 190–240) und Dennett (2006, 97–199) greifen unter anderem auf Erkenntnisse von Vertretern der Cognitive Science of Religion (eine Übersicht findet sich bei Barrett 2007 und Schüler 2014) zurück und versuchen, die Existenz von Religion – hier sehr stark reduziert auf den Glauben an Gott beziehungsweise übernatürliche Wesenheiten – evolutionsbiologisch zu erklären. Dahinter verbirgt sich auch der Versuch, die Sinnhaftigkeit von Theologie in Frage zu stellen.
6. Szientismus mit politisch konservativen ideologischen Implikationen: LeDrew (2016, 55–91) macht darauf aufmerksam, dass die oben genannten Punkte mit einem konservativen politischen Identitätsprojekt einhergehen, das sich gegen vormoderne Formen von Religion auf der einen und postmoderne Formen der kritischen Sozialwissenschaften auf der anderen Seite abgrenzt. Einem positivistischen, naturwissenschaftlich basierten Welt- und Menschenbild wird dabei unhinterfragte Autorität zugesprochen. Einen daraus resultierenden euro-amerikanischen kulturellen Imperialismus und Kolonialismus kritisiert Hussain (2013).

Vor allem in philosophischen und theologischen Diskursen sind die Argumente der ‚Four Horsemen' intensiv diskutiert, gefeiert oder kritisiert worden (zum Beispiel McGrath und McGrath 2007; Haught 2008; Hoff 2009; Falcioni 2010; Kreiner 2010; Peterson 2010; Schröder 2011). In der Forschungsliteratur wird der ‚Neue Atheismus' aber durchaus nicht nur als ein rein literarisches Phänomen betrachtet. Ihm wird die Rolle eines Türöffners für atheistische Positionen in religionspolitische und allgemein-gesellschaftliche Diskurse (Plessentin 2012a, 108–109; Bullivant 2010, 123) und der Charakter einer sozialen Bewegung zugesprochen (Cimino und Smith 2011, 31–37; LeDrew 2016), die als solche auch Einfluss auf freigeistige Organisationen nehme. Laut einer Studie von Cimino und Smith (2011, 32–34) gaben 20 Prozent der Mitglieder verschiedener freigeistiger

Organisationen in den USA als Grund für ihren Beitritt an, nach der Lektüre eines der religionskritischen Bücher der ‚Four Horsemen' im Internet auf die jeweilige Organisation gestoßen und danach zu deren Treffen gegangen zu sein. Zwar hat sich keine neue Organisation gegründet, die den ‚Neuen Atheismus' im Namen trägt; er habe aber Transformationsprozesse in bereits existierenden Organisationen ausgelöst: Cimino und Smith (2011, 32–34) stellen zum Beispiel für die USA heraus, dass religionskritische Organisationen die Inszenierung als laute und positive weltanschauliche Minderheit seit dem Erscheinen der Bücher zunehmend in ihr Verbandsprogramm und ihre strategischen Überlegungen der Öffentlichkeitsarbeit integriert haben. Bullivant (2010, 122) legt eine Statistik vor, nach der die British Humanist Association (BHA) ihre Mitgliederzahl im Zeitraum der Erscheinungsjahre der religionskritischen Bücher der ‚Four Horsemen' mehr als verdoppeln konnte. Die traditionell eher auf die Formulierung einer positiven Weltanschauung abzielende und weniger polemisch-religionskritisch auftretende BHA zeichnete in Folge des Einflusses der Positionen des ‚Neuen Atheismus' plötzlich als Träger der atheistischen Buskampagne in Großbritannien sowie einer Kampagne zur Verhaftung Papst Benedikts XVI. im Rahmen eines Papstbesuches in Großbritannien verantwortlich, in deren Zentrum der Vorwurf stand, Benedikt XVI. habe Kindesmissbrauch vertuscht und somit ein Verbrechen gegen die Menschlichkeit begangen. Richard Dawkins ist mittlerweile Vizepräsident der Organisation. Er gründete darüber hinaus 2006 die binational registrierte RDF, die sowohl in den USA als auch in Großbritannien naturwissenschaftliche Bildungsprogramme an Schulen fördert (Plessentin 2012a, 83). Gladkirch und Pickel (2013) sowie Schröder (2017) konstatieren, dass die ‚Four Horsemen' auch auf die freigeistige Szene in Deutschland Einfluss genommen haben. Beide Beiträge charakterisieren deren Reaktion auf den ‚Neuen Atheismus' jedoch als ambivalent, kritisch oder distanziert (Gladkirch und Pickel 2013, 139–142; Schröder 2017, 41–43). Dass freigeistige Organisationen auch in Deutschland im öffentlichen Diskurs trotzdem häufig in die Nähe des ‚Neuen Atheismus' gerückt oder sogar mit diesem identifiziert werden, zeigt beispielhaft das folgende Zitat aus einem Artikel zu freigeistigen Organisationen in Deutschland in der Frankfurter Allgemeinen Zeitung:

> Die organisierte Konfessionslosigkeit zieht es in den öffentlichen Raum. Zunächst konnte man noch den Eindruck gewinnen, beim ‚Neuen Atheismus' handele es sich um ein publizistisches Phänomen, angestoßen durch seinen prominentesten Autor, den Evolutionsbiologen Richard Dawkins. [...] Parallel zum publizistischen Erfolg etabliert sich indes seit etwa fünf Jahren vor allem in Deutschland ein organisierter Atheismus neuen Zuschnitts: Er besteht aus einem Geflecht voneinander abhängiger Organisationen und tritt mit dem Anspruch auf, mindestens 25 Millionen Deutsche zu vertreten. (Bingener 2009)

Dies ist ein Beispiel für ein vorschnelles Gruppieren voneinander unabhängiger Gegenstände. Im Sinne der in Kapitel 2.1 beschriebenen Nichtreligionsforschung gilt es, jene differenziert zu betrachten, um dann Gemeinsamkeiten und Unterschiede herauszuarbeiten. In der vorliegenden Studie sei unter ‚Neuer Atheismus' zunächst ausschließlich auf die religionskritischen Publikationen der ‚Four Horsemen' und ihre oben herausgearbeiteten sechs Charakteristika verwiesen. Dass der Gesamtdiskurs um den ‚Neuen Atheismus' Einfluss auf freigeistige Organisationen in Deutschland nehmen kann, soll keineswegs bestritten, jedoch auch nicht in der einen oder anderen Weise als selbstverständlich vorausgesetzt werden. Es handelt sich um eine offene empirische Frage, die Teil der Analysen der vorliegenden Studie ist (Kapitel 4).

2.3 Theoretische Perspektiven auf freigeistige Organisationen

In den drei folgenden Teilkapiteln (Kapitel 2.3 – 2.5) erfolgt eine Zuspitzung der Aufarbeitung des Forschungsstandes auf freigeistige Organisationen in Deutschland. Dabei werden in der Darstellung theoretische Rahmungen des Gegenstandes (Kapitel 2.3) von dessen historischer Entwicklung (Kapitel 2.4 und 2.5) getrennt. Diese Trennung wurde aus systematischen Gründen vorgenommen. Die Logiken der verschiedenen theoretischen Perspektiven und ihr Verhältnis zueinander auf der einen und die detaillierten historischen Darstellungen auf der anderen Seite werden verständlicher, wenn sie nicht miteinander vermengt werden.

Um mögliche theoretische Perspektiven auf den Gegenstand möglichst umfassend zu reflektieren, werden bei ihrer nun zunächst erfolgenden Darstellung wissenschaftliche Beiträge zu freigeistigen Organisationen außerhalb Deutschlands hinzugezogen. Es lassen sich auf theoretischer Ebene grundsätzlich zwei Gruppen von Arbeiten zu freigeistigen Organisationen unterscheiden:

Mit Schwerpunkt auf Organisationen in den *USA* liegen mehrere Forschungsarbeiten vor, die ihren Fokus auf die individuelle Ebene der Mitglieder legen, deren sozialstatistische Daten und Wertvorstellungen rekonstruieren oder auf Grundlage dieser Merkmale induktive Typenbildungen vornehmen (Altemeyer und Hunsberger 2006, 59 – 102; Pasquale 2010; Mastiaux 2013, 289 – 323[21]). Teilweise werden dabei Wege in den Atheismus untersucht, indem Theorien zu religiöser Konversion und Identitätsbildung auf nichtreligiöse Identitätskonstruk-

---

[21] Mastiaux vergleicht Mitglieder freigeistiger Organisationen aus den *USA* mit solchen aus Deutschland (vom Internationalen Bund der Konfessionslosen und Atheisten [*IBKA*] und dem Bund für Geistesfreiheit [*BFG*] Bayern).

tions- und Konversionsprozesse bezogen beziehungsweise übertragen werden (Altemeyer und Hunsberger 2006, 41–58; Manning 2010; Smith 2011; Engelke 2012b; Zuckerman 2012b; LeDrew 2013; Mastiaux 2013, 163–262; Guenther 2014; Bullivant 2015).

Andere Forschungsarbeiten nehmen nicht die Mitglieder der Organisationen in den Blick, sondern die Organisationen selbst als kollektive Akteure. Die vorliegende Studie schließt an diese zweite Gruppe von Forschungsarbeiten an, die deshalb nun einer eingehenden Betrachtung und kritischen Evaluierung unterzogen werden soll.

Einige wissenschaftliche Beiträge aus dieser Gruppe verbleiben auf einer historischen Dokumentationsebene, wobei entweder organisationsgeschichtliche (Fincke 2002, 2017; Gasenbeek und Gogineni 2002; Nanko 2006; Kaiser 1981, 1982, 2003; Isemeyer 2007; Groschopp 2011), oder geistes- und ideengeschichtliche (Budd 1977; Jacoby 2004; McBrien und Pelkmans 2008; LeDrew 2012, 2015; Quack 2012b) Aspekte in den Mittelpunkt gerückt werden.

Einen ersten theoretischen Schwerpunkt bilden Forschungsarbeiten, für die ein säkularisierungstheoretischer Deutungsrahmen gewählt wird. Ein frühes Beispiel ist die Studie von Campbell (2013). Er betrachtet freigeistige Organisationen in Großbritannien und den USA als Träger von Irreligion (zum Konzept ‚Irreligion' vergleiche Kapitel 2.1), welche sowohl als Werkzeug zur Herbeiführung von Säkularisierungsprozessen als auch als Ergebnis dieser Prozesse historische Gestalt annehmen könne (Campbell 2013, 5–7). Freigeistige Organisationen seien demnach nicht nur als religionskritische Akteure zu verstehen, sondern könnten Religionen als Institutionen der politischen Orientierung sowie Moral- und Sinngebung auch substituieren, weshalb sie zwar wesentlich von ihrer Beziehung zu Religion geprägt, jedoch mehr als deren Negation seien (Campbell 2013, 118–124). Dem widersprechen Klimkeit (1971), Simon-Ritz (1996, 1997) und Weir (2006). Auch sie gehen zwar von einer säkularisierenden Agenda freigeistiger Organisationen aus: Eine weltanschaulich überhöhte (Natur-)Wissenschaft werde gegenüber von ihnen als antiquiert und schädlich kritisierten religiösen Ansichten und Trägern in Stellung gebracht. Dies habe jedoch paradoxe Konsequenzen: Die den relationalen Ausgangspunkt darstellende konflikthafte Bezugnahme auf Religion führe notwendigerweise zu einer „negative dependence." (Weir 2006, 161) Die freigeistige Tradition konstituiere sich fortwährend durch das, was sie ablehne, und blockiere sich beim Versuch, säkularisierend auf die Gesellschaft zu wirken, selbst, da sie an der Stelle der zu überwindenden religiösen Strukturen selbst „messianische" (Klimkeit 1971, 31) Elemente beziehungsweise „offensichtlich ersatzreligiös[e]" (Simon-Ritz 1996, 460) Formen und Feste in „Ersatzkirchen" (Simon-Ritz 1996, 469) etabliere.

Systematisch ausgearbeitet wird der Aspekt der säkularisierenden Funktion freigeistiger Organisationen schließlich bei Schmidt-Lux (2008). In seiner Studie zur *DDR*-Urania geht er von einer durch diese forcierten konflikthaften Auseinandersetzung zwischen szientistischer und christlich-religiöser Weltanschauung aus, die letztlich zur Säkularisierung in der *DDR* beigetragen habe, und kritisiert damit Erklärungsmodelle des ostdeutschen Säkularisierungsprozesses, die sich auf anonyme Modernisierungsprozesse und die staatliche Repressionspolitik gegenüber den Kirchen beschränken (Schmidt-Lux 2008, 11). Gemeinsam mit Karstein und Wohlrab-Sahr arbeitet Schmidt-Lux dies zum Theorem der *Säkularisierung als Konflikt* aus, das Säkularisierungsprozesse (auch) als konflikthaftes Geschehen zwischen verschiedenen Akteuren (zum Beispiel Kirche, Staat, freigeistige Organisationen, Medien und so weiter) deutet (Karstein, Schmidt-Lux und Wohlrab-Sahr 2008, 2009, 120–198). Dieses auf Wettbewerb basierende Säkularisierungsverständnis habe den Vorteil, dass es eine grundsätzliche Ergebnisoffenheit der analysierten Prozesse impliziere. „Eine der Moderne gesetzmäßig eingeschriebene Entwicklung wird damit ausgeschlossen." (Schmidt-Lux 2008, 61–62) Das Ergebnis der säkularisierenden Bestrebungen der Urania in der *DDR* interpretiert Schmidt-Lux dabei als nachhaltig. Basierend auf dem Modell von Berger, das Säkularisierung als dreidimensionalen Prozess (1) gesellschaftlicher Differenzierung, (2) abnehmender kulturell-symbolischer Bedeutung von Religion und (3) verringerter Relevanz von Religion in individuellen Lebensvollzügen fasst, stellt Schmidt-Lux zunächst fest, dass die ostdeutsche Gesellschaft heute als weitgehend säkularisiert gelten kann (Schmidt-Lux 2008, 126–184). Durch einen historischen Nachvollzug des gesellschaftspolitischen Wirkens der Urania sowie eine Analyse biographisch-narrativer Interviews mit Menschen, die in der *DDR* gelebt haben, gelingt es ihm darüber hinaus aufzuzeigen, dass die Urania im Prozess dieses gesellschaftlichen Wandels eine nach wie vor nachweisbare Rolle gespielt hat (Schmidt-Lux 2008, 185–379). Laut Schmidt-Lux ist der Einfluss religionskritischer Akteure auf Säkularisierungsprozesse in der Forschungsliteratur bislang grundsätzlich unterschätzt worden (Schmidt-Lux 2008, 24).

Einen säkularisierungstheoretischen Rahmen in doppelter Hinsicht wählt Quack (2012a) in seiner Studie zu Religionskritik und organisiertem Rationalismus in Indien. Der Titel seiner Monographie *Disenchanting India* ist zum einen programmatisch zu verstehen: Quack geht es darum, das von westlicher Wissenschaft mitkonstruierte Indienbild eines ‚verzauberten Gartens' zu säkularisieren, indem er von der Existenz, Verbreitung und Vitalität freigeistiger Organisationen in Indien berichtet (Quack 2012a, 308). Zum anderen bezieht er das Säkularisierungskonzept – ganz ähnlich den oben genannten Beispielen – auf die Agenda der Organisationen, die er beschreibt und analysiert: Sie verfolgten das Ziel, die indische Gesellschaft zu reformieren, eine wissenschaftliche Weltsicht zu verbreiten und Indien in eine säkularere und dadurch rationalere sowie gerechtere Gesellschaft zu verwandeln. Um dieses Ziel zu erreichen, machten sie es sich zur Aufgabe, den gesellschaftspolitischen Einfluss von Religionen und alle Formen von ‚Aberglauben' zu bekämpfen und einzuengen (Quack 2012a, 12). Dabei zeigt Quack wiederholt auf, dass der Verstehenskontext der indischen Rationalisten in ihren alltäglichen Lebensvollzügen sich kaum von dem von Taylor (2007) beschriebenen immanenten Rahmen unterscheidet, und kritisiert dessen Euro- und Christozentrismus, der eine Dichotomie vom säkularisierten Westen und den ‚verzauberten Primitiven' außerhalb des Westens reproduziere (Quack 2012a, 37).

Auch in neueren Forschungsarbeiten wird eine säkularisierende Funktion freigeistiger Organisationen beschrieben. So untersucht Beaman (2015) deren Rolle als Kläger in Rechtstreits um die Entfernung religiöser Symbole (zum Beispiel Kruzifixe in Klassenräumen und Gerichtssälen) beziehungsweise das Unterlassen religiöser Handlungen (zum Beispiel Eröffnungsgebete bei Senatssitzungen) in staatlichen Institutionen in Kanada und Italien. Beaman führt das häufige Scheitern der laizistischen Anliegen freigeistiger Organisationen in diesen Prozessen auf eine proreligiöse Voreingenommenheit staatlicher und juristischer Eliten in Italien und Kanada zurück (Beaman 2015, 51).

Einen zweiten theoretischen Schwerpunkt bilden inkorporationstheoretische Studien zu freigeistigen Organisationen. Alberts (2011) wirft in Bezug auf den Human-Ethischen Verband Norwegens (Human-Etisk Forbund, *HEF*) die Frage auf, ob dieser sich strategisch eher als „säkulare Religion" oder als „säkulare Alternative zu Religion" aufstellt, und meint damit die Unterscheidung von religionspolitisch pluralistischen und laizistisch-seperatistischen Positionen. Der *HEF* ist in Norwegen rechtlich als Lebensanschauungsgemeinschaft anerkannt, ein Status, der, ähnlich dem der Weltanschauungsgemeinschaft in Deutschland, für Gemeinschaften geschaffen wurde, die „‚so etwas wie eine Religionsgemeinschaft' [...] (nur eben nicht religiös)" (Alberts 2011, 245) sind. In Organisationsstruktur, Programmatik (klares eigenes, humanistisches Profil) und Tätigkeitsspektrum (zum Beispiel Konfirmationen, Namensfeiern, Trauungen, Bestattungen) die Staatskirche strukturell imitierend, beansprucht der *HEF* deren rechtliche Privilegien auch für sich selbst: So erhält der Verband zum Beispiel eine finanzielle Pro-Kopf-Pauschale für jedes Mitglied vom Staat. Diesbezüglich sei er als „säkulare Religion" zu verstehen. Im Bereich Schule fordert der *HEF* jedoch keinen eigenen konfessionellen Lebensanschauungsunterricht (mehr), sondern unterstützt den existierenden religionskundlichen Unterricht, den alle Schüler gemeinsam besuchen sollen. Hier positioniert sich der Verband also als „Alternative zu Religion." Alberts kommt zu dem Schluss, dass die anfangs von ihr aufgeworfene Frage somit nicht eindeutig zu beantworten ist, was zu verbandsinternen Konflikten führe (Alberts 2011, 245–246).

In Deutschland formieren sich ähnliche Konflikte weniger innerhalb freigeistiger Organisationen als vielmehr zwischen ihnen. Darauf weisen Plessentin (2012b) und Fink (2012) hin. Beide zeigen auf, dass *HVD* und *GBS* sich jeweils eine der beiden oben genannten religionspolitischen Strategien zu eigen gemacht haben: Im Alberts'schen Sprachgebrauch stellt sich der *HVD* demnach als „säkulare Religion", die *GBS* als „Alternative zu Religion" auf. Während der *HVD* den Körperschaftsstatus anstrebt und als Bildungs- und Sozialträger sowie bei der Verteilung öffentlicher Fördergelder für eine Gleichbehandlung mit den Kirchen streitet, optiert die *GBS* für eine laizistische Trennung von Staat und Religionsbeziehungsweise Weltanschauungsgemeinschaften und eine Einstellung jedweder praktischer oder finanzieller Kooperation zwischen ihnen. Plessentin (2012b, 152) bezeichnet diese Varianten als „Aufbau-" und „Abbau-Position", Fink (2012, 37) bringt sie auf die Formel „Alle rein (positive Gleichbehandlung) oder alle raus (negative Gleichbehandlung)." Im Koordinierungsrat säkularer Organisationen (*KORSO*), ein freigeistiger Dachverband, dem sowohl *HVD* als auch *GBS* angehören, prallten die Positionen aufeinander und blockierten sich dort gegenseitig (Plessentin 2012b, 135).

Auf europäischer Ebene beschreibt Böllmann (2010, 229–308) die Lobbyarbeit der European Humanist Federation (*EHF*)[22] in Brüssel und Straßburg als Lernprozess, in dem Religions- und Weltanschauungsgemeinschaften nicht nur ihre Strategien dem Inkorporationssystem der Europäischen Union (*EU*) anpassen, sondern in dem das Inkorporationssystem im Sinne einer „strukturellen Isomorphie" (Böllmann 2010, 353) auch auf das interne Selbstverständnis und die Organisationsstruktur solcher Verbände rückwirkt. Dies kann als ein Beispiel massiven Einflusses externer politischer Umwelten auf die Gestalt und das Programm von Religions- und Weltanschauungsgemeinschaften interpretiert werden, ohne dass dieser nach außen als solcher sichtbar wird.

> In diesem Sinne, dass Akteure je nach kognitiven und kulturellen Skripts die jeweilige Situation erkennen, deuten und ihre Reaktion darauf abstimmen, dass also individuelles [hier: organisationales, Anm. StS] Handeln rational, die Rationalität selbst jedoch institutionell konstituiert ist, entspricht das wechselseitig konzipierte Verhältnis zwischen Institutionen und Individuen [hier: Organisationen, Anm. StS] einer konstruktivistischen Herangehensweise, nach der Institutionen Bedingungen vorgeben, unter denen Bedeutung zugeschrieben werden kann. (Böllmann 2010, 125)

---

22 Es handelt sich um eine freigeistige europäische Dachorganisation mit Sitz in Brüssel, die 1991 gegründet wurde und vor allem freigeistige Lobbyarbeit auf *EU*-Ebene verrichtet (European Humanist Federation 2014).

Es werden politische Legitimitätsstrukturen eingerichtet, mit denen europäische Institutionen im Sinne einer domestizierenden Wirkung indirekt einen homogenisierenden Zugriff auf Religions- und Weltanschauungsgemeinschaften und damit auch auf die *EHF* erhalten.

Die Einrichtung solcher Strukturen und ihre Wirkung auf freigeistige Organisationen auf nationalem Level beschreibt Schröder (2013) für den deutschen Kontext. Demnach sieht sich der *HVD* beim Versuch, politische Gleichbehandlung mit den Kirchen zu erfahren, mit einem religionspolitischen Inkorporationsregime konfrontiert, das „Staatsloyalität, [...] eine kirchenförmige hierarchische Organisation und eine ‚kulturelle Affinität zum christlich-jüdischen Abendland'" (Schröder 2013, 181) voraussetzt.

Ein drittes, in der Forschungsliteratur jedoch selten vorzufindendes theoretisches Paradigma bei der wissenschaftlichen Auseinandersetzung mit freigeistigen Organisationen als kollektiven Akteuren ist das der Ritualtheorie. Engelke (2012a, 2015) stellt im Rahmen seiner ethnografischen Forschung zur *BHA* den Umgang mit Materialität und Körpern im Rahmen humanistischer Bestattungen in den Fokus. Trotz der naturalistischen Weltsicht der Humanisten salutierten diese vor dem Sarg oder berührten ihn. Engelke präsentiert jedoch noch keine detaillierten Ergebnisse, sondern wirft eher Fragen auf, die den Charakter einer Planungsnotiz zu seiner Forschung haben:

> What is the future of the body as conceived in secular ritual? What does the ritual life of dead bodies [...] tell us about the worlds and worldviews it indexes? What happens to the body in life and in death is going to prove a crucial resource in coming to understand spaces and times in which religion's symbols come down, or, at least, get covered up. (Engelke 2012a, 11)

Cimino und Smith (2015) untersuchen in einer methodisch triangulierten Studie den Stellenwert von Ritualen für freigeistige Organisationen in den *USA*. Dieser sei innerhalb der Szene umstritten, weil die einen Rituale als universelles menschliches Bedürfnis und somit notwendig erachteten, die anderen als religiöse Restbestände, die man in ihrer Formelhaftigkeit und übersteigerten Emotionalität zu überwinden habe (Cimino und Smith 2015, 98–99). Von religiösen Ritualen, die Gemeinschaft konstituieren und das Weltliche transzendieren wollten, unterscheiden sich freigeistige Rituale laut Cimino und Smith dadurch, dass sie die Kontingenz der Welt akzeptieren und den einzelnen Menschen ins Zentrum stellen. Es ginge um individuelle Sinnfindung, nicht um Integration (Cimino und Smith 2015, 97).

Mit der Anwendung von Emanzipationstheorien auf die freigeistige Szene in den *USA* durch die frühen Arbeiten von Cimino und Smith (2007, 2010, 2011) lässt sich ein vierter und letzter theoretischer Schwerpunkt in wissenschaftlichen Arbeiten über freigeistige Organisationen beschreiben. Cimino und Smith analysieren, wie freigeistige Organisationen Minderheitendiskurse aufgreifen, zum Beispiel von der *LGBTQ* Bewegung, und sich damit als diskriminierte Minderheit inszenieren. Dies diene nicht nur dazu, nach außen für gleiche Rechte und Gleichbehandlung (zum Beispiel bei der Besetzung öffentlicher oder politischer Ämter) zu streiten, sondern auch nach innen Identitätspolitik zu betreiben. Dabei hätten freigeistige Organisationen ein zusätzliches *empowerment* von den ‚Neuen Atheisten' und deren Bucherfolgen erfahren (siehe dazu auch Kapitel 2.2). So rufen Dawkins (2006, 60–68, 380) und Dennett (2006, 240–46) in ihren Bestsellern zu *Coming-outs* von Atheisten auf, um ein öffentliches Bewusstsein für ihre Anliegen zu schaffen und ähnlich Denkende zu mobilisieren (Cimino und Smith 2010; Kettel 2013; LeDrew 2015). Dies zeige eine Veränderung von Selbstverständnis und Strategie freigeistiger Organisationen in den *USA*, nachdem deren Anspruch aus dem 19. Jahrhundert, eine neue, postreligiöse Leitkultur vorzugeben, als gescheitert betrachtet werden müsse (Cimino und Smith 2007, 418–423). Einhergegangen sei diese Wandlung auch mit einer Entwicklung der neuen Medien, die für neue Vernetzungsmöglichkeiten von vormals isolierten Freigeistern im anonymen und geschützten virtuellen Raum gesorgt habe. Es habe sich eine freigeistige Online-Bewegung formiert, die auch den ‚Offline'-Organisationen neue Mitglieder und Kontakte beschert habe. Cimino und Smith (2011, 2012) verknüpfen somit Theorien sozialer Emanzipationsbewegungen auf innovative Weise mit Medientheorien. Rezipiert und ausgebaut wird dieser Ansatz bei Baker und Smith (2015).

Diese Aufarbeitung des Forschungsstandes hinsichtlich theoretischer Perspektiven auf freigeistige Organisationen als kollektive Akteure offenbart einen säkularisierungstheoretischen Schwerpunkt, der die Organisationen vor dem Hintergrund ihrer religionskritischen Funktion untersucht und somit einen recht engen theoretischen Rahmen setzt. Dieses grundsätzliche Problem wird auch bei den anderen vorgestellten alternativen theoretischen Perspektiven nicht gelöst. Sie fragen nicht von den Organisationen her und rücken deshalb nur einzelne ihrer Aspekte (religionspolitische Ausrichtung, Rituale, emanzipative Strategien) in den Interessenfokus. Es fehlt an einem theoretischen Rahmen, der die hier eingenommenen Perspektiven integriert und zu einer umfassenden Theorie freigeistiger Organisationen ausweitet (siehe weiterführend Kapitel 2.6).

2.4 Zur Geschichte freigeistiger Organisationen in Deutschland

Die Geschichtsschreibung freigeistiger Organisationen in Deutschland beginnt für gewöhnlich mit der Gründung freireligiöser Gemeinden Mitte des 19. Jahrhunderts (Kapitel 2.4.1). Deren Abspaltung von den Großkirchen sehen sowohl interne Geschichtsschreiber als auch unabhängige Wissenschaftler als Startpunkt einer Tradition, die sich zu großen Teilen immer weiter von christlichen Inhalten entfernte und – trotz einer komplizierten Geschichte, geprägt von Verboten, Spaltungen und Politisierungen – in der Weimarer Republik bis zu 700.000 Mitglieder in unterschiedlichen Organisationen versammeln sollte. Um 1933 wurden freigeistige Organisationen von der neuen, nationalsozialistischen Führung Deutschlands zerschlagen und verboten (Kapitel 2.4.2).

Die Zeit der Naziherrschaft in Deutschland wird von Vertretern freigeistiger Organisationen in Deutschland als „große Katastrophe" (Interview 6, *HVD*-Funktionär, 38)[23] beschrieben, die bis in die Gegenwart nachwirke. Obwohl es in den ersten Jahren der Nachkriegszeit einige Neugründungen gab, führten die fehlende Infrastruktur und die zunehmende Zersetzung des Arbeitermilieus in der Bundesrepublik (*BRD*) zu einem fortwährenden Niedergang freigeistiger Organisationen hinsichtlich Mitgliederzahlen und Aktivitätsspektrum. Erst seit der Wiedervereinigung Deutschlands lässt sich ein gegenläufiger Trend ausmachen. In diese Zeit fallen erste Überlegungen zur Konstituierung des *HVD* und schließlich auch dessen Gründung 1993. Ihrer bis dahin marginalen gesellschaftspolitischen Rolle entsprechend ist eine wissenschaftliche Aufarbeitung der Geschichte freigeistiger Organisationen in Deutschland nach 1945 nahezu ausgeblieben. Auch für die Zeit nach der Wiedervereinigung bleibt dies ein Desiderat, das mit der vorliegenden Studie behoben werden soll (Kapitel 2.5). Einzelne Teilkapitel werden der Geschichte der im Fokus der vorliegenden Studie stehenden Organisationen *HVD* (Kapitel 2.5.1) und *GBS* (Kapitel 2.5.2) gewidmet.

2.4.1 Freireligiöse

Den Ausgangspunkt der freigeistigen Tradition in Deutschland sehen sowohl interne Geschichtsschreiber (Groschopp 2011; Fink 2012) als auch unabhängige Sozial- und Religionsforscher (Brederlow 1976; Simon-Ritz 1996, 1997; Kaiser

---

[23] Zum Schutze der Persönlichkeitsrechte der interviewten Personen wurden deren Namen und alle persönlichen Angaben anonymisiert. Dazu ausführlich Kapitel 3.4.

2003; Nanko 2006; Weir 2006) in der Abspaltung freireligiöser Gemeinden von den beiden Großkirchen im Nachgang des Vormärz. Sowohl im römisch-katholischen als auch im protestantischen Milieu formierten sich diese zunächst als Protestbewegungen gegen die konservative Erneuerung dogmatisch-orthodoxer theologischer Positionen und organisatorischer Strukturen innerhalb beider Großkirchen im Kontext der sich herausbildenden spätaufklärerischen bürgerlichen Gesellschaft und ihres Verbandswesens (Kaiser 2003, 99–103; Neef 2012, 107).

> In dieser Zeit, als Volksglaube kein abstrakter Begriff war, sondern Kultur vorgab, brachten die Freigemeinden Irritationen in den Alltag, stellten traditionelle Sinnzusammenhänge in Frage, griffen obrigkeitlich gesetzte Legitimationen an und konstituierten intellektuelle Gesprächskreise. [...] In der Umwelt erscheinen die Freireligiösen als weltfremde Sonderlinge oder als friedensstörende Aufwiegler, die eine von Gott gewollte Ordnung in Frage stellen. (Groschopp 2011, 115)

Wie dieses Zitat verdeutlicht, müssen die freireligiösen Gemeinschaften über den kirchlichen Kontext hinaus im allgemeinen Zusammenhang bürgerlicher Bestrebungen nach Emanzipation und Partizipation betrachtet werden, die sich gegen die spätabsolutistische Ausrichtung aller „politisch-gesellschaftlich gestaltenden Kräfte der Zeit" (Kaiser 2003, 100) richteten. Seit 1820 gründeten sich – zunächst noch in weltanschaulicher und organisatorischer Anbindung an die Großkirchen – zahlreiche missionarisch und karitativ wirkende christliche Vereine, die in Zeiten gesellschaftspolitischer und sozialer Krisen als Folge von Befreiungskriegen und unkontrollierter Urbanisierung ein von den überforderten politischen Institutionen unabhängiges Netz sozialer Unterstützung ausbildeten. Von diesem ging mitunter bereits offene Kritik an konservativer Dogmatik und verkrusteten Organisationsstrukturen der Kirchen aus. In den 1840er Jahren führte dies schließlich zum offenen Bruch ganzer Gemeinden mit den Staatskirchen (Kaiser 2003, 100–101; Weir 2006, 157).

Auf katholischer Seite ist diese Entwicklung eng mit dem Wirken des schlesischen Kaplans Johannes Ronge verbunden. Er hatte sich in den frühen 1840er Jahren als Kritiker des Zölibats, des Verbotes gemischtkonfessioneller Ehen und vor allem des Wunder- und Marienglaubens hervorgetan. Als Reaktion auf die öffentliche Präsentation des Heiligen Rockes zu Trier verfasste er 1844 ein Protestschreiben an Bischof Granoldi und initiierte die Los-von-Rom-Bewegung, die sich für einen modernen, national ausgerichteten Katholizismus einsetzte. Noch im gleichen Jahr wurde Ronge exkommuniziert. Seinem folgenden Aufruf zur Bildung deutschkatholischer Gemeinden schlossen sich in ganz Deutschland (mit Schwerpunkten in Schlesien und Süddeutschland) bis 1848 230 Gemeinden mit bis zu 80.000 Anhängern an (Kaiser 2003, 105–106; Nanko 2006, 186–187; Groschopp 2011, 104–107; Fink 2012, 28). Dieses zunächst rasante Wachstum führen Kaiser (2003, 106) und Nanko (2006) auf die starke Politisierung der Szene zurück. Freie Gemeinden seien mit den „radikalen Demokraten aus dem Frankfurter Paulskirchenparlament aufs engste verknüpft" (Nanko 2006, 184) gewesen.

Eine ähnliche Entwicklung spielte sich innerhalb einiger protestantischer Gemeinden ab. Vor allem im Königreich Sachsen und in preußischen Provinzen bekannten sich zunächst vor allem Berufstheologen und Laienprediger zu historisch-kritischer Bibelexegese und naturwissenschaftlichem Rationalismus. Bereits Anfang der 1840er Jahre gab es lose Zusammenschlüsse von einigen Pfarrern, die sich ‚Protestantische Freunde' (von in der Kirche verbliebenen Gegnern spöttisch als ‚Lichtfreunde' bezeichnet) nannten (Groschopp 2011, 102–103). Auch hier verband sich eine zunehmende Ablehnung dogmatisch-orthodoxer Tendenzen der Kirche aber bald mit einer allgemeinen Herrschaftskritik, woraufhin Pfarrer aus ihren Ämtern gedrängt und ganze Gemeinden – zumeist unfreiwillig – separiert wurden (Nanko 2006, 189; Groschopp 2011, 108). Diese „Befreiung der Kirche von ihren inneren Gegnern" (Kaiser 2003, 107) wurde ermöglicht durch den Erlass des Religionspatentes von König Friedrich Wilhelm IV. im März 1847. Es erlaubte allen ‚Sektierern' den Austritt aus der Landeskirche, sofern sie sich zu neuen Gemeinden außerhalb dieser zusammenschlossen. Wer von dieser ‚Freiheit' Gebrauch machte (oder dazu gedrängt wurde), zahlte dafür jedoch einen hohen Preis: Die freireligiösen Gemeinden unterstanden nun dem Vereinsrecht, das ihnen die Durchführung kirchlicher Amtshandlungen untersagte. Pfarrer büßten ihre Versorgungsrechte ein und waren häufig gezwungen, als Wanderprediger umherzuziehen (Groschopp 2011, 115), und die Kinder der Mitglieder waren weiterhin zum Besuch des evangelischen Religionsunterrichtes gezwungen (Nanko 2006, 190; Groschopp 2011, 109). Beamten war eine Mitgliedschaft in den freireligiösen Gemeinden laut Dienstordnung verboten (Groschopp 2011, 116). Polizeilicher Überwachung folgten nicht selten Emigrationen oder Verhaftungen von Predigern oder einzelnen Mitgliedern sowie zeitweise Verbote der Gemeinschaften – 1847 wurden die Protestantischen Freunde in Preußen und die Deutschkatholiken in Bayern verboten –, die bis zu Beginn des 20. Jahrhunderts nicht einmal Dissidentenstatus[24] besaßen (Groschopp 2011, 21, 109–111). Die Herauslösung der Gemeinden aus den kirchlichen Strukturen und dem dazugehörigen Status erfolgte deshalb selten freiwillig und war anfangs auch nicht intendiert. Protestantische Freunde und Deutschkatholiken verstanden sich

---

24 Der Begriff Dissident hat juristische Wurzeln. Im 16. (Warschauer Frieden) und 17. Jahrhundert (Westfälischer Frieden) wurden darunter alle tolerierten christlichen Gemeinschaften gefasst, die nicht den kirchlichen Rechtsstatus (inklusive Judenprivileg) besaßen (Nanko 2006, 183; Groschopp 2011, 21).

als Vertreter einer religiösen Reformbewegung im Sinne liberaler Theologie und definierten ihre Gemeinschaften weiterhin christlich (Simon Ritz 1996, 460; Kaiser 2003, 102–103).

Nach der gescheiterten Revolution in Deutschland nahmen freireligiöse Gemeinden eine Entwicklung von „einer sektenhaften Strömung zu einer Bewegung mit umfassendem Kulturanspruch." (Groschopp 2011, 116) Sie bildeten eigene Strukturen praktischer Sozial- und Bildungsarbeit in Form von Pflegevereinen, Darlehenskassen, Schulen und Horten aus. Die einsetzende Entpolitisierung führte laut Kaiser zudem zu einer „Rückbesinnung auf geistige Inhalte, [welche die] Gemeinden noch enger zusammenrücken ließ." (Kaiser 2003, 108) An einigen Orten entwickelten sich freundschaftliche interkonfessionelle Beziehungen und eine entsprechende Zusammenarbeit. Als die Lichtfreunde 1850 in Sachsen verboten werden sollten, traten sie geschlossen zum geduldeten Deutschkatholizismus über (Groschopp 2011, 112–113). Durch diese Nivellierung des sehr grundlegenden konfessionellen Verständnisses der beiden Großkirchen zeigt sich, wie weit sich diese Gruppen bereits Mitte des 19. Jahrhunderts von herkömmlichen Konfessionsstrukturen und dem damit einhergehenden üblichen Religionsverständnis der Zeit entfernt hatten.

Wurden nationale Bünde Anfang der 1850er Jahre noch politisch verhindert, konnte sich 1859 in Gotha schließlich der *BFGD* gründen. Unter der Bedingung eines weitestgehenden Verzichts auf offen vertretene herrschaftskritische politische Positionen erhielt dieser in einzelnen Ländern (Baden, Nassau, Sachsen) den Dissidentenstatus (Neef 2012, 114), 1918 sogar die Körperschaftsrechte nach Artikel 137 der Weimarer Reichsverfassung (*WRV*). Unter seinem Dach schlossen sich zunächst 53 deutschkatholische und 50 Gemeinden der Protestantischen Freunde zusammen (Nanko 2006, 191; Groschopp 2011, 118). Bis 1865 wuchs der *BFGD* zunächst auf 118 Gemeinden mit 21.000 Mitglieder an, ehe er bis zum Ersten Weltkrieg wieder auf sein Ursprungsniveau zurückfiel. Zusammen mit den Gemeinden, die außerhalb des Bundes verblieben, konnten freireligiöse Organisationen zu dieser Zeit insgesamt 50.000 Mitglieder vorweisen (Groschopp 2011, 24).

In den freireligiösen Gemeinden wurde an der Entwicklung eines dogmenfreien Christentums gearbeitet. Es bildeten sich, häufig eng mit den „Spezialansichten" (Groschopp 2011, 116) der Gemeindeführer verbunden, sehr unterschiedliche inhaltliche Schwerpunktsetzungen heraus, die sich kaum auf einen gemeinsamen Nenner bringen lassen. Kaiser spricht in diesem Zusammenhang von einer „diffuse[n] Weltanschauung" (Kaiser 2003, 109) des *BFGD*, die auch eine Füllung mit deutschnationalen und völkischen Inhalten zuließ (Kaiser 2003, 108–110; Groschopp 2011, 178–180). Kirchliche Praxisformen wurden beibehalten, vor allem Passageriten wie Totenbestattungen und Konfirmationen/Firmungen, die seit 1852 mancherorts in ‚Jugendweihe' umbenannt wurden.[25] Da kirchliche Totenbestattungen ausgetretenen Kirchenmitgliedern insgesamt verwehrt blieben, fungierten die freireligiösen Gemeinden in diesem Bereich auch für Nichtmitglieder als Dienstleister. Der Zwang zur Teilnahme am Religionsunterricht für die Kinder von Mitgliedern der freireligiösen Gemeinden blieb jedoch in den großen Ländern wie Preußen und Bayern bestehen. Vorstöße eines freireligiösen Unterrichtes in Berlin führten zur Verhaftung der dafür eingesetzten Lehrer Bruno Wille und Ida Altmann (Neef 2012, 115–116). Erst in der Weimarer Republik setzte der Bund im Zuge seiner Anerkennung als K.d.ö.R. Forderungen nach einem eigenen Religionsunterricht flächendeckend durch (Kaiser 2003, 108–109).

Gesellschaftspolitische Breitenwirkung konnte der *BFGD* nicht entfalten. Dies ist, neben seiner geringen Verbreitung, der Tatsache, dass die freireligiöse Tradition trotz des Zusammenschlusses „geistig und territorial [...] zersplittert" blieb (Groschopp 2011, 119) und dem Bestehenbleiben komplizierter gesellschaftspolitischer Rahmenbedingungen auch durch die zunehmende Konkurrenz durch Freidenkerorganisationen zu erklären, welche die Beibehaltung des Religionsbegriffes sowie den politischen Opportunismus des *BFGD* kritisierten (Simon-Ritz 1996, 462; Kaiser 2003, 108–110). Freidenker forderten nicht mehr nur Freiheit in der Religion, sondern Freiheit von Religion. „So kann der Bund [Freireligiöser Gemeinden Deutschlands] ungewollt als Vorkämpfer für die Freiheit von Nichtgläubigen gelten." (Groschopp 2011, 117)

2.4.2 Freidenker

Der ideengeschichtliche Ursprung der Freidenkerei liegt in England (Groschopp 2011, 94). Organisierte Formen nahm sie dort bereits in den 1850er Jahren an. Diese Entwicklung ist eng mit den Namen der Religionskritiker und Wanderredner George J. Holyoake und Charles Bradlaugh verknüpft. Auf Holyoakes Wirken hin gründeten sich zwischen 1851 und 1861 in Großbritannien etwa 60 Freidenkergruppen, die sich 1866 zur *NSS* zusammenschlossen. Diese verfolgte folgende Prinzipien:

1. To explain that science is the sole Providence of man....
2. To establish the proposition that Morals are independent of Christianity....
3. To encourage men to trust Reason throughout, and to trust nothing that Reason does not establish....

---

[25] Eine ausführliche (ideen)geschichtliche Analyse der Jugendweihe liefert Hallberg 1978.

4. To teach men that the universal fair and open discussion of opinion is the highest guarantee of public truth....
5. To claim for every man the fullest liberty of thought and action compatible with the possession of like liberty by every other person.
6. To maintain that, from the uncertainty as to whether the inequalities of human condition will be compensated for in another life – it is the business of intelligence to rectify them in this world; and consequently, that instead of indulging in speculative worship of supposed superior beings, a generous man will devote himself to the patient service of known *inferior* natures, and the mitigation of harsh destiny so that the ignorant may be enlightened and the low elevated. (Campbell 2013, 48–49)

Britische Säkularisten sollten das Freidenkertum nicht nur innerhalb Europas importieren, sondern darüber hinaus Kontakte zu gleichgesinnten Organisationen in den *USA* und Indien unterhalten (Schmidt-Lux 2008, 144–154; Quack 2012a, 69–76; Campbell 2013, 46–56).

Erste Pläne zur Bildung einer internationalen Freidenkerorganisation 1870 wurden vom deutsch-französischen Krieg durchkreuzt. Sie wurde schließlich 1880 in Brüssel als Internationaler Freidenkerbund (*IFB*) gegründet. Eine deutsche Sektion des *IFB* entstand ein Jahr später in Frankfurt am Main. Sie startete mit 512 Einzelmitgliedern und wuchs bis 1898 auf 6.000 Mitglieder an. Dieses Niveau hielt sie bis 1918. Die Satzung des Deutschen Freidenkerbundes (*DFB*) blieb technisch, seine Forderungen nach geistiger Freiheit eher abstrakt, die Verbindung der beteiligten Akteure, häufig publizistisch tätige Einzelpersonen, die sich von einem Zusammenschluss mehr Breitenwirkung ihres Tuns erhofften, lose (Simon-Ritz 1996, 462; Kaiser 2003, 111–114). Neben der materialistisch geprägten geistig-moralischen Abwendung vom Christentum zeichnete sich das frühe deutsche Freidenkertum programmatisch durch eine Ablehnung aller Formen des kirchlichen Lebens aus. Struktur und Praxis christlicher Gemeinden gaben die meisten Freidenkergruppen in Deutschland auf. Passageriten und andere Rituale, die in freireligiösen Kreisen noch stark verbreitet waren, lehnten sie als religiöse Restbestände größtenteils ab. Wissenschafts- und Fortschrittsgläubigkeit definierten den Rahmen für eine intellektualistische Auseinandersetzung mit Religion/en mit aufklärerischem Impetus. Die frühe Praxis solcher Gruppen bestand zum Beispiel in (populär-)wissenschaftlichen Vorträgen, der Einrichtung von Bibliotheken und Bildungsstätten für Kinder sowie einer Verbreitung der Verbandszeitschrift *Menschthum* (ab 1895 umbenannt in *Der Freidenker*; Auflage um 1910: 5.500) oder religionskritisch-aufklärerischer Schriften von Autoren wie Ludwig Büchner oder Ernst Haeckel, der auf dem internationalen Freidenkerkongress in Rom 1904 zum Gegenpapst ausgerufen wurde (Kaiser 2003, 111–112; Groschopp 2011, 137–144).

Auf Haeckels Bestreben hin gründete sich 1906 in Jena der Deutsche Monistenbund (*DMB*), der bis 1914 etwa 6.000 Mitglieder in 42 Ortsgruppen vereinigte. Unter diesen fanden sich einige der bekanntesten Naturwissenschaftler der Zeit, zum Beispiel Chemie-Nobelpreisträger Wilhelm Ostwald, den Haeckel 1915 zum Vorsitzenden des *DMB* berief. Haeckel selbst stand für eine darwinistisch orientierte wissenschaftliche Weltanschauung, in deren Zentrum eine fortschrittsgläubig-teleologische Interpretation des Evolutionsprinzips stand. Er erregte allein dadurch Aufsehen, dass er den Menschen als Teil der natürlichen Evolution betrachtete, ging jedoch darüber hinaus und übertrug das Evolutionsprinzip auch auf Kultur und Gesellschaft. In diesem Zusammenhang sollte Haeckel ein sozialdarwinistisches Programm inklusive Rassenhygiene und ‚lebenswert'-abhängiger Euthanasie für Menschen mit körperlicher oder geistiger Beeinträchtigung in der freigeistigen Tradition salonfähig machen. Es waren aber auch Monisten, die zuerst für die Einführung eines wissenschaftsorientierten und weltlich-wertebildenden Schulfaches Lebenskunde als Religionsersatzfach eintraten, das als solches, vom *HVD* angeboten, heute in Berlin, Brandenburg und in einer humanistischen Weltanschauungsschule in Fürth unterrichtet wird (Groschopp 2011, 256–264, 282–345; dazu weiterführend Kapitel 2.5.1).

Der Monismus unterschied sich von anderen Freidenker-Organisationen durch die Tendenz zur „Selbstverzauberung" (Schmidt-Lux 2008, 101) bis hin zur Rede von einer monistischen Religion an der Spitze kulturell-gesellschaftlicher Evolution. In naturromantisch-mystischer Verklärung entwickelte vor allem Haeckel eine pantheistische Einheitslehre. Über Haeckel äußerten sich viele seiner Anhänger in geradezu „messianischem Tonfall." (Simon-Ritz 1996, 167) Ostwald bezeichnete seine erste Begegnung mit Haeckel als „Bekehrungserlebnis." (Schmidt-Lux 2008, 95–105)

Zahlenmäßig weniger stark aufgestellt war die Deutsche Gesellschaft für Ethische Kultur (*DGEK*), neben dem Monismus eine zweite Variante des frühen deutschen bürgerlichen Freidenkertums, die sich weniger weltanschaulich als volkserzieherisch gerierte. Sie hatte sich bereits 1892 mit 250 Mitgliedern – unter ihnen neben Bruno Wille auch Rudolf Steiner – nach dem Vorbild der ethischen Bewegung in den *USA* um deren Führerfigur Felix Adler gegründet und wirkte vor allem in Preußen (Groschopp 2011, 183; Fink 2012, 28). Ziel der *DGEK* war die Konstitution und Verbreitung einer kantischen Ethik für diejenigen, die den moralischen Bezug zum Christentum verloren hatten, wobei sie religiös-weltanschauliche Ansichten zur Privatsache erklärte. Schwerpunkte wurden auf das rigide Vorleben und Einfordern vorbildlicher persönlicher Lebensführung und die praktische Umsetzung sozialer Lebenshilfen, zum Beispiel in Form von Beratungsstellen bei Rechtsproblemen, Arbeitslosenhilfe, Volksbibliotheken oder Tafeln gelegt. Einige Ortsgruppen nannten sich dabei umgangssprachlich bereits

‚Humanistengemeinde', eine Selbstbezeichnung, die innerhalb der freigeistigen Szene zu dieser Zeit noch unüblich war (Groschopp 2011, 90). Dem freidenkerischen Grundgedanken folgend, war ihre Praxis jedoch vornehmlich auf die literarisch-publizistische Verbreitung und Popularisierung von Wissenschaft und Kunst sowie die Jugenderziehung konzentriert. In diesem Zusammenhang entstand erstmals die Idee einer ethischen Akademie beziehungsweise Freidenkerhochschule, die später vom Weimarer Kartell (*WK*; siehe unten) aufgegriffen werden sollte (Groschopp 2011, 187). Vortrags- und Diskussionsveranstaltungen wurden Festen und Feiern vorgezogen. Die *DGEK* richtete sich dabei vor allem an die „kulturtragenden Oberschichten [...], den sozialdemokratischen Einrichtungen sollte nicht die Ethik der Zukunft überlassen werden." (Groschopp 2011, 152–153)

Es war entschieden diese Ausrichtung, die die *DGEK* nach kurzem Aufschwung[26] gegenüber einer erstarkenden Sozialdemokratie – auch innerhalb der freigeistigen Tradition – nahezu in der Bedeutungslosigkeit verschwinden ließ (Groschopp 2011, 182–184).[27] Seit dem Erlass der Sozialistengesetze ging in den urbanen Zentren des Landes von der sich formierenden Arbeiterbewegung zunehmende Kritik an freireligiösen Gemeinden und Freidenkergruppen aus, denen übertriebene Theoriebezogenheit und Ignoranz gegenüber der sozialen Frage vorgeworfen wurde. Sie stellten zu Zeiten der unter Druck geratenen Sozialdemokratie ein wichtiges Auffangbecken für die Arbeiterbewegung dar und waren nicht nur ein relativ unbehelligter Ort der Vergemeinschaftung – was den betreffenden Organisationen nicht selten den Vorwurf einbrachte, politischer Tarnverein zu sein –, sondern für viele Arbeiter auch die dritte Säule der Arbeiterbewegung neben Partei und Gewerkschaft. In einer bruchstückhaften Rezeption der noch nicht allen umfassend zugänglichen Schriften von Karl Marx be-

---

26 Groschopp (2011, 162) spricht für das Jahr 1893 von 1.500 Mitgliedern. Im gleichen Jahr initiierte die *DGEK* die Gründung des Internationalen Bundes Ethischer Gemeinschaften in Eisenach (Groschopp 2011, 190).
27 Als weitere Gründe nennt Groschopp (2011, 184–200) moralischen Rigorismus, Überalterung der Führerschaft und die sich pluralisierende Konkurrenz von religiöser, lebensreformerischer, freireligiöser und freidenkerischer Seite. In diesem Zusammenhang sei mit Blick auf die in der vorliegenden Studie unter anderem ins Zentrum gerückte *GBS* (Kapitel 4) nur die Gründung des Giordano Bruno Bundes (*GBB*) als Abspaltung der *DGEK* 1900 erwähnt. Gründerfiguren waren zentrale Akteure der ethischen Bewegung wie Bruno Wille oder Rudolf Steiner. Zwischen 1901 und 1905 initiierte der *GBB* vor allem in Berlin aufklärerisch-religionskritische Kampagnen mit Vorträgen, Diskussionsrunden oder Flugschriften, die im öffentlichen Leben Berlins regen Anklang fanden. Aufgrund interner Widersprüche zu seiner Ausrichtung löste sich der *GBB* allerdings bereits 1908 wieder auf.

trachteten viele unter ihnen Religion als das Opium für das Volk (statt, wie von Marx formuliert und intendiert, als Opium des Volkes), verabreicht von der herrschenden Klasse und damit ebenso Ziel gesellschaftlicher Revolutionsbestrebungen wie die politischen Verhältnisse und wirtschaftlichen Produktionsbedingungen. Theodor Fricke, einer der Wegbereiter des proletarischen Freidenkertums, brachte dies 1908 auf die Formel: „Freidenkertum ist Klassenkampf." (Kaiser 1981, 97, 119–125) Um die Jahrhundertwende stellten Gesellen und Industriearbeiter den mehrheitlichen Teil der Mitgliedschaft sowohl im *BFGD* als auch im *DFB*, sahen ihre Positionen und Anliegen von den bürgerlichen Kadern jedoch nicht angemessen vertreten. Dies führte zu erheblichen innerverbandlichen Spannungen, zum Beispiel über die Ausrichtung der Verbandsorgane und das Zwei-Klassen-Stimmrecht[28] bei Mitgliederversammlungen (Kaiser 1981, 85–91; Groschopp 2011, 226–229). Da sich auch die Sozialdemokratische Partei Deutschlands (*SPD*) relativ uninteressiert an den Solidaritätsbekundungen und Anträgen der Freidenker zeigte und Religion im Rahmen des Erfurter Programms von 1891 zur Privatsache erklärte (Kaiser 1981, 88, 115–119; Groschopp 2011, 235–237), entwickelte sich bald ein eigenständiges proletarisches Freidenkertum, das sich politisch radikal, antikirchlich und religionskritisch aufstellte. 1905 gründete sich in Berlin der Verein der Freidenker für Feuerbestattung (*VFF*), der neben der Unterhaltung einer Sterbekasse auch mit antikirchlichen Kampagnen auf sich aufmerksam machte. 1908 folgte in Eisenach die Gründung des Zentralverbandes deutscher Freidenkervereine (ab 1911 Zentralverband proletarischer Freidenker Deutschlands [*ZpFD*]) als Zusammenschluss oppositioneller lokaler Freidenkerverbände, der bis 1914 auf 6.000 Mitglieder in 93 Ortsgruppen anwuchs und damit den *DFB* übertrumpfte (Kaiser 1981, 102–108).

Um der zunehmenden Zersplitterung der Szene entgegenzuwirken und ein öffentlichkeitswirksames Sprachrohr zu entwickeln, schlossen sich 1909[29] 15 Gruppen aus dem gesamten freigeistigen Spektrum mit insgesamt 20.000 Mitgliedern in Magdeburg zum *WK* zusammen – unter ihnen der *DFB*, der *DMB*, die *DGEK*, der Deutschen Bund für Mutterschutz (*DBM*) und der Deutsche Bund für weltliche Schule und Moralunterricht. Als verwandte Einrichtungen waren auch der *BFGD* und der ZpFD mit dem *WK* assoziiert, ebenso wie reformtheologische Organisationen, die buddhistische Mahabodi-Gesellschaft oder der Freimaurerbund zur aufgehenden Sonne. Das *WK* gilt als erster nationaler Dachverband

---

28 Zweigvereine erhielten auf den Hauptversammlungen des *DFB* lediglich eine Stimme für je 50 Mitglieder, während die häufig bürgerlichen Einzelmitglieder volles Stimmrecht besaßen (Kaiser 1981, 89).
29 Hierbei handelt es sich um das Jahr der Konstituierungsversammlung des Kartells. Das Gründungstreffen fand bereits 1907 in Weimar statt (Groschopp 2011, 27).

freigeistiger Organisationen, der die gesamte damalige Prominenz der Szene versammelte – darunter zum Beispiel Arthur Pfungst und Heinrich Rössler als Vorsitzende und Mäzene, Max Henning als Schriftführer, Dr. Rudolph Penzig als Vertreter der *DGEK*, Gustav Tschirn für den *BFGD* und den *DFB*, Wilhelm Ostwald für den *DMB* oder Helene Stöcker für den *DBM*. Der Vielfalt der im Kartell versammelten Perspektiven und Positionen entsprechend handelte es sich um ein pragmatisches Bündnis, wobei alle Mitgliedsorganisationen und verwandten Einrichtungen ihren eigenständigen Charakter beibehielten (Groschopp 2011, 26–29).

In einzelnen lokalen Untergliederungen des Kartells stellte sich eine Art Gemeindeleben ein, bestehend aus wissenschaftlichen Bildungs- und Diskussionsveranstaltungen, Jugendunterricht, Sonntagsfeiern mit Musik und Ansprache sowie Sonnwend- und Gedenkfeiern, wobei diese Praxis intern höchst umstritten blieb (Groschopp 2011, 224–225). Einig war man sich hingegen hinsichtlich der Wichtigkeit einer wirksamen gesellschaftspolitischen Öffentlichkeitsarbeit, teilweise in Verbindung mit Kampagnen. In seiner konkreten Ausformulierung umfasste das Programm des *WK* zehn Punkte:

1. Schutz der Universitäten gegen jeden Eingriff in ihre Forschungs- und Lehrfreiheit.
2. Aufhebung der theologischen Fakultäten und Einordnung des religionswissenschaftlichen Stoffes in die philosophischen Fakultäten.
3. Befreiung von Schulen und sämtlicher öffentlicher Unterrichtsanstalten von kirchlicher Bevormundung und Beeinflussung.
4. Schaffung selbstständiger Unterrichtsministerien.
5. Befreiung der Kommunen von staatlichen Eingriffen, besonders in Kulturfragen.
6. Vereinfachung des Kirchenaustritts und Regelung desselben.
7. Befreiung der Dissidentenkinder vom konfessionellen Religionsunterricht.
8. Aufhebung des Zwanges zu einer religiösen Eidesformel.
9. Freiheit der Bestattungsformen (Feuerbestattung).
10. Bekämpfung der gesetzlichen, wirtschaftlichen und sittlichen Minderbewertung der Frau. (Groschopp 2011, 27)

Während viele dieser Forderungen zu Beginn des 20. Jahrhunderts Utopie bleiben mussten, agierte das Kartell vor allem in den Bereichen Kirchenaustritt und Feuerbestattung mit verhältnismäßig großem Erfolg.

Ein Kirchenaustritt ohne Übertritt in eine andere Religionsgemeinschaft wurde durch entsprechende Erlasse in Sachsen (1870) und Preußen (1873) rechtlich zulässig (Groschopp 2011, 124). Einzelne Freidenkerorganisationen hatten daraufhin begonnen, für den Kirchenaustritt zu werben, ohne dies systematisch zu koordinieren. Das änderte sich 1910 mit der Gründung des Komitees Konfessionslos (*KK*), ein Zusammenschluss proletarischer und bürgerlicher Freidenker. Das *WK* nahm das *KK* kurze Zeit später auf und koordinierte dessen

Kirchenaustrittskampagne. In Kundgebungen oder auf Flugblättern warb das Kartell für den Kirchenaustritt und erteilte diesbezügliche Rechtsauskünfte. Über den Kirchenaustritt wollte man indirekt auch Kritik am Staat formulieren. Politische Motive für den Austritt waren die Marginalisierung der *SPD* durch das Dreiklassenwahlrecht und die Ablehnung diverser von ihr eingebrachter Anträge in den Reichstag (zum Beispiel zur Aufhebung staatlicher Pfarrerbesoldung) sowie die Stärkung des kirchlichen Einflusses auf die Schule durch das Volksschulgesetz 1906 (Kaiser 1982, 282).

Die seit 1905 gestiegene Zahl von Kirchenaustritten vervielfältigte sich bis zum Beginn des Ersten Weltkriegs, wenn die Zahlen im Vergleich zu den Verhältnissen der Nachkriegszeit ab 1919 auch gering blieben und finanzielle Erwägungen ein stärkeres Austrittsmotiv dargestellt haben mögen als freigeistiges Gedankengut – Preußen führte 1905 das Recht der Erhebung einer an der Einkommensteuer orientierten Kirchensteuer ein. 1908 erhielt der Staat das Recht, Einsicht in die Lohnlisten der Arbeiter zu erhalten, wodurch viele von ihnen plötzlich einkommensteuer- und damit auch kirchensteuerpflichtig wurden (Kaiser 1981, 30–37; Groschopp 2011, 218–222).

Organisierte Bestrebungen in Richtung Feuerbestattung gab es in Deutschland seit etwa 1870. Die zentralen ökologischen, volkswirtschaftlichen und ästhetischen Argumente für die bis 1878 verbotene Bestattungspraxis wiesen zunächst keine direkten Verbindungen zu den geistigen Grundlagen der Freidenkertradition auf. Als Symbol des Fortschritts adaptierte letztere sie wohl deshalb, weil Kirchenvertreter der Einäscherung überwiegend ablehnend bis feindlich gegenüberstanden und politisch auch entsprechend agierten. Bis in die 1920er Jahre hinein ließen beide Großkirchen sie offiziell nicht zu. War die Feuerbestattung anfangs eine „Angelegenheit der Gebildeten und Begüterten" (Kaiser 1981, 62), entwickelte sie sich mit der Zeit immer mehr zu einem attraktiven Angebot für Arbeiter, die auf der Suche nach bezahlbaren Bestattungsformen in zunehmender Zahl Feuerbestattungsvereinen mit entsprechenden Kassen beitraten. Eine direkte Verbindung zum Freidenkertum entstand 1905 mit der Gründung des *VFF* in Berlin. Er entzog sich unter Berufung auf seine weltanschaulichen Ziele dem Reichsaufsichtsamt für Privatversicherungen und konnte deshalb seit seiner Eintragung ins Vereinsregister 1919 mit besonders günstigen Preisen überzeugen. Seine Rolle innerhalb der Szene vor dem Ersten Weltkrieg schätzt Kaiser (1981, 54–65) allerdings als eher gering ein. Aus den wenigen Quellen zum Verband geht hervor, dass er zunächst eher ein lokaler Verein war – 1910 hatte er lediglich 39 Mitglieder –, der aufgrund der ungeklärten Rechtslage zur Einäscherung auch praktisch kaum Wirkung entfalten konnte. Dass er heute häufig als Ausgangs- und Fixpunkt des proletarischen Freidenkertums und vom *HVD* in Berlin gar als direkte Vorgängerorganisation betrachtet wird, sieht Kaiser

(1981, 130–133) in seiner Rolle als Massenverband nach dem Ersten Weltkrieg begründet (siehe unten).

Während des Ersten Weltkrieges war eine koordinierte Fortführung der weiterhin eher schwache Strukturen aufweisenden freireligiösen Gemeinden und Freidenkerorganisationen kaum möglich und ihr Fortbestand zum ersten Mal ernsthaft bedroht.[30] Nach einer Zeit der kirchlichen Renaissance 1914–1918 nahmen einzelne Organisationen ihre Arbeit wieder auf. Trotz einer Veränderung der rechtlichen und gesellschaftspolitischen Rahmenbedingungen durch die Gründung der Weimarer Republik waren die Anliegen und Probleme dabei die gleichen geblieben. 1922 entstand die Reichsarbeitsgemeinschaft der freigeistigen Verbände der deutschen Republik (RAG), die personell mit dem ehemaligen KK nahezu identisch war und sich erneut Kirchenaustrittskampagnen mit Reden, Flugblättern und Plakaten widmete (Kaiser 1981, 38–46). Während der starke Anstieg mit jährlich bis zu 200.000 Kirchenaustritten wohl aber nur sehr bedingt mit der Praxis der Verbände zusammenhing,[31] machte sich speziell der VFF die Feuerbestattung als dem Selbstverständnis nach genuin freidenkerische Praxis immer mehr zu eigen. Seine Mitgliederzahl steigerte sich rasant auf 60.000 im Jahr 1920 und 550.000 im Jahr 1929, und blieb bis 1933 stabil. Neben dem VFF erlebte auch der ZpFD – wenn auch in geringerem Maßstab – ein ungeahntes Wachstum (Kaiser 1981, 66–76).

Außerhalb der sozialdemokratisch beziehungsweise sozialistisch geprägten Verbände stagnierte die Organisationslandschaft jedoch. Dies führte zu neuen Annäherungen und Koalitionen, unter anderem zwischen dem DFB und dem BFGD, die sich 1921 zum Volksbund für Geistesfreiheit (VFG) zusammenschlossen, an ihre gesellschaftspolitische Rolle der Vorkriegszeit aber nicht mehr anknüpfen konnten (Kaiser 2003, 120).

Entscheidend für die Entstehung der Dominanz der proletarischen Freidenkerorganisationen innerhalb der Szene dürfte zum einen die erneute, starke Po-

---

30 Organe waren von Zensur betroffen, wichtige Verbandsfunktionäre wurden eingezogen und weder Zusammenkünfte noch die Finanzierung der betreffenden Organisationen konnten angemessen gewährleistet werden. 1918/19 führte dies zum Beispiel zur Auflösung des WK (Kaiser 1981, 110).
31 Kaiser (1982, 279–280) berichtet von privaten Statistiken eines Berliner Pfarrers, laut denen Kirchensteuer und Ärger über den Pfarrer die Hauptgründe für den Kirchenaustritt darstellten. Hinzu kam weiterhin die Unzufriedenheit von Seiten der wachsenden Arbeiterbewegung, die ihre Belange innerhalb der Kirche nicht ausreichend beachtet sah. Erfolgreich waren die Kampagnen aber insofern, als die Kirchen ihnen große Bedeutung zumaßen und mit der Verbreitung von Büchern, Flugblättern und Zeitungsartikeln auf sie reagierten, wobei es sich zumeist um apologetische Schriften gegen die atheistischen Angriffe aus dem Freidenkerlager handelte. Für Kaiser zeigt dies die Unfähigkeit der damaligen Landeskirchen, die Lage angemessen zu deuten.

litisierung, vor allem durch die Kommunistische Partei Deutschlands (*KPD*), gewesen sein. Anders als die *SPD* förderte sie die Freidenkerorganisationen unmittelbar und betrachtete sie als wichtige Institutionen zur Durchsetzung ihrer politischen Agenda. In diesem Zusammenhang wurde das oben genannte Drei-Säulen-Modell der Arbeiterbewegung wieder aufgegriffen. Andere hatten ein rein pragmatisches, persönliches Interesse an einer günstigen Feuerbestattung. Nach der Einrichtung einer eigenen Feuerbestattungsabteilung 1921 verzehnfachte der *ZpFD* seine Mitgliedschaft bis 1927 auf 50.000 (Kaiser 1981, 138–139). In diese Zeit fiel auch sein Zusammenschluss mit zwei Thüringer Freidenkerverbänden zur Gemeinschaft proletarischer Freidenker (*GpF*) (Kaiser 1981, 146–147). Die vielen Beitritte auf die weltanschauliche Überzeugungskraft der Verbände zurückzuführen, hält Kaiser (1981, 2003) demgegenüber für falsch, gesteht dem *VFF* und dem *ZpFD* aber zu, freigeistige Ideen zum ersten Mal einer breiten Öffentlichkeit zugänglich gemacht zu haben:

> Das [Wachstum; Anm. StS] war nicht dem freigeistigen Anliegen und seiner Anziehungskraft zu verdanken, verhalf den Verbänden jedoch dazu, ein kulturpolitischer Faktor von Gewicht zu werden, mit dem die Betroffenen – Kirchen, Staat und Arbeiterparteien – sich auseinandersetzen mussten. (Kaiser 1981, 19)

Im Vergleich mit dem *VFF* hatte der *ZpFD* beziehungsweise die *GpF* die profiliertere weltanschauliche Ausrichtung. Man hatte sich ein laizistisches Programm, vor allem den Kampf für eine weltlich-sozialistische Schule, mit dem Zwischenschritt der Einführung von Lebenskunde und damit der Befreiung vom Religionsunterricht für Dissidentenkinder, auf die Fahnen geschrieben. Die Zeitschrift *Der Atheist*, die 1920 zum Vereinsorgan wurde, hatte bis 1924 eine Auflage von 80.000 Exemplaren und avancierte zum auflagenstärksten freigeistigen Medium der Zeit (Kaiser 1981, 140–147).

Mit dem starken Wachstum der Verbände ging eine zunehmende Professionalisierung ihrer Arbeit einher. Ehrenamtliche Vorstände waren bald nicht mehr in der Lage, die Mitgliederorganisation und Tätigkeitskoordination zu überblicken, geschweige denn zu bewerkstelligen. Eine besondere Rolle spielten die Sekretäre, die breiten Handlungsspielraum erhielten und diesen auch zu nutzen wussten. Beim *VFF* installierte Max Sievers ein Netzwerk lokaler Geschäftsstellen in ganz Deutschland und investierte in Grundstücke und Immobilien sowie in die Übernahme von vorherigen Zulieferbetrieben (zum Beispiel Tischlerei und Sägewerk), um Kosten zu senken. Er förderte auch die weltanschauliche Profilierung des Verbandes, etwa durch das Knüpfen von nationalen und internationalen Kontakten innerhalb der Szene und eine Neuausrichtung des Vereinsorgans, das von einem Mitteilungsblatt zum Ort freigeistiger Debatten wurde, dokumentiert in der Umbenennung von *Vierteljahres-Mitteilungen* zu *Der Freidenker* (Kaiser 1981, 137–139). Eine ähnliche Rolle für den *VpFD* spielte deren Sekretär Arthur Wolf. Er verlor jedoch in einem internen Machtkampf der Gemeinschaft 1925 alle Ämter, wohl auch, da es ihm weniger gut als Sievers gelang, den Kontakt zur Mitgliederbasis zu halten. In beiden Organisationen kam es zu einer zunehmenden „Verselbstständigung des Apparats gegenüber der Mitgliedschaft" (Kaiser 1981, 153), die in der *GpF* zum offenen Konflikt führte.

In diesem Konflikt spielten auch zunehmende politische Animositäten eine Rolle. Gerade von Seiten der *KPD* ging der Versuch einer Politisierung der Freidenkerorganisationen aus, wobei unterschiedliche Strategien verfolgt wurden. Versuche, zum Beispiel den *VFF* durch eine Entsendung einer Vielzahl kommunistischer Vertreter auf Mitgliederversammlungen gewissermaßen zu unterwandern, schlugen fehl, auch weil Sievers und andere gemäßigte Verbandsfunktionäre dies mit Hilfe von Ausschlüssen und anderen Erlassen zu verhindern wussten. So gründeten sich auf Initiative der *KPD* schließlich eigenständige parteinahe Organisationen, die sich 1929 in Berlin in der Zentralstelle proletarischer Freidenker zusammenschlossen (ab 1931 Verband proletarischer Freidenker Deutschlands [*VpFD*]). Einige Oppositionelle aus dem *VFF* bewegte dies zum Austritt. Da der *VpFD* sich jedoch ausgesprochen kritisch gegenüber der als reaktionär betrachteten Feuerbestattungspraxis äußerte, verzichteten auch viele Kommunisten innerhalb des *VFF* aus pragmatischen Gründen darauf. 1931 hatte der *VpFD* aber immerhin 100.000 Mitglieder (Groschopp 2011, 490–492).

Die politischen Grabenkämpfe der Zeit führten zu einer kaum überschaubaren Gemengelage von Verbandsspaltungen, Neugründungen, neuen Zusammenschlüssen und Umbenennungen. Der angesprochene Machtkampf in der *GpF* endete 1926 in einer Abspaltung des Bundes sozialistischer Freidenker, in der sich eine sozialdemokratisch orientierte Fraktion, die 1925 als Vorstand der *GpF* abgewählt worden war, gegen die kommunistische Ausrichtung der Gemeinschaft stellte. Die verbliebene, kommunistisch geprägte *GpF* schloss sich 1926/27, wohl aus pragmatischen Erwägungen, mit dem eigentlich gemäßigt sozialdemokratischen *VFF* zum Verband für Freidenkertum und Feuerbestattung (*VfFF*) zusammen. Name, Verbandssitz (Berlin), die deutlich größere Mitgliederzahl (400.000 gegenüber 25.000) und die Übernahme von *Der Freidenker* als Verbandsorgan[32] sprechen für eine Dominanz des früheren *VFF* bei dieser Fusion. Die *GpF* brachte sich durch eine stärkere Schwerpunktsetzung auf freigeistige Inhalte jenseits der Feuerbestattung in den Zusammenschluss ein, richtete beispielsweise ein Kul-

---

[32] *Der Atheist* wurde zum Organ des 1925 in Konkurrenz zum bürgerlichen *IFB* gegründeten Internationalen proletarischen Freidenkerbundes (Kaiser 1981, 145).

tursekretariat und eine Bücherei ein und bot Rechtsberatung, Funktionärsschulungen sowie künstlerische Kulturprogramme an. Für den VFF war diese Erschließung neuer Tätigkeitsfelder insofern strategisch günstig, als der eigene Status als Weltanschauungsgemeinschaft, der steuerliche Vorteile mit sich brachte, den staatlichen Behörden dadurch plausibler gemacht werden konnte. Zum 25-jährigen Bestehen des Verbandes benannte sich dieser 1930 in Deutscher Freidenker-Verband (*DFV*) um (Kaiser 1981, 156–186).

Dem kommunistisch ausgerichteten *VpFD* gelang es noch, einen Verlag, einen Filmverleih, eine Lichtbildstelle und das Verbandsorgan *Proletarische Freidenkerstimme* aufzubauen. Er war jedoch von Beginn seiner Existenz an mit polizeilicher Überwachung und Beschlagnahmungen konfrontiert. Im Mai 1932 wurde er schließlich verboten und agierte nur noch kurze Zeit im Untergrund weiter (Kaiser 1981, 257–275, 316).

Im Gegensatz dazu suchte der *VfFF/DFV* eher staatliche Nähe und stellte seinen ohnehin gemäßigten politischen Konfrontationskurs zunehmend ein. Dies wurde zu einer strategischen Notwendigkeit, verfolgte der Verband doch das Ziel des Erwerbs von Körperschaftsrechten, Steuerfreiheit und mehr Einfluss auf die Kulturpolitik. Vor allem ging es ihm aber darum, sich weiterhin dem Zugriff des Reichsaufsichtsamtes zu entziehen. Angeregt durch erfolgreiche Anträge des *GpF* in Thüringen und des *DMB* in Hamburg, beantragte der *VfFF* 1928 deutschlandweit die Anerkennung als K.d.ö.R. – im *SPD*-regierten Braunschweig sogar kurzfristig erfolgreich. Die 1929 erlangten Körperschaftsrechte wurden dem *VfFF* jedoch bereits 1933 von der neuen nationalsozialistisch dominierten Regierung wieder entzogen (Kaiser 1981, 279–291).

Mit der Machtergreifung der Nationalsozialisten fand die freigeistige Tradition in Deutschland vorläufig ein jähes Ende. Als ‚Agitatoren des Kulturbolschewismus' kriminalisiert, wurden die meisten Organisationen verboten und ihr Geld und Inventar beschlagnahmt. Alle Angestellten wurden fristlos entlassen. Funktionäre und Mitglieder wurden verfolgt, verhaftet und sogar hingerichtet,[33] andere flohen ins Ausland (Schmidt 2007, 59–66). Die Bestattungskasse des *DFV* wurde in die staatliche Treuhand überführt und in der Neuen deutschen Bestattungskasse (*NdBK*) gleichgeschaltet (Kaiser 1981, 330–337). Selbst völkisch-atheistische Gruppen wurden überwiegend verboten (Kaiser 2003, 122). Einige deutschgläubige Gemeinden aus dem freireligiösen Spektrum begrüßten den Nationalsozialismus und erhofften sich unter ihm sogar den Status einer Staatskirche. Andere äußerten sich skeptisch, kritisch oder offen ablehnend und wur-

---

[33] Unter anderem wurde Max Sievers 1942 von der Gestapo verhaftet und 1944 mit dem Fallbeil hingerichtet (Schmidt 2007, 65–66).

den selbst Opfer von Gewalt und Verfolgung. Die Frage nach der gesellschaftspolitischen Rolle freireligiöser Gemeinden im nationalsozialistischen Deutschland fällt somit, ähnlich wie bei den Großkirchen, je nach Ort, Zeit und beteiligten Personen unterschiedlich aus und ist nicht einheitlich zu beantworten (Langenbach 2007).

2.5 Freigeistige Organisationen in Deutschland nach 1945

Die wissenschaftliche Auseinandersetzung mit der Organisationsgeschichte der freigeistigen Szene in Deutschland reißt nach 1933 weitestgehend ab. Durch die Zerschlagung und das Verbot freigeistiger Organisationen im nationalsozialistischen Deutschland ist ein Kontinuitätsbruch dieser Geschichte bis 1945 zu konstatieren. Über den Verbleib und das Wirken der häufig in die *USA* emigrierten Funktionäre und Mitglieder ist bis auf wenige Ausnahmen (dokumentiert bei Schmidt 2007) historisch nichts bekannt. Innerhalb der freigeistigen Tradition wird diese Zeit als „große Katastrophe" (Interview 6, *HVD*-Funktionär, 38) erinnert, nicht nur, weil Infrastruktur und materielle Ressourcen fast vollständig verloren gingen, sondern auch, weil sie einen Traditions- und häufig damit einhergehenden Sozialisationsbruch bedeutete: Einzelne Organisationen gründeten sich nach 1945 zwar neu; gerade im sich zunehmend auflösenden Arbeitermilieu hatte die Mitgliedschaft in ihnen aber ihre kulturelle Selbstverständlichkeit verloren. Hinzu kam, dass viele Kontakte und überregionale Strukturen innerhalb der Szene durch die Spaltung Deutschlands nicht wiederaufgenommen werden konnten beziehungsweise abbrachen. Freigeistige Organisationen nahmen in den beiden deutschen Staaten bis 1989/90 eine jeweils voneinander unabhängige und vollkommen unterschiedliche Entwicklung.

In der *DDR* waren freigeistige Organisationen außerhalb des staatlich kontrollierten Institutionengefüges verboten, vertrat die politische Führung doch selbst eine „staatssozialistische Variante der freidenkerischen Kulturbewegung." (Groschopp 2011, 493) Wie diese mit Hilfe intermediärer Organisationen verbreitet wurde und erhebliche gesellschaftspolitische Wirkmacht erreichte, zeigt Schmidt Lux (2008) in seiner Studie über die *DDR*-Urania auf. Diese wurde 1954 als Gesellschaft zur Verbreitung wissenschaftlicher Kenntnisse gegründet, initiiert und geplant wesentlich von der Sozialistischen Einheitspartei Deutschlands (*SED*), dem Zentralkomitee (*ZK*) und dem Freien Deutschen Gewerkschaftsbund, formal jedoch eigenständig. Sie schloss programmatisch an die gleichnamige – obgleich deutlich kleinere und weniger einflussreiche – Organisation aus Jena an, die zwischen 1924 und 1933 existierte (Schmidt Lux 2008, 201). Laut Schmidt-Lux kam der Urania in der *DDR* die Aufgabe zu, „legitimes Wissen und den Bereich des erlaubten, gemeinsamen kulturellen Horizonts" (Schmidt Lux 2008, 287) zu definieren. Sie verfolgte eine naturalistisch-szientistische Weltanschauung, bereitete diese populärwissenschaftlich auf und streute sie durch Vorträge, Konferenzen, Lehrgänge in Betrieben, Ausstellungen, Sternwarten, Publikationen sowie eigene Radio- und Fernsehsendungen. 1989 hatte die Urania in jedem Landkreis der *DDR* eine Zweigstelle und richtete jährlich 400.000 Veranstaltungen mit zwölf Millionen Besuchern aus. Schmidt-Lux bezeichnet sie als „zweite[n] Pfeiler der staatlichen Religionspolitik" (Schmidt Lux 2008, 217) neben den repressiven Maßnahmen gegenüber den Kirchen. Vor allem die Anfangsjahre der Urania dienten der sogenannten weltanschaulichen Aufklärungsarbeit und atheistischen Bewusstseinsbildung, die wesentlich von einer prinzipiell ablehnenden Haltung gegenüber Religion geprägt waren. Von naturwissenschaftlichen Rednern wurde stets eingefordert, Vorträge mit politischen und weltanschaulichen Fragen zu verbinden. Die zunehmende Säkularisierung in der *DDR* machte Frontalangriffe auf Kirche und Religion/en ab etwa 1970 weitestgehend überflüssig. Religion wurde in der Folge als ein überwundenes Phänomen thematisiert, dem man sich nur noch aus historischer Perspektive näherte. Die Konzentration lag nun auf der konkreten Ausformulierung einer wissenschaftlichen oder auch explizit marxistisch-leninistischen Weltanschauung. In den 1980er Jahren schlug die Urania einen versöhnlicheren Ton gegenüber den Kirchen an und betonte bisweilen die Vereinbarkeit von Sozialismus und Christentum. Schmidt-Lux (2008, 280–281) vermutet dahinter allerdings lediglich innen- und außenpolitischen Opportunismus.

Verbindungslinien der Urania zur freigeistigen Tradition lassen sich vor allem in Form von Bezügen auf den Monismus ausmachen. Seit 1981 vergab die Urania die Ernst Haeckel-Medaille für Verdienste um eine populärwissenschaftlich-szientistische und religionskritische Aufarbeitung naturwissenschaftlichen Wissens (Schmidt Lux 2008, 229). Außerdem war sie ab 1955 an der Vorbereitung und Durchführung von Jugendweihen beteiligt (Schmidt Lux 2008, 177).

Inhaltlich und finanziell war die Urania zu keiner Zeit ihrer Existenz unabhängig. Die Themenauswahl orientierte sich stets an der politischen Situation der *DDR* und folgte im Wesentlichen ZK-Vorgaben. Seit den 1970er Jahren finanzierte sich die Organisation zu 65 Prozent aus staatlichen Zuschüssen. Das Ende der *DDR* bedeutete auch das Ende ihrer Urania (Schmidt Lux 2008, 216–287).[34]

---

34 Um Missverständnissen vorzubeugen, sei erwähnt, dass es bis heute eine gleichnamige Organisation mit Sitz in Berlin gibt, die schon in der Kaiserzeit existierte und sich 1953 – gänzlich unabhängig von der *DDR*-Urania – als West-Berliner Urania neu gründete. Der Einschätzung von Schmidt-Lux (2008, 187–200, 209–215) zu Folge handelt es sich hierbei um eine Organisation zur

Die politische und weltanschauliche Opposition versammelte sich in der *DDR* eher in den Kirchen. Erst 1989 gründete sich wieder ein Freidenkerverband. Wie sich herausstellen sollte, handelte es sich jedoch auch hier um eine konzertierte Aktion der *SED*, die ein scheinbar zivilgesellschaftliches Gegengewicht zur erstarkten Kirchenopposition inszenieren wollte (Mühlberg 2007, 96; ausführlicher auch Groschopp und Müller 2013). Aus dem Freidenkerverband der *DDR* ging 1991 der Berliner Landesverband des *DFV*, Sitz Dortmund, hervor, nachdem erste Kontakte in der Nachwendezeit mit dem *DFV*, Sitz Berlin, zu Streitigkeiten um die politische (Un-)Abhängigkeit der *DDR*-Freidenker geführt hatten (Groschopp 2011, 496; zur Spaltung des *DFV* siehe unten).

Eine detaillierte wissenschaftliche Rekonstruktion der freigeistigen Organisationsgeschichte in der *BRD* für die Zeit zwischen 1945 und 1990 bleibt ein Desiderat. Kulturhistoriker, die sich mit dem Phänomen vor 1933 auseinandersetzen, widmen dieser Zeit oft nur wenige Zeilen und fällen über freigeistige Organisationen in Nachkriegsdeutschland das Urteil der Bedeutungslosigkeit.

> Es scheint, als sei organisierter Atheismus – in welcher verbandlichen Form und in Anlehnung an wen auch immer – in modernen Gesellschaften funktionslos geworden. Zwar existieren nach wie vor derartige Gruppen, aber sie kommen über ihr gesellschaftliches Nischendasein nicht hinaus. (Kaiser 2003, 122)

Dieser Einschätzung stimmen sogar langjährige ehemalige Verbandsfunktionäre zu:

> So ist die Freidenkerbewegung heute im vereinigten Deutschland weder eine Massenerscheinung, noch erreichen die Verlautbarungen ihrer organisierten Restbestände die Headlines der Medien. Was an Vereinen noch lebt, ist sektenhaft zerstritten und kommt seit dem Schisma zwischen Kommunisten und Sozialdemokraten sowie der staatlichen Trennung von BRD und DDR, oftmals weniger tolerant untereinander aus als ihre Vorgänger. Namhafte Liberale gibt es kaum noch in ihren gelichteten Reihen. (Groschopp 2011, 497)

Die einzig systematische, wenn auch knappe Darstellung einer Geschichte freigeistiger Organisationen zwischen 1945 und 1990 findet sich bei Isemeyer (2007), dem ehemaligen Geschäftsführer des *HVD* Berlin-Brandenburg. Für die Zeit nach der Wiedervereinigung Deutschlands hat der evangelische Theologe Andreas Fincke zwei Abhandlungen zur Szene verfasst (2002, 2017) – bis heute die einzig zugängliche systematisch-wissenschaftliche Außensicht auf die zeitgenössische freigeistige Organisationslandschaft, wenn auch von Interessen der Evangeli-

---

Verbreitung wissenschaftlichen und kulturellen Wissens, die darüber hinaus keine erkennbare weltanschauliche Agenda verfolgt und deren Wirkkreis sich auf Berlin beschränkt.

schen Kirche in Deutschland (*EKD*) und einer entsprechenden Perspektive auf den Gegenstand geprägt. Als interner Geschichtsschreiber tut sich neben Fink (2012) erneut Groschopp hervor (zum Beispiel 2007, 2016). Aufgrund der dünnen Quellenlage zur Geschichte freigeistiger Organisationen in der Bundesrepublik nach 1945 wird in diesem Teilkapitel zusätzlich bereits auf Primärliteratur wie Verbandszeitschriften oder Internetdokumente zurückgegriffen.

Neukonstitutionswillige Verbände des freigeistigen Spektrums waren 1945 alle mit ähnlichen Nachkriegsnöten konfrontiert:

> Die Aufteilung Deutschlands in Besatzungszonen sowie Flucht und Vertreibung ließen die Kommunikation zwischen örtlichen Gruppen und Funktionären abbrechen, Gebäude und Einrichtungen [...] waren zerstört, Papierkontingentierungen der Alliierten erschwerten den Druck von Publikationen. (Isemeyer 2007, 85)

Hinzu kamen Tendenzen einer Rechristianisierung im westlichen Teil Nachkriegsdeutschlands (Isemeyer 2007, 84).

Freireligiöse Gemeinden führten in den Westzonen trotzdem bereits in den ersten Nachkriegsjahren Jugendweihen und wöchentliche Feierstunden durch. 1949 schlossen sie sich in Wiesbaden wieder zum *BFGD* zusammen, der sich nun föderalistisch aufstellte und sich der International Humanist and Ethical Union (*IHEU*) anschloss. Auf lokaler Ebene setzten Ortsgruppen ihre Praxis der undogmatisch gerahmten Gemeindearbeit und des freireligiösen Schulunterrichts fort. Auf Bundesebene forderte der Bund die Trennung von Staat und Kirche sowie Pluralität und Toleranz in religiös-weltanschaulichen Fragen auf zivilgesellschaftlicher Ebene. Zudem engagierte er sich in pazifistischen, linksliberalen Bündnissen gegen die Benachteiligung von Kriegsdienstverweigerung und die Einschränkung von Asyl. 1950 wurde allen freireligiösen Landesverbänden der Status einer K.d.ö.R. verliehen, den auch der Bundesverband 1951 für sich in Anspruch nahm. Die mitgliederstärksten Landesverbände kamen aus Nordrhein-Westfalen und Niedersachsen; beide sollten den *BFGD* später verlassen und sich dem *HVD* anschließen. Grund dafür waren von Beginn an schwelende Konflikte zwischen betont spirituell-religiösen (Baden, Rheinland, Rheinhessen und Offenbach) und säkular-atheistischen Mitgliedsverbänden (neben Niedersachsen und Nordrhein-Westfalen auch Bayern und Berlin). Letztere dokumentierten ihr Selbstverständnis durch Namensänderungen, zum Beispiel in Freie Humanisten Niedersachsen oder Freigeistige Landesgemeinschaft Nordrhein-Westfalen. Austritte aus dem *BFGD* gab es auch auf der anderen Seite des Spektrums, so geschehen bei der Freien Religionsgemeinschaft Rheinland 1988. Aufgrund der internen Auseinandersetzungen konnte man sich erst 1973 auf die Herausgabe eines gemeinsamen Verbandsblattes (*Der Humanist*) einigen. Ein Einbruch der

Mitgliederzahlen von 70.000 um 1950 auf 40.000 1979 und die fortschreitende Überalterung der Mitgliedschaft ließen sich bereits feststellen, als noch alle Landesverbände Mitglied im Bundesverband waren. Gegenwärtig versammelt er nur noch drei lokale Verbände aus dem südwestlichen Teil Deutschlands unter seinem Dach (Bund Freireligiöser Gemeinden Deutschlands 2005). Eine gesellschaftspolitische Wirkkraft des *BFGD* lässt sich nach 1945 nicht mehr ausmachen. Gleiches gilt für dem *BFGD* nahestehende freireligiöse Gemeinschaften wie die Religionsgemeinschaft Deutscher Unitarier (*RDU*; gegründet 1947), die Eekboom-Gesellschaft e.V. (gegründet 1946) oder die 1957 gegründete Freie Akademie (Isemeyer 2007, 85–91).

Der *DFV* konnte sich auf Bundesebene erst im März 1951 neu gründen. Dies hing mit Schwierigkeiten bei der Lizenzierung durch die Alliierten zusammen, welche den Freidenkern überwiegend skeptisch bis ablehnend gegenüberstanden. Einzelne Ortsgemeinden konstituierten sich allerdings bereits vor 1951 neu und führten, teilweise in Zusammenarbeit mit freireligiösen Gemeinden, Jugendweihen durch. In Hamburg nahmen daran 1952 3.000 Jugendliche teil. Dort gründete sich bereits 1945 ein Landesverband des *DFV*. Es folgten Berlin, Hessen, Niedersachsen und Bayern 1949 und Nordrhein-Westfalen 1950. 1954 zählte der Verband insgesamt 5.500 Mitglieder. Er hatte sich 1952 der Weltunion der Freidenker angeschlossen. 1958 kam es im Zuge der Nachwirkungen des *KPD*-Verbots in Deutschland zwei Jahre zuvor zu einer Spaltung des Verbandes in einen sozialdemokratisch geprägten *DFV*, Sitz Berlin, der 1993 zum *HVD* Berlin werden sollte, und einen marxistisch-leninistischen *DFV*, Sitz Dortmund, der sich der 1968 gegründeten Deutschen Kommunistischen Partei zuwandte, nachdem dem Bundesvorstand in Dortmund von Seiten des Berliner Landesverbandes der Vorwurf gemacht wurde, Auffangbecken für ehemalige *KPD*-Kader zu sein. Trotz ähnlicher weltanschaulich-kultureller Praxis in Vortrags- und Publikationswesen, Jugendweihen und Jahreszyklusfesten eskalierten die politischen Streitigkeiten beider Verbände bis in die 1980er Jahre hinein regelmäßig. Die vor dem Zweiten Weltkrieg so erfolgreiche Feuerbestattungspraxis nahm keiner der beiden Freidenkerverbände wieder auf. Der Bundesgerichtshof entschied in den 1970er Jahren, dass die Nachfolgeorganisation des *DFV* vor 1933 die Ideal-Versicherung sei, mit der Begründung, dass die Mehrheit der Mitglieder des verbotenen *DFV* nach 1933 Mitglied in der *NdBK* blieb (Isemeyer 2007, 91–93).

Ähnlich wie der *BFGD* hatten beide Freidenkerverbände mit dem Problem der Überalterung zu kämpfen. Die Mitgliedschaft bestand überwiegend aus traditionsbewussten Mitgliedern der Vorkriegszeit. Auf neue gesellschaftliche Entwicklungen wie die Pop-, Freizeit- und Dienstleistungskultur, die das traditionelle Arbeitermilieu seit den 1960er Jahren zunehmend zersetzten, war der *DFV* ungenügend vorbereitet. Im Berliner *DFV* setzte in den 1980er Jahren ein Umdenken ein, das sich wesentlich an den florierenden humanistischen Verbänden in Nord- und Westeuropa, vor allem in Norwegen, Belgien und den Niederlanden orientierte. Als neue Zielgruppe des organisationalen Handelns wandte man sich den sogenannten Konfessionsfreien zu, für die man, unabhängig von einer Mitgliedschaft im Verband, Dienstleistungsangebote entwickelte. Zu diesen zählten unter anderem das 1959 in Berlin eingeführte und seit 1984 systematisch vom *DFV* mitgestaltete Fach Lebenskunde, ein konfessionelles (Konfession: Humanismus) Alternativfach zum in Berlin fakultativen Religionsunterricht, aber auch Jugendweihen oder Beratungsangebote in Krisensituationen. Den die organisierte Freidenkerei bislang charakterisierenden rationalistisch-religionskritischen Zug gab der *DFV*, Sitz Berlin, zwar nicht auf, wies ihm allerdings zunehmend eine Nebenrolle in der Verbandsarbeit zu. Für das betonte Ziel, praktische Lebenshilfen zu entwickeln, war selbst eine Kooperation mit kirchlichen und anderen religiösen Trägern kein Tabu mehr. Um dieser praktischen Neuorientierung auch ein neues, positives Image zu geben, begann der *DFV*, Sitz Berlin, sich den europäischen Vorbildern entsprechend als „die humanistische Alternative" (Isemeyer 2007, 93) zu bezeichnen. 1991 trat er der *IHEU* bei (Schultz 1991a). Ähnliche Entwicklungen waren bei den aus dem *BFGD* ausgetretenen Landesgemeinden Nordrhein-Westfalen und Niedersachsen zu beobachten, die sich intensiv mit dem *DFV*, Sitz Berlin, auszutauschen begannen (Isemeyer 2007, 91–93; siehe weiterführend Kapitel 2.5.1).

Eine Neugründung des *DMB* erfolgte im November 1946 in München mit etwa 80 Mitgliedern. Bis 1956 versammelte er 300 Mitglieder in sieben Ortsgruppen. Die Mischung aus szientistischen und pantheistischen Elementen aus der Vorkriegszeit griff der Bund wieder auf. Neu war die enge inhaltliche und vor allem personelle Anbindung an den *BFGD*, die sich an diversen Doppelämtern zeigt. Im Schatten des *BFGD* konnte der Monistenbund nicht mehr an seine Popularität in der Weimarer Republik anknüpfen. Eines seiner Hauptanliegen nach 1945 war die Einführung eines religionskundlichen Unterrichtes, ein Gebiet, in dem der *DMB* jedoch kaum praktisch tätig wurde. 1956 scheiterte ein Antrag auf die Umbenennung des *DMB* in ‚Humanistischer Verband' auf einer Mitgliederversammlung zugunsten des traditionsbezogeneren Namens ‚Freigeistige Aktion – Deutscher Monisten-Bund' (Isemeyer 2007, 88–89).

Als nationale Dachorganisation freigeistiger Organisationen gründete sich 1949 der Deutsche Volksbund für Geistesfreiheit (*DVfG*). Sein Anspruch, das gesamte freigeistige Spektrum zu vereinigen – vom *BFGD* über die Freidenkerverbände und den *DMB* bis hin zur völkischen Deutschen Glaubensgemeinschaft – entpuppte sich schnell als Überforderung für den Bund: Interne Gegensätze traten schnell zu Tage und blockierten sich gegenseitig. Der *DVfG* (seit 1991 Dachverband Freier Weltanschauungsgemeinschaften [*DFW*]) trat kaum öffentlich in Erscheinung. Bis 1957 waren alle freidenkerischen Mitgliedsverbände aus dem Bund ausgetreten (Isemeyer 2007, 93–94).

Neben den wieder gegründeten Traditionsverbänden sind für die Zeit nach 1945 auch einige Neugründungen von freigeistigen Organisationen zu konstatieren. 1961 entstand die Humanistische Union (*HU*), eine Bürgerrechtsorganisation, die für Laizismus, Persönlichkeitsrechte und die Wahrung von Privatsphäre eintritt. In eine ähnliche Richtung, allerdings stark auf die Trennung von Kirche und Staat konzentriert, wirkt der *IBKA* (1976 gegründet als Internationaler Bund der Konfessionslosen). Bis 2002 hatte er laut Fincke (2002, 37) lediglich 300 überwiegend aus Süddeutschland stammende Mitglieder, sei jedoch „erstaunlich rege." (Fincke 2002, 37) Neben Vortrags- und Informationsveranstaltungen informieren *IBKA*-Vertreter unter anderem in Fußgängerzonen über die in ihren Augen ungerechte Religionspolitik in Deutschland. Seit Bestehen der *GBS* richtet der *IBKA* zudem mitunter gemeinsam mit der Stiftung Tagungen aus oder beteiligt sich an deren Kampagnen, zum Beispiel im Rahmen der *Religionsfreien Zone* im Zusammenhang mit dem Römisch-Katholischen Weltjugendtag in Köln 2005 oder der Kampagne zur Aufklärung über religiöse Diskriminierung am Arbeitsplatz. Zum Tätigkeitsspektrum der Regionalgruppen gehören aber auch gesellige Anteile wie Stammtische oder Filmvorführungen. Der *IBKA* gibt seit 1982 die polarisierend-religionskritische Zeitschrift Materialien und Informationen zur Zeit (*MIZ*) heraus, deren Chefredakteur zwischen 1999 und 2007 Michael Schmidt-Salomon war. Seit 2008 verleiht er den *IBKA*-Preis (Mastiaux 2013, 332).

Fink (2012, 31) betont, dass es sich bei *HU* und *IBKA* nicht um Weltanschauungsgemeinschaften handelt. Beide verstünden sich selbst eher als politische Interessenvertretungen. Gleiches gilt für die Gesellschaft zur Wissenschaftlichen Untersuchung von Parawissenschaften (*GWUP*), die sowohl in internen als auch externen Geschichtsschreibungen der freigeistigen Tradition in Deutschland häufig unerwähnt bleibt. Einzig bei Quack (2012a, 172, 290) finden sich kurze Verweise auf Tagungen der *GWUP* aufgrund von deren Ähnlichkeit zu Veranstaltungen rationalistischer Gruppierungen in Indien. Die *GWUP* wurde 1987 in Bonn gegründet und zeichnet sich unter anderem durch skeptisch-religionskritische Aufklärungsarbeit aus, richtet sich jedoch vor allem gegen Homöopathie und andere Formen alternativer Medizin. Sie gibt die Zeitschrift *Der Skeptiker* (2.500 Abonnements in 2014) heraus und richtet jährlich die Konferenz SkepKon aus, auf der zum Beispiel religiöse, parawissenschaftliche und alternative Heilpraktiken als Schwindel ‚entlarvt' werden. Seine Mitgliederzahl konnte der Verein von 100 im Jahr 1989 auf 1.300 im Jahr 2014 steigern (Gesellschaft zur wissenschaftlichen Untersuchung von Parawissenschaften o. J.).

Die erste freigeistige Neugründung nach der deutschen Wiedervereinigung war 1990 die Interessenvereinigung Jugendweihe Deutschland (seit 2001 Jugendweihe Deutschland [*JWD*]). Es handelt sich um die Nachfolgeorganisation des Zentralausschusses für Jugendweihe in der *DDR*, der in der wiedervereinigten Bundesrepublik Vereinsstatus annahm. Die Funktionärsebene wurde ab 1992 nahezu vollständig mit ‚ideologisch unbelasteten' Personen besetzt. Zwischen 1991 und 1993 stand der Verein unter Treuhandaufsicht.

> Die Neuformierung vollzog sich einerseits durch eine Befreiung der Deformationen (Abschaffung von Bekenntnispflicht zur DDR-Verfassung und damit des Gelöbnisses; Abschaffung verbindlicher Jugendstunden, Verzicht auf alte Geschenkbücher, Freiwilligkeit muss gewährleistet sein), andererseits durch die Umbenennung bewährter Strukturen (Ortsausschüsse wurden zu Interessengruppen, ‚Gesprächspartner' zu ‚Freundeskreisen'). (Döhnert 2000,158)

Heute ist der Verein als Träger der freien Jugendhilfe anerkannt. Er finanziert sich durch Mitgliedsbeiträge, Sponsorengelder und Teilnehmergebühren. *JWD* besitzt das Selbstverständnis eines weltanschaulich und parteipolitisch ungebundenen Vereins. Das Vorbereitungsprogramm und die Jugendweihen sollen die Jugendlichen auf ein selbstbestimmtes, aber verantwortungsvolles Leben in der demokratischen Gesellschaft vorbereiten und „humanistisch-ethische Werte vermitteln." (Döhnert 2000, 158–160) Mit seiner Jugendweihearbeit ist *JWD* vor allem in den östlichen Bundesländern überaus erfolgreich. Hier hat die kulturelle Selbstverständlichkeit einer Teilnahme an der Jugendweihe das Ende der *DDR* trotz erheblicher politischer und vor allem kirchlicher Polemiken (zum Beispiel Gandow 1994; Evangelische Kirche in Deutschland 1999) überlebt. Klassenanmeldungen sind weiterhin üblich. Es nehmen jährlich zwischen 90.000 und 100.000 Jugendliche an den Feiern von *JWD* teil. Fincke (2002, 41) ist in seiner Einschätzung zuzustimmen, dass es sich auch bei *JWD* nicht um einen Weltanschauungsverband handelt, sondern um einen Anbieter von Jugendarbeit mit deutlichem Schwerpunkt auf Jugendweihen.

Mit dem Selbstverständnis eines umfassenden, bundesweit ausgerichteten Weltanschauungsverbandes gründete sich 1993 der *HVD*. Es handelt sich um eine der beiden Organisationen, die im Fokus der empirischen Analysen der vorliegenden Studie stehen. Ihm wird deshalb ein eigenes Teilkapitel gewidmet (2.5.1). Gleiches gilt für die 2004 gegründete *GBS* (Kapitel 2.5.2).

2.5.1 Humanistischer Verband Deutschlands (*HVD*)

Der *HVD* wurde 1993 als föderalistisch organisierter Dachverband von vier deutschen freigeistigen Landesverbänden[35] gegründet. Wesentlicher Initiator war dabei der *DFV*, Sitz Berlin, in dem sich Funktionäre und Mitglieder bereits in den 1980er Jahren über Möglichkeiten einer programmatischen und organisatorischen Neuausrichtung auszutauschen begannen (siehe Kapitel 2.5). Dokumentiert ist dieser Prozess in der seit 1987 erscheinenden Verbandszeitschrift *diesseits*, die heute Bundesorgan des *HVD* ist. Es lassen sich darin im Wesentlichen drei Motive ausmachen, die zur Gründung des *HVD* geführt haben: Erstens nahmen Funktionäre des *DFV*, Sitz Berlin, die Entwicklung des eigenen Verbandes nach dem Zweiten Weltkrieg angesichts gesellschaftlicher Transformationsprozesse wie die Entwicklung einer Pop-, Freizeit- und Dienstleistungskultur sowie die Auflösung des Arbeitermilieus als Weg in eine identitäre, programmatische und strukturell-organisatorische Krise wahr (siehe dazu ausführlich Kapitel 4.3.1). In einem *diesseits*-Artikel aus dem Jahr 1989 gibt der damalige Verbandsvorsitzende Klaus Sühl die Richtung eines neuen Kurses vor, der im Wesentlichen im Selbstverständnis einer Interessenvertretung für Konfessionsfreie bestand:

> Mit dem Festhalten an seiner traditionellen Ausrichtung steht sich das Freidenkertum seit Jahrzehnten selbst im Weg [...]. Entweder das organisierte Freidenkertum macht einen Neuanfang, wagt es, in die breite Öffentlichkeit und damit in die Offensive zu gehen, oder es löst sich auf. Ein Neubeginn ist aber nicht mit den ‚ollen Kamellen' möglich. Die Wiederherstellung Weimarer Zustände ist weder denkbar noch erstrebenswert. Wir sind schon längst keine Organisation der Arbeiterbewegung mehr und auch keine reine Arbeiterorganisation [...]. Wir sind die Interessenvertretung der kirchlich nicht gebundenen Menschen in diesem Lande. Es wird Zeit, dass wir dies zur Kenntnis nehmen und eine entsprechende Politik machen. (Sühl 1989, 33–35)

Zweitens verstärkte der *DFV*, Sitz Berlin, zu dieser Zeit den Austausch mit freigeistigen Verbänden aus anderen Bundesländern. Dies waren zunächst vor allem die Freigeistige Landesgemeinschaft Nordrhein-Westfalen, der *BFG* Bayern und die Freien Humanisten Niedersachsen (Strempel 1990; Stöckel 1991; Stößel 1994), allesamt ehemalige Landesgemeinschaften des *BFGD*.[36] Dessen unter Kapitel 2.5 beschriebenes Auseinanderbrechen in ein atheistisch-säkulares und ein spiritu-

---

[35] Es handelte sich um den *DFV*, Sitz Berlin, die Freigeistige Landesgemeinschaft Nordrhein-Westfalen, die Freien Humanisten Sachsen-Anhalt und die Interessenvertretung für Konfessionslose Brandenburg (John 1993a).
[36] Die Freien Humanisten Niedersachsen traten erst 1995 endgültig aus dem *BFGD* aus (John 1994).

ell-religiöses Lager führte zu neuen Koalitionen innerhalb der Szene. Im Zuge der Wiedervereinigung Deutschlands nahm der *DFV*, Sitz Berlin, darüber hinaus schnell Kontakt zu neu gegründeten freigeistigen Landesverbänden aus den neuen Bundesländern auf, die sich dort vor allem der Fortführung der Jugendweihearbeit widmeten oder auf Grundlage von durch Arbeitsbeschaffungsmaßnahmen finanzierten Stellen Sozialarbeit und Beratung anboten (Friedland 1991; Beirau 1992; Laibl 1992; Lange 1992).[37] Bei den genannten freigeistigen Landesverbänden festigte sich die Überzeugung, dass ein national koordinierter Dachverband die eigene öffentliche Sichtbarkeit stärken und Synergien freisetzen könnte (Stöckel 1991).

Drittens verstärkte der *DFV*, Sitz Berlin, neben dem nationalen auch den internationalen Austausch mit freigeistigen Organisationen aus dem europäischen Ausland und wandte sich dabei vor allem den norwegischen, belgischen und niederländischen Mitgliedsverbänden der *IHEU* zu. Gastbeiträge von Vertretern der *IHEU* in *diesseits* (zum Beispiel Fragell 1989; Tielmann 1991) dokumentieren die zunehmende Orientierung an deren Programmatik und Strategie genauso wie zahllose Beiträge eigener Funktionäre zu den Möglichkeiten humanistischer Verbände im westeuropäischen Ausland (beispielhaft genannt seien Schilt 1991; Schultz 1991a, 1994). Die konkrete Ausrichtung des späteren *HVD* ist wohl in erster Linie auf diesen internationalen Austausch zurückzuführen, was sich sowohl im Namen als auch in der programmatischen Ausrichtung des Verbandes dokumentiert. Im Jahr der Gründung des *HVD* Bundesverbandes richtete der ehemalige *DFV*, nun *HVD* Berlin, eine große *IHEU*-Tagung aus (John 1993b).

Unproblematisch verlief die Konstitution des neuen Bundesverbandes jedoch nicht. Erste Planungstreffen Anfang der 1990er Jahre endeten ergebnislos, zunächst, weil zu diesen Vertreter des gesamten freigeistigen Spektrums, vom *BFG* Bayern bis zur *RDU* erschienen waren, und man sich auf kein gemeinsames Programm einigen konnte (Schultz 1990b). Bei der tatsächlichen Gründung blieben schließlich die mitgliederstarken Verbände aus Bayern und Niedersachsen (zunächst) außen vor. Mit den Freien Humanisten Niedersachsen konnte man sich nicht auf eine gemeinsame Beitragsregelung einigen, und sie entschlossen sich schließlich doch zu einem vorläufigen Verbleib im *BFGD* (John 1993a). Im Falle des *BFG* Bayern bestanden Unsicherheiten hinsichtlich eines Erhalts der Körperschaftsrechte der einzelnen Lokalverbände sowie der Sicherung von

---

37 Einzig das Verhältnis zum *DFV*, Berlin Ost, blieb von Beginn an unterkühlt. Kritisiert wurde seine enge Anbindung an die *SED* nach seiner Gründung 1989 und seine kaum wahrnehmbare Rolle bei der friedlichen Revolution in der *DDR* (John, Kopschinski und Renner 1990; Schultz 1990a). Die Nachfolgeorganisation des Freidenkerverbandes der *DDR* schloss sich schließlich dem *DFV*, Sitz Dortmund, als Berliner Landesverband an.

Grundbesitz und finanziellen Reserven (Schultz 1991b). Darüber hinaus störten sich einige Mitglieder aus Berlin an der Tilgung der traditionellen Selbstbezeichnung ‚Freidenker' aus dem Verbandsnamen (Kuchel, Kuchel und Michaelis 1991) und an der Dienstleistungsorientierung des Verbandes sowie der damit einhergehenden Angewiesenheit auf öffentliche Mittel. In *diesseits* äußern sich mehrere Mitglieder besorgt darüber, dass dieser Prozess nur unzureichend von einer programmatischen Reflexion begleitet sei und der Verband sein Profil und seine innere Unabhängigkeit einbüße:

> Das Engagement auf der Erwerbsseite geht auf Kosten des Verbandsprofils. Das einseitige Wachstum spiegelt sich in der Mitgliederstruktur. Es besteht die Gefahr, dass sich die Zahl der Hauptamtlichen immer mehr der der Mitglieder annähert [...]. Was nutzt es, politisch handlungsfähig werden zu wollen, wenn die ideellen Voraussetzungen noch nicht ausreichend entwickelt sind? Wir müssen ein Profil erreichen, das uns von reinen Wohlfahrtseinrichtungen deutlich abhebt. Der Rückgriff auf ‚Interessenvertretung der Konfessionslosen' verbirgt nur den Mangel an Orientierung. (Groth 1994, 22–23)

Dessen ungeachtet wurde das ‚Modell Berlin' 1993 schließlich als offizielle deutschlandweite Strategie des sich konstituierenden Bundesverbandes ausgerufen (John 1993a). Noch im selben Jahr konnten auf der ersten Bundesdelegiertenversammlung zwei weitere Landesverbände aus Sachsen und Baden-Württemberg in den Bundesverband aufgenommen werden (Isemeyer 1993), ein Jahr später folgten der *HVD* Groß-Hamburg und der *HVD* Bayern, eine Würzburger Abspaltung des *BFG* Bayern (Stößel 1994), der sich als Gesamtverband nicht zu einem Übertritt zum *HVD* bewegen ließ und bis heute Mitglied im *DFW* ist. Dem Würzburger Regionalverband gleich tat es 1997 jedoch der *BFG* Nürnberg, der gegenwärtig als Zentrum des *HVD* Landesverbandes in Bayern bezeichnet werden kann (Interview 7, *HVD*-Funktionär, 35, 55).

Die weitere Organisationsgeschichte des *HVD* verlief wechselhaft. Die Landesverbände in Brandenburg und Sachsen-Anhalt gingen 1996 beziehungsweise 2000 aufgrund nicht mehr kontrollierbarer Folgen der eigenen Expansionsbestrebungen und fehlerhafter Fördermittelabrechnungen insolvent (Lange 2003). Nur einzelne Ortsverbände konnten auf regionaler Ebene ihre Arbeit fortsetzen. Demgegenüber entschieden sich die Freien Humanisten Niedersachsen 2000, dem *HVD* beizutreten (Janßen 2000). In die Zeit der Präsidentschaft von Horst Groschopp fallen Neugründungen von Landesverbänden in Mecklenburg-Vorpommern 2006 (Friedersdorff 2006), Rheinland-Pfalz 2008 (Lorenz 2008) und Thüringen 2009 (Krebs 2009). Die Gründung eines Landesverbandes Hessen erfolgte 2011. 2013 entschieden sich schließlich die Humanisten Württemberg, ein mitgliederstarker, ehemaliger Regionalverband des *BFGD*, den bis dato auf die Region Ulm beschränkten, sehr kleinen Landesverband Baden-Württemberg des

HVD durch einen Übertritt zu stärken (Teilnehmende Beobachtung 2, Jubiläumsfeier 20 Jahre *HVD*, 1).

Heute gehören dem *HVD* 12 Landesverbände aus 13 Bundesländern an. Die Mehrzahl der verbliebenen Brandenburger Regionalverbände und der Landesverband Berlin schlossen sich 2011 in einem gemeinsamen Landesverband Berlin-Brandenburg zusammen (John 2000). In den Bundesländern Sachsen-Anhalt, Saarland und Schleswig-Holstein existiert derzeit kein Landesverband.[38]

Laut Bundesgeschäftsstelle (Email vom 18.04.2013) hat der *HVD* etwa 20.000 Mitglieder. Sie verteilen sich wie folgt auf die Landesverbände.

Baden-Württemberg	1.200
Bayern	1.850
Berlin-Brandenburg	7.850
Bremen	50
Hamburg	50
Hessen	30
Mecklenburg-Vorpommern	20
Niedersachsen	6.500
Nordrhein-Westfalen	3.000
Rheinland-Pfalz	30
Sachsen	15
Thüringen	15[39]

Die fünf mitgliederstärksten Landesverbände besitzen den rechtlichen Status einer K.d.ö.R. (Berlin-Brandenburg, Bayern, Niedersachsen, Nordrhein-Westfalen, Baden-Württemberg). Von diesen hat jedoch lediglich der Landesverband Berlin-Brandenburg den Körperschaftsstatus als Humanistischer Verband erhalten. Die anderen vier Landesverbände hatten diesen als Landes- beziehungsweise Regionalgemeinschaften des *BFGD* erworben und durften ihn auch nach ihrem

---

38 Neben dem Status des Landesverbandes ermöglicht der *HVD* auch den der Landesgemeinschaft (Vereinigungen, die [noch] nicht den Status eines eingetragenen Vereins besitzen) und des assoziierten Vereins (lokal organisierte Vereinigungen in Bundesländern, in denen kein Landesverband existiert). Laut Satzung kennt der *HVD* drei Organisationsstufen: Regionale Vereinigungen (Orts-, Kreis- und Regionalverbände), Landesverbände/Landesgemeinschaften und Bundesverband. Der Erwerb der Mitgliedschaft erfolgt für natürliche Personen in der Regel über die regionalen Vereinigungen. Sie kann jedoch auch direkt beim Landesverband erworben werden, sofern keine regionalen Vereinigungen existieren. Besteht auch kein Landesverband, wird die natürliche Mitgliedschaft direkt beim Bundesverband erworben. Neben der natürlichen Mitgliedschaft kennt der *HVD* auch den Status der Fördermitgliedschaft für natürliche und juristische Personen (Humanistischer Verband Deutschlands 2011, 3–4).
39 Die Zahlen für Hamburg, Nordrhein-Westfalen, Sachsen und Thüringen sind geschätzt, da hier keine offiziellen Mitgliederstatistiken geführt werden.

Austritt aus dem Bund und beim Eintritt in den *HVD* behalten (zum leicht davon abweichenden Ablauf in Bayern siehe unten). Dem *HVD* Niedersachsen war es dadurch analog zu den Konkordaten beziehungsweise Staatkirchenverträgen der beiden Großkirchen möglich, in den 1970er Jahren (noch als Freireligiöse Landesgemeinschaft) einen Staatsvertrag mit dem Land Niedersachsen abzuschließen – ein Unikum innerhalb der freigeistigen Organisationslandschaft in Deutschland. Der Vertrag sichert dem Verband zum Beispiel Staatsleistungen in Höhe von 100.000 Mark zur Deckung von Personalkosten, Sendezeiten im öffentlich-rechtlichen Rundfunk sowie die Erteilung eines staatlichen religionskundlichen Ersatzfaches (Werte und Normen) zum Religionsunterricht inklusive der Garantie der universitären Lehrerausbildung dafür zu (Dokument „Staatsvertrag zwischen dem Land Niedersachsen und dem *HVD*"). Den großen fünf stehen die übrigen, sehr kleinen Landesverbände gegenüber, bei denen es sich überwiegend um Neugründungen seit 1993 handelt. Bereits die Größenunterschiede hinsichtlich der Mitgliederzahlen deuten an, dass es sich bei dem Plan, das ‚Modell Berlin' auf alle Landesverbände zu übertragen, rückblickend um eine Utopie handeln musste. Den kleinen Landesverbänden fehlt es nicht nur an personellen und materiellen Ressourcen, sondern häufig auch an einem passenden gesellschaftspolitischen Umfeld. Hinzu kommen verschiedene Traditionsstränge, auf die sich die Landesverbände berufen, sowie unterschiedliche persönliche Vorlieben und Schwerpunktsetzungen ihrer Funktionäre. Über den *HVD* als Ganzen lassen sich dementsprechend häufig keine gültigen Aussagen treffen, ohne zwischen den unterschiedlichen Landesverbänden zu differenzieren, zumal in diesen die eigentliche Arbeit geleistet wird, während der Bundesverband eher repräsentative und vernetzende Funktion besitzt (Interview 3, *HVD* Gruppeninterview, 34). Auf einige der Landesverbände soll deshalb in der Folge näher eingegangen werden.

Der am gesellschaftspolitischen Einfluss gemessen bedeutendste Landesverband ist der *HVD* Berlin-Brandenburg. Er kann nicht nur auf die mit Abstand meisten Mitglieder aller Landesverbände verweisen (siehe oben), sondern beschäftigt auch etwa 1.200 hauptamtliche Mitarbeiter. Letztere sind vor allem als Pädagogen in mittlerweile mehr als 20 Kinderbetreuungseinrichtungen unter Trägerschaft des *HVD* und an rund 350 Schulen in Berlin und Brandenburg als Lebenskundelehrer tätig (Humanistischer Verband Deutschlands o. J.). Bei Lebenskunde handelt es sich nicht um ein konfessionsunabhängiges Fach wie Lebensgestaltung-Ethik-Religionskunde (*LER*), Ethik oder Werte und Normen, sondern um einen konfessionellen Humanismusunterricht. Nach seiner Einführung 1959 wurde der Lebenskundeunterricht in den 1960er Jahren zunächst aufgrund mangelnder Nachfrage ausgesetzt. In den 1980er Jahren wurde er jedoch von einer Reihe politisch linksorientierter Lehrer wiederentdeckt und seit 1984 erneut vom damaligen *DFV*, Sitz Berlin, aufgegriffen und gestaltet (zur Geschichte des Faches Lebenskunde vergleiche Groschopp und Schmidt 1995; Osuch 2000, 2012). Nach jahrelangem Rechtsstreit wird Lebenskunde seit 2007 auch in Brandenburg als freiwillige Alternative zum Religionsunterricht angeboten. Insgesamt besuchen über 50.000 Schüler in Berlin und Brandenburg den Lebenskundeunterricht.[40] In Berlin gibt es ein verbandseigenes Ausbildungsinstitut für Lebenskundelehrer, das in Kooperation mit der Technischen Hochschule Berlin die Lehrkräfte für das Fach ausbildet. Darüber hinaus ist der *HVD* Berlin-Brandenburg Träger einer Hochschule für Sozialpädagogik, von vier Hospizdiensten, einem Friedwald sowie diversen Sozialstationen, Beratungs-, Jugend- und Familienzentren. Er veranstaltet regelmäßig Kulturprogramme, bestehend aus Lesungen, Ausstellungen oder Konzerten (Humanistischer Verband Deutschlands o.J.). Als Jahresetat standen dem *HVD* Berlin-Brandenburg dabei 2011 knapp 45 Millionen Euro zur Verfügung – das meiste davon aus öffentlichen Fördergeldern des Berliner Senats (Dokument „Personalstruktur und Mittelherkunft 2011 des *HVD* Berlin-Brandenburg"). In enger Anbindung an den Landesverband gehen von der Humanistischen Akademie Berlin-Brandenburg (*HABB*; 1997 gegründet als Humanistische Akademie Berlin) Theoriediskussionen zum Humanismus in Form von Tagungen und Publikationen aus (Humanistische Akademie Berlin-Brandenburg o.J.). Sie wird als Vorstufe einer wissenschaftlichen Humanistik betrachtet, deren Einrichtung der *HVD* mit Verweis auf die Existenz theologischer Fakultäten und Lehrstühle an staatlichen Hochschulen vor dem Hintergrund des Grundsatzes der Gleichbehandlung und der staatlichen Neutralität in Religions- beziehungsweise Weltanschauungsfragen fordert (Eggers 2003). Gemeinschaftliche, gesellige Treffen und Feiern sind speziell in Berlin dagegen deutlich weniger verbreitet als in den anderen großen Landesverbänden (siehe unten). Die Zahlen der vom *HVD* in Berlin jährlich betreuten Namensfeiern, Trauungen und Bestattungen bewegen sich einem zuständigen Verbandsfunktionär zu Folge zusammengenommen im einstelligen Bereich (Interview 5, *HVD*-Funktionär, 8). Völlig aus diesem Bild schlägt dagegen die Jugendfeier. In Berlin veranstaltet der *HVD* jedes Jahr für etwa 2.700 Jugendliche an mehreren Wochenenden im Frühjahr Jugendfeiern im Friedrichstadtpalast (Dokument „Jugendfeier Berlin Statistiken"). In Brandenburg sind die Zahlen sogar doppelt so groß. Dort werden die Feiern von den Lokal- und Ortsverbänden in Theatern, Sport- oder Stadthallen ausgerichtet (Teilnehmende Beobachtung 12, Jugendfeier *HVD* Brandenburg 2015, 1).

---

40 Der Rahmenlehrplan des Faches Lebenskunde findet sich unter Humanistischer Verband Deutschlands o.J. Fachdidaktische Studien- und Lehrbücher sind zum Beispiel Adloff und Alavi 2001; Adloff 2010; Humanistischer Verband Berlin-Brandenburg 2013.

Die *HVD*-Landesverbände aus Bayern, Niedersachsen, Nordrhein-Westfalen und Baden-Württemberg sind ehemalige Landesgemeinschaften des *BFGD*. Sie waren zu unterschiedlichen Zeitpunkten aus dem Bund ausgetreten und hatten danach zunächst recht unterschiedliche Entwicklungen genommen. In Niedersachsen, Nordrhein-Westfalen und Baden-Württemberg handelt es sich um Flächenverbände, die zum Zeitpunkt ihres *HVD*-Beitrittes in großen Teilen ihres Bundeslandes Geschäftsstellen und Gemeinschaften mit eigener lokaler Tradition und Praxis vorweisen konnten. Geprägt von ihren freireligiösen Wurzeln entwickelten sie eine Art Gemeindehumanismus, der sich sehr viel stärker als die Angebote des *HVD* Berlin-Brandenburg auf die eigene Mitgliedschaft konzentriert. Am deutlichsten sichtbar wird dies im Bereich der Lebensfeiern (ausgenommen Jugendfeier, siehe oben) und im Sprecherwesen. In Nordrhein-Westfalen stellt der *HVD* landesweit bei über 800 nichtkirchlichen Bestattungen jährlich den Sprecher. Auch bei Trauungen und Namensfeiern hat der dortige Verband die höchsten verbandsinternen Zahlen vorzuweisen, wogegen an den Jugendfeiern des *HVD* Nordrhein-Westfalen jährlich nur etwa 40 Jugendliche teilnehmen (Teilnehmende Beobachtung 10, Vortrag *HVD*-Vertreter *FES* Seminar zum Neuen Atheismus, 1–2). In Niedersachsen stellt das Sprecher- und Feierwesen ebenfalls nach wie vor einen der Arbeitsschwerpunkte dar, und auch der *HVD* Baden-Württemberg besitzt, wenn auch auf zahlenmäßig deutlich niedrigerem Niveau, den Anspruch einer Begleitung der Mitglieder „von der Wiege bis zur Bahre." (Interview 3, *HVD* Gruppeninterview, 2)

Auf soziale Trägerschaften und weitere Dienstleistungsangebote für konfessionsfreie Nichtmitglieder wurde in Niedersachsen, Baden-Württemberg und Nordrhein-Westfalen lange Zeit weitestgehend verzichtet. Für jene blieben die Landesverbände dadurch eher uninteressant und häufig auch unbekannt. Dies führte mit der Zeit in allen drei Landesverbänden zu rapide sinkenden Mitgliederzahlen, da Austritte und Todesfälle innerhalb der Mitgliedschaft nicht durch Neueintritte kompensiert werden konnten. Der Landesverband Nordrhein-Westfalen verlor seit 1945 90 Prozent seiner Mitglieder (Interview 17, *HVD* Gruppeninterview, 2). Diese existenzbedrohenden Ausmaße des Mitgliederschwundes führten zu einem Umdenken und einer Neuausrichtung im Sinne der Verbände aus Berlin-Brandenburg und Bayern, wenn auch im kleineren Maßstab. So sind in Niedersachsen seit 2009 fünf Kindertagesstätten unter Trägerschaft des *HVD* eröffnet worden (Humanistischer Verband Niedersachsen 2016), in Baden-Württemberg 2013 eine (Die Humanisten Baden-Württemberg o. J.). Auch der *HVD* Nordrhein-Westfalen plant mit Hilfe einer gemeinsam mit dem *HVD* Bayern gegründeten Gesellschaft mit beschränkter Haftung (GmbH) die Eröffnung einer Kindertagesstätte (Interview 17, *HVD* Gruppeninterview, 3).

Der Landesverband Bayern hat den Weg zum Dienstleistungsträger demgegenüber schon seit längerer Zeit erfolgreich eingeschlagen und betrachtet ihn heute als wirksamstes Mittel, Mitglieder zu gewinnen und öffentlich auf sich aufmerksam zu machen (Teilnehmende Beobachtung 6, Jahreshauptversammlung *HVD* Bayern 2014, 1–2). Der *HVD* Bayern entstand 1994 zunächst durch die Abspaltung des Würzburger Ortsverbandes des *BFG* Bayern. Als Startpunkt für seine heutige Gestalt muss jedoch der 1997 erfolgte Übertritt des *BFG* Nürnberg zum *HVD* betrachtet werden. Dieser hatte 1994 den ersten humanistischen Kindergarten in Deutschland eröffnet und verfolgt bis heute eine ähnliche Dienstleistungs-Strategie wie der *HVD* in Berlin-Brandenburg. Da das Bundesland Bayern jedoch traditionell von der Christlich-Sozialen Union regiert wird, hatte der Landesverband dort mit einer ungleich schwierigeren gesellschaftspolitischen Ausgangssituation zu kämpfen. Durch hartnäckiges Engagement der Funktionäre und diverse rechtliche Auseinandersetzungen mit der Landesregierung erstritt sich der *HVD* Bayern trotzdem die Rolle eines gesellschaftspolitischen Faktors, zumindest im Ballungsraum Nürnberg-Fürth (Teilnehmende Beobachtung 6, Jahreshauptversammlung *HVD* Bayern 2014, 1–2). Wesentlichen Anteil daran hat Geschäftsführer Michael Bauer, ein Politstratege mit betriebswirtschaftlichem *Know-how*. 2008 gelang es ihm und seinem Verband, die Eröffnung einer humanistischen Grundschule in Fürth durchzusetzen, an der mittlerweile etwa 100 Schüler die Klassenstufen 1–4 durchlaufen (Humanistische Grundschule Fürth o. J.). Ein Jahr später erstritt man die Körperschaftsrechte der ehemaligen freireligiösen Ortsgemeinde Nürnberg ‚zurück', als dessen legitime Nachfolgeorganisation der Verband inszeniert wird (Interview 7, *HVD*-Funktionär, 32–35).

2010 folgte ein erfolgreicher Rechtsstreit zur Erlaubnis einer landesweiten Einführung des Faches Lebenskunde, die aufgrund fehlender finanzieller und personeller Ressourcen jedoch vorläufig noch nicht umgesetzt wurde (Interview 7, *HVD*-Funktionär, 15). In mittlerweile 18 Kinderbetreuungseinrichtungen in Nürnberg, Fürth, Erlangen, Regensburg und München betreut der *HVD* Bayern darüber hinaus über 1.000 Kinder (Humanistischer Verband Bayern o. J.). Angeschlossen an ihn sind mit der turmdersinne GmbH (turmdersinne o. J.) und der Humanistischen Sozialwerk GmbH (Humanistisches Sozialwerk Bayern o. J.) zwei Töchter. Zusammengenommen sind in diesen Einrichtungen über 200 Personen hauptamtlich beschäftigt (Teilnehmende Beobachtung 14, Jugendfeier 2016 Vorbereitungstreffen *HVD* Bayern, 1). Während der *HVD* Bayern also am ehesten das ‚Modell Berlin' des *HVD* außerhalb Berlins umsetzt, weist er gleichzeitig Merkmale eines humanistischen Gemeindelebens auf, wie es für die Verbände Nordrhein-Westfalen, Niedersachsen und Baden-Württemberg als kennzeichnend beschrieben wurde. Sehr viel stärker als in Berlin sind regelmäßige Veranstaltungen für Mitglieder (zum Beispiel das monatlich stattfindende Philosophische Frühstück) und eine Feierkultur prägend für den Verband – beispielhaft genannt seien das Lichtfest zur Wintersonnenwende, der Silvesternachmittag oder die Jugendfeier, die in Bayern mit 50–70 Teilnehmern pro Jahr für einen ‚Westverband' als erfolgreich eingestuft werden kann (Interview 7, *HVD*-Funktionär, 51). Das Humanistische Zentrum in Nürnberg besitzt einen Garten und mehrere Veranstaltungsräume, in denen solche Feiern und Veranstaltungen stattfinden.

Parallel zur Landesakademie in Berlin besteht seit 2006 eine Humanistische Akademie Bayern (*HAB*). Die von ihr veranstalteten Tagungen fanden wiederholt in Kooperation mit der *GBS* statt und weisen einen deutlich naturwissenschaftlicheren Einschlag auf als die der Schwesterakademie in der Bundeshauptstadt (siehe dazu Fink 2010a, 2013a).

Beispielhaft für die ‚kleinen' Landesverbände stehe hier der *HVD* Hessen.[41] Der jüngste Landesverband des *HVD* gründete sich 2011, hat heute Angaben des Bundesbüros zu Folge etwa 30 Mitglieder und ist vollständig ehrenamtlich organisiert. Seine Praxis umfasst einen wöchentlichen Humanistischen Treffpunkt und unregelmäßige Veranstaltungen wie Lesungen oder Diskussionsabende (Humanistischer Verband Hessen o.J.). Seit 2015 richtet der Verband mit Partnern eine Jugendfeier aus, an der 2016 zehn Jugendliche teilnahmen. Der Lokalverband in Gießen engagiert sich darüber hinaus in der Betreuung von Flüchtlingskindern (Humanistischer Verband Hessen o.J.).

Im Gegensatz zu den Landesverbänden hat der Bundesverband des *HVD* vor allem beratende, vernetzende und repräsentative Funktion. Sein Sitz befindet sich in Berlin. Der Bundesverband besitzt fünf Organe, die dem föderalistischen und demokratischen Grundverständnis des Verbandes entsprechen (Interview 3, *HVD* Gruppeninterview, 34) und deren höchstes die Bundesdelegiertenversammlung (*BDV*) ist. Jeder Landesverband entsendet mindestens zwei von den Mitgliedern gewählte Delegierte in die *BDV*. Je nach Höhe der Beitragseinnahmen erhalten Landesverbände weitere Delegiertensitze (ein Delegierter pro 500 Euro Beitragseinnahmen). Dies räumt den großen Landesverbänden und vor allem dem *HVD* Berlin-Brandenburg im Bundesverband weitreichende Entscheidungskompetenzen ein. Die *BDV* wird mindestens alle drei Jahre vom Präsidium einberufen. Sie fasst die wichtigsten den *HVD* betreffenden Beschlüsse, kontrolliert und entlastet die übrigen Organe des Bundesverbandes und wählt dessen Präsidium in einfa-

---

[41] Im Rahmen der Präsidiumswahl des *HVD* Bundesverbandes 2017 wurde das von der Bundesdelegiertenversammlung ausdrücklich unterstützte Vorhaben der Humanistischen Gemeinschaft Hessen K.d.ö.R. (Humanistischen Gemeinschaft Hessen 2018) publik, dem *HVD* Bundesverband beizutreten (Humanistischer Verband Deutschlands 2017). Dieser Beitritt war bis zur Drucklegung dieser Studie noch nicht erfolgt, wird die Erscheinung des *HVD* Hessen aber natürlich erheblich verändern.

cher Mehrheit für eine Laufzeit von drei Jahren (Humanistischer Verband Deutschlands 2011, 5–7). Dem Präsidium gehören neben dem Präsidenten drei gleichberechtigte Vizepräsidenten, ein Schatzmeister sowie ein Vertreter des *HVD* Jugendverbandes Junge Humanistinnen und Humanisten in Deutschland (*JuHu*) an. Daneben ist ihm eine unbestimmte Zahl an Beisitzern zugeordnet, die das Präsidium und die Landesverbände in je spezifischen Gebieten, zum Beispiel Patientenverfügungen, Lebenskundeunterricht oder Schul- beziehungsweise Kinderbetreuungsträgerschaften, beraten (Humanistischer Verband Deutschlands 2011, 8–9). Der *HVD* Bundesverband ist Träger der Bundeszentralstelle für Patientenverfügungen (Bundeszentralstelle für Patientenverfügungen o.J.). Etwa vierteljährlich gibt er die Verbandszeitschrift *diesseits* heraus (diesseits o.J.). Als Mitglied des *KORSO* sowie der *EHF* und der *IHEU* ist der *HVD* national und international mit anderen freigeistigen Organisationen vernetzt. Zudem verfügt der Bundesverband seit 2006 mit der Humanistischen Bundesakademie (*HAD*) über ein rechtlich selbstständiges Bildungs- und Studienwerk, das seit 2009 von der Zentralstelle für politische Bildung als Bildungseinrichtung anerkannt ist (Humanistische Akademie Deutschland o.J.). Seit 2007 gibt die *HAD* eine humanistische Schriftenreihe heraus.

Neben Mitgliedsbeiträgen finanziert sich der Verband aus öffentlichen Geldern und Spenden. Die Mitgliedsbeiträge machen dabei den deutlich geringsten Teil der Einnahmen aus.[42] Es überwiegen Fördergelder der öffentlichen Hand (Dokument „Personalstruktur und Mittelherkunft 2011 des *HVD* Berlin-Brandenburg"). Mit der Mitgliedschaft beim *HVD* übernehmen die Landesverbände die *corporate identity* des Verbandes. So wird von ihnen eine Namensänderung in ‚Humanistischer Verband Landesverband X' erwartet. Zudem verpflichten sie sich dem Humanistischen Leitbild (Humanistischer Verband Deutschlands o.J.) und dem Humanistischen Selbstverständnis (*HSV*; Humanistischer Verband Deutschlands 2015), der wichtigsten Programmschrift des *HVD*. Die erste Version des *HSV* wurde 1993 mit Gründung des Bundesverbandes verabschiedet (Humanistischer Verband Deutschlands 1993). Auf Grundlage der Verbandsentwicklung sowie der transformierten globalpolitischen Lage entschied man sich 2001 dazu, das *HSV* leicht zu verändern und zu ergänzen (Humanistischer Verband Deutschlands 2001). 2015 erschien schließlich eine gänzliche Neufassung der Programmschrift (Humanistischer Verband Deutschlands 2015). Die Weltan-

---

42 Über die Höhe des Mitgliedsbeitrages entscheiden die Mitglieder in der Regel selbst. In einigen Landesverbänden gibt es Mitglieder, die gar keinen Mitgliedsbeitrag entrichten. Dazu gehört auch der relativ große Anteil jugendlicher Mitglieder in Berlin-Brandenburg, der nach der Jugendfeier bis zum 18. Lebensjahr in den Status einer Art Schnuppermitgliedschaft versetzt wird, sofern er nicht ausdrücklich erklärt, darauf zu verzichten (Interview 15, *HVD*-Funktionär, 6).

schauung des *HVD* wird darin als „Praktischer Humanismus" (Humanistischer Verband Deutschlands 2015, 7) überschrieben. Zu dieser heißt es:

> Humanismus ist eine tolerante Lebensweise, die das Denken und Handeln seiner Mitglieder nicht einengt, sondern in seiner freien und individuellen Entfaltung unterstützt. Wir teilen gemeinsame Grundüberzeugungen und schätzen unsere interne Meinungsvielfalt. Im HVD haben sich Menschen zusammengeschlossen, die eine grundlegende Skepsis gegenüber dogmatischen Weltanschauungen, starren Organisationsformen, ‚Vereinsmeierei' und einem Übermaß an Verpflichtungen hegen. (Humanistischer Verband Deutschlands 2015, 9)

Der Begriff ‚Praktischer Humanismus' ist ursprünglich eine Erfindung des ehemaligen *HVD*-Präsidenten Frieder Otto Wolf in der Absicht, den Humanismus des *HVD* von Formen des theoretischen, bürgerrechtlichen und Bildungshumanismus abzugrenzen (siehe dazu ausführlich Kapitel 4.2.1). Der Begriff wird aber mittlerweile von vielen *HVD*-Vertretern und, wie gezeigt, auch im Humanistischen Selbstverständnis des *HVD* aufgegriffen, um die Ausrichtung des Verbandes zu überschreiben. Durch das Attribut ‚praktisch' soll einem *HVD*-Funktionär zu Folge verdeutlicht werden, dass die vom Verband vertretene Weltanschauung nicht unabhängig von seiner Praxis gedacht werden kann, sondern sich erst angesichts praktischer Notwendigkeiten und im praktischen Vollzug selbst konstituiere.

> [W]as uns zusammen hält, ist eigentlich viel eher der Gesichtspunkt, dass wir davon überzeugt sind, dass sich humanistische Haltungen, Positionen nicht einfach ausdenken lassen, sondern dass das Haltungen und Positionen der Lebenspraxis und ihrer gesellschaftlichen Praxis sind. [...] Also dieses sich Gedanken machen über die Weltanschauung, das, glaube ich, sollten wir noch ein bisschen näher beleuchten. Ich glaube, auch da ist es für uns charakteristisch, dass wir das nicht da völlig herauslösen. Das hat seine Bezugspunkte und Kriterien auch in der Praxis. [...A]lso diese Regel von den verselbstständigten Werten [...] sollte man mit Vorsicht behandeln, [...] die selbstständigen Werte, die dann unabhängig von allen Umständen, Tatsachen und so weiter gelten. [...E]s geht eigentlich vielmehr um Orientierungen, die dann selber auch flexibel in der Praxis eingebunden sind, und nicht sozusagen um so eine Werteliste. (Interview 3, *HVD* Gruppeninterview, 1–10)

Die programmatisch-weltanschauliche Ausrichtung des *HVD* wird im Analyseteil der vorliegenden Studie ausführlich in den Blick genommen (Kapitel 4).

2.5.2 Giordano Bruno Stiftung (*GBS*)

Die Giordano Bruno Stiftung (*GBS*) wurde 2004 von dem pensionierten Unternehmer Herbert Steffen und dem Philosophen Michael Schmidt-Salomon gegründet und noch im selben Jahr offiziell als rechtsfähige öffentliche Stiftung des bürgerlichen Rechts anerkannt. Der Stiftungssitz befindet sich in Oberwesel am Rhein.[43]

Die beiden Gründerväter bilden den Vorstand der *GBS*. Beide lernten sich erst kurz vor der Stiftungsgründung kennen. Steffen, streng römisch-katholisch sozialisiert, hatte sich bis zu seiner Pensionierung zunehmend vom christlichen Weltbild und den entsprechenden Glaubensvorstellungen distanziert. Als eine Art Erweckungserlebnis beschreibt er die Lektüre verschiedener Bücher des Kirchenkritikers Karl-Heinz Deschner, dessen historische Dokumentationen seine Skepsis gegenüber Religion stark emotionalisierten.[44] In Reaktion darauf entwickelte Steffen die Idee, eine Stiftung zu gründen (Block 2006). Auf der Suche nach einem entsprechenden weltanschaulichen Impulsgeber lernte er über den Politikwissenschaftler und freigeistigen Aktivisten Carsten Frerk Michael Schmidt-Salomon kennen, der sich als Chefredakteur der *MIZ* und Vorstandsmitglied des *IBKA* seit 1997 in der freigeistigen Szene einen Namen gemacht hatte, sich mit ihrer oben beschriebenen Entwicklung jedoch stark unzufrieden zeigte und gemeinsam mit Steffen die Idee einer Neugründung forcierte.

> Viele säkulare Verbände, die zum Teil auf eine 150-jährige Geschichte zurückblicken, [waren] hoffnungslos überaltert. Ihnen fehlte der Elan, auf die neuen, gesellschaftlichen Bedingungen angemessen zu reagieren. Außerdem waren die finanziellen Mittel der meisten Organisationen äußerst bescheiden. (Schmidt-Salomon 2011, 11–12)

Juristisch gesehen haben Stiftungen keine Mitglieder. Natürliche Personen und Organisationen können jedoch dem *GBS*-Förderkreis (Ende 2017 8.500 Mitglieder; Giordano Bruno Stiftung 2017b) und seit 2012 auch dem Stifterkreis[45] beitreten, in denen sich so etwas wie eine informelle *GBS*-Mitgliedschaft entwickelt hat. Aus ihnen heraus haben sich seit 2008 rund 50 Regional- und Hochschulgruppen im gesamten deutschsprachigen Raum gegründet. *GBS*-Funktionäre sprechen in diesem Zusammenhang von einer „Graswurzelbewegung" (Interview 9, *GBS* Gruppeninterview, 16), der sich die Stiftung unterstützend angenommen habe.

---

43 Die historische Rekonstruktion der *GBS*-Geschichte orientiert sich im Wesentlichen an den Tätigkeitsberichten der Stiftung (2005–2016) sowie an Ausschnitten aus Interviews mit Stiftungsfunktionären, die als Experteninterviews angelegt waren (dazu weiterführend Kapitel 3.4).
44 Bis zum Tode Deschners im Mai 2014 war Steffen dessen Mäzen. Im März 2013 wurde Deschner mit einem Festakt in Oberwesel für sein Lebenswerk geehrt (Giordano Bruno Stiftung 2014b, 20–21).
45 Mitglieder des Stifterkreises verpflichten sich, jährlich mindestens 5.000 Euro an die *GBS* zu spenden. Im Gegenzug werden sie zu exklusiven Stifterkreis-Treffen eingeladen (Giordano Bruno Stiftung 2013, 33). Ende 2016 umfasste der Stifterkreis 27 Personen (Giordano Bruno Stiftung 2017a, 43).

Tatsächlich agieren die Gruppen unabhängig von der offiziellen Stiftungsarbeit und haben ganz unterschiedliche Tätigkeitsschwerpunkte entwickelt.

> Die einen waren ganz ganz stark politisch motiviert und nahezu aktionistisch, also, ohne das negativ zu färben. Andere dagegen wurden eher sowas wie ein humanistischer Stammtisch, wo man genau gemerkt hat, dass die Leute es unheimlich genießen, endlich mal mit acht anderen am Tisch zu sitzen, Menschen, die sich vorher nie gesehen haben. (Interview 14, GBS-Funktionär, 5)

Wesentlicher Bestandteil vieler Regional- und Hochschulgruppen ist zudem das Vortragswesen. Einerseits werden auswärtige Redner zu Treffen eingeladen, andererseits entsenden die Gruppen selbst Redner oder Diskutanten, wenn in ihrer Region Vortrags- und Diskussionsabende von anderen Trägern organisiert werden (wie im Falle der Teilnehmenden Beobachtung 9, Vortrag GBS-Vertreter auf FES Seminar zum Neuen Atheismus). Unterstützung erfahren die Regionalgruppen vom Vorstand insofern, als ihnen Flyer, Poster und anderes GBS-Werbematerial zur Verfügung gestellt werden. Koordiniert werden die Gruppen durch aktuell fünf Regional- und einen Hochschulgruppenkoordinatoren, welche in regelmäßigem Kontakt zum Vorstand stehen und über Tätigkeiten der Gruppen berichten beziehungsweise deren Vorschläge einbringen, die teilweise in der Stiftungsarbeit aufgegriffen werden. Beispielhaft genannt sei hier die Kinderrechtskampagne *Mein Körper gehört mir!* im Jahr 2012, die sich für ein generelles Verbot von Beschneidung von Knaben, auch aus religiösen Motiven, einsetzte, um deren Recht auf Selbstbestimmung und körperliche Unversehrtheit zu wahren (Interview 22, GBS-Funktionär, 2). Schmidt-Salomon hatte sich zunächst dagegen ausgesprochen, das sensible und kontroverse Thema in der Stiftungsarbeit aufzugreifen, dem Druck der Regionalgruppen aber letztlich nachgegeben (Interview 4, GBS-Funktionär, 1).

Neben dem Vorstand und dem Förder- und Stifterkreis beziehungsweise den Regional- und Hochschulgruppen umfasst die GBS auch ein Kuratorium und einen Beirat. Dem Kuratorium kommt die Aufgabe zu, die Arbeit des Vorstandes zu überwachen. Es ist besetzt mit derzeit sechs Personen, welche dem Vorstand nahe stehen, unter anderem mit Bibiana Steffen-Binot, der Ehefrau von Herbert Steffen. Der Beirat besteht derzeit aus knapp 70 Wissenschaftlern, Philosophen und Künstlern. Bei den Wissenschaftlern handelt es sich in der Regel um Professoren, überwiegend aus dem naturwissenschaftlichen Bereich. Unter den Künstlern finden sich aus dem öffentlichen Leben bekannte Namen wie Janosch, Ralf König oder der 2015 verstorbene Max Kruse (Giordano Bruno Stiftung 2017b). Laut einem GBS-Funktionär bewertet und plant der Beirat die jährliche Arbeit (Interview 22, GBS-Funktionär, 1). Ein anderer bezeichnet den Beirat als „Firewall" (Interview 14, GBS-Funktionär, 9) der GBS:

> Der Beirat hat meines Erachtens [...] auch so eine Art Schutzschildfunktion. Wir wagen uns mit einigen Themen, ob das Präimplantationsdiagnostik ist, ob das das Recht auf uneingeschränkte künstlerische Freiheit ist, ob das Beschneidung oder Sterbehilfe ist, auf sehr dünnes Eis, [...] aus unserer Sicht natürlich gut fundiertes Eis, aber wir halten wirklich den Kopf hin vielfach, ja? Und dann kommt der Shitstorm. Und wenn der Shitstorm kommt, dann kann der Beirat die Spülung ziehen, so ungefähr, ne? Also wir können dann sagen, wenn wir meinetwegen biologisch argumentieren: Moment mal, wir haben hier den Evolutionsbiologen soundso und den Professor soundso, und wir behaupten das nicht einfach, sondern wir haben hier wirklich Menschen, die in Gesamtdeutschland und im deutschsprachigen Raum, vielfach auch im Ausland, sehr renommierte wissenschaftliche, philosophische, künstlerische Positionen belegen, die uns einfach dabei helfen. (Interview 14, *GBS*-Funktionär, 8)

Vor allem bei den Kampagnen der Stiftung zeichnen in der Regel ein oder mehrere Beiratsmitglieder neben Schmidt-Salomon verantwortlich für die inhaltliche Arbeit der Stiftung. Bei der Kampagne *Gegen religiöse Diskriminierung am Arbeitsplatz!* war dies zum Beispiel die Juristin Ingrid Matthäus-Maier, bei der *Evokids*-Kampagne für die Integration des Themas Evolution in Grundschulcurricula der Soziobiologe Eckart Voland und der Biologiedidaktiker Dittmar Graf. Für das Werbe- und Unterrichtsmaterial der Kampagne hatte zudem Max Kruse der Stiftung seine Urmel-Figur zur Verfügung gestellt. Gleichzeitig wirbt die *GBS* beispielsweise für Neuerscheinungen der schreibenden Beiratsmitglieder, sodass sich eine „gute wechselseitige Beziehung" ergebe (Interview 14, *GBS*-Funktionär, 4).

Hauptamtlich bei der *GBS* beschäftigt ist neben einer Verwaltungskraft auch Geschäftsführerin Elke Held, die Ehefrau Schmidt-Salomons, sowie Helmut Fink, Vorsitzender des *KORSO* und bis 2015 auch Präsident des *HVD* Bayern,[46] als Fachreferent für Wissenschaft und Philosophie. Vorstand und Beirat arbeiten ehrenamtlich für die *GBS*. Die Stiftung finanziert jedoch eine Reihe von Stipendiaten für die Regional- und Hochschulgruppenkoordination sowie die Website- und Forums-Administration. Zudem vergibt die *GBS* im Rahmen des *Evokids*-Projekts ein Stipendium an einen Promovenden des Institutes für Biologiedidaktik Gießen. Als Mitglied des *KORSO* sowie der *EHF* ist die Stiftung national und

---

[46] Bei Helmut Fink handelt es sich um einen Grenzgänger zwischen *HVD* und *GBS*. Er war zwischen 1999 und 2015 Präsident des *HVD* Bayern und bis 2017 Vizepräsident des Bundesverbandes. Zu den von ihm mitinitiierten Tagungen der *HAB* 2008 und 2009 waren jedoch fast ausschließlich *GBS*-Beiräte eingeladen, und Finks eigene Beiträge zu einem „Neuen Humanismus" (2010a) stehen den *GBS*-Positionen und dem Evolutionären Humanismus nahe (Fink 2010b, 2013b). Nachdem die *GBS* ihn als Wissenschaftlichen Mitarbeiter angestellt hatte, wurde er 2015 im *HVD*-Landesverband Bayern als Präsident abgewählt und trat 2017 nicht mehr zur Wiederwahl als Vizepräsident des Bundes-*HVD* an. Fink wird in der vorliegenden Studie deshalb, sofern nicht explizit anders markiert, als Vertreter der *GBS* behandelt.

international freigeistig vernetzt (Giordano Bruno Stiftung 2016b, 2017b). 2005 gründete die *GBS* die Forschungsgruppe Weltanschauungen in Deutschland (*FOWID*), ein Datenarchiv und Portal, für das die Stiftung als Träger verantwortlich zeichnet. Projektleiter ist *GBS*-Beirat Carsten Frerk.

> Fowid verfolgt das Ziel, umfassende Informationen zu allen Fragen, die mit Weltanschauungen – sowohl im religiösen wie im politischen Sinn – verbunden sind, zu erheben, auszuwerten, zusammenzufassen und öffentlich zugänglich zu machen. (Forschungsgruppe Weltanschauungen in Deutschland 2017)

Dabei geht es der Stiftung in erster Linie darum, Konfessionsfreie ins Zentrum des Interesses zu rücken, da diese bei allgemeinen Erhebungen zur weltanschaulichen Demographie in Deutschland häufig eher vernachlässigt oder im Rahmen einer religionsfreundlichen, als abwertend empfundenen Sichtweise betrachtet und dargestellt würden (Giordano Bruno Stiftung 2006, 14). Gemeinsam mit dem *HVD* gründete die *GBS* zudem 2006 den sehr regen und weit über die Szene hinaus rezipierten[47] *HPD* (Humanistischer Pressedienst o. J.). Nach einer Diskussion um die Ausrichtung des *HPD* und seine Beziehung zum *HVD*-Organ *diesseits* in den Jahren 2009 bis 2011 kam es zu einem Streit zwischen *HVD* und *GBS*, sodass die Stiftung heute alleiniger Träger des *HPD* ist (Groschopp 2016, 149–150).

Seit ihrer Gründung im Jahr 2004 verfügt die *GBS* über ein festes Kapital in Höhe von 100.000 Euro, das Mäzen Herbert Steffen stiftete. 2013 fiel der *GBS* zudem weiteres Vermögen in Höhe von 850.000 Euro durch die Schenkung des Hauses Weitblick in Oberwesel zu, das Steffen mit seiner Frau nach wie vor bewohnt und in dessen Untergeschoss sich der Stiftungssitz befindet. Bei den zusammengenommen 950.000 Euro handelt es sich um „das unantastbare und dauerhaft zu erhaltende Vermögen" (Giordano Bruno Stiftung 2016b, 49) der *GBS*. Die jährlich verfügbaren Einnahmen sind seit Gründung der Stiftung kontinuierlich gestiegen. Lag der Spendenanteil von Herbert Steffen in den ersten drei Jahren noch bei über 70 Prozent (Giordano Bruno Stiftung 2006, 17, 2007, 18), konnte dieser durch den wachsenden Förder- und Stifterkreis mittlerweile gesenkt werden, ist jedoch teilweise noch immer erheblich (Interview 4, *GBS*-Funktionär, 1). Das Spendenaufkommen im Jahr 2016 belief sich auf knapp über eine Million Euro. Neben regelmäßigen Zuwendungen durch den Förder- und Stifterkreis setzt es sich aus sonstigen Erlösen, zum Beispiel aus Bucheinahmen, und vor allem zweckgebundenen Spenden für einzelne Kampagnen und Projekte zusammen. So wurden 2016 über 500.000 Euro für das Projekt *Effektiver Altruismus* (*EA*) gespendet, das die *GBS* 2014 gemeinsam mit ihrem früheren Ableger in der Schweiz,

---

[47] 2009 hatte der *HPD* rund fünf Millionen Seitenaufrufe (Giordano Bruno Stiftung 2010, 17).

der heutigen Stiftung für effektiven Altruismus, ins Leben gerufen hat. Das Projekt hat zum Ziel

> das Leben möglichst vieler empfindungsfähiger Wesen möglichst umfassend zu verbessern. Um dies zu erreichen, unterstützt das EA-Projekt kosteneffektive Hilfsorganisationen und altruistische Metaprojekte, für die 2015 mehr als das Dreieinhalbfache (!) an Spenden generiert werden konnte im Vergleich zu 2014. (Giordano Bruno Stiftung 2016b, 41)

Die *EA*-Spendenmittel flossen vor allem in Projekte zur Bekämpfung und Prävention von Krankheiten wie Wurmbefall, Malaria oder Schistosomiasis (Giordano Bruno Stiftung 2017a, 32–33). Ein Großteil der Ausgaben im Jahr 2016 setzte sich aus Projektmitteln und Kosten für Veranstaltungen beziehungsweise Öffentlichkeitsarbeit zusammen – neben den gut 500.000 Euro für das *EA*-Projekt etwa 340.000 Euro. Weitere größere Posten sind Personalkosten (2017 gut 76.000 Euro) und freie Stipendien (2017 gut 45.000 Euro). Insgesamt halten sich die jährlichen Einnahmen und Ausgaben der *GBS* in etwa die Waage (Giordano Bruno Stiftung 2017a, 46–48).

Anders als der *HVD* versteht sich die *GBS* nicht als sozialer Dienstleister für Mitglieder und Konfessionsfreie, sondern als „Think Tank des aufklärerischen Denkens in Deutschland." (Giordano Bruno Stiftung 2006, 3) Die Praxis der *GBS* zeichnet sich vorwiegend durch die Organisation medien- und öffentlichkeitswirksamer Kampagnen aus. Bereits 2005 organisierte sie eine Veranstaltungsreihe mit dem Titel *Religionsfreie Zone – Heidenspaß statt Höllenqual* als Gegenveranstaltung zum römisch-katholischen Weltjugendtag in Köln. In den Folgejahren griffen *GBS*-Regionalgruppen aus Regionen, in denen der Kirchentag stattfand, die Idee der Religionsfreien Zone auf und organisierten ähnliche Veranstaltungsreihen (Giordano Bruno Stiftung 2006, 10, 2007, 10, 2012b, 20, 2017a, 34–35). 2007 zeichnete die *GBS* wesentlich für die Gründung des Zentralrates der Ex-Muslime und deren Kampagne *Wir haben abgeschworen!* verantwortlich. Der Zentralrat und die Kampagne wurden im Haus der Bundespressekonferenz in Berlin vorgestellt. Die beiden Vorsitzenden Mina Ahadi und Arzu Toker verlangten, dass

> die deutsche Regierung sich [außenpolitisch] stärker für die Einhaltung der Menschenrechte auch in Ländern des islamischen Herrschaftsraums einsetzen [müsse], um dort weitere Menschenrechtsverletzungen zu verhindern. Innenpolitisch forderten sie die konsequente Trennung von Staat und Religion und eine klare Orientierung an den Werten von Humanismus und Aufklärung. Wo der Islam mit den Artikeln des Grundgesetzes kollidiere, könne er sich nicht auf den Schutz des Grundgesetzes berufen. (Giordano Bruno Stiftung 2008a, 13)

Ein Jahr später initiierten der Zentralrat und die *GBS* gemeinsam die erste und 2013 unter Mitwirkung der Alevitischen Gemeinde Deutschland die zweite Kritische Islamkonferenz (Giordano Bruno Stiftung 2009b, 7, 2014b, 18–19). Im Zuge diverser Stiftungstätigkeiten im Rahmen des Darwin-Jahres 2009 (Tagungen, Publikationen, Eröffnung eines Webportals, Festakt in der Deutschen Nationalbibliothek Frankfurt am Main und so weiter) startete die *GBS* unter anderem die Kampagne *Evolutionstag statt Christi Himmelfahrt*. Auf Grundlage einer Petition wurde die Würdigung der evolutionsbiologischen Erkenntnisse Charles Darwins und damit der Errungenschaften der (Natur-)Wissenschaft allgemein durch einen entsprechend gewidmeten Feiertag bei gleichzeitiger Reduzierung christlicher Feiertage gefordert (Giordano Bruno Stiftung 2010, 10–13). Im weitesten Sinne evolutionsbiologisch motiviert war auch die Kampagne *Grundrechte für Menschenaffen*, die nach einer Pressekonferenz 2014 in Form einer beim Deutschen Bundestag eingereichten Petition die Anerkennung von Menschenrechten für Orang-Utans, Gorillas, Schimpansen und Bonobos forderte (Giordano Bruno Stiftung 2015, 22–23), sowie das *Evokids*-Projekt. Letzteres rief die *GBS* 2013 mit Erscheinen des Kinderbuches *Urmel saust durch die Zeit* von Stiftungsbeirat Max Kruse (2012) ins Leben. Auf zwei offenen Tagungen am Institut für Biologiedidaktik Gießen in den Jahren 2013 und 2015 diskutierten Funktionäre, Lehrende von allgemeinbildenden und Hochschulen, Studierende und Bildungspolitiker über Möglichkeiten und Wege, Evolution in den Lehrplänen allgemeinbildender Grundschulen zu verankern. 2014 ging dann eine *Evokids*-Website online, auf der mittlerweile kostenlose Lehrmaterialien bestellbar sind (Evokids o. J.). 2015 veröffentliche die *GBS* eine von den Tagungsteilnehmern mitgetragene Petition für die Ergreifung bildungspolitischer Maßnahmen zur Implementierung des Themas Evolution in Grundschullehrpläne in ganz Deutschland (Dokument „Resolution Evokids-Kampagne") und trat 2016 mit einem eigenen Stand auf Europas größter Bildungsmesse *Didacta* auf (Giordano Bruno Stiftung 2017a, 28). Ebenfalls in das Jahr 2009 fiel die *Säkulare Buskampagne*, die von der *GBS* mit rund 44.000 Euro unterstützt und die unter anderem von den *GBS*-Beiräten Philipp Möller und Carsten Frerk organisiert wurde. Im Mai und Juni tourte ein Bus mit der Aufschrift: „Es gibt (mit an Sicherheit grenzender Wahrscheinlichkeit) keinen Gott. Ein erfülltes Leben braucht keinen Glauben" quer durch Deutschland und stellte Informationen und Werbematerial, auch zur *GBS*, bereit (Giordano Bruno Stiftung 2010, 16). 2010 organisierte die *GBS* eine Heimkinderkampagne mit dem Titel *Jetzt reden wir!*. Dabei wurde auf einer Demonstration und einer Pressekonferenz in Berlin auf die langwierigen psychischen Folgen der Misshandlungen von Menschen, die in kirchlichen Kinderheimen aufwuchsen, sowie auf Vertuschungsversuche beziehungsweise fehlende Wiedergutmachungsbemühungen von kirchlicher Seite aufmerksam gemacht. Für die Demonstration hatte *GBS*-Kurator

Jaques Tilly eine drei Meter hohe ‚Prügelnonne' entworfen (Giordano Bruno Stiftung 2011, 13). Im gleichen Jahr startete die *GBS* gemeinsam mit dem *BFG* Bayern, dem *IBKA* und dem Alibri Verlag eine Kirchenaustrittskampagne mit dem Titel *Mehr Netto! Mehr Freiheit! Mehr Solidarität!*. Zu einer 2011 mit mehreren Partnerorganisationen in Berlin veranstalteten Demonstration im Rahmen des Deutschlandbesuches des Papstes erschienen mehr als 15.000 Menschen. Zeitgleich warb die *GBS* auf Plakaten in ganz Berlin für den Kirchenaustritt (Giordano Bruno Stiftung 2011, 14, 2012b, 16). Im Jahr 2012 folgten die oben bereits angesprochene Kinderrechtskampagne *Mein Körper gehört mir!*, in deren Rahmen eine Plakataktion und eine Vortragsreihe zu den medizinischen Gefahren von Knabenbeschneidung und zu Kinderrechten durchgeführt wurden (Giordano Bruno Stiftung 2013, 20–21), sowie die Weltanschauungsfreiheit fordernde Kampagne *Gegen religiöse Diskriminierung am Arbeitsplatz!*, die die *GBS* gemeinsam mit dem *IBKA* ins Leben rief. Beide Organisationen forderten dabei die Anwendung europäischer Antidiskriminierungsbestimmungen auf das kirchliche Arbeitsrecht in Deutschland, nach dem Angestellte in weltanschaulichen Tendenzträgern, auch ohne Verkündigungsauftrag, aufgrund von Wiederheirat oder Kirchenaustritt entlassen werden können. *GBS*-Beirätin Ingrid Matthäus-Maier hielt in diesem Zusammenhang bundesweit Vorträge zur rechtlichen Situation in Deutschland (Giordano Bruno Stiftung 2013, 18–20). Als „alternatives Pilgerprogramm zur Heilig-Rock-Wallfahrt in Trier" (Giordano Bruno Stiftung 2013, 22) war die ebenfalls 2012 durchgeführte Kampagne *Heilig's Röckle!* überschrieben. Die Ausstellung des Rockes der Heiligen Helena in Trier veranlasste die Stiftung zu einer Veranstaltungsreihe, zu der neben Vorträgen und Lesungen von *GBS*-Beiräten und Vorständen auch eine kritische Kunstausstellung zu Reliquien der Römisch-Katholischen Kirche sowie ein *Walk-Act* von *GBS*-Beirat Wolfram Kastner und eines *GBS*-Fördermitglieds, die als Papst und Hitler verkleidet Hand in Hand den Pilgerweg abliefen und damit an Verquickungen von Kirche und Staat zu Zeiten des Nationalsozialismus erinnern sollten, veranstaltet wurden (Giordano Bruno Stiftung 2013, 22–23). Als Erwiderung auf Pläne der Bundesregierung zur Verschärfung rechtlicher Sanktionierungen passiver Sterbehilfe rief die *GBS* 2014 in Form der Kampagne für das Recht auf Letzte Hilfe *Mein Ende gehört mir!* gemeinsam mit der Deutschen Gesellschaft für Humanes Sterben (*DGHS*) und prominenten Unterstützern (unter anderem Konstantin Wecker, Udo Reiter, Petra Nadolny) dazu auf, jedem Menschen das Recht auf selbstbestimmtes Sterben zuzugestehen. Praktisch umgesetzt wurde die Kampagne durch eine Podiumsdiskussion in Zusammenarbeit mit dem *HVD*, eine Plakataktion und eine Petition, die von 140 Strafrechtslehrern und 180 Ärzten unterzeichnet wurde (Giordano Bruno Stiftung 2016b, 28).

Die Kampagnen der *GBS* werden in der Regel begleitet durch eine intensive Vortrags- und Publikationstätigkeit von Vorstand Michael Schmidt-Salomon und/ oder der involvierten Beiratsmitglieder. Die Stiftung selbst gibt zudem eine mittlerweile sieben Bände umfassende Schriftenreihe heraus. Aber auch in eigenen Publikationen oder Vorträgen, in denen Stiftungs-Funktionäre nicht in erster Linie im Namen der *GBS* sprechen und schreiben, findet die Stiftung mitunter in Vorworten, Danksagungen oder durch ähnliche Verweise Erwähnung. Gleichzeitig findet man bei allen *GBS*-Veranstaltungen Büchertische mit entsprechenden Publikationen vor. Gefördert werden von der *GBS* auch Kunstprojekte. So erschienen 2007 und 2008 zwei Serien einer Postkartensammlung mit Zeichnungen der *GBS*-Beiräte Ralf König, Janosch, Jacques Tilly und Rolf Heinrich. Im gleichen Jahr wurde das mit 10.000 Euro von der *GBS* geförderte Giordano Bruno Denkmal des Berliner Künstlers Alexander Polzin am Potsdamer Platz enthüllt, ein „Mahnmal für die Opfer religiöser Gewalt." (Giordano Bruno Stiftung 2008a, 28–29)

GBS-Positionen werden auf Tagungen erarbeitet und diskutiert, die häufig gemeinsam mit anderen freigeistigen Organisationen wie dem *IBKA*, dem *BFG* Bayern, dem *HVD* oder den Humanistischen Akademien ausgerichtet werden. Gerade am Anfang standen dabei vor allem weltanschauliche Ausrichtungsfragen auf der Agenda. Beispielhaft dafür seien die bereits 2005 mit dem *IBKA* und dem *BFG* München ausgerichteten Tagungen zu den Themen „Wissen statt Glauben" und „Leitkultur Humanismus und Aufklärung" sowie die Tagung „Umworbene Dritte Konfession" genannt, die die *GBS* im gleichen Jahr gemeinsam mit der *HABB* und der *FES* ausrichtete (Giordano Bruno Stiftung 2006, 10–11). Entwürfe säkularer Ethik wurden auf der 2006 gemeinsam mit dem *IBKA* ausgerichteten Tagung „Es gibt nichts Gutes, außer man tut es" zur Diskussion gestellt (Giordano Bruno Stiftung 2007, 11). Gemeinsam mit dem *HVD* Bayern, der *HAB* und dem turmdersinne richtete die *GBS* im Zuge des Darwin-Jahres zwei Tagungen mit den Titeln „Der neue Humanismus" (Fink 2010a) und „Die Fruchtbarkeit der Evolution" (Fink 2013a) aus, welche die epistemologischen und naturwissenschaftlichen Grundlagen der von der Stiftung vertretenen Weltanschauung zum Thema hatten. 2016 wurden auf dem Frankfurter Zukunfts-Symposium, das die *GBS* gemeinsam mit dem Ethikverband der Deutschen Wirtschaft sowie der Goethe-Universität Frankfurt ausrichtete, „Chancen und Risiken neuer Technologien und deren ethische Herausforderungen" (Giordano Bruno Stiftung 2017a, 26) diskutiert. Schließlich werden auch im Rahmen einzelner Kampagnen Tagungen veranstaltet, wie oben am Beispiel des *Evokids*-Projektes veranschaulicht.

Seit 2011 verleiht die *GBS* den Ethik-Preis der Giordano Bruno Stiftung für die Formulierung eines konstruktiven, säkularen Gegen- beziehungsweise Alternativprogramms zu religiöser Weltanschauung. Dieser Preis wurde bislang nur einmal an Peter Singer und Paola Cavalierie für ihr *Great Ape Project* vergeben, das sich für die Anerkennung von Menschenrechten für Orang-Utans, Gorillas, Schimpansen und Bonobos einsetzt (Giordano Bruno Stiftung 2012a). Zwei Mal verlieh die *GBS* bislang den Deschner-Preis für religionskritische Verdienste. 2007 ging er an Richard Dawkins (Giordano Bruno Stiftung 2008b; siehe auch Kapitel 2.2), 2016 wurden mit dem in Saudi-Arabien aufgrund von atheistischer Blogger-Tätigkeit inhaftierten Raif Badawi und seiner geflohenen Frau Ensaf Haidar zwei Personen ausgezeichnet. Ensaf Haidar hatte nach ihrer Flucht die Kampagne *#freeraif* und die Fondation Raif Badawi Foundation for Freedom ins Leben gerufen, die sich für die Freilassung ihres Mannes und anderer politischer Gefangener in der arabischen Welt einsetzt (Teilnehmende Beobachtung 16, Deschner-Preisverleihung *GBS* 2015; Giordano Bruno Stiftung 2016a).

In einer Neufassung der *GBS*-Satzung von 2015 wurden von Stiftungsaufsicht und Finanzamt die Stiftungsziele „Förderung von Wissenschaft und Forschung", „Förderung der Weltanschauung des evolutionären Humanismus", „Förderung von Kunst und Kultur", „Förderung der Erziehung, Volks- und Berufsbildung", „Förderung der Hilfe für politisch, rassisch oder religiös Verfolgte [sowie] Förderung internationaler Gesinnung und der Toleranz auf allen Gebieten der Kultur und des Völkerverständigungsgedankens [...] als gemeinnützige Zwecke" (Giordano Bruno Stiftung 2016b, 45) anerkannt. Ihre Weltanschauung überschreibt die *GBS* mit „Evolutionärer Humanismus." (Giordano Bruno Stiftung 2014a, 7) Das Konzept stammt ursprünglich von Julian Huxley. Der britische Evolutionsbiologe war zwischen 1946 und 1948 Generaldirektor der *UNESCO*. Zudem leitete er den Gründungskongress der *IHEU*, war Vorsitzender der *BHA* und zeichnete als Mitbegründer für die Humanist Society in New York verantwortlich. In seiner Einleitung zu einem Essayband mit dem deutschen Titel *Der evolutionäre Humanismus*[48] ([1961] 1964) heißt es:

> Dieses neue Ideensystem, dessen Geburt wir Menschen um die Mitte des zwanzigsten Jahrhunderts miterleben, werde ich schlicht als *Humanismus* bezeichnen. Denn es kann sich nur auf unsere Einsicht in das Wesen des Menschen und seine Beziehungen zur Umwelt gründen. Dieses System muß den Menschen als Organismus in den Brennpunkt stellen, wenn er auch ein Organismus mit einzigartigen Eigenschaften ist. Es muß die Tatsachen und Gedanken der Evolution in seinen Aufbau einbeziehen; es muß berücksichtigen, daß der Mensch Teil eines umfassenden Evolutionsprozesses ist, in dem er eine entscheidende Rolle spielt. (Huxley 1964, 15)

Die *GBS* greift die im Essayband dargelegten Ideen und Begriffe Huxleys 40 Jahren nach dessen Erscheinen wieder auf. Schmidt-Salomon schreibt über Huxley:

---

[48] Die englische Erstausgabe erschien 1961 unter dem Titel *The Humanist Frame*.

Huxley befürchtete, dass das Fehlen eines zeitgemäßen Weltbildes zu ‚Chaos, Verzweiflung oder zur Flucht aus der Wirklichkeit' führen werde. Daher müsse der Mensch ‚sein Leben im Rahmen eines befriedigenden Ideensystems wieder zu einer Einheit zusammenschließen'. [...] Dies war die Geburtsstunde eines neuen, zeitgemäßen Humanismus, der einen entscheidenden Vorteil hatte: Von Anfang an war er darum bemüht, die Fehler seiner Vorgänger zu vermeiden. [...] *Der evolutionäre Humanismus ist die wohl erste Weltanschauung, die Hoffnung vermittelt, ohne den Blick auf die Realität zu trüben.* (Schmidt-Salomon 2014, 81–89)

Der Evolutionäre Humanismus der *GBS* zielt darauf ab, „die angeblich diametralen Gegensätze von Humanismus und Naturalismus miteinander" (Schmidt-Salomon 2007a, 34) zu versöhnen.

[Der Evolutionäre Humanismus ist] eine postnationale, säkulare, kritisch-rationale Weltanschauung, die die erkenntnistheoretische Perspektive des Naturalismus mit dem ethisch-politischen Auftrag einer umfassenden Verbesserung der Lebensverhältnisse verbindet. (Schmidt-Salomon 2007a, 34)

Während es humanistischen Entwürfen historisch an Rückbezügen auf die Naturwissenschaften gemangelt habe, werden sie für die Stiftung zu den zentralen Bezugswissenschaften (siehe dazu ausführlich Kapitel 4.2.2). Gleichzeitig grenzt sich die *GBS* von szientistischen oder sozialdarwinistischen Überhöhungen naturwissenschaftlicher Erkenntnisse ab, die stets ihrer Fortschrittlichkeit angemessen ethisch reflektiert werden müssten:

[W]ir wissen ja, dass mit evolutionärem Denken unheimlich, also auch wirklich inhumane, totalitäre Systeme unterstützt werden sollten, obwohl das eigentlich nicht gut aufgeht. Und mit dem Humanismus, das konnte auch als Unterdrückung dienen. Also es gibt da mehrere Bücher über den Humanismus quasi als bürgerliche Unterdrückungsideologie. [...] Deswegen braucht man eben beide Ansätze, den wissenschaftlich-rational-empirischen, und eben diesen zum Teil eben auch utopischen, und die heben sich gegenseitig auf, also es gibt eine Schnittmenge zwischen beiden. Und das ist das, was wir meinen. Wir meinen nicht inhumanes evolutionäres Denken, und wir meinen nicht antievolutionäres humanistisches Denken. (Interview 9, *GBS* Gruppeninterview, 41)

Das Evolutionsprinzip besitzt nicht nur für das Welt- und Menschenbild der *GBS* eine zentrale Bedeutung, sondern dem eigenen Anspruch nach auch für den Evolutionären Humanismus insgesamt: Er wird als „offenes System" (Schmidt-Salomon 2006, 29) bezeichnet, das mit dem wissenschaftlich-technologischen Fortschritt Schritt halte und sich verändere, wenn seine weltanschaulichen Prinzipien mit wissenschaftlichen Erkenntnissen in Widerspruch zu geraten drohen. Dadurch wird durch Stiftungsvertreter ein wesentlicher Unterschied der *GBS* zu als statisch und dogmatisch charakterisierten Religionen markiert.

Wir müssen einsehen, dass Traditionen keinen Wert an sich besitzen, dass sie nicht unbedingt erhaltenswert sind, sondern einer Evolution unterliegen, die von uns selbst gesteuert werden kann und muss. Für evolutionäre Humanisten ist es selbstverständlich, dass *alle* Traditionen einem *kritischen Eignungstest* unterzogen werden müssen. [...] Um eine möglichst *hohe Flexibilität des Denkens und Handelns* gewährleisten zu können, versteht sich der evolutionäre Humanismus als ‚offenes System'. Abgesehen von dem unaufkündbaren ethischen Imperativ, zu einer Humanisierung der menschlichen Lebensverhältnisse beizutragen (wobei natürlich auch die Interessen *nichtmenschlicher Lebewesen in angemessener Weise berücksichtigt werden müssen!*), akzeptiert der evolutionäre Humanismus *keine absoluten Kategorien* (absolute Moral, absolute Wahrheit, absolute Autorität). Er weiß um die *Relativität menschlicher Erkenntnis*, weshalb er die religiöse Strategie ablehnt, historisch gewachsene Vorstellungen in heilige Dogmen zu verwandeln und auf diese Weise ‚gegen Kritik zu immunisieren'. (Schmidt-Salomon 2006, 34–35)

Mit der philosophischen Ausformulierung des Evolutionären Humanismus wurde Schmidt-Salomon beauftragt, der bislang vier Monographien zum Thema verfasste (Schmidt-Salomon 2006, 2012a, 2012b, 2014). Die programmatisch-weltanschauliche Ausrichtung der *GBS* wird im Analyseteil der vorliegenden Studie ausführlicher in den Blick genommen (Kapitel 4).

2.6 Desiderata

Aus dem zuvor dargestellten Forschungsstand können mehrere Desiderata abgeleitet werden, welchen sich die vorliegende Studie widmet. Aus historischer Sicht ist zu konstatieren, dass es bislang gänzlich an einer umfassenden systematischen Darstellung und Analyse der freigeistigen Organisationslandschaft im zeitgenössischen deutschen Kontext fehlt. Zwar ist ihre Geschichte bis 1933 relativ gut aufgearbeitet, und auch gegenwärtig existierende freigeistige Organisationen außerhalb Deutschlands werden seit etwa 2005 zunehmend sozial- und kulturwissenschaftlich in den Blick genommen; schon zur Aufarbeitung der jüngeren Geschichte solcher Organisationen in Deutschland in Kapitel 2.5 war der Autor der vorliegenden Studie jedoch weitestgehend auf Primärquellen angewiesen. Aus systematisch-theoretischer Sicht fehlt es an umfassenden theoriebildenden Arbeiten zu freigeistigen Organisationen. Traditionell sind diese vor allem säkularisierungstheoretisch und vor diesem Hintergrund unter dem Vorzeichen der Religionskritik und -bekämpfung betrachtet worden. Dass freigeistige Organisationen durchaus auch andere Formen der Religionsbezogenheit aufweisen können, sollte die historische Rekonstruktion bis zur Gegenwart bereits angedeutet haben. Dieser Aspekt wird in den folgenden Analysen (Kapitel 4) unter Zuhilfenahme des heuristischen Nichtreligionskonzeptes von Quack (2013, 2014), das die Differenzierung unterschiedlicher Formen von Religionsbezogenheit erlaubt und diese in einem gesellschaftspolitischen Rahmen verortet, konkretisiert und weiter vertieft. Abstand genommen wird dabei aus den unter Kapitel 2.1 genannten Gründen von Quacks diffusem Feldkonzept und der attributiven Verwendung des Nichtreligionsbegriffes für die kollektiven Akteure, die den Gegenstand der vorliegenden Studie bilden. Andere theoretische Rahmungen freigeistiger Organisationen, wie der inkorporationstheoretische, der ritualtheoretische und der emanzipationstheoretische, finden nur vereinzelt Anwendung und sind mit Bezug auf den Gegenstand noch unterentwickelt. Gemeinsam ist ihnen, dass sie sich jeweils auf einen Ausschnitt freigeistiger Organisationen konzentrieren, ohne sie als Ganze in den Blick zu nehmen. Der analytische Wert solch verengter Foki soll an dieser Stelle keinesfalls bestritten werden. Ihr Nachteil ist jedoch, dass sie solche empirischen Ausschnitte des Gegenstandes vernachlässigen, die nicht in die jeweils gewählten theoretischen Schablonen passen. Es fehlt an einem umfassenden, theoriebildenden Ansatz, der die oben genannten Perspektiven integriert und zu einer Theorie freigeistiger Organisationen ausbaut. Dieser muss in der Lage sein, auch solche Aspekte zu erfassen, die bislang nicht in den theoretischen und/oder historischen Fokus gerückt worden sind.

Ein solcher Ansatz soll im Folgenden entwickelt werden. Als heuristisches Hilfsmittel wird dazu, wie oben bereits angedeutet, das Konzept der ‚Religionsbezogenheit' in der Version von Quack (2013, 2014) herangezogen. Dieses versetzt einerseits in die Lage, konkrete empirische Phänomene wie freigeistige Organisationen überhaupt als religionswissenschaftlich relevante Gegenstände in den Blick zu bekommen. Andererseits ist es ausreichend abstrakt, um eine Kompatibilität mit theoriebildenden Methodologien zu gewährleisten. Diese Voraussetzung nennt Kelle (2011, 250–253) für eine Kombination theoretisch informierter Heuristiken mit der Grounded Theory, an der sich die vorliegende Studie sowohl methodologisch als auch methodisch orientiert. Sie soll im nun folgenden Kapitel näher erläutert werden.

3 Methodologie und Methodik: Grounded Theory

Auf die Grounded Theory, speziell auf das ‚Discovery Buch' ihrer Gründerväter Barney Glaser und Anselm Strauss ([1967][1] 1998), wird in qualitativen religionswissenschaftlichen Forschungsarbeiten gerne und häufig verwiesen. Engler (2011, 267–269) sucht in einem Überblicksartikel zur Grounded Theory in der Religionswissenschaft allerdings vergeblich nach Arbeiten, in denen ihr methodisches Instrumentarium auch tatsächlich systematisch Anwendung findet. Ähnlich verhält es sich in anderen sozialwissenschaftlichen Disziplinen, was Engler dazu veranlasst, einen Artikel von Suddaby (2006) darüber zusammenzufassen, was Grounded Theory nicht sei:

> GT is not an excuse to ignore the literature, not presentation of raw data, not theory testing, content analysis, or word counts, not routine application of formulaic technique to data, not the one true method or an easy one, and not an excuse for the absence of methodology. (Engler 2011, 267)

Jenseits solcher Kritik lässt sich der Umstand des Fehlens konkreter Anwendungsbeispiele der Grounded Theory dadurch erklären, dass sie in vielen Fällen lediglich als Methodologie aufgefasst wird, die durch ausgewählte Merkmale – zum Beispiel einen iterativen Forschungsprozess oder ein induktiv ausgerichtetes *bottom-up*-Verhältnis von Empirie und Theorie – gewissermaßen die allgemeine Forschungslogik qualitativer Sozialforschung formuliert. Übersehen wird dabei häufig, dass speziell Strauss gemeinsam mit Juliet Corbin (1996) in den Jahren nach Erscheinen des ‚Discovery Buches' ein konkretes methodisches Instrumentarium zur Umsetzung dieser Forschungslogik entwickelt hat. Engler (2011, 268) plädiert dafür, nur dann von ‚Grounded Theory' zu sprechen, wenn dieses Instrumentarium auch tatsächlich Anwendung findet. Dies sollte nicht als Plädoyer für Methodenrigorismus oder gegen methodische Flexibilität missverstanden werden. Stattdessen geht es um methodische Reflexivität und Transparenz, aus deren Ausbleiben zwangsläufig Fehler und Missverständnisse resultieren.

In den empirischen Analysen der vorliegenden Studie wird das methodische Instrumentarium der Grounded Theory nach Corbin und Strauss (1996) systematisch zur Anwendung gebracht (Kapitel 4). Diese Entscheidung erfolgte aufgrund des explorativen, abstrakt-handlungstheoretischen Charakters der Grounded Theory, der sowohl dem Gegenstand der vorliegenden Studie als auch den unter Kapitel 2.6 vorgestellten Desiderata angemessen erscheint. Dies soll in

---

[1] Die englische Erstausgabe erschien 1967 unter dem Titel *The Discovery of Grounded Theory*.

diesem Kapitel detailliert erläutert werden. Dazu wird zunächst die Methodologie der Grounded Theory nachvollzogen (Kapitel 3.1). Sodann werden die dieser Forschungslogik entsprechenden methodischen Instrumente der Grounded Theory vorgestellt (Kapitel 3.2). Nach einer Diskussion epistemologischer und methodologischer Anfragen an die Grounded Theory (Kapitel 3.3) wird schließlich das Forschungsdesign der vorliegenden Studie präsentiert (Kapitel 3.4).

3.1 Grounded Theory als Methodologie

Die Grundidee der Grounded Theory stammt von den Medizinsoziologen Barney Glaser und Anselm Strauss. In ihrem ‚Discovery Buch' (Glaser und Strauss 1998) arbeiten sie die Grounded Theory als Gegenentwurf zur deduktiv ausgerichteten Methodologie der *US*-amerikanischen Soziologie der 1960er Jahre aus, die den *apriorischen* Annahmen logisch deduzierter Theorie Karl Poppers folgte. Dabei geht es Glaser und Strauss keinesfalls darum, die Notwendigkeit und Relevanz von Theorieverifizierung beziehungsweise -falsifizierung für die Soziologie zu bestreiten. Sie kritisieren jedoch die unzureichende Entwicklung systematischer Verfahren zur Theoriegenerierung, die mit der einseitigen Konzentration auf das Testen von Theorien einhergehe. Ohne belastbare Gütekriterien bei der Theoriegenerierung könne nicht sichergestellt werden, dass tatsächlich die besten Theorien zur Verfügung stehen, was den theoretischen Fortschritt der Disziplin letztlich gefährde (Glaser und Strauss 1998, 11–23).

Eine systematische Generierung von Theorie ist laut Glaser und Strauss nur möglich auf Grundlage eines vorgängigen, ebenso systematischen Umgangs mit empirischen Daten. Theorie gründet sich demnach erst in einer spezifischen, analytischen Perspektive auf Empirie.

> Eine Theorie auf der Grundlage der Daten zu generieren heißt, dass die meisten Hypothesen und Konzepte nicht nur aus den Daten stammen, sondern im Laufe der Forschung systematisch mit Bezug auf die Daten ausgearbeitet werden. *Theorie zu generieren, ist ein Prozess.* Der Ursprung einer Idee oder gar eines Modells muss nicht in Daten liegen (Die Biografien von Wissenschaftlern sind voller Geschichten über gelegentliche Geistesblitze und zukunftsträchtige Ideen, die fern ab der Datenquellen auftauchen). Doch die Generierung von Theorie aus solchen ‚Einsichten' heraus muss in Beziehung zu den Daten gebracht werden – ansonsten besteht die Gefahr, dass Theorie und empirische Welt nicht zueinander finden. (Glaser und Strauss 1998, 15–16)

In diesem Zusammenhang verstanden die Gründerväter der Grounded Theory ihr ‚Discovery Buch' auch als einen Beitrag zur Systematisierung qualitativer Sozialforschung und ihrer Emanzipation von der vorherrschenden quantitativ-standardisierten Methodologie.² Obwohl im Rahmen der Grounded Theory grundsätzlich sowohl qualitativ als auch quantitativ gewonnene Daten ausgewertet werden können, sei die explorative, offene Annäherung an einen Gegenstand im Rahmen qualitativer Methodologie in der Regel besser geeignet, um „bis an die Grenzen eines Sachgebietes" (Glaser und Strauss 1998, 26) und somit zu einer adäquaten Theoriebildung zu gelangen. Tatsächlich erscheint eine quantitative Forschungslogik, nach der der Gegenstand bereits vor Forschungsbeginn anhand konkreter Merkmale operationalisiert werden muss und Einflüsse durch die Umwelt oder den Forscher möglichst gering zu halten sind, eher dazu geeignet, Häufigkeiten und Verteilungen der operationalisierten Merkmale zu messen, als substanzielle Theorie zu generieren. Laut Kelle (2007, 19) gehören Komplexität, Wandelbarkeit, Vielfalt und Unschärfe zu den Merkmalen sozialwissenschaftlicher Gegenstände. Knoblauch (2003, 11–23) zu Folge gilt dies auch und in besonderem Maße für die empirische Religionsforschung, da eine Pluralisierung religiöser Sozialformen spätestens seit den 1980er Jahren die religiöse Normalbiographie abgelöst habe. Nur qualitativ angelegte Forschungsdesigns ermöglichten es, diese Situation in angemessener Weise zu verstehen und abzubilden.

> [J]e rascher sich die Gegenwartsreligion verändert und je vielfältiger ihre Erscheinungsformen sind, um so schwerer fällt es, sie mit Hilfe vorgefertigter standardisierter Fragen zu erfassen: Häufig wissen wir ja gar nicht, was da eigentlich erforscht werden soll, so sind denn standardisierte Methoden oft unangemessen. Die Sensibilität und Flexibilität von qualitativer Forschung bietet hier eine Lösung. [...]. Man kann sagen, dass die weltweite Auflösung gemeinsamer Werte und die Zerstörung des Konsens' der Gesellschaften zu einer Entstehung verschiedener, miteinander konkurrierender Wirklichkeiten führte. Diese lassen sich über standardisierte Methoden nicht erfassen, weil eben jene dazu erforderlichen Standards der Lebensführung nicht verfügbar sind. Es bedarf einer qualitativen Sozialforschung, die offen für die Erfassung der Andersheit und Neuheit dieser Formen ist. (Knoblauch 2003, 11–23)

---

2 Zu Beginn des 20. Jahrhunderts setzte sich in der noch jungen Soziologie die naturwissenschaftliche Forschungslogik durch, deren übergreifende, abstrakt erkenntnistheoretische Gütekriterien der Objektivität, Reliabilität und Validität viele Sozialforscher übernahmen. Die sich verstärkende Ausrichtung an diesen Gütekriterien ist im Zusammenhang mit dem für diese Zeit in den Sozialwissenschaften dominanten normativen Paradigma zu betrachten, in dessen Rahmen soziale Wirklichkeit als objektiv sachhaft und äußerlich vorgegeben betrachtet wird. Qualitative Methoden der empirischen Sozialforschung erlebten vor diesem Hintergrund einen raschen Reputationsverlust. Sie entsprachen den quantitativen Standards im Rahmen des normativen Paradigmas nicht und galten bald als subjektivistisch und unwissenschaftlich. Nur als Vorstufe quantitativer Studien waren sie lange Zeit überhaupt legitimierbar. Selbst ihre Weiterentwicklung erfolgte in der Verifikationsrhetorik und Logik quantitativer Methodologie (Przyborski und Wohlrab-Sahr 2008, 35–47).

Die Grundidee dieses interpretativen Paradigmas der qualitativen Sozialforschung wird in der vorliegenden Studie zu freigeistigen Organisationen in Deutschland, die als Teil der religiösen Gegenwartskultur begriffen werden, aufgegriffen, und durch die systematische methodische Orientierung an der Grounded Theory zur Anwendung gebracht.

3.2 Grounded Theory als Methodik

Die methodische Orientierung an der Grounded Theory bietet sich laut Engler in drei Situationen an: (1) Wenn es keine oder wenig Literatur zu ähnlichen relevanten Fällen gibt, (2) wenn die theoretischen Konzepte in einem Forschungsbereich inadäquat erscheinen, um mit dem eigenen Material umzugehen, und (3) wenn es darum geht, alternative Wege der Konzeptualisierung in einem Forschungsbereich zu entdecken (Engler 2011, 256). Durch die Darstellung des Forschungsstandes in Kapitel 2 sollte deutlich geworden sein, dass alle drei Situationen auf den Gegenstand der vorliegenden Studie zutreffen. (1) Die Forschungsliteratur zu freigeistigen Organisationen in Deutschland ist spärlich und im Wesentlichen auf die Zeit zwischen 1840 und 1933 beschränkt. (2) Die theoretischen Konzepte im Forschungsbereich beschränken sich überwiegend auf einen zwar wichtigen, jedoch verengten säkularisierungstheoretischen Blickwinkel. Andere theoretische Rahmungen sind noch unterentwickelt. Vor allem mangelt es an einer theoretischen Integration verschiedener Forschungsperspektiven auf den Gegenstand. (3) Mit dieser Feststellung ist gleichsam angezeigt, dass es alternative Wege der Konzeptualisierung des Gegenstandes zu entdecken gibt und gilt.

Der Grounded Theory-Methodik liegt ein iteratives Forschungsdesign zu Grunde. In dessen Rahmen wechseln sich die Elemente der Datenerhebung beziehungsweise des theoretischen Samplings, der kodierenden Datenanalyse (bestehend aus den Auswertungsschritten offenes Kodieren, axiales Kodieren und selektives Kodieren), und der Konkretisierung der Fragestellung beziehungsweise der Weiterentwicklung der Theorie ab. Dieser Prozess wird so lange wiederholt, bis die theoretische Sättigung erreicht ist, das heißt neue Daten und Analysen keine neuen Erkenntnisse in Bezug auf die zu generierende Theorie mehr hervorbringen (Corbin und Strauss 1996, 43–168; Glaser und Strauss 1998, 61–121).

Das theoretische Sampling beschreibt die auf Grundlage theoretischer Kriterien erfolgende Auswahl von Daten. Innerhalb der iterativen Forschungslogik der Grounded Theory wird diese Auswahl stets durch die im Entstehen begriffene Theorie kontrolliert, die sich im Rahmen des Forschungsprozesses entwickelt. Abgesehen vom ersten Sampling, das *a priori* und auf der Grundlage theoretischen Vorwissens erfolgt, ist der genaue Verlauf der Datenauswahl also nicht zu Beginn des Forschungsvorhabens planbar. Dies eröffnet allerdings eine große Flexibilität, die bei anderen Formen der Datenerhebung beziehungsweise -auswahl nicht gegeben ist. Diese Flexibilität ist wichtig vor allem in Bezug auf unvorhergesehene Kontingenzen im Forschungsfeld, von denen im Rahmen eines interpretativen Paradigmas stets ausgegangen werden muss (Corbin und Strauss 1996, 148–168; Glaser und Strauss 1998, 61–90).

Die erhobenen beziehungsweise gesampelten Daten werden mit Hilfe eines dreistufigen kodierenden Verfahrens analysiert. In dessen Rahmen geht es darum, in den Daten Konzepte und Kategorien zu entdecken, die Daten entsprechend aufzubrechen und die emergierenden analytischen Kategorien in einem Prozess ständigen Vergleichens – sowohl der Daten und Kategorien untereinander als auch der Kategorien mit neuen Daten – schließlich wieder neu zu einer Theorie zusammenzufügen (Glaser und Strauss 1998, 107–121). Konzepte definieren Corbin und Strauss (1996, 43) als „[k]onzeptuelle Bezeichnungen oder Etiketten, die einzelnen Ereignissen, Vorkommnissen" aus den Rohdaten zugeordnet werden. Kategorien ergeben sich aus einer auf Vergleich basierenden Gruppierung von ähnlichen oder auf der Ebene von Eigenschaften (siehe unten) zusammengehörigen Konzepten und sind dementsprechend abstrakter als diese. Während Konzepte sich in der Regel noch recht stark an der Logik und dem Wortlaut der Daten orientieren, sind Kategorien analytischer und häufig metasprachlicher Natur.

Der erste Analyseschritt ist das sogenannte *offene Kodieren*, in dessen Rahmen Namen (Codes) für einzelne Sinnabschnitte innerhalb der Rohdaten (Vorkommnisse) vergeben werden, die objektsprachlicher (*in-vivo*-Codes) oder bereits metasprachlicher Natur (theoretische Codes) sein können. Zu Beginn des Forschungsprozesses verläuft dieser Analyseschritt häufig kleinteilig und die Sinnabschnitte (Kodiereinheiten) beschränken sich auf einzelne Sätze, Satzteile oder gar Wörter des Datenmaterials. Mit fortschreitender Entwicklung der Kategorien und Sättigung der Theorie wird die Analyse gezielter und gröber. Die Kodiereinheiten werden ausgeweitet, sodass auch größere Textmengen bewältigt werden können. Die zahlreichen dabei entstehenden Konzepte gilt es im Prozess des ständigen Vergleichens im oben genannten Sinne zu gruppieren und dadurch schließlich analytische Kategorien zu rekonstruieren. Die Kategorien werden entwickelt anhand von Eigenschaften, die sie kennzeichnen oder charakterisieren, sowie Dimensionen, welche die Eigenschaften konkretisieren. Der Kategorie ‚Rot' kann zum Beispiel die Eigenschaft ‚Helligkeit' zugeordnet werden, die sich auf einem Kontinuum zwischen ‚Hell' und ‚Dunkel' dimensionalisieren lässt. Zu Eigenschaften und Dimensionen einer Kategorie gelangt man über kodierte Vorkommnisse (Konzepte) oder durch entsprechende auf theoretischem Vorwissen basierende Fragen an die Kategorien, die allerdings beim folgenden Sampling berücksichtigt und empirisch validiert werden müssen. Die Ausdifferenzierung einer Kategorie in ihre Eigenschaften und Dimensionen verleiht ihr konzeptionelle Dichte (Corbin und Strauss 1996, 43–73).

Den zweiten Analyseschritt nennen Corbin und Strauss (1996, 76) „axiales Kodieren." Beim *axialen Kodieren* werden die ausgearbeiteten Kategorien zueinander in Beziehung gesetzt. Glaser und Strauss haben nach ihrem Streit[3] unterschiedliche Modelle beziehungsweise Deutungsrahmen für diesen zweiten Analyseschritt entwickelt. Glaser, der Strauss zunächst Verrat an der induktiven Grundidee der Grounded Theory vorwarf, nach der Theorie aus empirischen Einsichten in das Forschungsfeld einfach emergiert, entwickelt für diesen Analyseschritt eine Reihe heuristischer Konzepte, die er in 18 Kodierfamilien gruppiert (Glaser 1978). Die Kodierfamilien fassen Kategorien zusammen, die sich zum Beispiel auf das

> Ausmaß einer Merkmalsausprägung *(degree family)* [...], das Verhältnis zwischen einem Ganzen und seinen Elementen *(dimension family)* [...,] auf kulturelle Phänomene *(cultural family)* [..., auf]* die Beziehung zwischen Mitteln und Zielen [...] *(means-goal family) [oder]* auf Handlungsstrategien [...] *(strategies family)* [beziehen]. (Kelle 2011, 240)

Kelle (2011, 239–240) bezeichnet die Zusammensetzung dieser Kodierfamilien als „Mischmasch von heuristischen Konzepten", die aus „sehr unterschiedlichen (sozialwissenschaftlichen, philosophischen oder Alltags-) Kontexten stammen", und stellt ihre Abgrenzbarkeit untereinander und auch ihre praktische Anwendbarkeit auf konkretes empirisches Material in Frage. Zu letzterer bedürfe es jedenfalls einer „tiefgehende[n] soziologische[n] und erkenntnistheoretische[n] Schulung", was nicht recht zum radikalen Induktivismus passen will, den Glaser zeitgleich einfordert (Kelle 2011, 243). In der vorliegenden Studie wird für das axiale Kodieren stattdessen auf das alternative, von Strauss gemeinsam mit Juliet Corbin entwickelte Kodierparadigma zurückgegriffen (Corbin und Strauss 1996, 76–93), das weniger theoretisch voraussetzungsbehaftet erscheint als die Kodierfamilien Glasers und dem induktiven Grundgedanken der Grounded Theory somit besser gerecht wird, ohne dabei den unrealistischen *tabularasa*-Anspruch eines radikalen Induktivismus zu erheben. Der abstrakt-heuristische handlungstheoretische Deutungsrahmen des Kodierparadigmas passt zudem zum Gegenstandsverständnis der vorliegenden Studie, nach dem freigeistige Organisationen als kollektive Akteure konzeptualisiert werden. Da die unter Kapitel 4

---

[3] Zu den Gründen des Streits zwischen Glaser und Strauss und ihren daraus resultierenden unterschiedlichen Entwürfen der Grounded Theory vergleiche ausführlich Strübing 2011.

vorgestellten empirischen Analysen sich an der Logik dieses Kodierparadigmas orientieren, soll es in der Folge etwas ausführlicher vorgestellt werden.

Im Zentrum des Kodierparadigmas von Corbin und Strauss steht ein *Phänomen*, auf das sich dem handlungstheoretischen Grundgedanken der Grounded Theory folgend bestimmte *Handlungs- und interaktionale Strategien* ausrichten, um es zu „kontrollieren oder zu bewältigen." (Corbin und Strauss 1996, 75) Ob der Fokus im Rahmen eines konkreten Forschungsprojektes auf das Phänomen oder eher auf die Handlungs- und interaktionalen Strategien gerichtet wird, hängt von Fragestellung und Erkenntnisinteresse ab. Im Rahmen ihrer medizinsoziologischen Untersuchungen führen Corbin und Strauss für den Phänomenbereich immer wieder verschiedene Formen von Schmerz als Beispiele an, welche durch bestimmte Handlungs- und interaktionale Strategien – in der Regel medizinische Therapien – bewältigt werden sollen. Durch die Abstraktheit der Bestandteile des Kodierparadigmas – neben dem Phänomen und den Handlungs- und interaktionalen Strategien stellen der *Kontext*, die *ursächlichen Bedingungen*, die *intervenierenden Bedingungen* und die *Konsequenzen* weitere Bestandteile des Kodierparadigmas dar – lässt es sich jedoch auch auf andere, handlungstheoretisch erfassbare soziale Gegenstände außerhalb der Medizinsoziologie beziehen. Ursächliche Bedingungen sind „Ereignisse, Vorfälle, Geschehnisse, die zum Auftreten oder der Entwicklung eines Phänomens führen." (Corbin und Strauss 1996, 75) Im Falle eines im Arm lokalisierten Schmerzes (Phänomen) könnte zum Beispiel ein Armbruch, ausgelöst durch einen Sturz aus großer Höhe, die ursächliche Bedingung darstellen. Als handlungs- und interaktionale Strategie käme in diesem Fall beispielsweise eine Operation oder eine Schienung des Armes in Frage. Als intervenierende Bedingungen beschreiben Corbin und Strauss „[d]ie strukturellen Bedingungen, die auf die Handlungs- und interaktionalen Strategien einwirken, die sich auf ein bestimmtes Phänomen beziehen" (Corbin und Strauss 1996, 75), indem sie diese erleichtern oder hemmen. Intervenierende Bedingungen können sowohl mehr oder weniger von Menschen beeinflusste beziehungsweise konstruierte systemische Strukturen aufweisen, wie ein Rechtssystem oder klimatische Bedingungen, als auch konkrete Akteure, wie Einzelpersonen oder Organisationen, beschreiben, die auf die Handlungs- und interaktionalen Strategien einwirken. Auf das oben genannte Beispiel bezogen könnten zum Beispiel das Gesundheitssystem, die medizinische Kompetenz des behandelnden Arztes oder die technische Ausstattung des Krankenhauses, in das die Person mit dem Armbruch eingeliefert wird, als intervenierende Bedingungen Einfluss auf die Handlungs- und interaktionale Strategie (zum Beispiel Operation) beziehungsweise deren Konsequenzen nehmen. Der Kontext stellt „den besonderen Satz von Bedingungen dar, innerhalb dessen die Handlungs- und Interkationsstrategien stattfinden." (Corbin und Strauss 1996, S. 80 – 81) Er unterscheidet sich von intervenierenden Bedingungen insofern, als er den allgemeineren raumzeitlichen Handlungshintergrund beschreibt. Spielt sich das Schmerzbeispiel in Deutschland und im 21. Jahrhundert ab, so wären diese Aspekte als Kontext zu beschreiben. Konsequenzen erfassen die „Ergebnisse oder Resultate einer Handlung und Interaktion." (Corbin und Strauss 1996, S. 80–81) Verlief die Operation erfolgreich, konnte der im Arm lokalisierte Schmerz also dauerhaft gemildert werden? Oder gab es Komplikationen, sodass sich womöglich zusätzliche Schmerzen beim Patienten einstellen? Wie diese auf das hier durchexerzierte Beispiel bezogenen Fragen zeigen, hängen die Konsequenzen stets vom spezifischen Zusammenspiel der im Rahmen des Kodierparadigmas zueinander angeordneten Kategorien beziehungsweise deren Eigenschaften und Dimensionen ab.

Sowohl das offene als auch das axiale Kodieren werden durch eine kontinuierliche Dokumentation, Zusammenfassung und Planung in Form von sogenannten Memos begleitet. Strauss und Corbin unterscheiden dabei *Code-Memos*, *theoretische Memos* und *Planungsmemos*. Code-Memos beziehen sich auf einzelne Kategorien und ihre Eigenschaften und Dimensionen, theoretische Memos auf das In-Beziehung-Setzen der Kategorien zueinander, und Planungsmemos auf sich dadurch ergebende, für die Zukunft angedachte weitere Sampling-, Erhebungs- und Analyseschritte (Corbin und Strauss 1996, 161–191).

Den abschließenden Analyseschritt bildet schließlich das *selektive Kodieren*. Kategorien werden im Zuge des selektiven Kodierens auf der dimensionalen Ebene miteinander verknüpft, um Zusammenhänge und Muster zu entdecken und den roten Faden der Theorie offenzulegen. Das Kodierparadigma sollte zu diesem Zeitpunkt bereits ausreichend mit ausdifferenzierten Kategorien und deren dimensionalisierten Eigenschaften bestückt sein. Neu gesampelt wird in erster Linie zum Auffüllen derjenigen Kategorien, die einer weiteren Verfeinerung und/oder Entwicklung bedürfen, sowie zur Validierung der entwickelten Theorie und ihrer einzelnen Aussagen. Entsprechend grob verläuft das Kodieren an dieser Stelle des Analyseprozesses. Dieser endet mit der theoretischen Sättigung (Corbin und Strauss 1996, 94–117).

Dieser rote Faden kann auch der Logik einer Typologie folgen. Darauf weist Breuer (2010, 89–91) explizit hin, auch wenn Strauss und Corbin (1996) dies nicht in systematischer Weise darlegen.

> Die in der Auseinandersetzung mit Daten herausgebildeten Kategorien lassen sich häufig als *Typen* charakterisieren – und sie sowie ihre Darstellung als Ordnungssystematiken beziehungsweise Taxonomien können sich zu *Typologien* formieren. Derartige Konzepte stellen eine Möglichkeit wissenschaftlicher Abstraktion und Generalisierung dar, wie sie für qualitative Sozialforschung sehr charakteristisch ist. [...] Bei dieser Vorgehensweise geht es nicht um Auftretenshäufigkeiten, Umfänglichkeiten oder andere Maßzahlen oder Maßzahldifferenzen von und zwischen unterschiedlichen Typen, sondern um die Herausarbeitung ge-

genstandsbezogener Systematisierungen, die für Beschreibungs-, Erklärungs- und Selbstbeziehungsweise Handlungsreflexions-Zwecke tauglich sind. (Breuer 2010, 90)

3.3 Epistemologische und methodologische Anfragen an die Grounded Theory

Kritiker werfen der Grounded Theory vor allem naiven Positivismus vor (zum Beispiel Opp 2005). Ihr induktivistischer Anspruch, nach dem Kategorien und Theorien einfach aus dem empirischen Material heraus emergieren, ignoriere demnach die innerhalb der Sozialwissenschaften mittlerweile allgemein akzeptierte Tatsache, dass Forscher ihre Gegenstände immer durch bestimmte Brillen wahrnehmen und somit theoretisches Vorwissen sowie eigene Interessen und Erwartungen in die Untersuchung einfließen lassen (Kelle 2011, 236–237). Die Bezugnahme auf sowohl theoretisches als auch empirisches Vorwissen stellt letztlich auch eine Notwendigkeit dar – ist wissenschaftlicher Fortschritt doch wesentlich davon abhängig, auf empirischem und theoretischem Vorwissen aufbauen und entsprechende Forschungslücken aufdecken zu können. Glaser und Strauss waren sich dieser Tatsache jedoch bei allem Abgrenzungswillen gegen logiko-deduktive Ansätze durchaus bewusst. Zum Umgang mit ihr schufen sie das Konzept der *theoretischen Sensibilität*.

> Der Soziologe sollte des Weiteren hinlänglich theoretisch sensibel sein, sodass er eine aus den Daten hervorgehende Theorie konzeptualisieren und formulieren kann. [...Die theoretische Sensibilität] verfeinert sich immer weiter, solange der Soziologe in theoretischen Termini auf seine Kenntnisse reflektiert und möglichst viele Theorien daraufhin befragt, wie sie mit ihrem Material verfahren und konzipiert sind, welche Positionen sie beziehen und welche Art von Modellen sie gebrauchen. Aber die theoretische Sensibilität eines Soziologen wird noch durch zwei weitere Faktoren bestimmt: Erstens bringt sie seine persönlichen Neigungen und sein Temperament ins Spiel, zweitens verlangt sie von ihm, den von ihm studierten Bereich theoretisch zu durchdringen und seine Einsichten zu systematisieren. (Glaser und Strauss 1998, 62).

Ein ähnliches Konzept, das verdeutlichen kann, was mit theoretischer Sensibilität gemeint ist, ist *Abduktion*. Es handelt sich um ein von Charles Sanders Peirce bereits im 19. Jahrhundert entwickeltes Schlussverfahren, laut dem neues, theoretisches Wissen realistischer Weise weder rein induktiv noch rein deduktiv zu gewinnen ist. Stattdessen ergibt es sich in Form kreativer Geistesblitze während der Beschäftigung mit empirischem Material, die von hintergründig ablaufender theoretischer Reflexion begleitet wird (Reichertz 2011, 281–285). Weder Glaser und Strauss noch Corbin und Strauss nehmen explizit auf dieses Schlussverfahren Bezug. Laut Reichertz (Reichertz 2011, 280) haben Corbin und Strauss die Logik der Abduktion im Streit mit Glaser jedoch zunehmend gegen dessen Induktivismus in Stellung gebracht.

Das Spannungsverhältnis zwischen theoretischer Sensibilität beziehungsweise Abduktion und der Idee des Emergierens von Theorie aus Daten haben weder Glaser und Strauss noch Corbin und Strauss systematisch aufgelöst, weshalb die Grounded Theory mitunter als „Kunstlehre" (Flick 2011, 401) bezeichnet wird. In neueren Entwürfen der Grounded Theory, zum Beispiel der „Reflexiven Grounded Theory" (Breuer 2010) oder der „Konstruktivistischen Grounded Theory" (Charmaz 2011) wird das Verhältnis von theoretischem Vorwissen und datenbasierter Theoriegenerierung jedoch ausführlich diskutiert und gezeigt, dass der Balanceakt zwischen ihnen durchaus gelingen kann. Letztlich geht es darum, das eigene Vorwissen sowie Annahmen und persönliche Prägungen und Interessen gemeinsam mit denen der Akteure im Feld und anderen kontextuellen Umweltbedingungen laufend zu reflektieren, und deren mögliche Beeinflussung der Analysen und Ergebnisse transparent zu machen.

> Eine konstruktivistische GTM kann uns tief in die Phänomene vordringen lassen, ohne sie von ihrer sozialen Verortung zu trennen [...]. Das, das wir in der Analyse ‚zerlegen', ist selten so fest umrissen und greifbar, dass jede/r es vom selben Ausgangs- und Standpunkt aus betrachten würde. Perspektivenvielfalt und multiple Wirklichkeiten zu akzeptieren, erfordert geschichtete Analysen und die Beschäftigung mit unserer eigenen Bedeutungskonstruktion und der der Forschungsteilnehmer/innen. (Charmaz 2011, 200)

Auch die Kodierfamilien Glasers beziehungsweise das von Corbin und Strauss entworfene Kodierparadigma entsprechen nicht dem radikalen Induktivismus, der der Grounded Theory gerne vorgeworfen wird. Beim Kodierparadigma handelt es sich um die heuristische Anwendung einer mikrosozialen Handlungstheorie, die in einer konkreten Theorietradition – der „pragmatistischen Sozialtheorie" (Kelle 2011, 244) – steht, während sie sich mit makrosoziologischen Perspektiven, etwa der Systemtheorie, kaum vereinbaren lässt. Dies brachte dem Entwurf von Corbin und Strauss die oben bereits erwähnte Kritik Glasers ein, den induktiven Grundgedanken der Grounded Theory verraten zu haben. Kelle (2011, 244) hält diesen Vorwurf jedoch für überzogen, nicht nur, weil Glasers Kodierfamilien selbst in hohem Maße theoretisches Vorwissen voraussetzen, sondern auch, weil

> [d]ie allgemeine Handlungstheorie, die dem Kodierparadigma zugrunde liegt, auf einem sehr allgemeinen Verständnis sozialen Handelns beruht, das mit einem breiten Spektrum soziologischer Theorien kompatibel ist, das [...] von entscheidungstheoretischen Ansätzen bis hin zu funktionalistischen Rollentheorien reicht. Letztendlich repräsentiert das Kodierparadigma ein einfaches, dem Alltagsverständnis nahes Modell intentionalen Handelns, das

sich für die Beschreibung einer großen Anzahl sozialer Phänomene einsetzen lässt. (Kelle 2011, 244)

Das Kodierparadigma gibt eben keine fest umrissene theoretische Schablone vor, die die empirische Perspektive von vornherein festlegt und verengt, sondern ist flexibel auf unterschiedliche soziale Gegenstände anwendbar. Sein heuristisches Potenzial ergibt sich dabei aus seinem „niedrigen empirischen Gehalt." (Kelle 2011, 250)

3.4 Forschungsdesign

Nach einer ersten groben Sichtung des theoretischen und empirischen Forschungsstandes zu Säkularität und Nichtreligion im Allgemeinen und freigeistigen Organisationen im Speziellen stand die Frage nach deren derzeitiger Situation in Deutschland am Anfang dieses Forschungsprojektes. In frühen Internetrecherchen stieß der Verfasser Anfang 2013 zunächst auf den *HVD*, analysierte mit Hilfe der Kodierverfahren der Grounded Theory dessen Leitbild und Programmschrift (das *HSV*) und richtete erste Interviewanfragen an Verbandsfunktionäre. In diesen Gesprächen wurde deutlich, dass der *HVD* mit seiner Weltanschauung und Praxis sowie seinen Strategien und Zielen Gemeinsamkeiten mit einigen freigeistigen Organisationen in Deutschland aufweist (etwa *DFW*, *JWD*, *BFGD*), sich von anderen (wie *GBS*, *IBKA*, *GWUP*, *BFG*) jedoch auch in vielerlei Hinsicht unterscheidet. Dies wurde beim weiteren Sampling berücksichtigt. Anhand von Analysen der Websites und Programmschriften und zahlreichen informellen Gesprächen mit Funktionären der unterschiedlichen Organisationen kristallisierte sich heraus, dass sich mit dem sozialpraktischen und dem weltanschaulich-agonalen Organisationstypus (siehe dazu ausführlicher Kapitel 4.1.) zwei Organisationstypen innerhalb der freigeistigen Szene in Deutschland ausmachen lassen, für die der *HVD* und die *GBS* als deutschlandweit verbreitete, aktivste Organisationen als prototypische Vergleichsfälle für eine Tiefenanalyse ausgewählt wurden.

In der Folge wurden in den Jahren 2013 und 2014 weitere Primärliteratur ausgewertet sowie Interviews mit Funktionären beider Organisationen geführt, teilweise am Rande beziehungsweise begleitet von teilnehmenden Beobachtungen von Veranstaltungen oder informellen Treffen beider Organisationen in ganz Deutschland. 2015 wurde der Schwerpunkt beim Sampling auf weitere Erhebungen in Form von teilnehmenden Beobachtungen gelegt. Alle erhobenen und vorgefundenen Daten wurden gemäß der Grounded Theory nach Corbin und Strauss zunächst offen und dann axial kodiert (zu den methodischen Schritten vergleiche Kapitel 3.2). Im Jahr 2016 wurden schließlich die Schriftenreihen beider Organisationen, die Verbandszeitschrift *diesseits* des *HVD* (1987–2015), die Tätigkeitsberichte der *GBS* (2005–2015) sowie *found data* weiterer freigeistiger Organisationen aus Deutschland (*BFGD*, *IBKA* und *GWUP*) selektiv kodiert, um rekonstruierte Kategorien aufzufüllen, weiter auszudifferenzieren und die im Entstehen begriffene Theorie zu validieren. Der gesamte Forschungsprozess war begleitet von informellen Gesprächen mit Mitgliedern und Funktionären verschiedener freigeistiger Organisationen am Rande von Veranstaltungen, bei persönlichen Treffen oder am Telefon. Der Feldzugang stellte dabei kein größeres Problem dar. Abgesehen von wenigen Ausnahmen trat man dem Verfasser offen und hilfsbereit gegenüber und willigte bei Gesprächs-, Interview- oder Beobachtungsanfragen ganz überwiegend ohne Einschränkungen ein. Beim Sampling wurde darauf geachtet, dass die für die Analysen ausgewählten Datenmengen zu beiden Organisationstypen sich jeweils in etwa die Waage halten.

Neben zahlreichen vorgefundenen Daten (*found data*) – das heißt Programmschriften, Schriftenreihen, Publikationen von Organisationsfunktionären, Pressemappen, Werbematerial und so weiter –, für deren Sampling keine vorgehende Erhebung nötig war, ging mit insgesamt 17 Transkripten beziehungsweise Erinnerungsprotokollen halbstandardisierter Interviews (drei Gruppeninterviews, 14 Einzelinterviews)[4] und 16 Protokollen teilnehmender Beobachtungen auch ethnografisch erhobenes Datenmaterial in die Analysen ein. Das durch das Kodierparadigma gerahmte Kategoriensystem der vorliegenden Studie setzt sich aus Codes zusammen, die aus sämtlichen Rohdaten gewonnen wurden. Das methodische Instrumentarium der Grounded Theory erlaubt eine solche Triangulation von Daten beziehungsweise fordert diese ein, um theoretische Validität zu gewährleisten. So konnten zum Beispiel Kategorien, die aus Selbstaussagen von Funktionären der beiden Organisationen in Interviews gewonnen wurden, durch teilnehmende Beobachtungen des organisationalen Handelns auf ihre Gültigkeit in der Praxis überprüft werden. Es wurde der Versuch unternommen, Kategorien, die auf Grundlage lediglich einer Datensorte rekonstruiert wurden, durch Rohdaten anderer Datensorten zu validieren. Wichtig ist in diesem Zusammenhang eine Unterscheidung der verschiedenen Perspektiven, aus denen die Rohdaten jeweils stammen. Handelt es sich um Selbstaussagen, Fremdaussagen (zum Beispiel eines Verbandsfunktionärs des *HVD* über die *GBS*) oder um wissen-

---

4 Insgesamt wurden im Rahmen des Forschungsprozesses der vorliegenden Studie 22 Interviews (vier Gruppeninterviews, 18 Einzelinterviews) mit Funktionären von *HVD* und *GBS* geführt. Hinzu kam ein weiteres Interview mit einem Vertreter des norwegischen *HEF*. Auf Grundlage von Relevanz- und Vergleichbarkeitskriterien wurden im Rahmen des theoretischen Samplings 17 davon für die unter Kapitel 4 vorgestellten Analysen ausgewählt.

schaftliche Interpretationen des Verfassers? So sind Beobachtungsprotokolle bereits durch den Beobachter gefilterte und damit interpretierte Daten, während eine Programmschrift in der Regel ungefilterte objektsprachliche Selbstaussagen enthält. In Interviews wurden vermehrt auch Fremdbilder sichtbar. Die Unterscheidung dieser Perspektivebenen wurde bei den Analysen stets berücksichtigt und in Protokollen und Memos entsprechend markiert. Abgesehen davon wurde jedoch kein Unterschied zwischen den verschiedenen Datenarten gemacht. Publiziert vorliegendes Material wurde auf die gleiche Weise mit dem methodischen Instrumentarium der Grounded Theory analysiert wie erhobenes (Interviewtranskripte, Erinnerungs- und Beobachtungsprotokolle). Im Folgenden soll das Vorgehen bei der Erhebung (Interviews, Beobachtungen) genauer erläutert werden.

Als Interviewpartner wurden Funktionäre von *HVD* und *GBS* aus verschiedenen Abteilungen beziehungsweise Arbeitsbereichen beider Organisationen ausgewählt. Dabei wurde darauf geachtet, regionale Unterschiede einzufangen. Die *halbstandardisierten Interviews* waren in einzelnen Abschnitten als Experteninterviews angelegt, in denen Informationen über die freigeistigen Organisationen und ihre Umwelt eingeholt wurden, die aus den Analysen der Primärliteratur nicht gewonnen werden konnten. In erster Linie ging es jedoch im Sinne interpretativer qualitativer Sozialforschung darum, persönliche Sinnstrukturen der befragten Personen zu rekonstruieren, von denen durch ihre Funktionärsstellung davon ausgegangen werden kann, dass sie für die kollektive Identität der Gesamtorganisation von Bedeutung sind.[5] Der Interviewtypus halbstandardisierter Interviews stellt eine Modifikation narrativer Interviews durch eine stärkere Nachfrageorientierung (Leitfaden) dar (Helfferich 2004, 24; Baumann 2008, 16). Die subjektiven Deutungsmuster und Sinnzusammenhänge der Interviewpartner können sich dabei einerseits in längeren monologischen Erzählphasen in Folge offener Erzählaufforderungen entfalten. Andererseits sind diese jedoch „thematisch geleitet" (Helfferich 2004, 30) und stellen damit sicher, dass das Interview

---

5 Mit Bezug auf das „religionswissenschaftliche Dreieck" von Bochinger und Frank (2013) sei hier nochmals klargestellt, dass sich das Erkenntnisinteresse der vorliegenden Studie im Allgemeinen und der Erhebung durch Interviews im Speziellen auf die Gemeinschaft richtet, nicht auf das Individuum. Durch die Wechselwirkungen der Ecken des Dreiecks erlauben analytische Rekonstruktionen individueller Sinnstrukturen trotzdem Rückschlüsse auf die Gemeinschaftsebene – zumal die regulierende Wirkung des Symbolbestandes auf Gemeinschaft und Individuum im Falle freigeistiger Organisationen aus verschiedenen Gründen (geringer Grad der Institutionalisierung; Antidogmatismus als organisationaler Wert) nicht besonders stark ausgeprägt ist. Persönliche Sinnstrukturen erhalten ihre Relevanz im Rahmen der vorliegenden Studie also dadurch, dass sie einerseits als Ergebnis gemeinschaftlicher Sozialisation interpretiert werden, andererseits den Verlauf der fortlaufenden kollektiven Identitätsarbeit der Gemeinschaft durch diskursive Partizipation beeinflussen können. Sie haben somit Repräsentationsfunktion.

stets inhaltlich auf die Fragestellung bezogen bleibt. Bei der Erstellung des Leitfadens orientierte sich der Verfasser an Helfferichs (2004, 162) *SPSS*-Prinzip (Sammeln, Prüfen, Sortieren, Subsumieren). Die von Helfferich (2004, 95–97) vorgeschlagenen „konkreten praktischen Schritte" (Helfferich 2004, 95) zur Interviewvorbereitung und die von ihr aufgestellten allgemeinen Frageregeln sowie ihre formalen und forschungsethischen Vorgaben zur Interviewvorbereitung und -durchführung (Helfferich 2004, 147–168) wurden befolgt. Je nach Gesprächspartner, Zeitpunkt des Interviews und Stand der Theorie wurde der Leitfaden leicht modifiziert. Die Interviews wurden an neutralen Orten (zum Beispiel Cafés oder Tagungsräume), in Räumlichkeiten und Büros der freigeistigen Organisationen oder bei den Gesprächspartnern zu Hause durchgeführt, mit einem digitalen Audio-Aufnahmegerät aufgezeichnet und nach Mayring (2007, Anhang, 1–3) inhaltlich transkribiert. Im Rahmen aller Interviewtermine kam es zu mehr oder weniger ausführlichen informellen Gesprächen vor und nach den Interviews, deren Inhalte genauso wie Eindrücke zum Interviewpartner oder zum Ort des Gespräches auf einem gesonderten Interviewprotokollbogen festgehalten wurden, sofern sie für das Thema der vorliegenden Studie relevant waren.

Neben qualitativen Interviews wurden auch teilnehmende Beobachtungen durchgeführt. *Teilnehmende Beobachtungen* zeichnen sich dadurch aus, dass der Beobachter selbst Element des zu beobachtenden sozialen Feldes wird. Es handelt sich in der Regel um eine relativ unstrukturierte Form der Beobachtung, bei der Beobachtungsschwerpunkte erst während des Feldaufenthaltes festgelegt werden, um dem Feld mit größtmöglicher Offenheit zu begegnen (Girtler 1984, 42–147; Lamnek 1995, 239–311; Baumann 2008, 56–60; Lüders 2009). Für den explorativen Charakter der vorliegenden Studie mit ihrem Ziel der Theoriegenerierung bot sich diese Erhebungsmethode an. Der Grad der Teilnahme unterschied sich dabei je nach Setting zum Teil erheblich, und reichte von der passiven Zuschauerrolle (zum Beispiel Teilnehmende Beobachtung 4, Jugendfeier *HVD* Berlin 2014 und Teilnehmende Beobachtung 16, Deschner-Preisverleihung *GBS* 2016) bis hin zu einer Situation, in der der Verfasser der vorliegenden Studie durch ein von ihm gehaltenes Impulsreferat über sein Forschungsvorhaben vor Mitgliedern von Gruppen beider Organisationen selbst in den Mittelpunkt des Forschungsfeldes rückte (Teilnehmende Beobachtung 15, Eigener Vortrag beim *HVD* Nordrhein-Westfalen). Beide Settings weisen Vor- und Nachteile auf. In der zentralen Rolle des Vortragenden übte der Verfasser massiven Einfluss auf das Forschungsfeld aus, wodurch die Wahrung der Alltagssituation im Feld nicht mehr gegeben war. Andererseits konnte er die Geschehnisse dadurch in seinem Sinne steuern und Reaktionen der Feldteilnehmer provozieren, die sonst womöglich ausgeblieben wären. So führten seine Ausführungen zur These der strategischen Unvereinbarkeit von Positionen der beiden rekonstruierten Organisationstypen zu einer heftigen Diskussion im Publikum, die diese These letztlich validierten (Teilnehmende Beobachtung 15, Eigener Vortrag beim *HVD* Nordrhein-Westfalen, 1). Eine solche Steuerung blieb dem Verfasser als passiver Beobachter im Publikum verwehrt. Andererseits führte seine Unsichtbarkeit als einer unter vielen in diesen Situationen dazu, dass die Akteure im Feld sich unbeobachtet fühlten und ihr gewöhnliches Verhalten nicht aus Unsicherheit oder Argwohn gegenüber dem Ethnografen veränderten. Aus forschungsethischen Erwägungen heraus kündigte der Verfasser teilnehmende Beobachtungen stets vor seinem Kommen gegenüber den zentralen Feldteilnehmern an und ging bei entsprechenden Nachfragen offen mit seiner Rolle im Feld um, ohne sie jedoch von sich aus in den Vordergrund zu rücken. Das häufig von ethnografisch arbeitenden Forschern thematisierte Problem des *going native* (siehe dazu zum Beispiel Girtler 1984, 63–67; Lamnek 1995, 63–70; Lüders 2009, 63–65) entstand nicht, da die einzelnen Feldaufenthalte in der Regel nicht über die Dauer eines Tages hinausreichten und Vereinnahmungsversuche der Feldteilnehmer sich in Grenzen hielten. Neben einer stetigen „Quellenkritik" (Baumann 2008, 58) versuchte der Verfasser zudem bewusst, ein ausgewogenes Verhältnis von Nähe und Distanz zum Feld herzustellen und seine subjektiven Einstellungen gegenüber diesem kontinuierlich zu reflektieren. Dabei orientierte er sich am Manual von Lüders (2009, 79–81). Für die Auswahl der beobachteten Veranstaltungen und Treffen war zunächst das Ziel einer Triangulation unterschiedlicher Veranstaltungstypen (Lebensfeiern, Jahreszyklusfeiern, Preisverleihungen, Tagungen und so weiter) leitend, um die Praxis der Organisationen in ihrer Breite zu erfassen. Später erfolgte sie dem theoretischen Sampling entsprechend gemäß ihrer theoretischen Relevanz.

Das Anfertigen von Feldnotizen und Beobachtungsprotokollen erfolgte angelehnt an Lamnek (1995, 295–302). Da „die behaltenen Beobachtungsinhalte [...] dem Logarithmus der verstrichenen Zeit umgekehrt proportional" (Lamnek 1995, 295) sind, wurden Feldnotizen, soweit möglich, noch während des Feldaufenthaltes angefertigt oder, wenn dies die Abläufe im Feld gestört hätte, unmittelbar nach Verlassen des Feldes. Die Notizen wurden handschriftlich in Form von Stichwörtern oder Stenographien angefertigt, um in kurzer Zeit möglichst viele Inhalte erfassen zu können. Wichtige Aussagen von Feldteilnehmern wurden wörtlich niedergeschrieben und als Zitate markiert. Geordnet und lesbar gemacht wurden die Feldnotizen später in Form von ausformulierten Beobachtungsprotokollen am Computer. In diesen wurde eine Zweiteilung aus dem Setting der Beobachtungssituation (Beobachtungen zum Raum, zum zeitlichen Ablauf und zu den Feldteilnehmern) und konkreten im Feld verhandelten Inhalten beziehungsweise vollzogenen Handlungen (je nach Setting zum Beispiel Argumente bei Vorträgen oder Reden, symbolische Handlungen bei Lebensfeiern, Interaktionen bei Gruppentreffen) vorgenommen. Querliegend zu dieser Einteilung wurde auch zwischen beobachteten Sachverhalten und ersten Deutungen durch den Verfasser differenziert.

Die mit Hilfe des methodischen Auswertungsinstrumentariums der Grounded Theory angefertigten Analysen waren zunächst bewusst offen und explorativ angelegt, um eine möglichst umfassende Theoriebildung zu gewährleisten. In deren Verlauf wurde dann jedoch zunehmend ein religionswissenschaftlicher Fokus gewählt, indem unterschiedliche Elemente des Kodierparadigmas beziehungsweise die entsprechenden Kategorien unter Zuhilfenahme des heuristischen Nichtreligionsmodells nach Quack (2013, 2014) auf ihre Religionsbezogenheit hin befragt wurden. Eine derartige Kombinierbarkeit des Kodierparadigmas mit anderen, ähnlichen heuristischen Modellen mit niedrigem empirischem Gehalt ist gegeben und gängige Praxis (Kelle 2011, 250–254).

Die konkreten Analysen wurden mit Hilfe der computergestützten Software *MaxQDA* angefertigt.[6] Sie ermöglicht die Verwaltung von textbasierten Daten sowie das Kodieren dieser Daten mit Hilfe von *tools* zur Erstellung von Kategorienbäumen und zur Zuordnung einzelner Vorkommnisse zu den generierten Kategorien. Gleichzeitig erlaubt das Programm das Erstellen von Memos und deren Verknüpfung mit bestimmten Daten oder Kategorien. *MaxQDA* kann dem Forschenden die konkrete Analyse seiner Daten nicht abnehmen (wie etwa statistische Auswertungsprogramme wie *SPSS*), stellt jedoch ein überaus nützliches Hilfsmittel für sie dar und gewährleistet die Wahrung von Übersichtlichkeit im Rahmen von kodierend angelegten, qualitativen Forschungsprojekten. In dieser Funktion fand es während des gesamten Analyseprozesses Anwendung.

---

6 Zu computergestützter qualitativer Datenanalyse allgemein siehe Kuckartz 2005.

4 Empirische Analysen: Vergleich des sozialpraktischen und des weltanschaulich-agonalen freigeistigen Organisationstypus

Die in diesem Kapitel präsentierten Analysen folgen in ihrer Darstellung der narrativen Logik des Kodierparadigmas der Grounded Theory nach Corbin und Strauss (1996), wie sie in Kapitel 3.2 beschrieben wurde. Zunächst wird jedoch die generierte Typologie freigeistiger Organisationen vorgestellt, die das Ergebnis der Analysen zusammenfasst, welche mit Bezug auf verschiedene freigeistige Organisationen aus Deutschland (*HVD, GBS, BFGD, IBKA, GWUP*) durchgeführt wurden (Kapitel 4.1). Anhand der einzelnen Teilbereiche des Paradigmas (Kontext, Phänomen, Ursächliche Bedingungen, Handlungs- und interaktionale Strategien, Intervenierende Bedingungen, Konsequenzen) wird sodann zunächst der sozialpraktische, dann der weltanschaulich-agonale Organisationstypus ausführlicher beschrieben, um die beiden freigeistigen Organisationstypen in einem dritten Schritt jeweils miteinander zu vergleichen. Dabei wird der Fokus primär auf den *HVD* und die *GBS* gelegt, die als Prototypen ausgewählt wurden, um die generierte Typologie zu erläutern. Beispielhaft wird am jeweiligen Kapitelende jedoch auch *found data* der anderen genannten freigeistigen Organisationen vergleichend herangezogen (Kapitel 4.2–4.7). Am Ende dieses Analysekapitels steht der Versuch, die internationale Reichweite der generierten Typologie auszuloten. Dazu wird Forschungsliteratur zu freigeistigen Organisationen aus Norwegen, Schweden, Indien und den *USA* herangezogen (Kapitel 4.8).

4.1 Auf dem Weg zu einer Typologie freigeistiger Organisationen

Die generierte Theorie freigeistiger Organisationen in Deutschland geht von zwei Organisationstypen – im Folgenden als ‚sozialpraktischer Organisationstypus' und ‚weltanschaulich-agonaler Organisationstypus' bezeichnet – mit geteilten naturalistischen Welt- und Menschenbildern und gemeinsamen, wenn auch verschieden gewichteten weltanschaulichen Grundwerten (Selbstbestimmung, Aufklärung, Solidarität, Weltlichkeit), aber unterschiedlichen Organisationsformen, -praxen und -zielen mit gegensätzlichen Strategien aus, welche sich weniger durch gesinnungsethische Uneinigkeiten als vielmehr durch unterschiedliche Ausrichtungen auf die Organisationenumwelt ergeben. Während der sozialpraktische Organisationstypus auf Mitgliedschaft ausgerichtete Organisationsformen zusammenfasst, die in der Praxis als Sozial- und Bildungsträger auftreten und damit menschlichen Bedürfnissen nach Lebenshilfe sowie Sinn und Orientierung begegnen sollen, steht der weltanschaulich-agonale Organisationstypus für eine weniger mitgliederzentrierte als Aktivismus strukturierende Form von Organisation, die sich polarisierend in weltanschauliche Debatten einschaltet, um diese in ihrem Sinne zu prägen oder zu beeinflussen. Der sozialpraktische Organisationstypus richtet sich dabei an öffentlichen Fördermaßnahmen aus, um die eigene Praxis finanzieren zu können. Der weltanschaulich-agonale Organisationstypus lehnt diese Ausrichtung ab und zielt auf mediale Sichtbarkeit, um zivilgesellschaftliche Finanzierungsquellen zu erschließen und Multiplikatoren für seine Programmatik zu gewinnen. Damit einher gehen unterschiedliche Schwerpunkte hinsichtlich der Religionsbezogenheit der beiden Organisationstypen: Während beim weltanschaulich-agonalen Organisationstypus kritisch-konfrontative und substituierende Religionsbezüge überwiegen, lassen sich für den sozialpraktischen Organisationstypus, je nach Konstellation, sowohl kritische als auch dialogorientierte, kooperative und häufig imitierend-konkurrierende Formen der Religionsbezogenheit rekonstruieren. Die Theorie zweier unterschiedlicher Typen von Organisation, mit ähnlichen Welt- und Menschenbildern und weltanschaulichen Ansichten, aber unterschiedlichen Tätigkeitsspektren und gegensätzlichen strategischen Ausrichtungen und Zielen, stellt die Rede von der einen ‚freigeistigen Bewegung' (Weir 2006; Cimino und Smith 2007, 2010, 2011; LeDrew 2012, 2016; Mastiaux 2013) in Frage; muss eine gemeinsame Strategie doch als wesentliches Merkmal einer Bewegung betrachtet werden (siehe dazu Kapitel 1.1).

Diese Typologie soll in der Folge detailliert nachvollzogen werden. Im Zentrum stehen dabei die in der vorliegenden Studie als Prototypen ausgewählten Organisationen *HVD* (als Beispiel für den sozialpraktischen Organisationstypus) und *GBS* (als Beispiel für den weltanschaulich-agonalen Organisationstypus). An den jeweiligen Kapitelenden wird jedoch auch *found data* anderer sozialpraktischer und weltanschaulich-agonaler Organisationen mit einbezogen. Das Kodierparadigma nach Corbin und Strauss (1996) dient dem Kapitel als Strukturrahmen.

4.2 Kontext

Im Kodierparadigma von Strauss und Corbin stellt der Kontext den besonderen Satz von Bedingungen dar, innerhalb dessen die Handlungs- und Interaktionsstrategien stattfinden, um ein spezifisches Phänomen zu bewältigen, damit umzugehen, es auszuführen oder darauf zu reagieren. (Corbin und Strauss 1996, 80 – 81)

Wie in Kapitel 2.1 erwähnt soll als Kontext des untersuchten Feldes das betrachtet werden, was Taylor (2007, 539) „The Immanent Frame" nennt und das Asad (Asad 2003, 67) als „secular living-in-the-world" bezeichnet. Es beschreibt den allgemeinen Hintergrund (Nationalstaatlichkeit, Säkularismus, religiöser und nichtreligiöser Glaube als persönliche Option und so weiter), vor dem freigeistige Organisationen in Deutschland entstehen und sich wie in diesem Kapitel beschrieben entwickeln konnten. Gleichzeitig steht dieser Kontext für explizite und implizite Grenzen des Denkens und Handelns individueller und kollektiver Akteure und somit auch freigeistiger Organisationen.

Eine ausführliche Beschreibung des Kontextes wurde bereits in Kapitel 2.1 vorgenommen und soll hier nicht wiederholt werden. Wichtig ist es an dieser Stelle zu betonen, dass der sozialpraktische und der weltanschaulich-agonale Organisationstypus mit den gleichen kontextuellen Potenzialen und Einschränkungen konfrontiert sind, der Kontext als Handlungshintergrund sich ihnen also auf gleiche Weise darstellt.

4.3 Phänomen

Corbin und Strauss (1996, 79) beschreiben das Phänomen im Rahmen des Kodierparadigmas als „zentrale Idee, das Ereignis, Geschehen, auf das eine Reihe von Handlungen/Interaktionen gerichtet sind." Forscher, die mit dem methodischen Instrumentarium der Grounded Theory arbeiten, neigen dazu, den ausgewählten Gegenstand selbstverständlich als Phänomen des Kodierparadigmas zu begreifen (etwa Groppe 2016). Mag dies intuitiv zunächst sinnvoll erscheinen, entspricht es nicht immer der im Feld vorgefundenen Logik, wodurch die Anwendung des Kodierparadigmas an Grenzen stoßen kann. Dies liegt dann jedoch nicht im Paradigma selbst begründet, sondern in der vom Forscher vorgenommenen Anordnung der Kategorien in dessen Rahmen. In der ethnografisch rekonstruierten Logik mit Bezug auf freigeistige Organisationen in Deutschland erscheinen diese beziehungsweise ihre jeweilige Praxis, Weltanschauung und Strategie denn auch nicht als Phänomene, sondern als Handlungs- und interaktionale Strategien (siehe Kapitel 4.5), mit denen das Phänomen beziehungsweise mehrere Phänomenkategorien bearbeitet oder bewältigt werden. Letztere sollen in der Folge vorgestellt und erläutert werden.

4.3.1 Alltagstheorien zu menschlichen Bedürfnissen, gesellschaftlicher Kohäsion und einer großen Krise: Der Phänomenbereich des sozialpraktischen Organisationstypus

Der Phänomenbereich des sozialpraktischen Organisationstypus ist gekennzeichnet durch verschiedene Alltagstheorien der unter diesem Typus subsumierten freigeistigen Organisationen. Im Laufe der unter Kapitel 3.4 beschriebenen Analysen kristallisierten sich dabei vier Schlüsselkategorien heraus. Sie beschreiben deren Menschen- und Gesellschaftsbild. Das Menschenbild setzt sich dabei aus der Kategorie THEORIE INDIVIDUELLER UND SOZIALER BEDÜRFNISSE[1] sowie der Kategorie THEORIE MENSCHLICHER POTENZIALE zusammen. Das Gesellschaftsbild des sozialpraktischen Organisationstypus wird dominiert von der Kategorie DIAGNOSE EINER GROSSEN KRISE. Außerdem beziehen sich freigeistige Organisationen dieses Typus regelmäßig auf die Wichtigkeit der Vergesellschaftung. Dies wird über die Kategorie THEORIE EINER NOTWENDIGKEIT VORSTAATLICHER GESELLSCHAFTLICHER KOHÄSION erfasst. Die genannten Kategorien werden in der Folge zunächst am Beispiel des *HVD* und am Kapitelende auch des *BFGD* exemplarisch erläutert.

Die Kategorien THEORIE INDIVIDUELLER UND SOZIALER BEDÜRFNISSE und THEORIE MENSCHLICHER POTENZIALE zeichnen das Menschenbild des *HVD* aus, das aus einem naturalistischen Weltbild abgeleitet wird (dazu ausführlich Kapitel 4.4.1). Zur Kategorie THEORIE INDIVIDUELLER UND SOZIALER BEDÜRFNISSE gehören einige allgemeine Annahmen über den Menschen: Dieser sei neugierig und besitze einen Drang nach Wissen und Bildung (Bauer 2012, 258) sowie das Verlangen nach individueller Sinngebung und Orientierung in einem an sich sinnlosen Universum. Letzteres äußert sich aus *HVD*-Sicht prominent im als universell betrachteten Bedürfnis nach einer symbolisch-rituellen Verarbeitung von Umbruch- und Krisensituationen in der eigenen oder familiären Biographie.

> Deshalb gehe ich, oder gehen die meisten auch bei uns davon aus, dass die Menschen durchaus auch Rituale brauchen, sie brauchen Formen der Lebensgestaltung, der Lebensbewältigung, insbesondere an den großen Wendestellen, bei der Geburt, bei der Schulreife, beim Schuleintritt, beim Schulaustritt, beim Übergang von Kindheit-Jugend ins Erwachsenenalter, bei der Heirat, vielleicht auch bei der Scheidung, bei Trennung, bei Schmerz, bei Verlusten und bei dem größten Verlust, bei dem Tod eines nahen Angehörigen. (Interview 6, *HVD*-Funktionär, 17)

---

[1] Die im Rahmen der Analysen rekonstruierten Schlüsselkategorien werden in der Folge in Großbuchstaben geschrieben, um sie kenntlich zu machen.

Der Kategorie THEORIE INDIVIDUELLER UND SOZIALER BEDÜRFNISSE des *HVD* inhärent ist jedoch die Annahme einer Vielfalt unterschiedlicher inhaltlicher Ausrichtungen menschlicher Bedürfnisse. Worauf sich die menschliche Neugier jeweils richtet und welche Vorstellungen von Sinn den einzelnen Menschen subjektiv auszeichnen, hängt demnach von individuellen Vorlieben sowie biographischen und sozio-kulturellen Voraussetzungen ab. Auch religiös geprägte Orientierungsbedürfnisse (dies meint im *HVD*-Kontext vor allem die Ausrichtung auf einen oder mehrere Götter oder ein anderes transzendentes Prinzip) werden im Rahmen dieses Sinn-Pluralismusses als legitim anerkannt.

> Also Menschen sind vielfältig in ihren Konfliktlösungsstrategien in tragischen Lebensphasen auch. Es braucht Rituale [...] und sie [sind] wirklich sehr unterschiedlich und sozial-kulturell auch ausgeprägt, ja? [...] Und das ist so vielfältig und bereichernd, dass man es, ich finde, nicht ausschließen darf, sondern dass es im Gegenteil [...] lehrreich ist zu erfahren, wie viele unterschiedliche Varianten es geben kann. (Interview 1, *HVD*-Funktionär, 22)

Sinn wird von *HVD*-Vertretern aber stets als menschliches Erzeugnis betrachtet. Dabei ist unerheblich, ob er auf eine transzendente Wirklichkeit bezogen wird oder nicht. Menschen haben demnach nicht nur individuelle und soziale Bedürfnisse nach Sinn und Orientierung, sondern sind auch dazu in der Lage, diese auf der Basis ihrer Kulturfähigkeit zu bearbeiten, indem sie entsprechende Sinn- und Orientierungsentwürfe selbst generieren und den an sich sinnlosen Lauf der Dinge – wenn auch im begrenzten Rahmen – sozial gestalten können. Dies meint die Kategorie THEORIE MENSCHLICHER POTENZIALE.

> Menschen können ein gutes Leben führen und sich gegenseitig unterstützen. Ein Sinn des Lebens kann nur von Menschen selbst bestimmt werden. [...] Tragfähige soziale Beziehungen und die Achtung der Anderen können Lebenssinn und Erfüllung stiften. [...] Das Leben auf der Erde ist veränderbar und gestaltbar: Eine Humanisierung menschlicher Lebensbedingungen – Arbeit, Medizin, Recht, Politik, Technik, Wirtschaft – ist ebenso möglich wie ein individuelles, gerechteres Handeln. (Humanistischer Verband 2015, 10)

Insgesamt ist die Kategorie THEORIE INDIVIDUELLER UND SOZIALER BEDÜRFNISSE im Phänomenbereich des *HVD* durch eine hohe Anzahl an Vorkommnissen deutlich gesättigter als die Kategorie THEORIE MENSCHLICHER POTENZIALE.

Orientierung und Sinngebung werden innerhalb des *HVD* nicht nur auf subjektiv-individueller, sondern – im böckenförde'schen Sinne (Böckenförde 1976, 42–64) – auch auf gesellschaftspolitischer Ebene als unverzichtbar erachtet. Dies soll über die Kategorie THEORIE EINER NOTWENDIGKEIT VORSTAATLICHER GESELLSCHAFTLICHER KOHÄSION erfasst werden. Der demokratische, säkulare Verfassungsstaat ist demnach auf außerstaatliche, vergesellschaftende Sinnangebote angewiesen, um überlebensfähig zu sein.

> Es bedarf daher sozialer Formen der Vergesellschaftung, die die nötigen moralischen Einstellungen in ihrem Vollzug erzeugen. Dafür bedarf es erzieherischer Praxen, in denen ein solches soziales Verhalten vermittelt wird, eine Demokratisierung auch der ökonomischen, sozialen und kulturellen Strukturen einer Gesellschaft und der Herstellung von alltäglichen Praxen eines sozialen Miteinanders, damit in deren Vollzug die Erfahrung gemacht werden kann, dass diese Gesellschaft meine Gesellschaft ist. (Heinrichs 2013, 52–53)

Innerhalb einer Zivilgesellschaft bedarf es dieser Argumentation folgend Symbolbestände, welche ihren Anhängern nicht nur auf ihre je eigene Weise Orientierung und Sinn, sondern darüber hinaus auch einen gesamtgesellschaftlichen Wertekonsens und entsprechende Verhaltensdirektiven vermitteln, auf deren Grundlage eine gemeinsam erlebte Lebenswirklichkeit und friedliches Zusammenleben erst möglich werden. Kritisiert wird vom *HVD* in diesem Zusammenhang ein religiöser Monopolanspruch, laut dem ein solcher Konsens einer transzendenten Legitimation bedürfe. Er schließe große Bevölkerungsteile ohne religiösen Hintergrund aus und verfehle somit zwangsläufig sein vergesellschaftendes Ziel. Der inhaltliche Pluralismus weltanschaulicher Sinn- und Orientierungsangebote müsse auch auf dieser sozialen Ebene abgebildet werden, um tatsächlich alle an den Aushandlungsprozessen einer kohäsionsstiftenden Gesellschaftsvision zu beteiligen (Heinrichs 2013, 52–53).

Hinsichtlich des genannten Monopolanspruches zeigt sich in diesem Zusammenhang einerseits ein kritischer Religionsbezug des *HVD*. Andererseits werden religiöse Sinn- und Orientierungsangebote aber nicht pauschal abgelehnt, sondern in ihrer wertebildenden und kohäsionsstiftenden beziehungsweise vergesellschaftenden Funktion ganz im Gegenteil wertgeschätzt und als legitimes, ja notwendiges funktionsäquivalentes Gegenüber des *HVD* betrachtet – so lange kein Exklusivanspruch erhoben wird.

> Man muss ja auch mal ein bisschen gucken außerhalb des eigenen Hinterzimmers oder der eigenen Nische, welche gesellschaftlichen Aufgaben es eigentlich gibt und wie man daran partizipieren kann. Wir sind ja auch Teil einer Gesamtrepublik in einer bestimmten Situation. Und dieser Verantwortung muss man ja auch gerecht werden, also nicht nur der Verantwortung im eigenen Funktionärskreis, dass man sich da konform verhält, sondern dass man einen positiven Beitrag zur Entwicklung des gesamten Gemeinwesens leisten kann. Da gibt es ja viele Aufgaben, wo wir große Schnittmengen auch mit Religionen haben, auch mit anderen Organisationen, aber eben auch mit Religionsgemeinschaften. (Interview 7, *HVD*-Funktionär, 22)

Neben den eher allgemein gehaltenen Verbandstheorien zu individuellen und sozialen Bedürfnissen, menschlichen Potenzialen und einer Notwendigkeit vorstaatlicher, gesellschaftlicher Kohäsion zeichnet sich der Phänomenbereich des *HVD* durch die Kategorie DIAGNOSE EINER GROSSEN KRISE aus. Die diagnostizierte Krise bezieht sich zum einen auf eine allgemeingesellschaftliche Ebene, zum anderen spezifischer auf die Ebene der freigeistigen Organisationen.

Eine umfängliche und detaillierte Beschreibung gesellschaftlicher Krisensymptome findet sich zum Beispiel in den ersten beiden Versionen des *HSV*, der Programmschrift des *HVD*. Sie offenbart einen gebrochenen Fortschrittsoptimismus in den Reihen des Verbandes.

> Nach zwei Weltkriegen und systematisch organisierter Massenvernichtung, nach Atombombenabwurf und weltweiter Naturzerstörung fragen sich immer mehr Menschen, ob die technischen Möglichkeiten überhaupt noch kontrolliert werden können. Es scheint, als arbeite die Menschheit entschlossen an ihrer Selbstzerstörung. Für die Hungernden in den armen Ländern der Erde ist die Katastrophe Alltag. Die bisherigen Formen der ökonomischen Globalisierung sind mit einer Zunahme globaler Probleme verknüpft. (Humanistischer Verband Deutschlands 2001, 5)

Verantwortlich für diese Art der Krisenrhetorik zeichnet wesentlich der ehemalige Präsident des Verbandes, Frieder Otto Wolf, dessen Entwurf eines „Humanismus für das 21. Jahrhundert" (Wolf 2008) sie ebenfalls durchzieht. In der neuesten Version des *HSV* (Humanistischer Verband 2015), die Wolf nicht mitverfasste, ist das Krisenmotiv weniger stark ausgeprägt, bleibt jedoch ein wichtiger Ausgangspunkt zur Begründung verbandseigener Praxis.

> Die Verwirklichung einer humanen Gesellschaft ist auf vielfältige Weise bedroht: Fundamentalismus, Rassismus und Nationalismus gefährden das friedliche Zusammenleben. Umweltzerstörung und rücksichtslose Gewinnmaximierung entziehen der Menschheit ihre Lebensgrundlage. Moderne Informationstechnologien bedrohen Persönlichkeitsrechte. Humanist*innen stellen sich diesen Bedrohungen entgegen und setzen sich für eine demokratische Kultur ein, in der Freiheitsrechte und eine selbstbestimmte Lebensweise gestärkt werden. (Humanistischer Verband 2015, 14)

Laut Wolf (2008, 13) verbinden sich viele einzelne globale Krisen der Gegenwart zu einer „Menschheitskrise." Ökologische (zum Beispiel Naturzerstörung, Wassermangel, Wüsten), humanitäre (zum Beispiel Hunger, Armut, Obdachlosigkeit, Infektionskrankheiten), politische (zum Beispiel Ideenlosigkeit, Kriege, Rechtsradikalismus), wirtschaftliche (zum Beispiel Ungleichheit, Ausbeutung, Massenerwerbslosigkeit), Bildungs- (zum Beispiel Analphabetismus, fehlender Zugang zu Bildung) und sozial-gesellschaftliche Krisenfaktoren (zum Beispiel fehlende Kohäsion, Diskriminierung, Unterdrückung, Asymmetrien) seien wechselseitig und strukturell aufeinander bezogen und könnten nur in diesem Zusammenhang, nie fragmentarisch, wirklich verstanden und nachhaltig überwunden werden.

> Wir haben es gegenwärtig unübersehbar mit einer globalen Strukturkrise zu tun. [...] Man geht heute davon aus, dass es etwa 300 globale Probleme gibt. [...] Mit dieser Auflistung nähern wir uns den strukturellen Fragen, welche die Ursachen der Krisenprozesse darstellen, überhaupt nicht mehr an, sondern verlieren uns in der kaum noch überschaubaren Vielfalt von einzelnen Handlungsfeldern. [...] Meine These zu dieser Krisenkonstellation ist, dass dieses alles zusammenzuführen – auch wenn nicht einfach zurückzuführen – ist auf eine umfassende Krise einer komplexen Struktur, die sich nach ihren Dimensionen aufgliedern lässt. (Wolf 2008, 123–124)

Der Religionsbezug des *HVD* im Rahmen der Kategorie DIAGNOSE EINER GROSSEN KRISE ist durch Ambivalenz gekennzeichnet. Religionen werden als „Teil des Problems und Teil der Lösung" (Interview 7, *HVD*-Funktionär, 22) betrachtet. Einerseits erscheinen ihre fundamentalistischen beziehungsweise extremistischen Formen als Dimensionen der Krise.

> Wir kritisieren Religionen und Weltanschauungen insbesondere dann, wenn sie Andersdenkende mit dogmatischen Wahrheitsansprüchen bedrängen, Unterdrückung rechtfertigen oder zu Gewalt aufrufen. Unser Humanismus orientiert sich an einem bis in die Antike zurückreichenden Verständnis von Menschenwürde, das gegen politische und religiöse Widerstände erkämpft und verteidigt werden musste und häufig noch muss. (Humanistischer Verband 2015, 9)

Andererseits wird das kohäsions-, sinn- und friedensstiftende Potenzial toleranter, menschenwohlorientierter, humanitär ausgerichteter Formen von Religion hervorgehoben (Pfahl-Traughber 2010, 104). Religionen wird somit auch das Potenzial zuerkannt, an der Krisenbewältigung auf verschiedenen Ebenen mitwirken zu können. Angesichts einer im deutschen und europäischen Kontext vom Verband konstatierten weit fortgeschrittenen Säkularisierung wird Religionen aber weder als Krisensymptom noch als Faktor der Krisenbewältigung ein entscheidender Stellenwert beigemessen.

> Aber ansonsten sehe ich das [gemeint ist Religionskritik, Anm. StS] eigentlich gar nicht mehr so stark im Fokus heutzutage, weil wir eben schon eine weitgehend säkulare Gesellschaft haben. Es hat sich ja doch deutlich verändert gegenüber der Lage von vor 50 oder 60 Jahren. (Interview 3, *HVD* Gruppeninterview, 18)

Säkularisierung wird innerhalb des Verbandes zwar grundsätzlich als „Kulturfortschritt" (Groschopp 2002, 68) und Freiheitsgewinn begrüßt, jedoch auch für die Entstehung neuer gesellschaftlicher Probleme, wie zum Beispiel Identitäts- und Sinnkrisen, Vereinsamung, Resignation und Verzweiflung, Stress und die Flucht in den Konsum oder die Medien- und Massenkultur, mitverantwortlich gemacht.

Ö: [A]n die Stelle von traditionellen Religionen treten ja auch andere Phänomene, ne? Das muss jetzt nicht nur das von einem Milliardär gesponsorte Scientology aus den USA sein. Das kann aus meiner Perspektive auch einfach so, wie es der Norbert Bolz ganz klar propagiert hat, der ja dafür plädiert hat, dass man eben den Konsum als Weg zur Bewältigung des religiösen Fundamentalismus wählen sollte, sodass sich dann durchaus, Menschen suchen immer irgendwas, womit sie ihr Leben füllen können, dass sie sich dem Konsum zuwenden.

R: Schrecklich.

Ö: Und das ist, was wir heutzutage in der Realität ja sehr stark haben. (Interview 3, *HVD* Gruppeninterview, 42)

Diese Dialektik der Säkularisierung gehört ebenso zur Kategorie DIAGNOSE EINER GROSSEN KRISE im Phänomenbereich des *HVD* wie der gleichzeitig häufig von Verbandsvertretern kritisierte Umstand, dass angesichts der fortdauernden Verflechtungen von Staat und Gesellschaft mit den christlichen Kirchen aus der Tatsache Säkularisierung teilweise noch nicht die nötigen Konsequenzen gezogen worden sind. So gebe es

einfach noch immer zu viele Privilegien des Christentums (vor allem der großen Kirchen), die von aufgeklärten Mitgliedern unserer pluralistischen Gesellschaft nicht stillschweigend hingenommen werden können. Es ist nötig, immer wieder zu protestieren gegen Überrepräsentation der Kirchen in den Medien, Bezahlung theologischer Fakultäten aus Steuermitteln, Praxis der Kirchensteuer und Mission. Es sind entsprechende Kampagnen zu unterstützen, auch gegen den Vorwurf in Schutz zu nehmen, einen ‚Kulturkampf' zu führen. Zweifellos steht aber auch noch für so manche geistigen Bereiche die Befreiung von christlicher Bevormundung aus. Eines der wichtigsten Themen dürfte die Aufklärung – also eine strikt wissenschaftliche Untersuchung – über ‚unsere abendländischen Werte' sein. Welche sind es, und welche sind wem zu danken? (Walther 2010, 181)

Die dominante gesellschaftspolitische Rolle, die Religionsgemeinschaften und vor allem christliche Kirchen laut *HVD* trotz aller Säkularisierungsprozesse in Deutschland noch immer spielen, zeige sich auch an einer weitläufigen Unkenntnis von beziehungsweise Ignoranz gegenüber weltanschaulichen Alternativen. So wird laut dem ehemaligen *HVD*-Präsidenten Horst Groschopp (2012b, 8, 2013a, 170) der Beitrag des Humanismus als Kulturquelle in Deutschland unterschätzt oder gar gänzlich vergessen, wie die Rede vom ‚christlich-jüdischen Abendland' oder die Einführung islamischer (und nicht: humanistischer) Lehrstühle an staatlichen Universitäten zeige. Neben der geistes- und ideengeschichtlichen Privilegierung der Religionen und vor allem des Christentums im öffentlichen Bewusstsein machen *HVD*-Vertreter auch eine strukturell-organisatorische aus: In der Organisationsgesellschaft Deutschland seien die weltanschauungspolitischen Arrangements – zum Beispiel durch staatskirchenrechtliche Regelungen – auf die beiden christlichen Großkirchen zugeschnitten. Um gesellschaftspolitisch wahr- und ernstgenommen zu werden und wirklich etwas bewegen zu können, wird die Ausbildung entsprechender organisierter Strukturen auch für den *HVD* als unerlässlich betrachtet, wie die folgenden Interviewaussagen von HVD-Funktionären zeigen:

> W: Wir hatten ja den Ministerpräsidenten [...], ein Vierteljahr, bevor er gewählt, also zum Ministerpräsidenten gewählt wurde, bei uns zu Gast, und er sagte dann am Schluss der Veranstaltung sinngemäß: Ja, wenn ihr was erreichen wollt in der Gesellschaft, dann werdet halt mehr, so lange müsst ihr halt sozusagen die Diskriminierung aushalten. Das müsst ihr aushalten können, sagte er.
>
> P: Und das ist nun eine Begründung, warum man sich organisieren muss.
>
> W: Ja, denke ich auch. (Interview 3, *HVD* Gruppeninterview, 21)[2]

Das im Attribut ‚freigeistig' bereits angelegte Selbstverständnis von Unabhängigkeit, Selbstbestimmtheit und Individualität wird vor diesem Hintergrund zu einem Problem. Organisationsstrukturen sind diesem entsprechend innerhalb der freigeistigen Szene nur schwach ausgebildet oder fehlen ganz. Aufgrunddesen bezieht sich die Krisendiagnostik des *HVD* auch auf freigeistige Organisationen in Deutschland. Ihre Strukturschwäche wird an fehlender (aktiver) *manpower*, einer Überalterung der Mitglieder der existierenden Organisationen und mangelnden finanziellen Ressourcen festgemacht (Groschopp 2002, 69). Freigeistige Organisationen seien öffentlich „weitgehend unbekannt" (Isemeyer 2002, 72) oder gar „unsichtbar" und erreichten nicht die „Mitte der Gesellschaft." (Groschopp 2012, 12) Es fehle ihnen an Intellektualität und Weitblick, an Sensibilität für das geschickte Setzen von Themen und vor allem an der Fähigkeit, menschliche Bedürfnisse zu erkennen und angemessen auf sie zu reagieren (Interview 20, ehemaliger *HVD*-Funktionär, 7). Verbandsvertreter kritisieren auch ihre eigene Organisation dafür, keine passenden Antworten auf die konkreten lebensweltlichen Bedürfnislagen und Nöte der Menschen zu haben, zum Beispiel in der Jugendphase (Ziese-Henatsch 2007, 78) oder am Lebensende (Neumann 2011, 124– 127, 134). Daraus resultiere schließlich in vielen Gegenden Deutschlands eine Monopolstellung christlicher Kirchen auf dem Sinn- und Orientierungsmarkt, während Konfessionsfreie aus Mangel an Alternativen mit ihren individuellen und sozialen Bedürfnissen allein gelassen würden.

> Wenn ich jetzt in Altötting wohne und bin Humanist, was mache ich denn da? Da bin ich ja möglicherweise etwas verlassen. Und deswegen wäre es halt schön, wenn auch in der Gegend von Altötting, sagen wir mal, muss es ja nicht selber sein, aber wenigstens in der Ecke

---

[2] Legende: W und P = *HVD*-Funktionäre.

von Altötting, es eine Gemeinschaft gibt, die ihre Kultur pflegt, [...] weil die einzige Alternative, die jetzt da ist, ist, das alles einfach nicht zu machen. Dann haben eben die religiösen Menschen eine schöne Tauffeier in einer schönen Kirche mit einem Pfarrer und ein schönes Fest, und die anderen, was machen die?, ja?, die schauen dann fern, oder was? (Interview 7, *HVD*-Funktionär, 17)

Auch im Phänomenbereich des *BFGD* finden sich, analog zum *HVD*, die Schlüsselkategorien THEORIE INDIVIDUELLER UND SOZIALER BEDÜRFNISSE und THEORIE MENSCHLICHER POTENZIALE, noch deutlicher als beim *HVD* mit einem Schwerpunkt auf der Kategorie THEORIE INDIVIDUELLER UND SOZIALER BEDÜRFNISSE.

Freie Religion will dem einzelnen Menschen Hilfe zur Lebensorientierung sein, Geborgenheit und Halt im allumfassenden natürlichen Weltenlauf zeigen, Ausrichtung, Werte und Ziele im Verhalten geben, Hoffnung und Sinn auch bei bedrückenden Unwägbarkeiten des Lebens finden lassen. [...] Die Welt der Mitmenschen, in der der Mensch lebt, beeinflußt ganz entscheidend sein individuelles Dasein. Der Mensch ist als soziales Wesen angewiesen auf die Gemeinschaft [...]. Der Mensch [...] verfügt aber auch über die eigene Willenskraft und Verantwortung, kann diese formen und einsetzen und ist in diesem Rahmen frei, Stellung zu beziehen zu seinen biologischen, sozialen und psychischen Gegebenheiten. (Bund Freireligiöser Gemeinden Deutschlands 2000/2002, 7–13)

Weniger zentral, wenngleich auffindbar, sind beim *BFGD* Vorkommnisse, die sich als Codes der Phänomenkategorie DIAGNOSE EINER GROSSEN KRISE zuordnen lassen. Zwar werden einzelne Krisenmerkmale wie Krieg, Flucht und Diskriminierung von Homosexuellen oder Flüchtlingen in Stellungnahmen oder Mitgliederrundbriefen diagnostiziert (Bund Freireligiöser Gemeinden Deutschlands 2005). Diese Makroperspektive scheint dem Bund jedoch eher fernzuliegen. Es dominieren Fragen nach persönlicher Sinngebung und individuellen Bedürfnislagen. Deshalb ist auch die Phänomenkategorie THEORIE EINER NOTWENDIGKEIT VORSTAATLICHER GESELLSCHAFTLICHER KOHÄSION beim *BFGD* schwach ausgeprägt. Daraus kann jedoch nicht geschlossen werden, dass der Bund, wie der weltanschaulich-agonale Organisationstypus, eine solche Theorie abstreitet und stattdessen säkulare Verfassungswerte durchgesetzt sehen will – dagegen spricht sein Körperschaftsstatus ebenso wie sein Angebot eines eigenen freireligiös-konfessionellen Schulunterrichts (dazu ausführlicher Kapitel 4.5.1.3). Der *BFGD* fokussiert lediglich sehr stark die soziale Mikroperspektive.

4.3.2 Alltagstheorien zu menschlichen Potenzialen und einer großen Krise: Der Phänomenbereich des weltanschaulich-agonalen Organisationstypus

Im Phänomenbereich des weltanschaulich-agonalen Organisationstypus ist die Kategorie DIAGNOSE EINER GROSSEN KRISE zentral, die bereits aus dem Phänomenbereich des sozialpraktischen Organisationstypus (Kapitel 4.3.1) bekannt ist. Die beiden ebenfalls aus dem vorangegangenen Kapitel bekannten Kategorien THEORIE INDIVIDUELLER UND SOZIALER BEDÜRFNISSE sowie THEORIE MENSCHLICHER POTENZIALE finden sich dagegen ausschließlich im Phänomenbereich der *GBS*; bei den beiden anderen untersuchten weltanschaulich-agonalen Organisationen (*IBKA* und *GWUP*) sind sie demgegenüber sehr schwach ausgeprägt. Dies lässt sich dadurch erklären, dass es sich bei letzteren vor allem um politische Interessenvertretungen handelt (siehe dazu auch Kapitel 2.5), während das *GBS*-Programm umfassender ist und ein ausdifferenziertes Menschenbild mitumfasst. Dieses wird nun mit Bezug auf den Phänomenbereich zunächst beschrieben, eher am Kapitelende vergleichend die Unterschiede zu *IBKA* und *GWUP* erläutert werden.

Ähnlich wie beim *HVD* ist auch das Menschenbild der *GBS* im Rahmen eines naturalistischen Weltbildes (dazu ausführlicher Kapitel 4.4.2) durch eine „besondere *Neugier und Experimentierfreudigkeit*" (Schmidt-Salomon 2006, 30) sowie eine nur zeitweise verdrängbare Konfrontation mit Sinnfragen gekennzeichnet, was auch die Stiftung zu einer THEORIE INDIVIDUELLER UND SOZIALER BEDÜRFNISSE gelangen lässt. Diese geht über körperliche Grundbedürfnisse hinaus.

> Eine *gesicherte* Existenz ist noch keine *erfüllte* Existenz. [...] Stellen Sie sich vor, Ihr jetziges Leben würde genau in diesem Moment ‚eingefroren': Sie und alle, die Sie kennen, würden ewig leben. Sie bräuchten keine Angst mehr zu haben, irgendetwas zu verlieren [...], allerdings würden sie auch nichts Neues mehr hinzugewinnen. Ihre jetzige Existenz wäre rundum gesichert, doch jeder Tag, den Sie erleben würden, wäre eine ewige Wiederkehr des Gleichen, ohne Verluste, ohne Gewinne, ohne Auf und Ab. Wären Sie dauerhaft glücklich in einer solchen Welt ewiger Sicherheit? Wohl kaum! [...] Auf Dauer wäre ein solches ewiges Leben unerträglich [...angesichts] der schrecklichen Monotonie des Paradieses. (Schmidt-Salomon 2012a, 219–220)

Mit dem Verweis darauf, dass es sich beim Paradies nicht um den Sehnsuchtsort der Sinnerfüllung handeln könne, wird in diesem Zitat eine Abgrenzung von gängigen religiösen Sinnbedürfnis-Thesen vorgenommen. Sinn und Erfüllung finde der Mensch demnach nicht in innerer Einkehr oder der Hoffnung auf das Jenseits, sondern in „einer Erweiterung, einer Steigerung [seiner] Existenz"

(Schmidt-Salomon 2012a, 219–220) im Diesseits, zum Beispiel durch neue Erfahrungen oder Zielsetzungen. Gleichzeitig treibe ihn der Erhalt des einmal Erreichten an, weil es sich durch eine prinzipielle, immerwährende Fragilität auszeichne (Schmidt-Salomon 2012a, 219–220). Mit der Sinnsuche einher gehe aber auch die Angst vor der Freiheit, weil ihr die Möglichkeit des Scheiterns und des Verlustes innewohne. Das daraus erwachsende menschliche Streben nach Gewissheit berge Gefahren, weil es zum Beispiel in der Akzeptanz fundamentalistischer religiöser Vorstellungen seinen Ausdruck finde. Die eigene, humanistische Weltanschauung soll hier ein Gegenangebot ohne jenseitige Heilsgewissheiten verbreiten. Auch die *GBS* geht also von einem prinzipiellen Pluralismus von Sinnangeboten aus, allerdings findet von vornherein eine stärker wertende Unterscheidung zwischen guten beziehungsweise legitimen und schlechten beziehungsweise illegitimen Sinn-Entwürfen statt als beim pluralismusfreundlicheren *HVD*, häufig verbunden mit der Unterscheidung säkular/religiös.

> Dass die großen Religionen – trotz der Offenlegung ihrer zahlreichen Irrtümer und ihrer verheerenden ethischen Konsequenzen – bis heute überleben konnten, ist nicht zuletzt auf Traditionsblindheit zurückzuführen. Es ist schon erstaunlich, mit welcher Sturheit Menschen die Irrwege und Schwächen ihrer eigenen Denktradition verdrängen können. (Schmidt-Salomon 2006, 31)

Sehr viel stärker als die Kategorie THEORIE INDIVIDUELLER UND SOZIALER BEDÜRFNISSE tritt im Phänomenbereich der *GBS* jedoch die Kategorie THEORIE MENSCHLICHER POTENZIALE in den Vordergrund. Aus den biologischen Anlagen des Menschen – sofern hier keine Einschränkungen wie zum Beispiel körperliche oder kognitive Defizite vorliegen – werden intellektuelle, ethische und kreative Potenziale abgeleitet, die zur Entfaltung kommen und subjektiv-individuellen, aber auch kollektiven Sinn generieren können, wenn die dafür nötigen gesellschaftspolitischen Rahmenbedingungen vorliegen.

> Von seiner Veranlagung her ist der Mensch das mitfühlendste, klügste, phantasievollste, humorvollste Tier auf dem gesamten Planeten. Die Natur hat uns besondere Talente in die Wiege gelegt. (Schmidt-Salomon 2014, 8–9)

Das Bedauern darüber, dass der Mensch seine Potenziale zu selten ausschöpfe, gehört bereits zur Kategorie DIAGNOSE EINER GROSSEN KRISE. Zum Teil wird der Grund dafür in ungünstigen gesellschaftspolitischen Bedingungen gesehen.

> Die Menschen starten nicht nur biologisch, sondern auch kulturell unter höchst ungleichen Bedingungen ins Leben. So, als würde man bei einem 100-Meter-Lauf dem einen 70 Meter Vorsprung gewähren und dem anderen zusätzlich noch Steine in den Weg legen. (Schmidt-Salomon 2014, 34)

Andererseits sei der Mensch zwar von solchen Bedingungen geprägt, könne sie jedoch auch mehr oder weniger in seinem Sinne beeinflussen (Schmidt-Salomon 2012b, 105). So seien es häufig gar keine äußeren Beschränkungen, die den Menschen an der Ausschöpfung seiner Potenziale hinderten, sondern Bequemlichkeit und der Wunsch, das Denken und Handeln möge ihm abgenommen werden (Schmidt-Salomon 2012b, 91).

Ein weiteres Krisensymptom ist laut *GBS* außerdem darin auszumachen, dass aus den konstatierten menschlichen Potenzialen unlauterer Weise ein Spezieismus abgeleitet wird. Vor dem Hintergrund des unter den ursächlichen Bedingungen (Kapitel 4.4.2) näher beschriebenen naturalistischen Weltbildes der *GBS* wird der Mensch als Teil der Evolution verstanden, der sich lediglich „graduell, nicht prinzipiell von anderen Arten auf diesem Staubkorn im Weltall unterscheidet." (Giordano Bruno Stiftung 2017b) Er teile dementsprechend die meisten seiner genetischen, körperlichen und kognitiven Eigenschaften mit ihm verwandten Tierarten, zum Beispiel das Empfindungsvermögen von Freude und Leid.

> Über ‚Interessen' (in einem weiteren Sinne) verfügen allerdings nicht nur Menschen, sondern auch Tiere, insbesondere jene, die mit einem zentralen Nervensystem (ZNS) ausgestattet sind. Rational wäre es daher kaum zu begründen, würde man die Interessen der Tiere in ethischen Debatten ausblenden oder sie nur deshalb geringer gewichten, weil die dahinter stehenden Individuen nicht Mitglieder unserer eigenen Spezies sind. (Schmidt-Salomon 2006, 120)

Angesichts dessen seien die auf Grundlage spezieistischer, häufig religiöser Menschenbilder (der Mensch als Krone der Schöpfung) legitimierten gewaltigen Unterschiede zwischen Menschen- und Tierrechten nicht zu rechtfertigen und die Haltungsbedingungen in Nutztierbetrieben oder Zoos eine Katastrophe (Giordano Bruno Stiftung 2012a; Goldner 2014).

Die weiteren Krisensymptome, welche von der *GBS* konstatiert werden, sind denen im Phänomenbereich des *HVD* alle mehr oder weniger ähnlich. So wird auch hier eine Reihe von globalen Einzelkrisen ausgemacht, deren systemische Ursachen (dazu Kapitel 4.4.2) es aufzudecken und zu bekämpfen gelte.

> [W]er *eine* Idiotie erkannt hat, ist deshalb noch lange nicht gegen *andere* Idiotien gefeit. Leider ist nur wenigen bewusst, wie sehr die verschiedenen Formen des Homo-Demens-Wahns – Religiotie, Ökologiotie, Ökonomiotie, Politiotie und Pädagogiotie – miteinander verknüpft sind [...]. Die systemische Verbindung ist letztlich auch verantwortlich dafür, dass so viele gut gemeinte Hilfsbemühungen wirkungslos im Raum verpuffen. (Schmidt-Salomon 2012b, 104)

Als zentrales Konzept der Kategorie DIAGNOSE EINER GROSSEN KRISE mit Bezug auf die gesamtgesellschaftliche Ebene bei der *GBS* erscheint Religion. So wird religiösen Akteuren beispielsweise vorgeworfen, wissenschaftlich-technologischen Fortschritt nicht nur zu behindern, sondern auch noch seine Früchte zu missbrauchen, um ein Weltbild zu verteidigen, auf dessen Grundlage sie niemals hätten entwickelt werden können.

> Eines der bedrückendsten Probleme der Gegenwart besteht darin, dass sich religiöse Fundamentalisten jeder Couleur in aller Selbstverständlichkeit der Früchte der Aufklärung (Meinungsfreiheit, Rechtsstaatlichkeit, Wissenschaft, Technologie) bedienen, um auf diese Weise zu verhindern, dass die Prinzipien der Aufklärung auf den Geltungsbereich ihrer eigenen Weltanschauung angewandt werden. So benutzten die Terroristen des ‚11. September' Flugzeuge, die nur dank wissenschaftlicher Erkenntnisse konstruiert werden konnten, um eine Weltanschauung zu stützen, die wissenschaftlichen Überprüfungen niemals standhalten würde. Im Gegenzug führte der ‚Fundamentalist mit anderen Mitteln', George W. Bush, die Welt in einen verheerenden ‚Kreuzzug' gegen ‚den Terror' und die ‚Achse des Bösen', wobei er sich einer Technologie bediente, die niemals entwickelt worden wäre, wenn sich die Wissenschaftler mit dem Kinderglauben des amerikanischen Präsidenten zufrieden gegeben hätten, dass der Schöpfungsbericht der Bibel wahr sei. (Schmidt-Salomon 2006, 7)

Religiöser Fundamentalismus, der als Symptom der Krise im Phänomenbereich der *GBS* einen sehr viel breiteren Raum einnimmt als beim *HVD*, wird als Zeichen der Schwäche und Unsicherheit, als „Rückzugsgefecht" (Schmidt-Salomon 2014, 90) der Religionen angesichts weitreichender Säkularisierungsprozesse in Deutschland und Europa interpretiert. Diese Zeichen von Schwäche machten ihn aber nicht weniger gefährlich – im Gegenteil.

> [O]bwohl ich einerseits auch ein Anhänger der Säkularisierungshypothese bin, ist mir klar, dass es eben auch notwendigerweise Gegenbewegungen gibt. Und Rückzugsgefechte werden in der Regel massiver und brutaler geführt als andere. (Interview 9, *GBS* Gruppeninterview, 5)

Auch bei der *GBS* findet also eine ambivalente Deutung von Säkularisierungsprozessen statt. Anders als beim *HVD*, der diese Ambivalenz an religionsexternen Konsequenzen der Säkularisierung, wie zum Beispiel Stress oder einer Flucht in Konsum, festmacht (siehe dazu Kapitel 4.3.1), wird sie von der *GBS* aber darauf zurückgeführt, dass Religionen sich gewalttätig gegen ihren Bedeutungsverlust wehren.

Hinzu kommt die mit dem *HVD* geteilte Einschätzung der Stiftung, der Staat habe seine Beziehung zu Religionsgemeinschaften, vor allem den Kirchen, nicht ausreichend an die neuen, säkularisierten Gesellschaftsverhältnisse angepasst. Er räume den Kirchen „skandalöse [...] Privilegien" (Interview 9, *GBS* Gruppeninterview, 44) ein, die als Verfassungsbruch interpretiert werden.

> Unsere Verfassung verpflichtet den Staat auf Religionsfreiheit und religiöse Neutralität. [...] Die Rechtswirklichkeit sieht jedoch anders aus: Vor allem die beiden großen christlichen Kirchen sind nach wie vor in vielfacher Hinsicht privilegiert. (Hilgendorf 2010, 51–52)

Und auch in den Medien und der Zivilgesellschaft fänden sich weiterhin Formen von Diskriminierung gegenüber Konfessionsfreien, vor allem in stark religiös geprägten Regionen Deutschlands (Interview 14, *GBS*-Funktionär, 5).

> Immer noch werden heute nichtreligiöse Menschen teilweise sogar massiv diskriminiert und können als ethisch unzuverlässig angeprangert werden, ohne dass das auf größeren gesellschaftlichen Widerstand stößt. Das ergibt sich nicht nur aus zahlreichen Äußerungen von kirchlichen Repräsentanten, sondern auch von Politikern, Journalisten und Leserbriefschreibern. (Czermak 2015, 10)

Dies leitet über auf die Krisenebene der freigeistigen Organisationen, die laut *GBS* aufgrund des fortwährend starken Einflusses der christlichen Kirchen auf Staat und Gesellschaft stets eine unterprivilegierte Existenz geführt haben. Wie beim *HVD* auch werden von der *GBS* jedoch gleichzeitig interne Fehlentwicklungen dafür verantwortlich gemacht, dass freigeistige Organisationen „seit fast 150 Jahren [...] relativ wenig erreicht" (Interview 9, *GBS* Gruppeninterview, 6) haben und ihre „piefige Struktur" (Interview 14, *GBS*-Funktionär, 17) den lebensweltlichen Bedürfnissen der Menschen nicht gerecht werde (zu den von *HVD* und *GBS* unterschiedlich interpretierten Ursachen der großen Krise auf dieser Ebene vergleiche jedoch Kapitel 4.4.3).

Auffällig am Phänomenbereich der *GBS* ist der polemische, kritisch-konfrontative Religionsbezug im Zusammenhang mit der Schlüsselkategorie DIAGNOSE EINER GROSSEN KRISE. Nicht nur werden religiöse Symbolbestände als Ursache für die Gefahr der Weltzerstörung (Eifern für Gott) oder den Speziesismus (anthropozentrische Weltbilder) verantwortlich gemacht. Ihre fortdauernde Existenz in Form von Trägergruppen oder religiösen Individuen wird auf Grundlage der diagnostizierten brutalen Rückzugsgefechte als Reaktion auf Säkularisierung oder der Diskriminierung von Konfessionsfreien und ihren freigeistigen Organisationen selbst zum Symptom der Krise.

> Solange nämlich Religioten das Sagen auf unserem Planeten haben – und das haben sie leider, Mensch sei's geklagt, in vielen Teilen der Welt –, sind alle Versuche, das Zusammenleben der Menschen vernünftiger, freier, gerechter zu gestalten, notwendigerweise zum Scheitern verurteilt. (Schmidt-Salomon 2012b, 42)

Seien in der Aufklärungszeit auch wichtige Werkzeuge entwickelt worden, um den Einfluss von Religionen auf Politik und Gesellschaft zu zähmen, gehe diese Kontrolle in der Gegenwart zunehmend wieder verloren. Die fortschreitende Krise der Weltgesellschaft (die Religionen laut *GBS* ja selbst mit zu verantworten haben) und die Unwägbarkeiten und Leiden des menschlichen Lebens führten dazu, dass Menschen die einfachen und tröstenden Antworten von religiösen Fundamentalisten bevorzugten, statt ihre eigenen Potenziale auszuschöpfen.

> Wie unter anderem empirische Studien in Frankreich gezeigt haben, erhält der Fundamentalismus nämlich besonderen Zulauf gerade aus jenen sozialen Schichten, die ‚vom ökonomischen und sozialen Wandel bedroht sind und denen die Instabilität der religiösen Formen zum Symbol ihrer beängstigenden sozialen Unsicherheit wird'. (Schmidt-Salomon 2012a, 295)

Resignation könne dabei in Verbindung mit religiöser Dogmatik schnell in Aggression gegenüber Andersdenkenden umschlagen (Schmidt-Salomon 2014, 271–272).

Trotz der auch den Phänomenbereich der *GBS* dominierenden Krisenrhetorik bleibt bei der Stiftung, anders als beim *HVD*, ein grundsätzlicher Fortschrittsoptimismus erhalten. Nicht das wissenschaftlich-technologischen Entwicklungen innewohnende Zerstörungspotenzial wird zum Auslöser für die große Krise erklärt, sondern vor allem Religionen, die auf unlautere Weise von den Früchten dieser Entwicklungen Gebrauch machten. Ihren Optimismus macht die *GBS* allgemein an den eigens konstatierten menschlichen Potenzialen und konkret an Beispielen der menschlichen Geschichte fest, in denen diese ausgeschöpft wurden. Wenn nur mit dem „metaphysischen Müll" (Wuketits 2008, 26) aufgeräumt, das heißt mit den ‚alten' religiösen Welt- und Menschenbildern gebrochen und der wissenschaftlich-technologische somit von einem weltanschaulichen Fortschritt begleitet werde, sei die große Krise durchaus zu bewältigen.

> Der kategorische Imperativ unserer Tage lautet, *falsche Ideen sterben zu lassen, bevor Menschen für falsche Ideen sterben müssen!* Stellen Sie sich vor, was eine Menschheit, die diesem *Homo-sapiens* Imperativ folgt, erreichen könnte! Um die Zukunft unserer Spezies brauchte man sich keine Sorgen mehr zu machen. [...] Denken Sie nur an die phantastischen Möglichkeiten der Technik, die großartigen Erkenntnisse der Wissenschaft, die wunderbaren Schöpfungen der Kunst! Ist es nicht beeindruckend, was die Menschheit trotz all der Irrungen und Wirrungen der Geschichte, trotz all der engstirnigen Zensurversuche von Religioten und Politioten auf die Beine stellen konnte? (Schmidt-Salomon 2012b, 110)

Wie eingangs beschrieben sind die Kategorien THEORIE INDIVIDUELLER UND SOZIALER BEDÜRFNISSE und THEORIE MENSCHLICHER POTENZIALE im Phänomenbereich von *IBKA* und *GWUP*, den beiden anderen hier näher untersuchten weltanschaulich-agonalen freigeistigen Organisationen, nur sehr schwach ausgeprägt. Generell stellt das differenzierte Menschenbild der *GBS* in der Gruppe weltanschaulich-agonaler freigeistiger Organisationen eher die Ausnahme als die

Regel dar. Es dominieren politische Interessenvertretungen, die häufig auf ein spezifisches Thema konzentrierte DIAGNOSEN EINER GROSSEN KRISE stellen – unbestritten die zentrale Kategorie im Phänomenbereich des weltanschaulich-agonalen Organisationstypus. Bei der *GWUP* konzentriert sich die Kategorie DIAGNOSE EINER GROSSEN KRISE auf die Verbreitung von als un- beziehungsweise parawissenschaftlich identifizierten Thesen und entsprechenden Produkten (zum Beispiel astrologische Literatur oder homöopathische Substanzen), die nicht nur falsch beziehungsweise unnütz, sondern auch gefährlich seien.

> Die Aussage, daß sogenannte unkonventionelle Therapien nicht schaden können, ist schlicht falsch. Unsinnige, unwirksame Schlankheitstees haben verschiedentlich zu schweren Gesundheitsstörungen geführt, entweder durch die angegebenen Inhaltsstoffe oder durch undeklarierte Beimengungen; Verletzungen und Infektionen durch Akupunktur und Neuraltherapie sind mehrfach beschrieben worden; unter der ineffektiven und – wegen Geschäftsinteressen! – leider immer noch nicht ganz verbotenen Frischzelltherapie sind schwerste Komplikationen aufgetreten; mehrere pflanzliche Präparate mußten wegen ungünstigen Nutzen-Risiko-Verhältnisses (tatsächlich war nur der Schaden sicher) vom Markt genommen werden. Da die Überwachung in diesem Bereich sehr zu wünschen übrig läßt (viele Therapien sind keine Arzneimittel), ist die Dunkelziffer vermutlich hoch. Auch die Fixierung von psychisch labilen Menschen auf z. B. angeblich festgestellte Vergiftungen (Amalgam, Wohnraumgifte) oder ihre Destabilisierung in ominösen, möglicherweise sektennahen Psycho-‚Therapien' kann schwerwiegende gesundheitliche Konsequenzen haben. (Windeler 1997, 122)

Beim *IBKA* steht im Rahmen der Kategorie DIAGNOSE EINER GROSSEN KRISE hingegen die trotz gewalttätiger und diskriminierender religiöser Tendenzen dominante gesellschaftspolitische Rolle von Religionen und die ungenügende Trennung von Kirche und Staat in Deutschland im Fokus.

> Ein Ende der religiösen Gewalt und Intoleranz ist nicht in Sicht. Im Gegenteil: Kaum ein Tag, an dem nicht von militanten Religionsanhängern Gewalttaten verübt werden. Menschen, die sich von religiösen Dogmen losgesagt haben, werden vielfach sozial ausgegrenzt und als moralisch minderwertig diffamiert. Manche müssen sogar um ihr Leben fürchten. [...] Eine zentrale politische Forderung des IBKA ist die Trennung von Staat und Religion. Dieses Prinzip wird in Deutschland auf vielfältige Weise verletzt. Zum Beispiel durch Konkordate und Staatskirchenverträge, Einzug der Kirchensteuer durch den Staat, konfessionellen Religionsunterricht an staatlichen Schulen und ‚Ehrfurcht vor Gott' als staatliches Erziehungsziel, staatlich finanzierte Theologenausbildung an Hochschulen, staatlich finanzierte Militärseelsorge. Daneben erhalten die Kirchen direkte staatliche Zuwendungen und sind nahezu vollständig von Gebühren und Steuern befreit. Der Austritt aus der Kirche dagegen wird inzwischen fast überall in Deutschland durch eine Gebühr erschwert. Ein besonderes Ärgernis ist die Tatsache, dass kirchliche Einrichtungen vom allgemeinen Arbeitsrecht ausgenommen sind – mit nachteiligen Folgen für eine große Zahl von Arbeitnehmerinnen und Arbeitnehmern. Verschwiegen wird gerne, dass kirchliche Einrichtungen nur zu einem

Bruchteil von den Kirchen selbst finanziert werden. (Internationaler Bund der Konfessionslosen und Atheisten o. J.)

Wie diese Zitate verdeutlichen, lassen sich zwischen den einzelnen hier beschriebenen weltanschaulich-agonalen freigeistigen Organisationen auch Unterschiede hinsichtlich ihrer Religionsbezogenheit im Rahmen der Kategorie DIAGNOSE EINER GROSSEN KRISE ausmachen. Während ein dominanter kritisch-konfrontativer Religionsbezug bei *GBS* und *IBKA* Religionen zum zentralen Symptom und Auslöser der Krise erklärt, ist die Religionsbezogenheit bei der *GWUP* insgesamt schwächer ausgeprägt. Religionen werden nur dann als problematisch beurteilt, wenn sie wissenschaftlich-naturalistischen Erkenntnissen widersprechen beziehungsweise diese in Frage stellen.

> Religion selbst ist kein Thema für die GWUP. Religiöse Aussagen über Moral, Ethik und Tradition haben nichts mit Naturwissenschaft zu tun und können daher mit naturwissenschaftlichen Methoden weder bestätigt noch widerlegt werden. Religiös motivierter Wunderglaube allerdings ist für Skeptiker sehr wohl eine genauere Betrachtung wert – von blutenden Madonnenstatuen bis zum wundertätigen Wasser, das Krankheiten von Pilgern heilen soll. (Gesellschaft zur wissenschaftlichen Untersuchung von Parawissenschaften o. J.)

4.3.3 Vergleich der Phänomenbereiche

Beim Vergleich der Phänomenbereiche des sozialpraktischen und des weltanschaulich-agonalen Organisationstyps ist zunächst auffällig, dass mehrere Schlüsselkategorien bei beiden freigeistigen Organisationstypen vorkommen. Dies trifft auf die Kategorien THEORIE INDIVIDUELLER UND SOZIALER BEDÜRFNISSE, THEORIE MENSCHLICHER POTENZIALE und DIAGNOSE EINER GROSSEN KRISE zu. Dabei sind jedoch unterschiedliche Schwerpunktsetzungen zu konstatieren. Während beim sozialpraktischen Organisationstyp eher die Kategorie THEORIE INDIVIDUELLER UND SOZIALER BEDÜRFNISSE im Zentrum steht, ist bei der *GBS* als Beispiel des weltanschaulich-agonalen Organisationstypus die Kategorie THEORIE MENSCHLICHER POTENZIALE gesättigter; für *GWUP* und *IBKA*, zwei andere weltanschaulich-agonale freigeistige Organisationen, die eher das Selbstverständnis einer politischen Interessenvertretung besitzen, spielt ein ausdifferenziertes Menschenbild insgesamt eine weniger zentrale Rolle. Zudem geht der sozialpraktische Organisationstypus im Rahmen seiner THEORIE INDIVIDUELLER UND SOZIALER BEDÜRFNISSE von einem inhaltlichen Pluralismus aus, dem durch einen ebenso pluralen Markt verschiedener, gleichberechtigter Sinnanbieter begegnet werden soll. Demgegenüber betrachtet der weltanschaulich-agonale Organisationstypus nur naturalistische Antworten als wirklich legitim und ethisch vertretbar. Es scheint, als sollten diese auch denjenigen zugemutet werden, deren Bedürfnisse eher in Richtung transzendent-religiöser Antworten weisen. Einem grundsätzlich wertschätzenden und konkurrierenden Religionsbezug bei sozialpraktischen freigeistigen Organisationen steht somit ein kritisch-konfrontativer Religionsbezug beim weltanschaulich-agonalen Organisationstypus gegenüber.

Dominiert werden die Phänomenbereiche beider freigeistiger Organisationstypen aber von der Kategorie DIAGNOSE EINER GROSSEN KRISE, die sowohl auf die gesamtgesellschaftliche Ebene als auch auf die freigeistige Organisationslandschaft bezogen wird. Sozialpraktische und weltanschaulich-agonale freigeistige Organisationen machen dabei ähnliche systemisch miteinander verbundene Einzelkrisen als Krisensymptome der Weltgesellschaft aus. Unterschiede zeigen sich jedoch auch hier hinsichtlich der Religionsbezogenheit: Während der sozialpraktische Organisationstypus Religionen eine ambivalente Rolle als Teil des Problems und Teil der Lösung zuschreibt, ihre Bedeutung und ihren Einfluss auf die große Krise insgesamt allerdings als eher gering einschätzt, werden Religionen bei den meisten weltanschaulich-agonalen freigeistigen Organisationen sowohl zum wesentlichen Auslöser als auch zu einem Symptom der Krise. Beide Organisationstypen zeichnet aber eine konfrontative Haltung gegenüber einer gesellschaftspolitischen Privilegierung von Religionen und vor allem der Kirchen in Deutschland trotz aller Säkularisierungsprozesse aus. Hier lässt sich also eine eindeutig kritische Haltung auch beim sozialpraktischen Organisationstypus konstatieren, wobei sich diese weniger auf Religion/en als auf Gesellschaft und Politik beziehungsweise den Staat richtet.

Die Krise freigeistiger Organisationen in Deutschland wird von beiden Organisationstypen an der geringen Größe und Bekanntheit freigeistiger Organisationen sowie ihrem fehlenden Einfluss auf gesellschaftspolitische Diskurse festgemacht. Wie die folgende Darstellung der ursächlichen Bedingungen zeigen wird, interpretieren sozialpraktische und weltanschaulich-agonale freigeistige Organisationen die Gründe dafür jedoch höchst unterschiedlich (siehe Kapitel 4.4.3).

Die vor allem vom *HVD* betonte THEORIE EINER NOTWENDIGKEIT VORSTAATLICHER GESELLSCHAFTLICHER KOHÄSION wird von Vertretern weltanschaulich-agonaler freigeistiger Organisationen nicht erkannt. Im Gegenteil wird hier die Meinung vertreten, der säkulare Verfassungsstaat basiere auf einer eigenen Leitkultur, die lediglich noch vollständig zur Entfaltung gebracht werden müsse:

> [D]iese Ideen von Aufklärung und Humanismus haben sich durchgesetzt, wir haben sie in unserer Verfassung drinstehen. Wir müssen eigentlich weltanschaulich gar nicht so

schrecklich viel mehr fordern, sondern eigentlich eine Konsequenz einklagen. Das ist eigentlich alles. (Interview 9, *GBS* Gruppeninterview, 51)

4.4 Ursächliche Bedingungen

Ursächliche Bedingungen verweisen im Rahmen des Kodierparadigmas der Grounded Theory „auf die Ereignisse oder Vorfälle, die zum Auftreten oder zur Entwicklung eines Phänomens führen." (Corbin und Strauss 1996, 79) Mit Bezug auf den im vorangegangenen Kapitel rekonstruierten Phänomenbereich gilt es nun also nach den Menschen- und Gesellschaftsbildern zu fragen, auf deren Grundlage die Kategorien THEORIE INDIVIDUELLER UND SOZIALER BEDÜRFNISSE, THEORIE MENSCHLICHER POTENZIALE, THEORIE EINER NOTWENDIGKEIT VORSTAATLICHER GESELLSCHAFTLICHER KOHÄSION und DIAGNOSE EINER GROSSEN KRISE entstehen. Während sich im Phänomenbereich der beiden freigeistigen Organisationstypen große Schnittmengen herausstellten, ergeben sich bei der Rekonstruktion der ursächlichen Bedingungen vor allem mit Bezug auf die Phänomenkategorie DIAGNOSE EINER GROSSEN KRISE zum Teil erhebliche Unterschiede zwischen sozialpraktischen und weltanschaulich-agonalen freigeistigen Organisationen.

4.4.1 Naturalistisches Weltbild und Alltagstheorien zu einer Dialektik der Aufklärung und der problematischen Geschichte freigeistiger Organisationen: Ursächliche Bedingungen beim sozialpraktischen Organisationstypus

Im Bereich der ursächlichen Bedingungen ließen sich auf Grundlage der unter Kapitel 3.4 beschriebenen Analysen für den sozialpraktischen Organisationstypus drei Schlüsselkategorien rekonstruieren: Die Kategorie NATURALISTISCHES WELTBILD, welche die Grundlagen epistemologischer Urteile sozialpraktischer Organisationen bündelt, die Kategorie THEORIE EINER DIALEKTIK DER AUFKLÄRUNG zu einer krisenerzeugenden Struktur auf globaler Ebene sowie die Kategorie THEORIE EINES SELBST- UND FREMDVERSCHULDETEN NIEDERGANGS DER FREIGEISTIGEN TRADITION, welche als ursächliche Bedingung der Kategorie DIAGNOSE EINER GROSSEN KRISE mit Bezug auf die freigeistigen Organisationen vorgeordnet ist. Am Beispiel des *HVD* wird der Bedeutungsumfang dieser Kategorien im Folgenden ausgebreitet und am Kapitelende mit dem beim *BFGD* verglichen.

Den Phänomenkategorien THEORIE INDIVIDUELLER UND SOZIALER BEDÜRFNISSE, THEORIE MENSCHLICHER POTENZIALE sowie THEORIE EINER NOTWENDIGKEIT VORSTAATLICHER GESELLSCHAFTLICHER KOHÄSION liegt beim *HVD* die Kategorie NATURALISTISCHES WELTBILD als Grundkonstitution des Universums zu Grunde, an dessen Gesetze auch der Mensch gebunden sei.

> Ausgehend von der modernen Kosmologie betrachten wir die Welt als ein Resultat von natürlichen Prozessen, die vor Milliarden von Jahren begonnen haben. [...] Die Naturwissenschaften zeigen, dass sich unser Leben einer biologischen und kulturellen Evolution verdankt. (Humanistischer Verband Deutschlands 2015, 11)

Aus diesem Weltbild ergibt sich laut *HVD*, dass der Lauf der Dinge im Universum auf kein von außerhalb der Natur definiertes Ziel hin ausgerichtet ist. Das Weltgeschehen folge zwar Naturgesetzen, sei aber sinnlos und kontingent, das menschliche Leben dementsprechend endlich und durchzogen von Erfahrungen eigener Beschränktheit, Krankheit und Leid.

> Menschen erfahren in ihrem Leben aber auch schweres Leid, Verletzung, Trauer und Vereinsamung. [...] Existenzielle Erfahrungen mit Angst und Schmerz, Misserfolg und Krankheit, Alter und Tod wollen wir nicht verdrängen oder kleinreden. (Humanistischer Verband Deutschlands 2015, 4–10)

Daraus wird zum einen die THEORIE INDIVIDUELLER UND SOZIALER BEDÜRFNISSE des Menschen nach Kontingenzbewältigung in Form von Lebenshilfe, Orientierung und Sinnstiftung abgeleitet. Zum anderen führe die menschliche Beschränktheit dazu, dass Menschen sich in Kollektiven zusammenschließen, weil sie nur in diesen überlebensfähig seien.

> Also Gemeinschaftsbildung an sich ist ja erstmal so ein bisschen auch für das Menschsein ein konstitutives Merkmal, ja? Also die Frage, ob Menschen sich irgendwie organisiert zusammenschließen sollten, die stellt sich so nicht, weil das Menschen halt natürlich tun. (Interview 3, *HVD* Gruppeninterview, 23)

Damit diese Kollektive angesichts der das Weltgeschehen prägenden Kontingenz nicht auseinanderbrechen, bedarf es laut *HVD* einer übergreifenden vergesellschaftenden Sinnstiftung (THEORIE EINER NOTWENDIGKEIT VORSTAATLICHER GESELLSCHAFTLICHER KOHÄSION, siehe Kapitel 4.3.1).

Dass jeder Mensch trotz der Sinnlosigkeit des großen Ganzen in der Lage sei, selbst zum persönlichen oder kollektiven Sinnstifter zu werden, liegt laut dem ehemaligen *HVD*-Präsidenten Frieder Otto Wolf in seinen Potenzialen begründet, zu denen eine „nicht biologisch reduzierbare Geistigkeit, welche ihm Menschenwürde verleiht" (Wolf 2011, 41), gehöre. Eine über solche Aussagen hinausgehende Klärung der Beziehung von Geist, Leib und Würde im Rahmen der Kategorie NATURALISTISCHES WELTBILD – von der *GBS* umfänglich reflektiert und ins Zentrum interner Diskussionen gestellt (siehe Kapitel 4.4.2) – findet von Seiten des *HVD* nicht systematisch statt.[3] Sie wird angesichts der praktischen Orientierung des Verbandes auf individuelle und soziale Bedürfnisse des Menschen und die Bearbeitung der großen Krise als zweitrangig erachtet. Für den Humanismus des *HVD* sei konstitutiv,

> dass e[r] halt auch sich nicht reduziert auf die Vertretung oder Verbreitung eines bestimmten Weltbildes, sondern dass es ein Handeln ist, das weltanschaulich begründet ist, und halt eben sozusagen im praktischen Engagement münden sollte. (Interview 3, *HVD* Gruppeninterview, 3)

Der Kategorie DIAGNOSE EINER GROSSEN KRISE im Phänomenbereich des *HVD* ist auf globaler Ebene als ursächliche Bedingung die Kategorie THEORIE EINER DIALEKTIK DER AUFKLÄRUNG[4] vorgeordnet. Diese ergibt sich aus *HVD*-Sicht aus den negativen Folgen eines unkontrollierten, das heißt weltanschaulich nicht angemessen reflektierten und begleiteten Fortschritts in Wissenschaft und Technologie, dem ambivalente Züge und ein erhebliches krisenerzeugendes Potenzial zugeschrieben werden.

> Das humanistische Interesse an den Wissenschaften berücksichtigt auch deren mögliche Schattenseiten. Der wissenschaftliche und technologische Fortschritt kann nicht nur nutzen, sondern birgt auch Gefahren – z. B. Atomenergie – und schwer einzuschätzende Risiken – z. B. Gentechnologie. Wissenschaftliche Forschung ist unabgeschlossen, anfällig für Irrtümer und sie unterliegt Interessen. Eine allzu einseitige Orientierung an ihrer Rationalität kann den Blick auf ethische Konsequenzen trüben. (Humanistischer Verband Deutschlands 2015, 11)

---

[3] Eine Ausnahme stellen hier die Tagungen und Publikationen der *HAB* in Zusammenarbeit mit dem *HVD* Bayern, der turmdersinne GmbH und der *GBS* dar (dazu Fink 2010a, 2013a). Bezeichnender Weise handelte es sich hier jedoch überwiegend um Zusammenkünfte und Publikationsprojekte des ehemaligen Präsidenten des *HVD* Bayern, Helmut Fink, mit Beiräten der *GBS* und anderen der Stiftung nahestehenden Naturwissenschaftlern. Fink selbst wurde mittlerweile als Wissenschaftlicher Mitarbeiter bei der *GBS* angestellt und im Herbst 2015 als Präsident des *HVD* Bayern abgewählt.
[4] Das Konzept „Dialektik der Aufklärung" stammt ursprünglich von Max Horkheimer und Theodor W. Adorno ([1944] 2000) und zählt zu den wichtigsten Beiträgen der Kritischen Theorie der Frankfurter Schule. Es handelt sich um eine theoretische Kategorie, die im objektsprachlichen Bereich freigeistiger Organisationen in Deutschland keine Verwendung findet.

Auf Grundlage unkontrollierten Fortschritts haben sich aus *HVD*-Sicht globale Strukturen in verschiedenen Gesellschaftsbereichen ausgebildet, die sich als ursächliche Bedingung der „Menschheitskrise" (Wolf 2008, 13) miteinander verbunden haben: Turbokapitalismus, strukturelle Herrschaft, Industrialisierung inklusive Externalisierung von Naturkosten, Urbanisierung, Ökonomisierung des Alltagslebens, Euro- und Amerikazentrismus, Androzentrismus und so weiter (Wolf 2008, 10 – 14).

Die Kategorie THEORIE EINER DIALEKTIK DER AUFKLÄRUNG weist nur einen indirekten Religionsbezug auf. Die auf der Phänomenebene als Dimension der Kategorie DIAGNOSE EINER GROSSEN KRISE verhandelten fundamentalistisch-extremistischen Formen von Religion/en werden gewissermaßen als fehlgeleitete Reaktion auf die Dialektik der Aufklärung interpretiert. Dabei spielen aus Sicht des Verbandes auch problematische religiöse Symbolbestände, die zum Beispiel zur Legitimation von Gewalthandeln herangezogen werden, eine Rolle. Religionen könnten Konflikte und die große Krise somit verschärfen; als ihr Auslöser spielten sie jedoch eine untergeordnete Rolle.

> Ein demokratischer Humanismus [...] beschränkt sich nicht auf die Ablehnung von Religion. Diese Auffassung für sich allein genommen würde nicht nur antidemokratische Kräfte in das eigene Selbstverständnis einschließen. Weitaus problematischer wäre die damit zusammenhängende falsche politische Frontstellung. Sie geht von der irrigen Auffassung aus, wonach die Aufhebung und Überwindung der Religion direkt zur Errichtung einer besseren Welt und Lösung aktueller politischer Konflikte führe. [...] Bei [...einigen] Konflikten spielten religiöse Prägungen sicherlich eine konfliktverschärfende Rolle. Die Ursachen dafür dürften aber jeweils in ganz anderen gesellschaftlichen Bereichen zu sehen sein. Eine solche Deutung und Perspektive ignoriert weitgehend Ergebnisse der modernen Konfliktforschung, welche in derartigen Auseinandersetzungen primär den ideologisch ummantelnden Ausdruck sozioökonomischer Differenzen und Krisen sehen. (Pfahl-Traughber 2010, 104)

Religionen werden vom *HVD* somit nicht als wesentliches krisenerzeugendes Element betrachtet. Im Gegenteil wird eine weltanschauliche Begleitung von wissenschaftlich-technologischem Fortschritt auch durch liberale religiöse Akteure von *HVD*-Vertretern in einer „Zeit der neuen Unübersichtlichkeit" (Wolf 2008, 134, Habermas zitierend) seit Ende des Kalten Krieges gegenüber einer unkontrollierten Entwicklung bevorzugt.

> Auch die Frage ist erst einmal offen, [...] ob wir wirklich gute Gründe dafür haben, etwa die Nobelpreisträger, die im Namen der Wissenschaft die Menschheit darüber belehren, was ein gutes Leben wäre, in geringerem Grade für ihr persönliches Bekenntnis anderen aufdrängende ‚Pfaffen' zu halten, als etwa die Priester in den Basis-Gemeinden Lateinamerikas, die [...] zusammen mit den Armen herausfinden wollen, wie diese ihr Los verbessern können. (Wolf 2008, 14)

4.4 Ursächliche Bedingungen — 123

Für die Krise auf der Ebene der freigeistigen Organisationen wird vom *HVD* unter anderem der Kontinuitätsbruch freigeistiger Tradition zwischen 1933 und 1945 durch die Zerschlagung nahezu aller organisationalen Strukturen durch das nationalsozialistische Regime verantwortlich gemacht (siehe dazu auch Kapitel 2.4.2). Dieser gehört zur Kategorie THEORIE EINES SELBST- UND FREMDVERSCHULDETEN NIEDERGANGS DER FREIGEISTIGEN TRADITION und beschreibt die fremdverschuldete Seite der Krise. Von dieser „großen Katastrophe" (Interview 6, *HVD*-Funktionär, 38) habe sich die freigeistige Szene bis in die Gegenwart hinein nicht erholen können – auch aufgrund schwieriger Bedingungen im geteilten Deutschland nach 1945.

> Der Verband war vor 1933 ein Massenverband mit 600.000 Mitgliedern. Es gehörte zum guten Ton: in einer Großstadt wie Berlin war man entweder in der Kirche, ein Gewerkschaftsfunktionär oder bei den Freidenkern, das war völlig klar. Das ist alles zerstört worden, das ganze Vermögen war weg, die Personen waren weg, Immigration, Verfolgung, Tod und so weiter. Und der Verband konnte sich nach 1945 nahezu kaum von dieser Sache erholen, im Unterschied zu den Kirchen. Der Religionsunterricht findet immer statt während der Nazizeit. Und wir konnten uns von dem kaum erholen. [...] Und dann kam die Spaltung Deutschlands und der Antikommunismus im Westen und der Stalinismus im Osten. Und das hat dazu geführt, dass die Freidenkerbewegung, sie wurde fast gekappt. Und es waren nur wenige kleine Ortsverbände und Personen, die diese Tradition überhaupt aufrechterhielten. (Interview 6, *HVD*-Funktionär, 33 – 38)

Ebenso wird im Rahmen der Kategorie THEORIE EINES SELBST- UND FREMDVERSCHULDETEN NIEDERGANGS DER FREIGEISTIGEN TRADITION allerdings immer wieder auf interne Krisenauslöser verwiesen, vor allem auf eine anachronistische Ausrichtung freigeistiger Organisationen. Verbandsvertreter kritisieren ein stures Festhalten an Elementen freigeistiger Tradition aus dem 19. Jahrhundert, die zu sehr auf Religions- beziehungsweise Kirchenkritik und unrealistische, abstrakt-laizistische Forderungen nach einer Trennung von Kirche und Staat konzentriert seien, und zu wenig passende Antworten auf gegenwärtige drängende gesellschaftspolitische Fragen lieferten (Isemeyer 2003, 65). Angesichts der Tatsache Säkularisierung gehe gerade in Ostdeutschland Religions- und Kirchenkritik völlig an den Bedürfnissen und Interessen der religiös überwiegend indifferenten Bevölkerung vorbei, die stattdessen vor allem Bedarf an alternativen Sinn- und Orientierungsangeboten oder konkreten Hilfestellungen und Dienstleistungen zur Lebensbewältigung habe (siehe dazu ausführlich Kapitel 4.3.1). Statt diese Resultate der Säkularisierung in den Blick zu nehmen und als Chance und Anregung für die Verbandspraxis zu begreifen, sähen viele Freigeister den Zweck ihrer Organisationen immer noch darin, Säkularisierung selbst herbeizuführen.

> In manchem freigeistigen Weltanschauungsverband scheint die Zeit gleichsam still zu stehen. In solchen Biotopen werden immer wieder gerne die Schlachten von gestern geschlagen, obwohl sich nachkommende Generationen damit kaum noch beeindrucken lassen. Auf die reale Säkularisierung draußen in der Welt haben solche Freigeister keinen Einfluss mehr. Wer sich heute von der Kirche oder der Religion an sich verabschiedet, tut dies in 99 Prozent der Fälle für sich allein und ohne Kontakt zu einem freigeistigen Verband. [...] Mancher dieser Verbände ist nur noch Selbstzweck für die letzten Überlebenden. Die freien Verbände haben erst dann eine Chance, sich zu tatsächlichen Interessenvertretern der Konfessionslosen zu entwickeln, wenn sie konsequent aufräumen und allen Muff aus alten Tagen hinter sich lassen. (Proske 2003, 68–69)

Auch Laizismus-Forderungen zeugen für viele Vertreter des *HVD* von einem solchen Anachronismus. In einer Zeit, in der eine positive Gleichbehandlung freigeistiger Organisationen mit Religionsgemeinschaften auf Grundlage des *GG* nicht nur grundsätzlich möglich sei, sondern in der von dieser Möglichkeit zum Beispiel durch den *HVD* auch bereits ausgiebig Gebrauch gemacht werde, seien solche Forderungen nicht mehr nur unnötig, sondern geradezu selbstzerstörerisch.

> Eine völlige Trennung von Staat und Weltanschauungsgemeinschaften würde die derzeit wachsenden sozialen Verbände innerhalb kürzester Zeit wieder in völliger Bedeutungslosigkeit verschwinden lassen. (Heinrichs 2010, 137)

Unreflektierte Bezüge auf problematische Entwürfe der Humanismusgeschichte stellen schließlich ebenfalls eine Dimension der THEORIE EINES SELBST- UND FREMDVERSCHULDETEN NIEDERGANGS DER FREIGEISTIGEN TRADITION als Schlüsselkategorie im Bereich der ursächlichen Bedingungen des *HVD* dar. Laut dem ehemaligen *HVD*-Präsidenten Wolf (2008, 72) liegt diesen „falschen Humanismen" eine gemeinsame „Furcht vor den Massen" zu Grunde, die zu autoritären und elitären Herrschaftsideologien im Namen des Humanismus geführt habe, um die „Massen im Zaum zu halten" (Wolf 2008, 58). Der vom *HVD* propagierte „Praktische Humanismus" (Humanistischer Verband Deutschlands 2015, 7) wird grundsätzlich von theoretischen Humanismen abgegrenzt, die ein metaphysisches Idealbild des Menschen auf Grundlage des humanistischen Bildungsideals aus der Renaissance konzipierten.

> Andere Varianten machten ein bestimmtes, inhaltlich definiertes ‚Wesen des Menschen' zum Maßstab menschlicher Entwicklung [...]: Dort wird die Lebensweise, der Lebensentwurf, wie ihn etwa eine durchschnittliche weiße, amerikanische Familie in den 1950er Jahren praktizierte, zum verbindlichen Modell sinnvollen Lebens für die gesamte Menschheit. [...D]iese Vorstellung von Entwicklung als Verwirklichung eines in seinem Wesen inhaltlich definierten Menschenbildes hieß, dass alle anderen Gesellschaften, alle anderen Lebensentwürfe als minderwertig beseitigt, unterdrückt und den von ihnen überzeugten Menschen

gleichsam ‚aberzogen' werden sollten. Diese Art von theoretischem Humanismus hat gerade in einer aktivistischen, weltgestaltenden Variante historisch Gestalt angenommen. [...Das] wissenschaftlich oder spekulativ bestimmte, vorab definierte Wesen des Menschen, wurde damit zur Legitimationsgrundlage einer Herrschaftspraxis. (Wolf 2008, 32–33)

Auch Positivismus und Eugenik-Bewegung werden als Formen eines Antihumanismus unter dem Deckmental des Humanismus abgelehnt. Sie forcierten eine Aufklärung ohne Dialektik, auf deren Grundlage zum Beispiel Sozialdarwinismus hoffähig gemacht werde.

Schließlich haben auch die Vertreter der medizinisch inspirierten Eugenik-Bewegung immer wieder angeblich ‚humanistisch' argumentiert, wenn sie Zwangssterilisierung und Mord an ‚genetisch Minderwertigen' als Erbhygiene und Euthanasie zu rechtfertigten versuchten. (Wolf 2008, 58)

Schließlich werden Privatphilosophien und Sekten im Namen des Humanismus, die ihn zu klein hielten und zur Expertenideologie machten, genauso kritisiert wie Entwürfe des Humanismus als Staatsideologie im Nationalsozialismus und in der *DDR*, welche andersherum Allmachtsphantasien mit ihm verbänden.

Humanismus ist jedenfalls ein umkämpfter Begriff. Er wird von sehr unterschiedlichen Positionen aus in Anspruch genommen. Ich erinnere nur an die Verfassung der DDR, die sich als realisierten realen Humanismus darstellte. Entsprechendes gibt es in den Büchern von Walter Ulbricht. Ich erinnere auch an den international einflussreichen deutschen Altphilologen Werner Jäger, der einen ‚dritten Humanismus' vertreten hat [...], welcher dann [...] ganz prächtig mit dem Nationalsozialismus harmoniert und sich verbündet hat. Derartig entgegen gesetzte Positionen und alles, was dazwischen liegt, wird unter dem Stichwort Humanismus behandelt. Hier werden wir also sehr sorgfältig hinsehen und bewusst damit umgehen müssen, dass derartige Begriffe immer Zugriffe sind und jede Begriffsklärung auch einen Eingriff darstellt. (Wolf 2008, 14)

Dieses Zitat verdeutlicht, warum aus *HVD*-Perspektive die Bezugnahme so vieler verschiedener weltanschaulicher Entwürfe auf den Begriff ‚Humanismus' als unvorteilhaft für den *HVD* und als Mitauslöser der Krise freigeistiger Organisationen betrachtet werden muss, da potenziell an freigeistigen Themen interessierte Menschen angesichts der unübersichtlichen Lage verschiedenste irreführende und abschreckende Assoziationen mit dem Verbandsnamen hätten.

Der Humanismus ist eine Weltanschauung, deren Kernelemente vielleicht, oder deren Kernprofil durchaus noch etwas verschärft werden könnte [...]. Und man muss aufpassen, dass das nicht von anderen Leuten auch verbessert wird, weil die sagen: ja, humanistisches Gymnasium und Grundwerte, das haben wir doch alles schon. (Interview 8, *HVD*-Funktionär, 17)

Die Schlüsselkategorien im Bereich ursächlicher Bedingungen des sozialpkratischen Organisationstypus lassen sich auch am Beispiel des *BFGD* nachvollziehen. Obwohl der Bund als einzige der hier untersuchten freigeistigen Organisationen das Attribut ‚religiös' im Namen trägt, lässt sich auch bei ihm ein NATURALISTISCHES WELTBILD feststellen.

> Der Mensch ist Teil eines Großen und Ganzen, er ist zwar handelnder Teil, der auch beeinflußt, aber zugleich und zuerst ist er ein Lebewesen, das bestimmte natürliche Gegebenheiten braucht, um überhaupt existieren zu können. Natur – das umfaßt alles das, was aus sich selbst heraus entstanden ist, ohne fremdes Zutun, ohne Einwirkung des Menschen. Der Mensch ist nicht die ‚Krone der Schöpfung', sondern er ist vielmehr das Ergebnis eines Vorganges, den die Biologie Evolution nennt, eines sehr langsamen, sehr langen Vorgangs, der mehr als drei Milliarden Jahre gebraucht hat, und der eine Entwicklung von der aller einfachsten Lebensform zu immer komplexeren, komplizierteren darstellt. [...] Der Mensch ist klein aber nicht verloren, in einem gewaltigen Beziehungsgefüge, in einem Gesamtzusammenhang, in einem riesigen Gesamtablauf, in einem Universum, das so groß, so alt, so unfaßbar ist, daß der denkende Geist keinen Schöpfergott darüber mehr braucht. Das Dasein ist so vielgestaltig, wundervoll und unergründlich, daß es keiner Jenseitigkeit mehr bedarf. (Bund Freireligiöser Gemeinden Deutschlands 2000/2002, 12–14)

Wie schon in Kapitel 4.3.1 zum Phänomenbereich des sozialpraktischen Organisationstypus betont, stellt der *BFGD* eher Bedürfnisse von Individuen nach Sinn und Orientierung, nicht so sehr übergreifende politische oder gesamtgesellschaftliche Überlegungen in den Fokus seiner Positionen und Praxis. Nichtsdestotrotz lässt sich zum Beispiel in Stellungnahmen für Konfliktlösungen ohne Militäreinsätze auch hier die Kategorie THEORIE EINER DIALEKTIK DER AUFKLÄRUNG rekonstruieren, die der Kategorie DIAGNOSE EINER GROSSEN KRISE zu Grunde liegt.

> Anlässlich der Tatsache, dass vor 100 Jahren der Erste Weltkrieg begann und vor 75 Jahren der Zweite Weltkrieg, eingedenk der letzten Erfahrungen mit militärischen Einsätzen in Konflikten in anderen Ländern, deren Erfolge mehr als zweifelhaft sind, mahnen die Delegierten daran, dass die Betonung militärischer Mittel in Konflikten mehr Nachteile bietet als Konflikte real und auf Dauer beendet. (Bund Freireligiöser Gemeinden Deutschlands 2015)

4.4.2 Naturalistisches Weltbild und Alltagstheorien einer gebremsten Aufklärung sowie eines mangelnden *PR*-Bewusstseins freigeistiger Organisationen: Ursächliche Bedingungen beim weltanschaulich-agonalen Organisationstypus

Im Bereich der ursächlichen Bedingungen des weltanschaulich-agonalen Organisationstypus befinden sich drei Schlüsselkategorien: Erstens die Kategorie

NATURALISTISCHES WELTBILD, die weltanschaulich-agonale freigeistige Organisationen mit sozialpraktischen teilen; zweitens die Kategorie THEORIE EINER HALBIERTEN beziehungsweise GEBREMSTEN AUFKLÄRUNG als Ursache der DIAGNOSE EINER GROSSEN KRISE auf gesamtgesellschaftlicher Ebene; und drittens die Kategorie THEORIE EINER TRADITIONALISTISCHEN AUSRICHTUNG FREIGEISTIGER ORGANISATIONEN als Krisenauslöser in Bezug auf die freigeistige Organisationslandschaft. Am Beispiel der *GBS* und – am Kapitelende – auch der *GWUP* sowie des *IBKA* werden diese Kategorien nun ausführlich beschrieben.

Die Kategorie NATURALISTISCHES WELTBILD[5] ist für die Stiftung absolut zentral.[6] Ein konsequenter Naturalismus wird mit Bestimmtheit vertreten,

> [w]eil der Humanismus mit dem Naturalismus nicht nur ‚irgendwie' zu vereinbaren ist, sondern vielmehr auf ein naturalistisches Menschen- und Weltbild dringend angewiesen ist, will er nicht am Ende zu einer rückständigen, gegenaufklärerischen Ideologie verkommen. (Schmidt-Salomon 2007a, 33)

Abgegrenzt wird diese Sicht auf die Welt zum einen dezidiert von religiösen Weltbildern. Im Universum sei zwar alles mit allem verbunden.

> Allerdings liegt dem chaotisch-deterministischen Ursachengeflecht unserer Welt keine verborgene Sinnhaftigkeit zugrunde, wie so häufig unterstellt wird. Schicksalsgläubige gehen hier einem *finalistischen Fehlschluss auf den Leim, einer Verwechslung von Ursachen und Zweckbestimmungen.* [...] Die finalistische Verwechslung von Ursache und Zweck ist weit verbreitet. So meinen Kreationisten (Schöpfungsgläubige) aus der Tatsache, dass die grundlegenden Parameter unseres Universums von Anfang an so und nicht anders aussahen, [...] ableiten zu können, dass diese Parameter von einem intelligenten Designer von Anfang an so und nicht anders bestimmt wurden, *damit* die Menschheit irgendwann einmal existieren kann. [...] Angesichts dessen, was wir mittlerweile über das Universum und die

---

5 Vorstandsmitglied Michael Schmidt-Salomon grenzt den *GBS*-Naturalismus explizit von einem zwangsläufigen Atheismus ab. So gebe es Gottesbilder, die die Natur selbst oder das Gefühl der Einheit aller Dinge als ‚Gott' beziehungsweise ‚göttlich' fassten. Diese Gottesbilder seien mit einem naturalistischen Weltbild durchaus vereinbar und würden deshalb von der *GBS* auch nicht abgelehnt (Schmidt-Salomon 2011d, 119–120). Zudem bedeute Atheismus eine Inanspruchnahme der Welt, die ebenso wenig wie der Theismus die erkenntnistheoretische Beschränktheit des Menschen anerkenne (Schmidt-Salomon 2011d, 180–181). Die Gottesbilder traditioneller Religionen gingen jedoch von einer Überschreitung der Naturgesetze durch Gott oder ein göttliches Prinzip, zum Beispiel durch Wunder, aus. Diese nicht-naturalistische Form des Theismus wird von der Stiftung abgelehnt. „[Der Naturalist] kann sich deshalb keiner Religion zugehörig fühlen." (Vollmer 2013, 68)

6 So ist der umfangreichste der bisher sieben Bände der *GBS*-Schriftenreihe dem Naturalismus gewidmet (Vollmer 2013). Auch *GBS*-Vorstand Schmidt-Salomon geht in seinen Schriften stets auf die naturalistischen Grundlagen seines Denkens ein (siehe vor allem Schmidt-Salomon 2007a).

> Evolution des Lebens auf der Erde wissen, ist [dieser Glaube] jedoch an Absurdität kaum zu überbieten. [...] Ein solcher Gott wäre kein intelligenter Designer, sondern vielmehr ein Musterbeispiel für blinde Konzeptlosigkeit. (Schmidt-Salomon 2012a, 172–173)

Über das Selbstverständnis einer konsequent naturalistischen Sicht auf die Welt wird zum anderen aber auch ein wesentlicher Unterschied zu traditionellen Formen des Humanismus markiert, zu denen auch die Weltanschauung des *HVD* gezählt wird.

> Es gibt einzelne Vertreter natürlich, ja, es gibt Leute, die im HVD-Kontext vielleicht was schreiben, wo ich sage: Na! Also es gibt natürlich immer noch Leute, die einen völlig unevolutionären Humanismus vertreten, [...] so ganz alttraditionelle Leute, die schon einen philosophischen oder soziologischen Background haben, vielleicht auch politologischen, aber doch Dinge sagen, die man aus einer naturwissenschaftlichen Perspektive wiederum nicht akzeptieren kann. (Interview 9, *GBS* Gruppeninterview, 61)

Das zentrale Prinzip im Rahmen des *GBS*-Naturalismus ist das der Evolution. Es wird nicht nur für die Erklärung aller natürlichen, sondern auch aller kulturellen Entwicklungen zu Grunde gelegt.

> Evolutionäre Bildung schließt für mich auch die Humanevolution mit allen Aspekten der kulturellen Evolution und Erklärungsansätzen für das Entstehen moralischer Systeme und Religionen mit ein. (Interview 21, *GBS*-Funktionär, 1)

Zur Konzeptualisierung kultureller Evolution greifen Stiftungsvertreter den von Richard Dawkins entwickelten Begriff ‚Mem' auf, der als kulturelles Äquivalent des Gens definiert wird (siehe dazu auch Kapitel 2.2).

> Meme sind [...] kulturelle Informationseinheiten, also Ideen, Werke, Verhaltensweisen oder Fähigkeiten, die auf andere durch direkte Imitation oder über Trägermedien übertragen werden können. Man kann sich Meme als ‚geistige Viren' vorstellen, die von Gehirn zu Gehirn springen und die Gedanken, Einstellungen und Wünsche der Menschen ‚infizieren'. (Schmidt-Salomon 2012a, 82)

Der für das Weltbild der *GBS* zentrale Naturalismus liegt somit auch dem Menschenbild der Stiftung zu Grunde. Dem Menschen kommt im Universum demnach zunächst keine herausragende Stellung zu; er teile einen Großteil seiner genetischen, körperlichen und kognitiven Voraussetzungen vielmehr mit seinen tierischen Verwandten und sei nicht mehr als ein Puzzlestück der evolutionär funktionierenden Welt. Auch dieses Menschenbild wird immer wieder dezidiert von religiösen, vor allem monotheistischen Entwürfen abgegrenzt. Die *GBS* begreift den Menschen nicht mehr als ‚Krone der Schöpfung', sondern als unbeabsichtigtes Produkt der natürlichen Evolution, das sich nur graduell, nicht prinzipiell, von den anderen Lebensformen auf diesem ‚Staubkorn im Weltall' unterscheidet. (Giordano Bruno Stiftung 2017b)

Die in diesem Zitat angedeutete, mit der Kategorie NATURALISTISCHES WELTBILD einhergehende Bedeutungslosigkeit des Menschen in einem an sich sinnlosen Universum wird an anderer Stelle noch prägnanter auf den Punkt gebracht:

> Irgendwann, so viel ist sicher, wird das kulturelle Gedächtnis der Menschheit enden, wird nicht nur der Genpool der Menschheit, sondern alles Leben aus dem Universum verschwunden sein. Das, was für uns als Individuen gilt, trifft also letztlich auf unsere gesamte Spezies zu: *Irgendwann werden wir vergessen sein und selbst das Vergessen wird vergessen sein.* [...] Nichts von dem, was wir sind oder erschaffen, überdauert die Zeit. Und so steht am Ende der menschlichen Geschichte nicht ‚Mr. Fortschritt', sondern das heillose, trostlose, sinnlose Nichts. (Schmidt-Salomon 2014, 17)

Sich dieser „finalen Nichtigkeit der menschlichen Existenz" zu stellen, könne den Menschen „bis ins Innerste erschüttern" (Schmidt-Salomon 2014, 17). Daraus lässt sich die auf der *GBS*-Phänomenebene rekonstruierte Kategorie THEORIE INDIVIDUELLER UND SOZIALER BEDÜRFNISSE ursächlich herleiten. Andererseits deutet bereits die von der *GBS* betonte Fähigkeit des Menschen, seine eigene Bedeutungslosigkeit im Universum zu erkennen, auf ihre THEORIE MENSCHLICHER POTENZIALE hin – die zweite das Menschenbild der Stiftung konstituierende Kategorie im Phänomenbereich der *GBS* (siehe Kapitel 4.3.2). Diese Potenziale werden vor allem auf die evolutionäre Entwicklung des menschlichen Gehirns zurückgeführt, aus der heraus nicht nur die intellektuellen und kreativen Fähigkeiten des Menschen, sondern auch sein ethisches Empfinden – die Entwicklung von Spiegelneuronen ermöglichten ihm das Gefühl von Empathie – erwachsen seien (Schmidt-Salomon 2014, 223–224). Als eines von wenigen Tieren auf der Erde besitze der Mensch ein Ich-Bewusstsein und sei in der Lage, die Vergangenheit zu reflektieren und künftige Bedürfnislagen zu erkennen (Schmidt-Salomon 2006, 124–125). Dies wird bei der *GBS* zur wesentlichen Voraussetzung für die besondere menschliche Kulturfähigkeit: Zwar teile der Mensch auch diese mit manchen ihm verwandten Arten, besitze allerdings die mit Abstand größte Kopiergenauigkeit und habe über Sprache, Schrift und mathematische Zahlensysteme Instrumente entwickelt, „die es erlaubten, Lernerfahrungen in präziser Weise an nachkommende Generationen weiterzugeben." (Schmidt-Salomon 2012a, 81) Aus seiner besonderen Kulturfähigkeit kann aus *GBS*-Sicht nun allerdings nicht abgeleitet werden, dass der Mensch den „Geltungsbereich der Natur verlassen" (Schmidt-Salomon 2012a, 79) habe:

> Zwar gibt es Natur auch ohne Kultur (Stubenfliegen profitieren nicht von sozialen Lernprozessen, weshalb sie von Generation zu Generation immer wieder gegen die gleichen Fensterscheiben donnern), aber es gibt keine Kultur jenseits der Natur. (Schmidt-Salomon 2012a, 79)

Naturalismus relativierende Aussagen, wie die im vorangegangenen Kapitel 4.4.1 zitierte des ehemaligen *HVD*-Präsidenten Frieder Otto Wolf, der Mensch besitze „eine nicht biologisch reduzierbare Geistigkeit" (Wolf 2011, 41), wecken bei *GBS*-Vertretern Assoziationen eines Körper-Geist-Dualismus, der, stets mit Verweis auf naturwissenschaftliche Forschungsergebnisse, resolut abgelehnt wird.

> Der Naturalist lehnt den Dualismus ab, damit auch die Unsterblichkeit der Seele. Für Unsterblichkeit gibt es viele Hoffnungen und einige Befürchtungen; einen belastbaren Hinweis auf Untersterblichkeit gibt es nicht. Im Gegenteil: Bisher hat sich alles Lebendige als sterblich erwiesen. Und einen Nachweis für Unsterblichkeit kann und wird es deshalb auch nie geben. (Vollmer 2013, 60)

Zwar wird die Rolle von Emotionen und Sinnlichkeit für das menschliche Leben von *GBS*-Vertretern durchaus prominent anerkannt. Letztlich ließen sich jedoch auch diese naturwissenschaftlich erklären, indem man sie auf biologische Prinzipien zurückführe.

> Dass Emotionen eine so hervorragende Rolle bei Entscheidungsprozessen spielen, ist neurowissenschaftlich leicht nachvollziehbar. Denn die Dominanz des Emotionalen über das Rationale ist hirnphysiologisch bedingt. [...] Das limbische System hat gegenüber dem rationalen corticalen System das erste und das letzte Wort. (Schmidt-Salomon 2012a, 130)

Um auch die Kulturfähigkeit des Menschen auf dem Boden eines naturalistischen Weltbildes zu erklären, widmet Schmidt-Salomon dem Prinzip der Emergenz in seiner Monographie *Jenseits von Gut und Böse* sogar ein ausführliches Nachwort (Schmidt-Salomon 2012a, 217–234). Die hochkomplexen Ausführungen verdeutlichen, wie wichtig es innerhalb der *GBS* ist, auch kulturelle Phänomene nach ihren natürlichen Ursachen zu befragen und sie auf dieser Grundlage nicht nur zu beschreiben, sondern auch zu beurteilen. Zwar wird vor naturalistischen Fehlschlüssen gewarnt, „die aus der Beschreibung biologischer Ist-Zustände unreflektiert moralische und/oder politische Sollenssätze ableiten." (Schmidt-Salomon 2007a, 19) Aber Richtlinien und Urteile müssten stets die natürlichen Voraussetzungen derjenigen berücksichtigen, auf die sie bezogen werden. Grundvoraussetzung der angemessenen und fairen Bewertung von Handlungen sei zum Beispiel die Berücksichtigung des laut Schmidt-Salomon überall in der Natur wirkenden „Prinzip[s] Eigennutz" (Schmidt-Salomon 2006, 18), das die entscheidende biologisch einprogrammierte Antriebskraft aller auf der Erde existierenden Organismen sei.

> Da der Eigennutz als Grundprinzip des Lebens die Quelle aller menschlichen Empfindungen und Entscheidungen ist, wäre es ein sinnloses Unterfangen, ihn als ‚moralisch anrüchiges' Rudiment der Evolution überwinden zu wollen. Vielmehr sollten wir so klug sein, ihn als *die entscheidende Triebkraft des Lebens in unsere ethischen Konzepte einzubauen*, denn er allein ist es, der soziale Innovationen möglich macht. Ideen, die mit den eigennützigen Interessen der Menschen nicht korrespondieren, werden sich in der Gesellschaft niemals durchsetzen können, so gut begründet oder ‚ehrenhaft' sie auch immer erscheinen mögen. (Schmidt-Salomon 2006, 18)

Ohne die menschliche „Veranlagung [...], eigene Lust zu steigern und eigenes Leid zu minimieren" (Schmidt-Salomon 2006, 18) gebe es keine Emotionen und Leidenschaften, keinen Sinn und keine Kultur (Schmidt-Salomon 2014, 29–30). Eigennutz wird dabei nicht rein egoistisch interpretiert; er kann aus *GBS*-Sicht auch kooperative und scheinbar altruistische Handlungsformen zur Folge haben, die die Empfindung von Freude beim Menschen vermehren.

> *Eigennutz* ist auch die Quelle der verschiedenen Formen von *kooperativ-altruistischem Verhalten*, das sozial lebende Tiere selbst gegenüber genetisch nicht verwandten Artgenossen zeigen. Grund: Es ist für das Individuum auf lange Sicht gewinnbringender, sich kooperativ nach dem *Fairnessprinzip* (‚Wie du mir, so ich dir') zu verhalten, d. h. gewisse Ressourcen mit anderen zu teilen, als Kooperationspartner rücksichtslos zu übervorteilen. (Schmidt-Salomon 2006, 19)

Deshalb gelte es, das Prinzip Eigennutz mit Hilfe passender weltanschaulicher Entwürfe „*in den Dienst der Humanität zu stellen*" (Schmidt-Salomon 2006, 105), statt es abzustreiten oder zu bekämpfen. Der Wille des Menschen sei nicht von den metaphysischen Prinzipien Gut und Böse getrieben, sondern bedingt durch biologische und gesellschaftspolitische Voraussetzungen. Auf dieser Grundlage existiere keine Willensfreiheit, sondern nur ein begrenztes Potenzial zur Handlungsfreiheit.

> Denn es ist keineswegs so, dass das Gehirn in irgendeiner Weise abhängig wäre vom ‚Ich'. Es ist umgekehrt: *Das ‚Ich' ist eine Konstruktionsleistung des Gehirns.* [...] ‚Unter Voraussetzungen der Willensfreiheit wäre jede menschliche Handlung ein unerklärliches Wunder –, eine Wirkung ohne Ursache ['...]. *Frei sein bedeutet, tun zu können, was man will – es bedeutet nicht, zu einem bestimmten Zeitpunkt etwas anderes wollen zu können als das, was man will.* [...] Allerdings sollte uns dies nicht darüber hinwegtäuschen, dass es neben den offensichtlichen Beschränkungen unserer äußeren Handlungsfreiheit (beispielsweise, wenn wir als Kinder ‚Stubenarrest' bekamen) auch gravierende innere Begrenzungen gibt: Mir fällt in diesem Zusammenhang das Beispiel eines Bekannten ein, der jahrelang unter massiven Zwangsstörungen litt. (Schmidt-Salomon 2012a, 110–123)

Gänzlich anders gelagert als beim *HVD* sind die ursächlichen Bedingungen der Kategorie DIAGNOSE EINER GROSSEN KRISE bei der *GBS*. Wie der *HVD* eine Dialektik der Aufklärung für die große Krise verantwortlich zu machen, kommt aus *GBS*-Sicht einer zynischen Verdrehung der Tatsachen gleich, welche nur den fortwährenden Einfluss religiöser Meme nicht nur auf Medien, Staat und Gesellschaft, sondern auch auf die freigeistige Szene beweise.

> Halten wir fest: Nicht der technologische Fortschritt ist das Problem, sondern die Tatsache, dass wir ihm in ethisch-politischer Hinsicht noch immer hinterherhinken. (Schmidt-Salomon 2014, 312)

Bei der *GBS* ist der Kategorie DIAGNOSE EINER GROSSEN KRISE die Kategorie THEORIE EINER HALBIERTEN beziehungsweise GEBREMSTEN AUFKLÄRUNG als usrsächliche Bedingung vorgeordnet. Der Aufklärung selbst liegen demnach keine zerstörerischen Potenziale zu Grunde, sondern neben der instrumentellen Vernunft auch ethische und weltanschauliche Impulse, die, wenn sie nur ungestört zur Entfaltung kämen, aus *GBS*-Sicht niemals eine große Krise ausgelöst hätten. Doch ihre Vordenker seien nicht nur in der Vergangenheit „geächtet, [...] verlacht, verfolgt, verhaftet, verbannt oder gar bei lebendigem Leibe verbrannt" (Schmidt-Salomon 2012b, 9) worden. Ihre Ideen setzten sich auch in der Gegenwart nicht vollständig durch (Schmidt-Salomon 2012b, 7). So sei eine gefährliche „Ungleichzeitigkeit" (Schmidt-Salomon 2006, 7) von wissenschaftlich-technologischer und weltanschaulicher Entwicklung entstanden.

> Wir leben in einer Zeit der Ungleichzeitigkeit: Während wir technologisch im 21. Jahrhundert stehen, sind unsere Weltbilder noch von Jahrtausende alten Legenden geprägt. Diese Kombination von höchstem technischen Know-how und naivstem Kinderglauben könnte auf Dauer fatale Konsequenzen haben. *Wir verhalten uns wie Fünfjährige, denen die Verantwortung über einen Jumbojet übertragen wurde.* (Schmidt-Salomon 2006, 7)

Die Unterscheidung zwischen einer modernen, zeitgemäßen und einer rückschrittlichen, unzeitgemäßen Weltanschauung verläuft bei der *GBS* überwiegend entlang der Trennlinie religiös/säkular.

> Hinter [unserer] Zielsetzung steht die Einsicht, dass wir die komplexen Herausforderungen des 21. Jahrhunderts nicht mit den oftmals religiös geprägten Vorstellungen der Vergangenheit meistern können. (Giordano Bruno Stiftung 2014a, 5)

Der Religionstheorie der *GBS* entsprechend ist Dogmatismus ein zentrales Charaktermerkmal von Religion/en, welches ihre Unfähigkeit zum Wandel und damit auch zum konstruktiven Aufgreifen neuer wissenschaftlicher Erkenntnisse begründe. Die freie Entfaltung von wissenschaftlichem und technologischem Fortschritt, die entscheidend zur Krisenbewältigung beitragen könnte, werde von statischen religiösen Prinzipien verhindert. Die durch weltanschauliche Begleitung beziehungsweise Kontrolle von Wissenschaft und technologischem Fortschritt vom *HVD* als Lösung angestrebte gebremste Aufklärung wird bei der *GBS* zum Auslöser und somit zur Ursache der Krise. Veranschaulichen lässt sich die Kategorie THEORIE EINER HALBIERTEN beziehungsweise GEBREMSTEN AUFKLÄRUNG anhand der von *GBS*-Vertretern gepflegten Rede von ‚falschen Alternativen' einer Leitkulturdebatte[7] zwischen Verfechtern einer jüdisch-christlichen und einer multikulturellen Leitkultur. Das relativistische Gegenmodell der Multikulturalisten löse demnach nicht das Problem des überkommenen konservativ-religiösen Entwurfs, sondern verschärfe es noch:

> Gegenüber solchen Formen des *Monokulturalismus* [...] erscheint der *Multikulturalismus* (der davon ausgeht, dass verschiedene Kulturen unter einem Dach koexistieren können) als fortschrittlich. Allerdings begehen auch Multikulturalisten den Fehler, an der Fiktion homogener (Sub-) Kulturen festzuhalten und die Individuen auf religiös oder ethnisch bestimmte Gruppenidentitäten zu reduzieren. Schlimmer noch: Weil sie sich für die Legitimität und Anerkennung von Minderheitenkulturen einsetzen, sind Multikulturalisten besonders anfällig für den sogenannten ‚Kulturrelativismus', der behauptet, dass es universalistische, kulturübergreifende Werte gar nicht gebe, weshalb sich ein ‚Westler' beispielsweise nicht in Erziehungsangelegenheiten ‚muslimischer Familien' einmischen dürfe (etwa in die Abmeldung der Kinder vom Sexualkunde- oder Schwimmunterricht). In letzter Konsequenz [...] läuft diese Haltung darauf hinaus, dass Zwangsheiraten, Ehrenmorde, Genitalverstümmelungen, Steinigungen von sogenannten ‚Ehebrecherinnen' oder Hinrichtungen von Schwulen und Apostaten sowie andere Menschenrechtsverletzungen nicht mehr als ‚Verbrechen', sondern als ‚Ausdrucksformen einer anderen Kultur' gewertet werden. (Schmidt-Salomon 2014, 300)

Auf solche Weise würden Multikulturalismus und Kulturrelativismus, die bisweilen auch als „postmodernes Beliebigkeitsdenken" (Schmidt-Salomon 2006, 35) der „dogmatischen Linken" (Schmidt-Salomon 2006, 160) umschrieben wer-

---

[7] Der Leitkulturbegriff stammt ursprünglich vom Politologen Bassam Tibi (1996, 1998). Er bezeichnet den Anspruch eines auf „Demokratie, Laizismus, Aufklärung, Menschenrechte und Zivilgesellschaft" (Tibi 1998,154) basierenden Wertekonsenses in modernen Migrationsgesellschaften Europas, der klar formuliert und entschieden eingefordert werden müsse, um nicht den Gefahren von „Werte-Relativismus und Werte-Verlust" (Tibi 1996) zu erliegen. Der Begriff wurde in der Folge von verschiedenen deutschen Politikern aufgegriffen und – ähnlich wie bei Tibi – vor allem auf den politischen und mehrheitsgesellschaftlichen Umgang mit dem Islam bezogen. In der öffentlich-medialen Rezeption des Begriffes wurde dieser jedoch häufig durch das Adjektiv ‚jüdisch-christlich' ergänzt. Die *GBS* kritisiert diese Wendung und fordert stattdessen eine „Leitkultur Humanismus und Aufklärung." (Schmidt-Salomon 2006, 144; dazu ausführlich Kapitel 4.5.2.1)

den, zu indirekten Komplizen veralteter, unethischer religiöser Weltanschauungen. Es lässt sich hier ein bemerkenswerter Bruch der *GBS* mit der traditionellen sozialdemokratischen bis sozialistischen politischen Ausrichtung der freigeistigen Szene konstatieren (siehe Kapitel 2.4), den LeDrew (2016) auch für bestimmte freigeistige Kreise in den *USA* beschreibt.

Noch stärker als beim *HVD* werden für die Krise freigeistiger Organisationen von der *GBS* interne Fehlentwicklungen zur Ursache erklärt. Sie werden hier unter der Kategorie THEORIE EINER TRADITIONALISTISCHEN AUSRICHTUNG FREIGEISTIGER ORGANISATIONEN zusammengefasst. Der Traditionalismus wird von Stiftungsvertretern sowohl an organisatorischen als auch an inhaltlichen Merkmalen festgemacht. Auf organisatorischer Ebene hätten die Verbandsstrukturen zu „Vereinsmeierei" (Interview 14, *GBS*-Funktionär, 14) und einer „institutionellen Verkrustung" (Interview 9, *GBS* Gruppeninterview, 34) geführt, welche ein schnelles Reagieren auf gesellschaftspolitische Diskursentwicklungen verunmöglichten.

> Die freigeistigen Verbände gibt es schon seit fast 150 Jahren, und sie haben relativ wenig erreicht, und das liegt zum Teil auch an der Organisationsstruktur, weil sich diese Verbände selbst lähmen, weil Entscheidungen einmal im Jahr getroffen werden auf den Mitgliederversammlungen. (Interview 9, *GBS* Gruppeninterview, 6)

Auf diese Weise hätten freigeistige Organisationen trotz guter Argumente die eigenen Ideen schlecht vermarktet, seien politisch und medial unsichtbar und somit für die gesellschaftliche Intelligenzija uninteressant geblieben.

> Der Aufklärungsbewegung mangelte es selten an *guten Argumenten*, wohl aber an einer *guten PR*. Gerade in einer Mediengesellschaft wie der unseren gilt: Es genügt nicht, wenn man aufzeigen kann, dass vernünftige Argumente für eine Position sprechen, man muss sie auch erfolgreich unter die Menschen bringen! (Giordano Bruno Stiftung 2009a, 22)

Inhaltlich hätten sich freigeistige Organisationen in ihrer Geschichte zu sehr auf Einzelthemen fixiert (zum Beispiel Religionskritik, Trennung von Kirche und Staat) und das gesellschaftliche große Ganze aus den Augen verloren (Interview 9, *GBS* Gruppeninterview, 44–45), vor allem aber zu lange einen rein geisteswissenschaftlich fundierten, idealistischen, antievolutionären Humanismus vertreten. Die Entzauberung des Menschen auf Grundlage naturwissenschaftlicher Erkenntnisse wird von Stiftungsvertretern nicht nur bei Religionen, sondern auch bei Formen dieses Humanismus als notwendig angesehen (Schmidt-Salomon 2006, 12–13). Pate für diese steht die auf dem Renaissance-Humanismus basierende Idee des humanistischen Gymnasiums, dessen Bildungsideal zum Irrglauben verleite, eine Auseinandersetzung mit der Antike führe automatisch zu Humanität.

> In der Praxis mutierte die Beschäftigung mit den alten Sprachen zum Selbstzweck, zum sturen Pauken griechischer Vokabeln. Mit den Prinzipien der ‚Humanität' hatte dies wenig zu tun. Und so wurde Wilhelm von Humboldts ehrenwertes Ziel [...] durch den Neuhumanismus nicht verwirklicht. Im Gegenteil: Er ermöglichte sogar – wie schon die früheren Varianten des klassischen Humanismus seit Cicero – eine besonders wirksame (da philosophisch begründete) Abgrenzung zwischen den vermeintlich ‚wahren' (gebildeten) Menschen und der großen Masse der Ungebildeten, die die eigentliche Stufe des Menschseins angeblich noch nicht erklommen hatten. (Schmidt-Salomon 2014, 76–77)

Dies sei „antievolutionäres humanistisches Denken" (Interview 9, *GBS* Gruppeninterview, 41) mit problematischen ethischen Folgen: Der konstruierte Gegensatz von Natur und Kultur und das angestrebte metaphysische Idealbild des Menschen führten zu einer Abwertung nicht nur der Tierwelt, sondern auch ganzer menschlicher Gesellschaften, was historisch als Legitimationsideologie für Zweiklassengesellschaft, Kolonialismus und Imperialismus habe dienen können (Interview 9, *GBS* Gruppeninterview, 77–78). Die wissenschaftliche „Reinigung" (Schmidt-Salomon 2007a, 6) dieses Humanismus dürfe jedoch nicht in ein „inhumanes evolutionäres Denken" (Interview 9, *GBS* Gruppeninterview, 41) umschlagen, auf dessen Grundlage historisch zum Beispiel Sozialdarwinismus gerechtfertigt worden sei.

> Wir alle wissen um die grausamen Konsequenzen des Sozialdarwinismus, insbesondere in der ersten Hälfte des 20. Jahrhunderts. Daran gibt es nichts zu beschönigen! Allerdings sollte dabei nicht übersehen werden, dass der sog. Sozialdarwinismus, den Darwin persönlich verabscheut hätte, auf einer *groben Verzerrung der realen Verhältnisse in der Natur* beruht. Denn in der Natur geht es keineswegs, wie Sozialdarwinisten unterstellen, allein um das rücksichtslose Durchsetzen eigener Interessen auf Kosten anderer, sondern auch um Altruismus, Solidarität und Empathie. Zudem beruht der Sozialdarwinismus auf dem sog. *naturalistischen Fehlschluss*, der aus einem unterstellten *Sein* (Kampf ums Überleben in der Natur) unreflektiert ein ethisches *Sein-Sollen* ableitet (vermeintliches ‚Recht des Stärkeren'). [...] Evolutionäre Humanisten deuten evolutionäre Erkenntnisse in humanistischer Weise und wehren sich deshalb in aller Entschiedenheit *gegen* sozialdarwinistische Denkmodelle, die Darwins bahnbrechende Erkenntnisse missbrauchen, um inhumane Lebensbedingungen zu legitimieren. (Giordano Bruno Stiftung 2014a, 45–46)

Es bedarf aus *GBS*-Sicht somit einer organisatorischen und inhaltlichen Neuausrichtung der freigeistigen Tradition.

Beim *IBKA* spielt die Kategorie NATURALISTISCHES WELTBILD keine explizite Rolle. Daraus lässt sich jedoch nicht ableiten, dass seine Mitglieder und Funktionäre dieses nicht teilen würden. Als politische Interessenvertretung, die ihren Organisationszweck darin sieht, institutionelle Religionskritik zu betreiben und für laizistische Strukturen zu kämpfen, ist ihm die Ausformulierung eines differenzierten Weltbildes allgemein schlichtweg kein Anliegen.

Beim *GWUP* stellt sich die Situation dagegen anders dar. Zwar handelt es sich ebenfalls um eine politische Interessenvertretung; ihr Anliegen ist jedoch die kritische Auseinandersetzung mit Parawissenschaften auf der Grundlage eines naturalistischen Weltbildes.

> Für die Analyse des Kreationismus und Intelligent Design sowie der Parawissenschaften allgemein benötigen wir [...] einen ontologischen Naturalismus. [...] Dieser ontologische Naturalismus ist zu verstehen als die philosophische These, wonach es in unserem Universum ausschließlich mit natürlichen oder ‚rechten Dingen' zugeht. Negativ formuliert: Es gibt darin keine übernatürlichen Wesen, Dinge oder Eigenschaften und daher auch keine Wunder (insofern Wunder eine übernatürliche Verursachung voraussetzen). (Mahner 2003, o.S.)

Auch bei *GWUP* und *IBKA* ist zudem, wie die *GBS*, die Kategorie THEORIE EINER HALBIERTEN beziehungsweise GEBREMSTEN AUFKLÄRUNG als ursächliche Bedingung der Phänomenkategorie DIAGNOSE EINER GROSSEN KRISE vorgeordnet. Beim *IBKA* werden dabei vor allem institutionalisierte Religionen zum Beispiel zu moralischen Fortschritt behindernden Akteuren erklärt. In einem Artikel von Ursula Neumann im *IBKA*-Organ *MIZ* heißt es:

> Wie tolerant sähe unsere Gesellschaft ohne säkulares Grundgesetz aus? Historisch mußte und muß der Staat eher seine BürgerInnen vor kirchlicher Intoleranz schützen als umgekehrt. Toleranz, Freiheit und politische Gerechtigkeit seien ‚gegen die Kirche erstritten' worden, ‚das Kreuz stand nicht für Toleranz, sondern für Intoleranz', meinte Mahrenholz. [... I]ch beschränke mich auf die Zeit der Bundesrepublik: Wenn es nach den Kirchen gegangen wäre, wären nichteheliche Kinder nach wie vor nicht gleichgestellt, Homosexuelle müßten ins Gefängnis, die Männer hätten in der Ehe das Recht, ihre Erziehungsziele auch gegen den Willen der Frau durchzusetzen, AtheistInnen dürften nicht unterrichten, Religionskritik würde als Gotteslästerung verfolgt, man ließe junge Mädchen lieber schwanger werden, als daß man ihnen die Pille gäbe und Vergewaltigung in der Ehe gäbe es nicht – als Straftatbestand, und daß Eltern ihre Kinder prügeln dürfen stünde außer Frage. Gottgewollt wäre die getrennte Erziehung von katholischen und protestantischen Kindern und von Jungen und Mädchen. Und ob man Heinrich Heines Werke kaufen dürfte, darf auch bezweifelt werden. Immerhin stand er bis 1967 auf dem Index. (Neumann 1998, o.S.)

Bei der *GWUP* erscheinen neben Religionen auch andere Phänomene als Aufklärung bremsenden Faktoren. Besondere Aufmerksamkeit schenkt die *GWUP* dabei der Homöopathie. Belegte Erkenntnisse und darauf aufbauende Therapien durch schulmedizinischen Fortschritt würden durch diese einfach ignoriert beziehungsweise gar exlizit in ihrer Wirksamkeit bestritten. Im Ergebnis führe dies dazu, dass Menschen über diese Fortschritte nicht aufgeklärt würden und nicht von ihnen profitieren könnten, und stattdessen völlig unnötiger Weise auf Grundlage unwirksamer homöopathischer Therapien ihre Gesundheit und teilweise sogar ihr Leben in Gefahr brächten.

> Möglicherweise die größte Gefahr entsteht, wenn Homöopathie eine konventionelle Behandlung ersetzt. Mir begegnete dieses Problem erstmals im Jahr 2006, als ich versuchte herauszufinden, was Homöopathen einer jungen Reisenden anbieten würden, die eine Malariaprophylaxe suchte. [...] Die Ergebnisse waren schockierend. Sieben der zehn Homöopathen fragten nicht einmal nach der medizinischen Vorgeschichte der Patientin und gaben auch keine allgemeinen Vorbeugungshinweise. Schlimmer noch, alle zehn Homöopathen waren bereit, einen homöopathischen Malariaschutz anstelle einer konventionellen Behandlung zu empfehlen, womit sie das Leben der vermeintlichen Reisenden riskiert hätten. (Singh o.J.)

4.4.3 Vergleich der ursächlichen Bedingungen

Im Bereich der ursächlichen Bedingungen ist dem sozialpraktischen und dem weltanschaulich-agonalen Organisationstypus die Kategorie NATURALISTISCHES WELTBILD gemeinsam, die als Grundlage ihres Menschenbildes sowie der durch letzteres konstituierten Phänomenkategorien THEORIE INDIVIDUELLER UND SOZIALER BEDÜRFNISSE und THEORIE MENSCHLICHER POTENZIALE zu deuten ist. Der den Naturgesetzen folgende, darüber hinaus aber sinnlose und kontingente Lauf der Dinge sowie die evolutionsbiologisch entstandenen körperlichen und kognitiven Grundeinstellungen des Menschen bilden die Voraussetzung für dessen individuelle und kollektive Bedürfnisse und Potenziale. Über ihr naturalistisches Weltbild grenzen sich freigeistige Organisationen allgemein vor allem von monotheistischen Welt- und Menschenbildern ab.

Erhebliche Unterschiede und zum Teil sogar Widersprüche zwischen beiden freigeistigen Organisationstypen ergeben sich hingegen bei der Beurteilung der Ursachen für die große Krise, sowohl auf gesamtgesellschaftlicher Ebene als auch auf der der freigeistigen Organisationen. Beim sozialpraktischen Organisationstypus ist der Kategorie THEORIE EINER DIALEKTIK DER AUFKLÄRUNG ein gebrochener Fortschrittsoptimismus eigen, nach dem eine unkontrollierte Entwicklung von Wissenschaft und Technologie den Menschen an den Rand der Selbstzerstörung geführt habe. Das Potenzial zu letzterer sei der Aufklärung neben all den positiven Errungenschaften, die sie hervorgebracht habe, inhärent. Es müsse weltanschaulich reflektiert und kontrolliert werden. Demgegenüber wird beim weltanschaulich-agonalen Organisationstypus im Rahmen der Kategorie THEORIE EINER HALBIERTEN beziehungsweise GEBREMSTEN AUFKLÄRUNG in dieser Kontrolle gerade das krisenauslösende Moment ausgemacht, das aus einer

Zeit der Ungleichzeitigkeit jahrtausendealter, dogmatisch religiöser Welt- und Menschenbilder und hochmoderner, wissenschaftlich-technologischer Entwicklung hervorgehe. Der Aufklärung selbst liege kein zerstörerisches Potenzial zu Grunde. Ihre ungehinderte Entfaltung würde im Gegenteil die Lösung der großen Krise bedeuten. Erst dadurch, dass weltanschaulich rückständige Akteure diese Entfaltung behinderten, dabei aber gleichzeitig Gebrauch von den technologischen Errungenschaften der Moderne machen könnten, entstehe die echte Gefahr für die Fortexistenz der Menschheit.

Ebenso unterschiedlich fällt die Deutung der internen ursächlichen Bedingungen der Kategorie DIAGNOSE EINER GROSSEN KRISE auf der Ebene freigeistiger Organisationen bei den beiden Organisationstypen aus. Während sich beim sozialpraktischen Organisationstypus innerhalb der Kategorie THEORIE EINES SELBST- UND FREMDVERSCHULDETEN NIEDERGANGS DER FREIGEISTIGEN TRADITION interne und externe ursächliche Faktoren der Krise die Waage halten, suchen weltanschaulich-agonale freigeistige Organisationen die Fehler in erster Linie bei den freigeistigen Organisationen selbst, was hier über die Kategorie THEORIE EINER TRADITIONALISTISCHEN AUSRICHTUNG FREIGEISTIGER ORGANISATIONEN abgebildet wird. Ein entscheidender Unterschied liegt zudem in der Frage, welche internen Faktoren jeweils als krisenauslösend beurteilt werden. Sozialpraktische freigeistige Organisationen sehen in religionskritischen und laizistischen Tendenzen innerhalb der freigeistigen Szene einen Anachronismus, welcher den tatsächlichen Bedürfnislagen von tatsächlichen und potenziellen Mitgliedern in keinster Weise mehr gerecht wird. Vertreter weltanschaulich-agonaler Organisationen hingegen machen das Problem auf organisatorischer Ebene im statischen Modell von Mitgliederverbänden, auf inhaltlicher Ebene in der mangelnden naturwissenschaftlich-evolutionären Informiertheit aus. Somit machen beide Organisationstypen solche internen Merkmale der Szene als Krisenauslöser verantwortlich, für die der jeweils andere steht: Während sozialpraktisch ausgerichtete Organisationen einen betont kritischen Religionsbezug ablehnen, wird dieser beim weltanschaulich-agonalen Organisationstypus gerade ins Zentrum gestellt. Hier werden zudem mitgliedschaftszentrierte Organisationsmodelle, wie sie für den sozialpraktischen Organisationstypus typisch sind, scharf kritisiert.

4.5 Handlungs- und interaktionale Strategien

> Ob man Individuen, Gruppen oder Kollektive untersucht, immer gibt es Handlung und Interaktion, die auf ein Phänomen gerichtet ist, auf den Umgang mit ihm und seine Bewältigung, die Ausführung oder die Reaktion darauf. (Corbin und Strauss 1996, 83)

In Reaktion auf die Phänomenkategorien THEORIE INDIVIDUELLER UND SOZIALER BEDÜRFNISSE, THEORIE MENSCHLICHER POTENZIALE, THEORIE EINER NOTWENDIGKEIT VORSTAATLICHER GESELLSCHAFTLICHER KOHÄSION und DIAGNOSE EINER GROSSEN KRISE haben die beiden freigeistigen Organisationstypen unterschiedliche Handlungs- und interaktionale Strategien entwickelt. In diesem Kapitel rücken nun also die freigeistigen Organisationen selbst beziehungsweise ihre Praxis, Strategien und Ziele in den Fokus. Gerahmt werden diese von weltanschaulichen Vorstellungen, die auf dem naturalistischen Weltbild beider freigeistiger Organisationstypen aufbauen, durch die Propagierung bestimmter Wertvorstellungen und ethischer Entwürfe jedoch auch über diese hinausweisen.

Es wurden zwei Kategorien rekonstruiert, um die Handlungs- und interaktionalen Strategien der Organisationstypen zu überschreiben: SOZIALPRAKTISCHER HUMANISMUS und WELTANSCHAULICH-AGONALER HUMANISMUS. Beiden wurden die abstrakten Eigenschaften Weltanschauung, Organisationsform, Praxis und Strategien zugeordnet, die dann jeweils einzeln für beide Organisationstypen dimensionalisiert wurden. Auf dieser Dimensionsebene wurden schließlich Schlüsselkategorien rekonstruiert, aus denen sich die Handlungs- und interaktionalen Strategien der freigeistigen Organisationen zusammensetzen.

4.5.1 Sozialpraktischer Humanismus: Handlungs- und interaktionale Strategien des sozialpraktischen Organisationstypus

In diesem Kapitel soll eine dimensionalisierte Beschreibung der Weltanschauung (Kapitel 4.5.1.1) sowie der Organisationsform (Kapitel 4.5.1.2), der Praxis (Kapitel 4.5.1.3) und der Strategien (Kapitel 4.5.1.4) des sozialpraktischen Organisationstypus erfolgen, aus denen sich die Kategorie SOZIALPRAKTISCHER HUMANISMUS zusammensetzt. Wie in den vorangegangenen Kapiteln wird dabei zunächst ausschließlich auf den *HVD* Bezug genommen. Am Unterkapitelende werden dann aber jeweils auch Beispiele mit Bezug auf den *BFGD* als weiterer sozialpraktischer freigeistiger Organisation herangezogen.

4.5.1.1 Eigenschaft Weltanschauung: Selbstbestimmung in sozialer Verantwortung

Der *HVD*-nahe Religionshistoriker Hubert Cancik nennt in der Ausgabe *Humanismusperspektiven* der Schriftenreihe der *HAD* (Groschopp 2010b) vier weltanschauliche Wurzeln des „neuzeitlichen Humanismus":

Der neuzeitliche Humanismus ist keine Religion und keine Philosophie, sondern

a) eine besondere Ausformung der westeuropäischen Antike-Rezeption
b) eine Bildungsbewegung (Niethammer, Humboldt)
c) eine Grundlage humanitärer Theorie und Praxis (Herder, Ruge, Marx)
d) eine Quelle der natürlichen und Menschenrechte. (Cancik, 2010, 29)

Die allgemeinste Begründung humanitären Handelns, lateinisch *humanitas*, sieht Cancik beim antiken Autoren Cicero formuliert. Sie schreibe vor, „‚daß der Mensch dem Menschen, wer auch immer er sei, helfen wolle wegen eben dieses Grundes, daß er ein Mensch ist'" (zitiert nach Cancik 2010, 15). Aus dieser Prämisse wird beim *HVD* einerseits ein Konzept von Menschenwürde abgeleitet, das eine „unbedingte Gleichheit aller Menschen" (Groschopp 2009, 7) sowie das individuelle menschliche Leben und seine körperliche und psychologische Unversehrtheit zum Ausgangspunkt des humanistischen Denkens macht (Schilt 2010, 86), andererseits eine Vorstellung von „tätiger Barmherzigkeit" (Groschopp 2009, 7–8) jedem Vertreter der menschlichen Gattung gegenüber, eine Verpflichtung zur „Philanthropie, genauer: Bedürftige unterstützen; Rat geben, rechtlichen, politischen, geschäftlichen; einen Weg zeigen, einen Ausweg oder ein Ziel." (Cancik 2010, 11)

Über den Bezug auf die Bildungsbewegung Humanismus bei Niethammer und Humboldt wird laut Cancik ein zweiter, bereits im antiken *humanitas*-Konzept angelegter, weltanschaulicher Aspekt von Humanismus hervorgehoben: Erziehung beziehungsweise Bildung (Cancik 2010, 11). Dies meint nicht einfach nur die Vermittlung von Wissen, sondern einen Prozess der Menschwerdung, eine „Bildung der Menschheit" (Wolf 2008, 116–118) im Herder'schen Sinne: „Das Rohe formen, das Wilde zähmen, das Bestialische vermenschlichen." (Cancik 2010, 11) Auch ein solches Bildungsverständnis als Teil der eigenen Weltanschauung lässt sich beim *HVD* insgesamt erkennen. Zum einen wird die Wichtigkeit betont, weltanschauliche Aussagen auf rationaler, wissenschaftlich-philosophischer Grundlage zu formulieren, wobei die Geistes- und Sozialwissenschaften gegenüber den Naturwissenschaften dominieren.

> Zukunft der Wirtschaft und Arbeit; Zukunft der Gesellschaft; Zukunft der Politik; Zukunft des HVD. Zu diesen Stichworten brauchen wir Befunde der Sozial- und Geschichtswissenschaften, denn ohne Kenntnis der Historie gibt es keine Zukunft. (Isemeyer, 2002, 74)

Zum anderen grenzt der *HVD* den von ihm vertretenen Humanismus aber vom Konzept der ‚wissenschaftlichen Weltanschauung' ab (Wolf 2010a, 60). Sein Bildungskonzept bezieht Emotionen und Leidenschaften, menschliche Erfahrungen und Intuition mit ein.

> [D]ie Argumentation für wichtige Wahrheiten – also in etwa: was eigentlich wirklich, was wirklich gut oder auch was echt schön ist – geht immer schon darüber hinaus, was wir wissenschaftlich beweisen können. (Wolf 2010a, 60)

Erst eine so verstandene Bildung ermögliche sowohl die Einsicht in die Gleichheit aller Menschen hinsichtlich ihrer Würde als auch in die gleichzeitige Vielfalt und Pluralität in Bezug auf ihre Interessen, Vorlieben und Bedürfnisse (Wätke 2010, 40). Sie wird als der einzige Weg beschrieben, die große Krise (dazu ausführlich Kapitel 4.3.1) auf angemessene Weise analysieren, verstehen und auf dieser Grundlage überwinden zu können (Wolf 2008, 117). Aufklärung sei somit trotz ihrer inneren Dialektik (dazu ausführlich Kapitel 4.4.1) weiterzuführen, „aber wahrheitspolitisch [...] neu zu bestimmen." (Wolf 2008, 57)

Wie das Eingangszitat verdeutlicht, identifiziert Cancik Ideen der praktischen Umsetzung des *humanitas*-Konzeptes unter anderem bei Herder, den er als Vorläufer der verschiedenen Menschenrechtserklärungen betrachtet, welche schließlich die Verwirklichung von *humanitas* seien (Cancik 2010, 14–15). Auch das *HSV* erklärt Menschenrechte zur „Grundlage des Humanismus." (Humanistischer Verband 2015, 10) Sie

> stehen allen Menschen unabhängig von körperlichen oder geistigen Merkmalen, Leistungsvermögen, Herkunft, Alter, sexueller und religiöser beziehungsweise weltanschaulicher Orientierung zu; ganz einfach deswegen, weil er*sie ein Mensch ist. (Humanistischer Verband 2015, 10)

Aus dieser Wertetradition heraus wird die Kategorie SELBSTBESTIMMUNG IN SOZIALER VERANTWORTUNG zum Kern der humanistischen Weltanschauung im Sinne des *HVD* und des sozialpraktischen Organisationstypus insgesamt, in dem sich Menschenwürde und Menschenrechte konzentrieren. SELBSTBESTIMMUNG IN SOZIALER VERANTWORTUNG nimmt in sämtlichen Interviews mit *HVD*-Vertretern und allen programmatischen Schriften des Verbandes einen zentralen Stellenwert ein.

> Menschen haben das Recht, ihre Lebensführung selbst zu gestalten. Selbstbestimmung aber ist kein leichtes Unterfangen, sondern sie muss täglich neu und oftmals gegen innere wie äußere Widerstände erkämpft werden. Selbstbestimmung bezieht soziale Verantwortung mit ein. Sie kann nur gemeinsam mit anderen gelingen, die diese ebenso fördern und respektieren. (Humanistischer Verband 2015, 10)

Da die Menschen zwar in Bezug auf ihre Würde gleich seien, nicht jedoch hinsichtlich ihrer Neigungen, Interessen und individuellen und sozialen Bedürfnisse (siehe dazu Kapitel 4.3.1), setzt das Prinzip der Selbstbestimmung des *HVD* Pluralismus- und Toleranzfähigkeit ebenso voraus wie Solidarität, Achtsamkeit und Kooperationsbereitschaft gegenüber allen Menschen, die ebenfalls selbstbestimmt in sozialer Verantwortung leben (wollen), unabhängig davon, ob sie dies aus einer humanistischen oder religiösen Weltanschauung heraus begründeten.

> [E]s sind unsere Werte: Toleranz und Selbstbestimmung, Selbstbewusstsein und dieses alles. Aber eben diese Toleranz dem anderen gegenüber, ihn so zu akzeptieren, wie er ist, ihn nicht umformen zu wollen und aber selber eben auch man selbst bleibt, so jetzt was dann so da rüberkommen soll. (Interview 5, *HVD*-Funktionär, 12)

Der Kategorie SELBSTBESTIMMUNG IN SOZIALER VERANTWORTUNG implizit ist dagegen eine Ablehnung jeglichen Dogmatismusses. Die eigene Toleranz endet demnach dort, wo Intoleranz praktiziert wird. „Bei Menschenrechtsverletzungen und menschenverachtenden Standpunkten stößt humanistische Toleranz an Grenzen." (Humanistischer Verband 2015, 9)

Verbandsvertreter heben hervor, dass Selbstbestimmung ein Ideal sei, das es in allen Lebensphasen zu verwirklichen gelte. Es sei bereits Kindern zu vermitteln und zuzugestehen.

> Da gibt es einen schönen Satz: Niemand hat das Recht zu gehorchen. Und da muss ich sagen: Das fängt früh an, ja? Das fängt nicht irgendwann an, sondern das fängt früh an, dass man einem Kind eine eigene Meinung zubilligt. (Interview 1, *HVD*-Funktionär, 3)

Auch Kranken und Sterbenden müsse Selbstbestimmung in sozialer Verantwortung ermöglicht werden, wenn sie zum Beispiel den Wunsch äußern, ein unheilbares und von ihnen als unerträglich empfundenes Leiden mit Hilfe eines assistierten Suizids zu beenden.

> Wir verteidigen das Recht auf Selbstbestimmung bis zum Lebensende. Unheilbar erkrankte Menschen bedürfen der Möglichkeit des Zugangs zu einer angemessenen psychologischen Betreuung und Schmerztherapie, zu Hospizen und zur Palliativmedizin. Bei schmerzhaften und unheilbaren Krankheitsverläufen ist der Wunsch des Betroffenen nach einem ärztlich assistierten Suizid zu respektieren. (Humanistischer Verband 2015, 15)

Und selbst in persönlich verschuldeten Krisensituationen darf das Recht auf Selbstbestimmung aus *HVD*-Sicht nicht durch einen ‚Zwang zur Befreiung' aus diesen eingeschränkt werden.

> Das Selbstbestimmungsrecht und der Respekt vor der individuellen Lebensführung stehen selbstverständlich auch Schuldnern zu – auch wenn aus einer humanistischen Perspektive wohl eher eine Freiheit von dieser finanziellen Einengung anzustreben wäre als die Freiheit dazu, sie herzustellen. (Bauer 2012, 263)

Die Kategorie SELBSTBESTIMMUNG IN SOZIALER VERANTWORTUNG bleibt allgemein und scheint zunächst keine inhaltliche Richtung vorzugeben. Wie der einzelne Mensch sein Recht auf Selbstbestimmung nutzt, bleibt ihm überlassen, so lange er damit nicht das Recht auf Selbstbestimmung anderer verletzt (deshalb ‚in sozialer Verantwortung'[8]). In der konkreten Praxis des *HVD* kommen dem Wert denn auch zwei unterschiedliche Ausdeutungen zu, die sich in einem Spannungsverhältnis zueinander befinden. Einerseits soll es religiös nicht gebundenen Menschen durch die Palette der *HVD*-Angebote ermöglicht werden, ihre individuellen und sozialen Bedürfnisse nach Sinngebung und Orientierung (dazu ausführlich Kapitel 4.3.1) zu befriedigen. Grundlage dazu ist eine weltlich-immanente Ausrichtung der eigenen Angebote im Sinne des Verzichts auf transzendente Deutungen der Welt und des Lebens, zum Beispiel bei Lebensfeiern.

> Und das ist mir einfach ganz wichtig, [...] es muss schon diesseitig sein, also gerade bei Trauerfeiern jetzt so, dass man sagt, [...] dass sich die engsten Angehörigen, die da drin sitzen, wiederfinden. (Interview 5, *HVD*-Funktionär, 16)

Zur Selbstbestimmung trägt ein solches, weltlich-immanentes Angebot demnach insofern bei, als es mit dem vom Verband kritisierten religiösen Sinnangebotsmonopol breche und Menschen alternative Möglichkeiten biete, ein passendes Sinnangebot für sich auszuwählen. Es geht also um eine Pluralisierung des Orientierungsmarktes, auf dem auch religiösen Anbietern weiterhin eine Existenzberechtigung zugestanden wird, der *HVD* als „Interessenvertretung der Konfessionsfreien" (Groschopp 2012, 7) das Repertoire jedoch erweitert. Andererseits lässt sich die Kategorie SELBSTBESTIMMUNG IN SOZIALER VERANTWORTUNG auch in einer umfassenderen Weise auf die praktische Arbeit des *HVD* beziehen. Der Verband erscheint dann gar nicht mehr in der Rolle eines inhaltlich weltlich-immanent ausgerichteten weltanschaulichen Anbieters und Akteurs, sondern gewissermaßen als Vertreter einer allgemeingesellschaftlichen Metaweltanschauung, als „Anwalt der Selbstbestimmung aller Menschen" (Groschopp 2012, 7). Praktische Umsetzung findet dieses Selbstverständnis zum Beispiel in der

---

[8] Die geforderte soziale Verantwortung wird auch auf kommende Generationen bezogen, weshalb sie eine „Achtsamkeit für [die] Natur" (Humanistischer Verband Deutschlands 2015, 12) miteinschließt.

humanistischen Weltanschauungsschule in Fürth, in die nicht nur Kinder eigener Mitglieder oder Konfessionsfreier, sondern auch solche christlicher oder muslimischer Eltern aufgenommen werden. Sie stellen sich im Lebenskundeunterricht ‚ihre' Weltanschauungen gegenseitig vor.

> Und zwar, sie sollen sich die Variante selber vorstellen, dass man das [...] nicht manipulativ irgendwie vorstellt. Also wenn ich jetzt irgendeine Religion vorstellen müsste, [...] wäre das komisch, weil ich sie ja nicht habe, ja? Wenn die Kinder das selber machen, dann machen die das mit großer Freude, ja? Die sind dann auch begeisternd dabei. [...] Also es geht nicht darum, eine bessere zu finden oder irgendwas, ne?, sondern zu erkennen, dass das so vielfältig ist, das Leben, ja?, also dass Menschen so viele Formen haben zu glauben, oder auch Traditionen zu pflegen oder Rituale. Das ist, glaube ich, bereichernd. (Interview 1, *HVD-Funktionär*, 23)

In Reaktion auf den Todesfall einer Mitschülerin wurde den Schülern neben professioneller psychologischer Betreuung auch Raum zur eigenständigen Verarbeitung gegeben.

> Während manche beteten, spielten andere Fußball und wollten nicht darüber reden. Jedes Kind hat da seinen eigenen Weg, damit umzugehen. (Teilnehmende Beobachtung 1, Humanistische Schule, 2)

Letztlich geht es bei den beiden Varianten der praktischen Umsetzung einer Selbstbestimmung in sozialer Verantwortung also um die Frage, ob der Verband im Sinne einer weltlich-immanent orientierten weltanschaulichen Position Stellung bezieht und über seine Angebote Selbstbestimmung indirekt ermöglicht, indem entsprechend eingestellte Menschen auf diese zurückgreifen können; oder ob er Selbstbestimmung selbst zum zentralen Inhalt seiner Praxis macht, verschiedene Weltanschauungen durch ein metaweltanschauliches Dach nebeneinander ermöglicht und den Wert der Weltlichkeit damit gleichsam relativiert. Das durch diese Doppelbedeutung entstehende Spannungsfeld erwächst aus dem Anspruch, einerseits auf die individuellen und sozialen Bedürfnisse von Menschen zu reagieren, denen transzendenzorientierte Sinnangebote religiöser Anbieter nicht zusagen, und andererseits gleichzeitig an einer weltanschauungsübergreifenden gesamtgesellschaftlichen vorstaatlichen gesellschaftlichen Kohäsion mitzuwirken (vergleiche zu beidem ausführlich Kapitel 4.3.1). Es wird innerhalb des Verbandes nicht aufgelöst und dadurch auch in die Bereiche der Praxis und der Strategien des *HVD* transportiert (siehe dazu Kapitel 4.5.1.3 und 4.5.1.4).

Mit der Doppelbedeutung der weltanschaulichen Schlüsselkategorie SELBSTBESTIMMUNG IN SOZIALER VERANTWORTUNG geht ein ambivalenter Religionsbezug des *HVD* einher. Im Eingangszitat dieses Teilkapitels heißt es, „der neuzeitliche Humanismus ist keine Religion." (Cancik 2010, 29) Bereits „[d]ie Begründung humanitärer Praxis bei M. Tullius war weitgehend religionsfrei." (Cancik 2010, 28) Im *HVD* findet dementsprechend über die eigene „bewusste Diesseitigkeit" (Interview 3, *HVD* Gruppeninterview, 12) einerseits eine Abgrenzung gegenüber Religion/en statt, welche innerhalb des Verbandes „eine Art Grundkonsens" (Interview 3, *HVD* Gruppeninterview, 13) sei. Neben dem fehlenden Bezug auf transzendente Prinzipien wird diese Abgrenzung auch über Merkmale wie Dogmatismus und Fremdbestimmtheit markiert, die *HVD*-Vertreter Religionen mitunter zuschreiben.

> [A]uf der anderen Seite ist es aber wieder verbindend, dass wir alle sozusagen auf alle Fälle ohne religiöses Bekenntnis sozusagen tätig sind in diesem Verband, die sozusagen hier etwas voranbringen wollen, haben alle sozusagen nicht mehr so viel mit Gott und der Fremdbestimmtheit und dem ganzen Kanon von Werten, die da sozusagen auch mitgereicht werden bei Konfirmationen und so weiter, zu tun, […] und ich denke auch, was bindend ist, dass wir auch nicht an ein Leben danach glauben. Also das ist, glaube ich, auch einheitlich bei den Humanisten, was eben uns verbindet. (Interview 3, *HVD* Gruppeninterview, 12)

Vor allem gegenüber extremistischen Religionen „müssen Menschenrechte [zudem weltweit] verteidigt oder sogar erst erkämpft werden." (Humanistischer Verband Deutschlands 2015, 4) Religionen erscheinen somit teilweise als Gegenspieler bei der Verwirklichung einer humanistischen Weltanschauung. Gleichzeitig wird, wie die obigen Zitate belegen, im Sinne des metaweltanschaulichen Verständnisses der Kategorie SELBSTBESTIMMUNG IN SOZIALER VERANTWORTUNG eine Toleranz gegenüber und Solidarität mit religiösen Lebens- und Sinnentwürfen gefordert, sofern diese anderen auch ein Recht auf Selbstbestimmung einräumen.

Die Schlüsselkategorie SELBSTBESTIMMUNG IN SOZIALER VERANTWORTUNG für die Eigenschaft Weltanschauung dominiert auch das Datenmaterial, das zu anderen sozialpraktischen freigeistigen Organisationen gesampelt wurde. Beispielhaft sei hier eine Passage aus der Programmschrift des *BFGD* angeführt.

> Der Weg der Freien Religion ist persönliche, verantwortungsvolle Selbstbestimmung auf dem Boden der Humanität und im Einklang mit der Natur. Der Weg der Freien Religion ist charakterisiert durch verantwortungsvoll wahrgenommene geistige Freiheit in der Religion statt Bindung an Dogmen und Bekenntnisse, Gebrauch der Vernunft in der Religion statt Berufung auf äußere Autorität oder Überlieferung, das heißt offene Orientierung in den Religionen der Welt und in den Denkansätzen der Philosophie. (Bund Freireligiöser Gemeinden Deutschlands 2000/2002, 10)

4.5.1.2 Eigenschaft Organisationsform: Weltanschauungs- respektive Religionsgemeinschaft

Sozialpraktische freigeistige Organisationen folgen in der Regel einem klassischen Mitgliederverbandsmodell, das analog zu etablierten Religionsgemeinschaften in Deutschland ausgestaltet wird. Als Schlüsselkategorie der Eigenschaft Organisationsform des sozialpraktischen Organiastionstypus fungieren deshalb WELTANSCHAUUNGSGEMEINSCHAFT (zum Beispiel beim *HVD*) respektive RELIGIONSGEMEINSCHAFT (zum Beispiel beim *BFGD*).

Mit Bezug auf den *HVD* ist WELTANSCHAUUNGSGEMEINSCHAFT eine *in-vivo*-Kategorie, mit der der Verband eine rechtliche Selbstverortung im Sinne des Art. 140 *GG* i.V.m. Art. 137 Abs. 7 *WRV* vornimmt. Es handelt sich um einen föderalistischen Mitgliederverband. Fünf seiner Landesverbände (Berlin-Brandenburg, Baden-Württemberg, Niedersachsen, Bayern, Nordrhein-Westfalen) besitzen zudem den Status einer K.d.ö.R., den auch der Bundesverband anstrebt (Interview 3, *HVD* Gruppeninterview, 55–60). Während im Gesamtverband weitgehend Einigkeit darüber herrscht, dass man vom Privilegienbündel, das mit dem Körperschaftsstatus verbunden ist,[9] selbst profitieren möchte (dazu weiterführend Kapitel 4.5.1.4), ist umstritten, welches Selbstverständnis daraus für den Verband erwachsen sollte. Da der Status der Weltanschauungsgemeinschaft juristisch ein Äquivalent zu dem der Religionsgemeinschaft darstellt,[10] und auch

---

[9] Zu diesem Privilegienbündel gehört „die Dienstherrnfähigkeit, die Organisationsgewalt, das Parochialrecht, die Befugnis zur Setzung autonomer öffentlich-rechtlicher Vorschriften, das öffentliche Sachenrecht, bauplanungsrechtliche Rücksichtnahmen […], die Befreiung von Steuern, Kosten und Gebühren, das Recht zur Beteiligung an staatlichen Planungsverfahren, das Recht zur Mitwirkung in bestimmten öffentlich-rechtlichen Gremien – wie etwa Rundfunkräten –, die Anerkennung als Träger der freien Jugendhilfe, der besondere Schutz vor der Enteignung kirchlichen Vermögens und strafrechtliche Bestimmungen, die dem Schutz der weltanschaulichen Betätigung dienen, ferner Disziplinargewalt, Verteidigungsrecht und Autonomie." (Mertesdorf 2010, 107) Die Körperschaftsrechte haben Angebotscharakter, das heißt sie müssen nicht wahrgenommen werden (Mertesdorf 2010, 107–108). Auf die ebenso zum Privilegienbündel zählende Möglichkeit der Erhebung einer Mitgliedschaftssteuer und deren Einzug durch den Staat verzichten die Landesverbände des *HVD*, die K.d.ö.R. sind. Der Bundesverband fordert in seinem *HSV* (Humanistischer Verband Deutschlands 2015, 15) stattdessen, dass „[a]lle Religions- und Weltanschauungsgemeinschaften (auch Körperschaften des öffentlichen Rechts) […] die Einziehung ihrer Mitgliedsbeiträge eigenverantwortlich durchführen", da „[d]er Einzug der Kirchensteuer durch den Staat […] dem Prinzip der Gleichbehandlung" widerspreche.

[10] Das Bundesverwaltungsgericht definiert den Kern von Religionen und Weltanschauungen als „Gewissheit über bestimmte Aussagen zum Weltganzen sowie zur Herkunft und zum Ziel des menschlichen Lebens", wobei „die Religion eine den Menschen überschreitende und umgreifende (,transzendente') Wirklichkeit zugrunde" lege, „während sich die Weltanschauung auf innerweltliche (,immanente') Bezüge beschränkt." (Mertesdorf 2012, 232)

der im Art. 140 *GG* i.V.m. Art. 137 *WRV* definierte Status einer K.d.ö.R. historisch lange Zeit vor allem auf die beiden Großkirchen bezogen wurde, zählt sich der *HVD* laut einigen Verbandsvertretern „bei Religionen nun mit" (Interview 7, *HVD*-Funktionär, 16) beziehungsweise sieht sich als „eine neue Kirche." (Interview 6, *HVD*-Funktionär, 9) Dass der *HVD*, will er diesen Status für sich beanspruchen, „kein neutraler Träger" (Bauer 2012, 251) im Sinne des unter Kapitel 4.5.1.1 beschriebenen metaweltanschaulichen Selbstverständnisses sein kann und sich notwendigerweise als Konfession aufstellen muss, hat auch der ehemalige Bundesverbandspräsident Horst Groschopp (zum Beispiel 2004, 9–11, 2010c, 149, 2013b, 32) mehrfach betont und damit heftige Verbandsdebatten ausgelöst (vergleiche zum Beispiel die Kontroverse zwischen Jahn-Graf (2005) und Nass (2005) in *diesseits*). Inhalte und Argumente dieser Debatte werden in Kapitel 4.5.1.4 näher erläutert. Festzuhalten bleibt an dieser Stelle ein imitierender Religionsbezug des *HVD* hinsichtlich seiner Organisationsform WELTANSCHAUUNGSGEMEINSCHAFT.

Beim Bundesverband des *HVD* handelt es sich um eine nachträgliche Dachkonstruktion. Die fünf mitgliederstärksten Landesverbände (Berlin-Brandenburg, Bayern, Niedersachsen, Baden-Württemberg, Nordrhein-Westfalen) existierten alle bereits vor Gründung des Bundesverbandes und finanzieren ihn durch jährliche Abgaben mit. Den Löwenanteil übernehmen dabei die Landesverbände aus Niedersachsen, Bayern und vor allem Berlin-Brandenburg, welche zum Beispiel die Verbandszeitschrift *diesseits* durch ein Umlagesystem finanzieren (Interview 20, ehemaliger *HVD*-Funktionär, 41–42). Während einige Verbandsvertreter höhere Abgaben der Landesverbände fordern, um den Bundesverband handlungsfähiger zu machen (Interview 17, *HVD* Gruppeninterview, 4), macht sich in den Landesverbänden Niedersachsen und Berlin-Brandenburg gerade in Zeiten finanzieller Engpässe immer wieder Unmut über die zusätzliche Belastung durch die Abgabepflicht an den Bundesverband breit, was zu Desintegrationstendenzen zwischen den Landesverbänden führt und die Fortexistenz des Bundesverbandes bis in die Gegenwart hinein immer wieder ernsthaft gefährdet (Interview 20, ehemaliger *HVD*-Funktionär, 54–55). Dem Bundesverband kommt die Funktion zu, die Arbeit der Landesverbände zu koordinieren und eine Austauschplattform für diese bereitzustellen.

> P: [A]lso da gibt es schon eine klare Arbeitsteilung. Also viele Sachen können theoretisch nur die Landesverbände machen, und da haben wir als Bundesverband nur eine vermittelnde und unterstützende Funktion
>
> S: manchmal auch anregende, ne?
>
> P: Ja.

R: Eben.

S: Also, dass wir das zum Beispiel organisieren, dass zum Beispiel die, die mit jungen Leuten arbeiten, alle mal ein Treffen machen, wo alle sich austauschen, wie sie das machen, wo die Probleme liegen und so. Das gibt Anregungen. (Interview 3, *HVD* Gruppeninterview, 35)[11]

Zudem ist der Bundesverband für politische Lobbyarbeit und öffentliche Stellungnahmen zuständig (Interview 3, *HVD* Gruppeninterview, 35). So wandte er sich beispielsweise Anfang 2016 mit der Broschüre *Gläserne Wände* (Bauer und Platzek 2015), welche arbeitsrechtliche Benachteiligungen von Konfessionsfreien aufzeigt und anmahnt, an die Politik und die interessierte Öffentlichkeit. Schließlich besitzt der Bundesverband auch eine normierende Funktion. Landesverbände sind dazu angehalten, nach kurzen Übergangszeiten die *corporate identity* des *HVD* zu übernehmen, zu der zum Beispiel der Name ‚Humanistischer Verband', das Logo und Leitbild des Bundesverbandes sowie seine Programmschrift (*HSV*) gehören. Für einzelne Arbeitsbereiche, zum Beispiel humanistische Pädagogik oder Jugendfeiern, werden zudem in Zusammenarbeit mit den Landesverbänden gemeinsame Standards entwickelt (Interview 3, *HVD* Gruppeninterview, 47).

Verbandsvertreter betonen, dass „die Praxis in den Landesverbänden" (Interview 6, *HVD*-Funktionär, 23) des *HVD*, in den größeren Flächenverbänden auch in den Ortsgemeinschaften stattfindet (zur konkreten Praxis siehe ausführlich Kapitel 2.5.1). Dementsprechend treten natürliche Personen auch in die Landesverbände ein. Einzelmitgliedschaften im Bundesverband sind nur dann vorgesehen, wenn Interessierte aus solchen Bundesländern die Mitgliedschaft beantragen, in denen (noch) kein Landesverband existiert (Humanistischer Verband Deutschlands 2011, 3). Einmal jährlich finden in den jeweils kleinsten Organisationseinheiten Mitgliedervollversammlungen statt – in die übergeordneten Organisationseinheiten werden dann Delegierte entsandt. Aus dieser Organisationsform erwächst das innerhalb des Verbandes wichtige Selbstverständnis einer *bottom-up*-Organisation, deren flache Hierarchien zwar mitunter zu anstrengenden Debatten und langwierigen Entscheidungsprozessen führten, die aber Mitbestimmung ermöglichten und damit sowohl gegenüber „hierarchisch strukturierten" (Interview 3, *HVD* Gruppeninterview, 34) Religionen (hier verläuft die Grenze des imitierenden *HVD*-Religionsbezuges) als auch gegenüber der *GBS* als „demokratischer" (Interview 3, *HVD* Gruppeninterview, 36) markiert werden.

[A]lso bei uns ist nicht sozusagen: Der Bundesverband kommt von oben und [...gibt] dann Ideen oder auch Initiativen irgendwie von oben nach unten zu den Landesverbänden, so wie

---

11 Legende: P, S und R = *HVD*-Funktionäre.

> es beispielsweise bei einer hierarchisch schon strukturierten Katholischen Kirche sehr stark ist, sondern es kommt halt von unten. [...D]a ist es halt demokratisch, föderalistisch aufgebaut. Und das hat man beispielsweise jetzt bei der Giordano Bruno Stiftung eben ganz anders. Da ist eine andere Sache, dass erstmal die Ideologie, das muss man schon so sagen, die Ideologie kommt halt von oben. Die wird da halt ausgefuchst von Michael Schmidt-Salomon im Zusammenhang mit so ein paar Leuten. Das wird dann halt alles konzipiert, [...] während das bei uns erstmal erarbeitet werden muss. [...] Das ist ein bisschen aufwendiger, aber es ist einfach demokratischer, und nicht halt sozusagen von oben herab. (Interview 3, *HVD* Gruppeninterview, 34–36)

Das Verbandsmodell des *HVD* sieht eine Mischung aus haupt- und ehrenamtlichen Mitarbeitern vor. Die Präsidien, welche wesentlich für die weltanschauliche Arbeit im *HVD* verantwortlich sind, sind sowohl auf Bundes- als auch auf Landesebene ehrenamtlich besetzt. Die praktische Arbeit in den großen Landesverbänden wird dagegen zunehmend professionalisiert. Die Landesverbände in Nordrhein-Westfalen, Niedersachsen, Baden-Württemberg, Bayern und Berlin-Brandenburg haben hauptamtliche Vorstände, die, anders als die Präsidien, nicht von den Mitgliedern gewählt, sondern vom Präsidium bestimmt (zum Beispiel Humanistischer Verband Bayern 2014, 5–8) und denen große Handlungs- und Entscheidungsspielräume eingeräumt werden. Auf der Jahreshauptversammlung des *HVD* Bayern 2014 stellte Hauptvorstand Michael Bauer zwar durchaus ausführlich und transparent die praktische Arbeit – vor allem den Bau von neuen Kinderbetreuungseinrichtungen – sowie die Finanzlage des Verbandes vor, über deren „grundsätzliche und strategische Ausrichtung" (Humanistischer Verband Bayern 2014, 5) auch offiziell die Jahreshauptversammlung entscheidet, deren konkrete Ausgestaltung jedoch ganz offensichtlich von Bauer selbst mit Hilfe eines Mitarbeiterstabes beschlossen, geplant und umgesetzt wurde (Teilnehmende Beobachtung 6, Jahreshauptversammlung *HVD* Bayern 2014, 1–2). Ähnlich ist der Landesverband Berlin-Brandenburg strukturiert.

> Die Macht hat, wer über den Haushalt entscheidet. Diese Macht liegt nun beim hauptamtlichen Vorstand, dem im HVD Berlin-Brandenburg die Gesamtgeschäftsführung, inklusive Finanzplan, obliegt. Die Mitgliederversammlung (Satzung vom 7. November 2015) beschließt über den Jahresabschluss, nicht den Plan. Der Landesausschuss ‚berät' über den Haushalt, beschließt ihn aber nicht. Das Präsidium genehmigt Abweichungen vom Wirtschafts- und Investitionsplan, nicht den Plan selbst. (Groschopp 2016, 145)

Begründet wird diese Sonderstellung der Vorstände über die besondere Verantwortung, die sie tragen, und die Komplexität ihres Tätigkeitsfeldes, das kein ehrenamtliches Präsidium, geschweige denn ein einfaches Mitglied, überblicken könne (Teilnehmende Beobachtung 6, Jahreshauptversammlung des *HVD* Bayern, 3). Diese Erklärung mag plausibel und auch legitim erscheinen, und das Modell besitzt historisch zweifellos erfolgreiche Vorbilder (vergleiche zum Beispiel die Ausführungen zu Max Sievers in Kapitel 2.4.2). Auch zeigten sich die auf der Jahreshauptversammlung des *HVD* Bayern 2014 anwesenden Mitglieder durchaus zufrieden bis beeindruckt von der Expansion ihres Verbandes als Bildungs- und Sozialträger. Dem oben aufgezeigten Selbstverständnis einer *bottom-up*-Organisation entsprechen der breite Handlungsspielraum und die damit einhergehende Machtfülle, die den hauptamtlichen Vorständen zukommt, jedoch nicht. Mitunter scheint deren autonomes Handeln auch an der interessierten Mitgliedschaft vorbeizugehen. In einem Leserbrief in der Verbandszeitschrift *diesseits* aus dem Jahr 2010 heißt es:

> [In der diesseits] ist von ‚Kurskorrekturen' des HVD, von ‚Trennung von hpd online', vom Rücktritt unseres Präsidenten Dr. Groschopp wegen der ‚internen Haushaltsdebatte des Präsidiums' und der ‚Debatte über eine Neuaufstellung des öffentlichen Auftretens des Verbandes' die Rede. Die Mitglieder sollen sich ‚in diesen Prozess einbringen!' Da spielen sich also für den Verband existenzielle Dinge ab – und ich als Leser und Mitglied (seit kurzem ehrenamtlicher Geschäftsführer des LV Bremen) werde im Unklaren über die Beweggründe gelassen. Welche verschiedenen Vorstellungen über den Weg des HVD stehen gegeneinander, mit welchen Begründungen? Mit Erstaunen lese ich in Nr. 92, dass ‚über ein Jahr lang im Verband die Frage der öffentlichen Selbstdarstellung' diskutiert wurde. Woraufhin jetzt entschieden wurde, die ‚diesseits professionell zu überarbeiten'. Warum habe ich als Leser bisher nichts davon mitbekommen? Diesseits soll ein ‚lebendigeres Debattenorgan' werden. Bestens! Aber warum werden die Leser der diesseits nicht nach ihrer Meinung gefragt, welche Kritik oder Änderungswünsche sie an der Zeitschrift hätten? [...] Das Motto scheint zu lauten: Es geht voran! ‚Bundesverband hat wieder Fahrt aufgenommen'. Gibt es ‚Wachstumsprobleme', dann ‚sind Lösungen gefunden', irgendwelche Gremien werden wichtige Entscheidungen treffen. [...] Mich als Leser interessiert, um welche Positionen die Auseinandersetzungen im Verband geführt werden, welche ‚nichtthematisierten Interessenunterschiede' es gibt. Wie soll es zu einer intensivierten Pflege der innerverbandlichen Kommunikation und transparenten In-Gang-Setzung verbandsinterner demokratischer Entscheidungsprozesse kommen? Welche Vorschläge gibt es dazu? (Grimm 2010, 39)

In den Landesverbänden Berlin-Brandenburg (1.200 Mitarbeiter) und Bayern (220 Mitarbeiter), in kleinerem Maßstab auch in Niedersachsen, gibt es hauptamtliche Mitarbeiterstämme, die neben dem Verwaltungsbereich vor allem die Praxisschwerpunkte Kinderbetreuung (als Erzieher) und Lebenskunde (als Lehrer, vor allem in Berlin und Brandenburg) besetzen. In Berlin gibt es zudem für verschiedenen Ressorts (Jugendfeier, weitere Lebensfeiern und Kulturarbeit, Fundraising, internationale Beziehungen, Patientenverfügungen, Hospize und so weiter) unterschiedlich viele hauptamtliche Mitarbeiterstellen. Finanziert werden diese wie in Kapitel 2.5.1 dargestellt vor allem über öffentliche Fördergelder beziehungsweise deren Umschichtung. Als Tendenzträger haben die großen Landesverbände des *HVD* die Möglichkeit, ihre Mitarbeiter zur Mitgliedschaft im

Verband zu verpflichten und, analog zum kirchlichen Arbeitsrecht, weitere arbeitsrechtliche Vorschriften zu machen. Während in Berlin-Brandenburg eine Mitgliedschaft der Mitarbeiter „erwartet" (Interview 5, *HVD*-Funktionär, 42) wird, hat man sich zum Beispiel im *HVD* Bayern darauf verständigt, sie nur vom „Leitungspersonal und in den Bereichen mit besonderer weltanschaulicher Verantwortung" (Bauer 2012, 265) zu verlangen, da weiterreichende Verpflichtungen gegen den für den *HVD* zentralen weltanschaulichen Wert der Selbstbestimmung (siehe Kapitel 4.5.1.1) verstießen.

Analog zum *HVD*-Status der WELTANSCHAUUNGSGEMEINSCHAFT ist der *BFGD* als föderalistische RELIGIONSGEMEINSCHAFT organisiert und sowohl der Bundesverband als auch die Lokalverbände sind als K.d.ö.R. anerkannt. Im Gegensatz zum *HVD* nutzt der *BFGD* auch das Körperschaftsprivileg, seine Mitgliedsbeiträge über eine erhobene Steuer durch den Staat einziehen zu lassen (Bund Freireligiöser Gemeinden Deutschlands 2005).

4.5.1.3 Eigenschaft Praxis: Soziale Dienstleistungen

Für die Praxis sozialpraktischer freigeistiger Organisationen in Deutschland wurde im Rahmen der Grounded Theory basierten Analysen die Schlüsselkategorie SOZIALE DIENSTLEISTUNGEN gebildet.

Eine ausführliche Beschreibung der *HVD*-Praxis wurde bereits in Kapitel 2.5.1 vorgenommen. Sie soll an dieser Stelle nicht wiederholt werden. Stattdessen wird die Funktion dieser Verbandspraxis näher untersucht: Mit Hilfe der verbandseigenen sozialen Dienstleistungen soll in erster Linie menschlichen Bedürfnissen (siehe Kapitel 4.3.1) begegnet werden. Verbandsvertreter gehen selbstbewusst davon aus, dass der *HVD* sich diese Funktion betreffend ein „Alleinstellungsmerkmal" (Bauer 2002, 24) innerhalb der freigeistigen Organisationslandschaft in Deutschland erarbeitet hat. Er sei der einzige Verband, der in „nennenswertem Umfang" (Bauer 2002, 24) solche Angebote mache. Die konkrete Verbandspraxis soll geistige Orientierungs- und Sinnangebote unterbreiten und praktische Hilfestellungen zur Bewältigung von Lebenskrisen geben.

> Die Freigeister [...] halten Versammlungen ab, geben einem universalen Anspruch Ausdruck, begehen Feste und Feiern, bieten Zeremonien (teilweise ritualisiert) und Lebenshilfen. Sie tun das, was in säkularisierten Gesellschaften von Kulturgemeinschaften bei Strafe ihres Untergangs verlangt wird: Sie reagieren positiv auf die Sinnbedürfnisse von Individuen und sozialen Gruppierungen. (Groschopp 2002, 68)

Inhaltliche Grundlage der Orientierungs- und Sinnangebote sind die im Kapitel 4.5.1.1 beschriebenen weltanschaulichen Prinzipien des *HVD*, die dort unter der Schlüsselkategorie SELBSTBESTIMMUNG IN SOZIALER VERANTWORTUNG zusammengefasst wurden. Selbstbestimmung kann dabei sowohl als praxisleitendes Prinzip als auch als Ziel des verbandlichen Handelns beschrieben werden.

> In diesem Sinne sehen wir es auch als Aufgabe, mit verschiedenen, den Lebensalltag begleitenden professionellen Angeboten, die Selbstverantwortung von Menschen zu fördern, v. a. sie dabei zu unterstützen, ihr eigenes emanzipatorisches Lebenskonzept zu finden und selbst verwirklichen zu können. (Käthner 2009, 117)

Dies soll hier an zwei Beispielen veranschaulicht werden: Das erste ist das Schuldnercoaching des *HVD* Bayern, das nicht daraufhin angelegt werden soll, dem Verschuldeten die Befreiung aus seiner Verschuldungssituation abzunehmen, sondern ihm Hilfestellungen anzubieten, dies selbst in die Hand zu nehmen.

> In diesem Fall ist das dadurch erfolgt, dass die Schuldnercoachs ausschließlich Hilfe zur Selbsthilfe leisten. Sie werden nur sehr zurückhaltend initiativ, und wenn, dann behalten sie immer die gesamte Lebenssituation im Blick. (Bauer 2012, 263)

Das zweite Beispiel bezieht sich auf die *HVD*-Forderung des Rechts auf Selbstbestimmung am Lebensende im Zuge der Verbandspraxis im Bereich Sterbebegleitung.

> Es gibt jedoch keine Pflicht zu leben, sondern allenfalls die geistig-moralische Aufforderung eines verantwortlichen Umgangs mit dem eigenen Leben. Der wohlüberlegte und freiverantwortlich getroffene Wunsch nach seiner Beendigung angesichts eines aussichtslosen oder vom Betroffenen selbst als unerträglich empfundenen Leidens widerspricht dieser Aufforderung nicht. Demzufolge muss im Einzelfall auch die Unterstützung bei der Umsetzung dieses Wunsches menschlich geboten und ethisch zulässig sein. [...] Menschen, die einfach keine Kraft mehr zum Leben haben, rücksichtslose Selbstbestimmung und übertriebenes Verfügen und Planen vorzuwerfen, ist einfach ungehörig. (Neumann 2011, 142–143)

Wie bereits in Kapitel 4.5.1.1 angedeutet, geht mit der inhaltlichen Ausgestaltung unterschiedlicher Praxisbereiche des *HVD* das unaufgelöste Spannungsfeld einer weltanschaulich-metaweltanschaulichen Doppelbedeutung der Kategorie SELBSTBESTIMMUNG IN SOZIALER VERANTWORTUNG durch den Anspruch einer gleichzeitigen Bearbeitung der Phänomenkategorien THEORIE INDVIDUELLER UND SOZIALER BEDÜRFNISSE und THEORIE EINER NOTWENDIGKEIT VORSTAATLICHER GESELLSCHAFTLICHER KOHÄSION einher. Einerseits soll Selbstbestimmung in sozialer Verantwortung durch weltlich-immanente und explizit humanistische Bildung in den Einrichtungen des *HVD* vermittelt werden.

> Die weltliche Lebensauffassung bleibt dabei Basis für die professionelle praktische Arbeit in unseren Projekten und Einrichtungen und begründet somit die Besonderheit der inhaltli-

chen Arbeit des HVD auf kulturellem, sozialem und gesundheitlichem Gebiet. (Käthner 2009, 117)

Andererseits dürfe diese Bildung keinen missionarischen Charakter erhalten, weil dies das Recht auf Selbstbestimmung beeinträchtige.

> Der HVD muss dazu beitragen, humanistische Werte zu befördern und gleichzeitig Werte-Vielfalt zu bewahren. Er ist aufgefordert, über einen gesellschaftlichen Werte-Konsens sicht- und hörbar nachzudenken. (Isemeyer 2002, 74)

In beiden Fällen ist der Kategorie SOZIALE DIENSTLEISTUNGEN ein imitierender Religionsbezug inhärent. Tritt der *HVD* als weltanschaulicher Träger einer „weltliche[n] Lebensauffassung" (Käthner 2009, 117) auf, soll er „die entstandene Lücke [bei denjenigen], die sich von Religion abgewandt haben" (Ziese-Henatsch 2007, 77), in Form von „einer alltagskulturellen Sinngebung der eigenen Existenz" (Ziese-Henatsch 2007, 77) schließen, indem er sich als „nicht-christliches Pendant einer Gemeinschaft" (Interview 8, *HVD*-Funktionär, 15) aufstellt. Der Verband kopiere „Strukturelemente von ‚Kirche'", kultiviere sie lediglich mit anderen, „weltlichen" (Groschopp 2002, 68) Inhalten. Diese Funktion des Religions- beziehungsweise Kirchenersatzes im Sinne eines funktionalen Äquivalents mit alternativen, auf Transzendenzbezogenheit verzichtenden Inhalten, manifestiert sich vor allem im Feierwesen des *HVD*. Statt der Taufe bietet der *HVD* die sogenannte Namensfeier, statt der Konfirmation beziehungsweise Firmung die Jugendfeier an, humanistische Trauungen existieren analog zu kirchlichen Hochzeiten und humanistische Trauerfeiern als Äquivalent zu kirchlichen Beerdigungen.

> Also immer wenn man trotzdem noch Rituale haben möchte und Traditionen haben möchte, aber eben nicht religiös besetzt, dann kann man sich da [gemeint ist der HVD, Anm. StS] ganz gut hinwenden. (Interview 1, *HVD*-Funktionär, 6).

Da die Kirchen vom *HVD* nicht nur als legitimer Anbieter von Sinn- und Orientierungsentwürfen und einer entsprechenden Praxis (zum Beispiel durch lebenszyklische Übergangsfeiern) akzeptiert werden, sondern bei ihnen auch eine über Jahrhunderte gewachsene Erfahrung in diesem Bereich erkannt wird, werden sie von *HVD*-Vertretern bisweilen gar zu Vorbildern bei der Entwicklung und Umsetzung funktionaler Äquivalente erklärt (siehe dazu auch Kapitel 4.5.1.3).

> Und im weitesten Sinne sind wir das ja, wenngleich wir keiner Religion, in dem Sinne, angehören, aber eben [...] die Menschen sozusagen mit ähnlichen Sinnhaftigkeiten versorg[en], wie Lebensfeiern, Beerdigungen, Geburten und so weiter, wo es ja auch immer auf Rituale

ankommt, sind wir sicherlich denen schon sehr nah, irgendwo. Das fand ich ja auch immer sehr lustig, dass die Freireligiösen früher sogar am Sonntagmorgen sogenannte Morgenfeiern gemacht haben, als Pendant zum Gottesdienst. [...] Am Ende braucht der Mensch ja doch irgendwo Sinnhaftigkeit, und wie auch immer er sie sich holt. (Interview 8, *HVD*-Funktionär, 2)

Übernimmt der *HVD* hingegen Trägerschaften im Sozial- oder Bildungsbereich (zum Beispiel von Kinderbetreuungseinrichtungen, Weltanschauungsschulen, Hospizen, Familienzentren und so weiter), tritt er eher im metaweltanschaulichen Sinne als „Anwalt der Selbstbestimmung aller Menschen" (Groschopp 2012, 7) auf, wie das unter Kapitel 4.5.1.1 beschriebene Beispiel der humanistischen Weltanschauungsschule in Fürth verdeutlicht. Es handelt sich dabei nicht von ungefähr um diejenigen Tätigkeitsbereiche, die sich nicht nur an Mitglieder oder Konfessionsfreie, sondern an alle richten, und für die der *HVD* öffentliche Fördergelder beziehungsweise Projektmittel erhält. Auch hier lässt sich von einem imitierenden Religionsbezug auf die kirchenübliche Praxis sprechen, solche größtenteils öffentlich finanzierten Einrichtungen (im kirchlichen Bereich zum Beispiel Caritas und Diakonie, Kindergärten unter kirchlicher Trägerschaft und so weiter) für alle zu öffnen und für sich selbst eine metaweltanschauliche Mittlerrolle zu beanspruchen. Es zeigt sich an dieser Stelle, dass es insgesamt keine eindeutige Klientel zu geben scheint, auf die der *HVD* seine Angebote ausrichtet, was eine interne Uneinigkeit darüber hervorruft, welchen Vertretungsanspruch der Verband besitzt. Von einigen Verbandsvertretern wird das Ziel ausgegeben, Gemeinschaft zu stiften und zu pflegen. Mitunter wird in diesem Zusammenhang eine stärkere Mitgliederorientierung angemahnt (Isemeyer 2002, 73). Dem steht der Anspruch gegenüber, Interessenvertretung der Konfessionsfreien zu sein, um darüber den individuellen und sozialen Bedürfnissen religiös nicht gebundener Menschen zu begegnen.

> Schließlich ist der HVD nicht nur eine Weltanschauungsgemeinschaft, also eine Vereinigung von Humanisten, sondern auch eine Interessenvertretung für nicht organisierte Konfessionsfreie und damit auch von Humanisten, die sich nicht zum HVD als Institution ‚bekennen'. (Renken 2011, o.S.)

Andere Verbandsvertreter warnen wiederum davor, das *HVD*-Selbstverständnis aus Konfessionsfreiheit abzuleiten. Einerseits hingen manche Konfessionsfreie privatreligiösen Vorstellungen an, die mit der verbandseigenen Weltanschauung unvereinbar seien.

> Nicht jeder Konfessionsfreie ist religionslos. Es gibt viele Menschen, die ihre private Religion haben, [...] es gibt ja eine bunte Palette von Religiosität. Das löst sich ja sehr stark auf, die

traditionellen Formen von Religiosität, und deshalb können wir gar nicht Fürsprecher aller Konfessionsfreien sein. Konfessionsfrei heißt nicht automatisch Humanist. (Interview 6, *HVD*-Funktionär, 13)

Andererseits habe man mit manchem organisierten religiösen Akteur viel mehr gemeinsam als zum Beispiel mit konfessionsfreien Rechtsradikalen.

> Ja, das ist, auch das politische Verhalten, [...] ich kann Faschist sein und Christ, ich kann Faschist sein und Atheist. [...] Aber nun ja, also, das zu den Konfessionsfreien. [...I]ch kann den Humanistischen Verband, und den Humanismus schon gar nicht daraus ableiten. Ich kann unter Umständen Verschiedenes darauf beziehen, aber ich kann nicht aus der Tatsache, dass Humanismus, wie soll ich sagen, über dem Glauben steht, darauf schließen: Es sind grundsätzlich die Ungläubigen, die dazu hinneigen, keine Belege, keine Belege. [...] Man muss ja nicht soweit gehen und sagen: Wir vertreten eigentlich nur unsere Mitglieder, und das sind zu wenige, das ist schon, da muss ein größerer Zusammenhang her, ist auch okay, aber nicht den Zentralrat der Konfessionsfreien [...], geht nicht, Scheiße. (Interview 20, ehemaliger *HVD*-Funktionär, 67–69)

Schließlich fordern manche Vertreter eine metaweltanschauliche Ausrichtung der *HVD*-Praxis für alle Mitglieder der Gesellschaft. Gerade durch die Offenheit der eigenen Angebote erbringe der *HVD* „Kulturleistungen", an denen „es ein Interesse auch des Gemeinwesens gibt." (Interview 7, *HVD*-Funktionär, 18) Daraus leitet der *HVD* seinen Anspruch auf öffentliche Fördergelder ab.

> [A]lso dass es nicht einer so langen Konstruktion bedarf, sondern dass es auch aus einer staatspolitischen Sicht heraus richtig ist, die Kulturleistung von Organisationen für Sinnsysteme zu würdigen und auch zu ermöglichen. (Interview 7, *HVD*-Funktionär, 18)

Mit dieser Uneindeutigkeit, an wen sich die *HVD*-Angebote richten, gehen strategische Konflikte innerhalb des *HVD* einher, auf die im Folgekapitel 4.5.1.4 näher eingegangen wird.

Weniger eindeutig als im Falle der Phänomenkategorien THEORIE INDIVIDUELLER UND SOZIALER BEDÜRFNISSE und THEORIE EINER NOTWENDIGKEIT VORSTAATLICHER GESELLSCHAFTLICHER KOHÄSION ist der Bezug der Praxiskategorie SOZIALE DIENSTLEISTUNGEN auf die *HVD*-Phänomenkategorie der DIAGNOSE EINER GROSSEN KRISE. Mitunter ist davon die Rede, dass der *HVD* „gesellschaftsverändernd und politikbeeinflussend" (Isemeyer 2002, 72–73) agieren solle, zum Beispiel durch die Mitarbeit an einer „Reform kapitalistischer Strukturen." (Isemeyer 2002, 72–73) Inwiefern die konkrete Verbandspraxis auf dieses Ziel hin ausgerichtet sein soll, bleibt jedoch unklar. Eine tragende Rolle bei der Überwindung der systemischen Ursachen der großen Krise scheint dem *HVD* intern denn auch kaum jemand zuschreiben zu wollen. Ein entsprechender Verbandsbeitrag wird höchstens in einer vorbereitenden oder unterstützenden Rolle gesehen. So solle der *HVD* einen „radikalen Suchprozess" (Wolf 2008, 31) zur Krisenlösung einleiten oder an der Verwirklichung eines polylogen „Palavers der Menschheit" (Wolf 2008, 9) mitwirken.

> Anstatt sich wie bisher weiterhin darüber zu unterhalten, wie wir politische Bewegungen und Initiativen vereinheitlichen oder in einer Organisation unsere Praxis vereinheitlichen können, sollten wir darüber nachdenken, wie wir unsere Vielfalt auf produktive Weise zusammenbringen können. In diesem Sinne wäre dieser praktisch-kritische Humanismus für das 21. Jahrhundert zu begreifen als eine Kraft der pluralen Alternative. (Wolf 2008, 35)

Abgesehen davon, dass der *HVD* sich durch öffentliche Stellungnahmen gelegentlich in gesellschaftspolitische Debatten einschaltet oder sich an lokalen Dialoginitiativen mit anderen Organisationen beteiligt (siehe unten), bildet sich der Suchprozess der Krisenlösung jedoch nicht in seiner tatsächlichen, konkreten Praxis ab. Der Schwerpunkt liegt hier eindeutig auf einer Bearbeitung der Phänomenkategorien THEORIE INDIVIDUELLER UND SOZIALER BEDÜRFNISSE beziehungsweise THEORIE EINER NOTWENDIGKEIT VORSTAATLICHER GESELLSCHAFTLICHER KOHÄSION. Dies bildet die Schlüsselkategorie SOZIALE DIENSTLEISTUNGEN ab.

Abschließend sei nochmals der Aspekt der Religionsbezogenheit der *HVD*-Praxis aufgegriffen. Neben den kirchliche Praxis imitierenden Dienstleistungen, mit denen der *HVD* sich in ein Konkurrenzverhältnis zu Religionsgemeinschaften begibt, umfasst die Praxis des Verbandes auch eine dialogorientierte und eine kooperative Religionsbezogenheit. So engagieren sich Vertreter des Landesverbandes Niedersachsen im Forum der Religionen der Stadt Hannover, einem dauerhaft angelegten Dialogkreis, an dem über 20 in der Stadt ansässige Religions- und Weltanschauungsgemeinschaften beteiligt sind (dazu ausführlich Schröder 2013). Neben dem Beweggrund, über die Teilnahme die eigene öffentliche Sichtbarkeit und das Image des Verbandes zu verbessern, verbindet der *HVD* in Niedersachsen damit auch das Ziel, gesellschaftliche Konflikte beizulegen und Kohäsion zu stiften.

> Es geht darum, dass wir lernen, mit dem, was der andere denkt, umzugehen, ohne dass wir uns dafür umbringen oder wie auch immer bekämpfen, ne? Das ist der Sinn dieses Arbeitskreises: Toleranz zu üben und Toleranz auszuhalten, auch wenn es nicht mit dem eigenen Weltbild einhergeht, zu sagen: so bunt ist die Welt. Das muss sein, ne? [...]In der Regel, glaube ich, gibt es da, und das finde ich auch gut in dem Arbeitskreis, das finde ich wichtig, dass klar ist: es geht nicht darum, zu kritisieren, was der andere denkt. Es geht darum: wo ist für uns der gemeinsame Weg, den wir gehen können? Was verbindet uns? [...] Das ist, glaube ich, ganz wichtig. Und im Dialog auch immer wieder auszugleichen, das, was vielleicht an

Radikalisierung an den Flügeln erfolgt, [...] also, ich bin wirklich ein Befürworter von ganz viel Dialog. (Interview 8, *HVD*-Funktionär, 7)

Ein Vertreter des *HVD* Bayern nimmt aus ähnlichen Beweggründen seit einigen Jahren regelmäßig an interreligiösen Dialogveranstaltungen beider Großkirchen in Deutschland teil.

> Ja, ich war jetzt auch beim Evangelischen Kirchentag [...und] ein paar Monate darauf bei der Katholischen Akademie in Würzburg im Kloster Himmelspforten. [...] Das ist deswegen wichtig, weil, also einfach, weil sich es gehört, dass man miteinander redet, ne? Das ist das eine. [...] Man muss ja auch mal ein bisschen gucken außerhalb des eigenen Hinterzimmers oder der eigenen Nische, welche gesellschaftlichen Aufgaben es eigentlich gibt und wie man daran partizipieren kann. Wir sind ja auch Teil einer Gesamtrepublik in einer bestimmten Situation. Und dieser Verantwortung muss man ja auch gerecht werden, also nicht nur der Verantwortung im eigenen Funktionärskreis, dass man sich da konform verhält, sondern dass man einen positiven Beitrag zur Entwicklung des gesamten Gemeinwesens leisten kann. Und da gibt es ja viele Aufgaben, wo wir große Schnittmengen auch mit Religionen haben, auch mit anderen Organisationen, aber eben auch mit Religionsgemeinschaften. (Interview 7, *HVD*-Funktionär, 20 – 22)

Ein kooperativer Religionsbezug der *HVD*-Praxis liegt zum Beispiel beim Hospizprojekt *Dong Ban Ja* des Landesverbandes Berlin-Brandenburg vor (Dong Ban Ja – Interkulturelles Hospiz o. J.). Es stellt ein Beispiel dafür dar, wie der *HVD* im Bereich humanitärer Praxis soziale Dienstleistungen mit religiösen Akteuren gemeinsam plant und gestaltet.

> [Dong Ban Ja], das ist ein koreanisches Projekt, und die Leiterin ist, glaube ich, katholisch [...] oder evangelisch, also jedenfalls christlich, und die allgemeine Orientierung ist vage buddhistisch, das ist ein Hospizprojekt. Das ist ein Hospizprojekt, das wir hier unter unsere Fittiche genommen haben, weil wir das verdienstvoll finden, und so, wie sie es durchgeführt haben, ist es super angelegt, nicht so, dass da irgendwie katholische oder buddhistische Mission betrieben wird, sondern da wird versucht, den, ich sage mal ruhig, spirituellen Bedürfnissen von alternden und auf das Sterben zugehenden Koreanern, die hier leben, entgegenzukommen, da ein Angebot zu schaffen. Das finden wir sehr verdienstvoll. Und deswegen haben wir das sozusagen auch unter unserem Dach, und sehen da auch sozusagen kein Problem darin. (Interview 3, *HVD* Gruppeninterview, 16)

Darüber hinaus lassen sich vereinzelte Verweise auf eine religionskritische Funktion des Verbandes ausmachen, der jedoch eher historische Relevanz zugewiesen wird. Trotzdem bestehe in einer respektvollen, differenzierenden Religionskritik weiterhin immer dann eine wichtige Aufgabe des *HVD*, wenn in religiösen Kontexten Humanität nicht beachtet werde oder religiöse Akteure als „Missionsgemeinschaft von Auserwählten" (Groschopp 2002, 68) aufträten.

> Naja, also genetisch ist es [gemeint ist Religionskritik, Anm. StS] natürlich zentral gewesen. Wir kommen von den Freidenkern, und die haben ihre Identität durch die Abgrenzung von den Religionen entwickelt bis hin zu der Abgrenzung von den Freireligiösen. Und die Freireligiösen unterscheiden sich ja von den Freidenkern genau durch diese Religionskritik. Aber für uns als praktische Humanisten ist das nicht mehr so zentral. So, glaube ich, kann man das erstmal sagen, […] aber wir sind natürlich religionskritisch, ne? Wir unterscheiden bei Religion das, was akzeptabel ist, und das, was inakzeptabel ist, und das ist relativ simpel: Die Frage der missionarischen Arroganz. (Interview 3, *HVD* Gruppeninterview, 12)

Es gelte zwar, als Verband „Umkehrprozessen" (Groschopp 2002, 68) von Säkularisierung entgegenzutreten, ansonsten aber vor allem, die Ergebnisse (auch die krisenhaften; siehe Kapitel 4.3.1) von Säkularisierung aufzugreifen und die durch sie entstehenden individuellen und sozialen Bedürfnisse durch entsprechende Angebote zu bearbeiten.

> [A]lso wir sind kein Verein zur Förderung der Religionskritik. Das ist nicht der Sinn unserer Existenz. Der Sinn der Existenz ist etwas, den eigenen Humanismus zu leben und in die Welt zu bringen und für unsere Mitglieder erfahrbar und fassbar zu machen, das ist die Organisationsaufgabe. Und die Mitglieder wollen ja was eigenes, die wollen ja nicht nur abhängig sein, von dem, was der Papst sagt, um sich dann dagegen abzugrenzen. (Interview 7, *HVD*-Funktionär, 11)

Über das Selbstbild, „kein Verein zur Förderung der Religionskritik" (Interview 7, *HVD*-Funktionär, 11) zu sein, sondern in der eigenen Praxis konstruktive Angebote in Form von sozialen Dienstleistungen zu unterbreiten, wird innerhalb des *HVD* häufig der Unterschied des eigenen Verbandes zur *GBS* markiert.

> [E]s gibt viele Junge bei der Giordano Bruno Stiftung, in unterschiedlichen Bereichen, die jetzt in diese Phasen kommen, jetzt kriegen sie Kinder, ne?, so, und wohin damit? Also mit so einem Kirchenkampf, da kommt man halt auch nicht weiter, wenn man sagt, man will was nicht, ist das was sehr Destruktives. (Interview 1, *HVD*-Funktionär, 46)

Einige deuten die *GBS* und auch andere weltanschaulich-agonale freigeistige Organisationen wie den *IBKA* jedoch als Ort einer Art religionskritischen Katharsis nach dem Kirchenaustritt, die, nachdem sie erfolgt ist, in konstruktive individuelle und soziale Bedürfnisse übergehe und die Menschen zum *HVD* treibe. *GBS* und *IBKA* werden damit zu funktionalen Vorstufen des *HVD* erklärt:

> Und die Erfahrung, die wir schon auch machen, ist, also auch in der Region, aber über die Region hinweg, dass viele durch diese Präsenz, die die GBS manchmal eben hat, auf Dinge erst aufmerksam werden, und da dann auch mal richtig Recht haben, aber irgendwann dann auch merken, dass das jetzt irgendwo auch mal alles gesagt ist zum Papst und zu sonst irgendwas, und dass es vielleicht jetzt auch mal ganz gut wäre, irgendwie mal über die eigenen

Dinge nachzudenken. Und dann landen die eigentlich schon automatisch bei uns. Ja, das ist ja auch gut so, warum auch nicht? (Interview 7, *HVD*-Funktionär, 9)

Große Schnittmengen mit der Praxis des *HVD* weist der *BFGD* auf. Auch er organisiert und erbringt als sozialpraktische freigeistige Organisation soziale Dienstleistungen, die nicht auf die eigene Mitgliedschaft beschränkt werden. So ist die freireligiöse Gemeinde Offenbach Trägerin einer Kindertagesstätte, die freireligiöse Gemeinde Pfalz Trägerin eines Wohlfahrtsverbandes und Anbieterin von Trauerbegleitung und Patientenverfügungsberatung. Alle Mitgliedsverbände des *BFGD* richten einen eigenen konfessionellen freireligiösen Religionsunterricht an allgemeinbildenden Schulen aus, bieten Lebens- und Jahreszyklusfeiern an, unterhalten Frauen- und Seniorengruppen und organisieren Familien- sowie Jugendfreizeiten – letztere über einen eigenen Jugendverband (Bund Freireligiöser Gemeinden Deutschlands 2005). Neben einem imitierend-konkurrierenden Religionsbezug, der beim *BFGD* durch ein explizit religiöses Selbstverständnis bis zur Identifizierung reicht, kommt dabei auch dessen Dialogorientiertheit zum Ausdruck.

> Der Weg der Freien Religion ist charakterisiert durch [...] Toleranz und Achtung verschiedener religiöser Ansichten und Gebräuche im Rahmen der Humanität statt Beharren auf Einheitlichkeit in Lehre, Brauchtum und Verwaltung, Respektieren unterschiedlicher Ausprägungen in Brauchtum und Organisation. [...] Wir sind offen für Diskussionen und Gespräche, erwarten unsererseits jedoch auch Respekt und das Bemühen, uns zu verstehen und als gleichberechtigt anzusehen. (Bund Freireligiöser Gemeinden Deutschlands 2005)

4.5.1.4 Eigenschaft Strategie: Religionspolitische Isomorphie

In Anlehnung an das Konzept der „strukturellen Isomorphie" (zum Beispiel Böllmann 2010; Bodenstein 2010), welches das Ergebnis von Anpassungsprozessen von Religions- und Weltanschauungsgemeinschaften an bestimmte rechtliche und diskursive Arrangements beschreibt, wird die Strategie des sozialpraktischen Organisationstypus mit der Schlüsselkategorie RELIGIONSPOLITISCHE ISOMORPHIE überschrieben. Sie stellt die Ausrichtung sozialpraktischer freigeistiger Organisationen auf religionspolitische und staatskirchenrechtliche Arrangements im Sinne von Gleichbehandlungsforderungen in den Fokus, vor allem mit Bezug auf die beiden christlichen Großkirchen. In der unter Kapitel 2.3 beschriebenen inkorporationstheoretischen Frage nach positiver oder negativer Gleichbehandlung beziehungsweise Aufbau- oder Abbaustrategie steht der sozialpraktische Organisationstypus auf der Seite der Aufbaustrategie positiver Gleichbehandlung.

Beim *HVD* lässt sich dies anhand entsprechender Aussagen von Verbandsfunktionären nachvollziehen.

> [W]ir haben noch sehr viel mehr vor. Ich habe vorhin schon angedeutet: Wir wollen den gleichen Status haben wie die Kirchen. Und das ist unser großes strategisches Ziel auch in Deutschland, die volle Gleichbehandlung und ein umfassendes Angebot für konfessionsfreie Menschen in allen Lebenslagen, so wie es das gibt für die religiösen Menschen. (Interview 6, *HVD*-Funktionär, 12)

Argumentative Grundlage der Forderung nach positiver Gleichbehandlung mit den christlichen Kirchen ist die Tatsache, dass rund ein Drittel der deutschen Bevölkerung konfessionsfrei ist. Laut *HVD* wird dieses Bevölkerungsdrittel somit von den Kirchen nicht mehr repräsentiert, besitze aber trotzdem weiterhin individuelle und soziale Bedürfnisse, denen nur durch weltanschauliche Träger wie dem *HVD* angemessen begegnet werden könne.

> Versuchen Sie mal in einem Krankenhaus einen Seelsorger herzubringen ohne Seele. Also versuchen Sie mal jemanden zu finden, der Menschen begleitet und nicht gleichzeitig mit seinem Glauben anrückt. [...] Ich hätte aber trotzdem gerne bitte diese Dienstleistung, ja?, aber bitte ohne Hintertürchen, wo irgendeiner noch versucht, irgendeinem anderen was einzureden. Das finde ich unfair, ja? [...I]ch habe mal mit jemandem aus dem Caritasverband diskutiert, und dann haben die mir gesagt: Das sei doch kein Problem. Derjenige, der das macht, könnte sich das mit der Religion auch mal verbeißen, ja? Die müssen ja nicht immer missionieren. Die sind normalerweise so feinfühlig, dass die ihre Religion selber nicht mitbringen. Das mag sicherlich so sein, dass die mal da feinfühlig sind. Fakt ist aber, ich möchte doch vielleicht verstanden werden, ich möchte mit meinen Ängsten vielleicht abgeholt werden, und nicht jemanden, der sich dann die Antwort, die er für sich ja gefunden hat, einfach zurückhält, ja? [...] Ich will, glaube ich, jemanden, der mich verstehen kann, und das wäre jemand, der womöglich dieselbe Weltanschauung hat wie ich, ja? [...] Diese Bedürfnisse sind da. Die sind da, ja? Und das sieht man doch auch. Also sie sind da. Und wenn sie da sind, ist, ich finde, eine Gesellschaft geradezu dazu verpflichtet, sich was Sinnvolles dazu einfallen zu lassen. Und wenn man weiß, im Rahmen dieser Globalisierung und zunehmenden Aufklärung auch vielerorts, ja?, dass man da vielfältiger werden muss, dann muss man die Mittel anders verteilen. (Interview 1, *HVD*-Funktionär, 32–34)

Strategisch richtet der *HVD* seine Forderungen nach Gleichbehandlung vor allem an solchen Tätigkeitsbereichen aus, in denen gesellschaftspolitisch der größte Bedarf besteht und die entsprechend großzügig mit öffentlichen Mitteln gefördert werden.[12] In der jüngeren Vergangenheit waren dies vor allem Trägerschaften für Kindertagesstätten und Krippen.

---

12 Um nicht den Eindruck eines allzu willkürlichen Opportunismus der *HVD*-Praxis aufkommen zu lassen, sei an dieser Stelle erwähnt, dass das *HSV* des *HVD* mit dem Kirchensteuereinzug durch

> [D]ass wir uns, zumindest in Westdeutschland, zur Zeit so stark auf den Bereich der Kindertagesbetreuung konzentrieren, hat einfach damit zu tun, dass das zur Zeit gefördert wird. Also wenn man den Bereich der sozialen Arbeit anschaut, dann kommen wir ja eben seit den 00er Jahren auf ein bestelltes Feld. Also es hat ja eigentlich keiner so wirklich auf uns gewartet. Es gab ja schon freie Träger. Also müssen wir jetzt eben schauen, da wir in einer schwierigen Marktsituation sind, dass wir noch unseren Platz finden. Und das geht natürlich am einfachsten in allen expandierenden Bereichen, wo sowieso neu verteilt wird, oder wo Zusätzliches verteilt wird, dass man an dieser zusätzlichen Verteilung eben jetzt dann wenigstens partizipiert, wenn man zum Beispiel schon in den 70er, 80er Jahren am Aufbau der Pflegeeinrichtungen oder Pflegeheime eben nicht partizipiert hat, weil man damals verbandspolitisch halt gedacht hat, dass die Bestattungsfeiern eine ausreichende weltanschauliche Tätigkeit sind. (Interview 7, *HVD*-Funktionär, 7)

Neben den Kinderbetreuungseinrichtungen des *HVD* werden auch seine Hospize, Familienzentren, sein Lebenskundeunterricht und seine Weltanschauungsschule wesentlich aus öffentlichen Mitteln finanziert. Zusätzliche Forderungen nach positiver Gleichbehandlung und einer entsprechenden öffentlichen Förderung werden für die Installation einer wissenschaftlichen Humanistik an staatlichen Universitäten als Äquivalent zu den christlichen Theologien gestellt.

> Der Anspruch auf staatliche Förderung von Humanistik als Hochschuldisziplin schließlich erwächst aus dem grundgesetzlichen Gleichbehandlungsanspruch des Humanistischen Verbandes als Weltanschauungsgemeinschaft mit Religionsgemeinschaften. Gerade die Berliner Universitäten sind mit zahlreichen theologischen Lehrstühlen ausgestattet. (Eggers 2003, o.S.)

Die Bilanz des *HVD* Berlin-Brandenburg für das Jahr 2011 zeigt, dass der Verband den ganz überwiegenden Anteil seiner Mittel aus öffentlicher Hand bezieht. Während sich die Mitgliedsbeiträge für das genannte Jahr auf knapp 67.000 Euro belaufen, erhielt der *HVD* über 18 Millionen Euro vom Land Berlin allein zur Unterhaltung seiner Kindertagesstätten (Dokument „Personalstruktur und Mittelherkunft 2011 des *HVD* Berlin-Brandenburg"). Zusammengenommen mit den projektunabhängigen Mitteln, welche die Landesverbände aus Berlin-Brandenburg, Niedersachsen und Bayern von den jeweiligen Landesregierungen erhalten

---

den Staat auch einen Bereich definiert, in dem über eine Abschaffung kirchlicher Privilegien negative Gleichbehandlung gefordert wird (Humanistischer Verband Deutschlands 2015, 15). Die Landesverbände des *HVD*, die K.d.ö.R. sind, könnten ihre Beiträge ebenfalls durch den Staat einziehen lassen, verzichten jedoch freiwillig darauf. „Alle Religions- und Weltanschauungsgemeinschaften (auch Körperschaften des öffentlichen Rechts) sollen stattdessen die Einziehung ihrer Mitgliedsbeiträge eigenverantwortlich durchführen." (Humanistischer Verband Deutschlands 2015, 15) (siehe dazu auch Kapitel 2.5.1), bedeutet dies eine erhebliche Abhängigkeit der *HVD*-Praxis von öffentlicher Förderung und eine damit einhergehende Notwendigkeit der strategischen Ausrichtung im Sinne einer RELIGIONSPOLITISCHEN ISOMORPHIE. Praxisbereiche, die der Verband seinem eigenen Anspruch nach ebenfalls gern unterhalten würde, für die er jedoch keine öffentliche Förderung erhält, liegen mitunter brach. „Marktnotwendigkeiten und eigener weltanschaulicher Anspruch geraten schonmal in Widerspruch." (Käthner 2009, 117) Ein Beispiel dafür ist die Jugendarbeit, die man über den Jugendverband und die Jugendfeier hinaus gerne ausbauen würde, die sich aber „natürlich finanziell nicht darstellen lässt." (Interview 7, *HVD*-Funktionär, 50) Bis 1999 erhielt der *HVD* in Berlin von der Landesregierung zwar öffentliche Projektmittel für seine Jugendfeier. Dieser Posten des Landeshaushalts wurde jedoch ersatzlos gestrichen, als der Berliner Senat ihn mehr oder weniger zufällig im Zusammenhang mit dem gescheiterten Antrag des damaligen *HVD* Berlin auf Anerkennung als K.d.ö.R. ‚entdeckte' (Interview 20, ehemaliger *HVD*-Funktionär, 40–41). Der Senat begründete seine Entscheidung damit, dass Kirchen für Konfirmationen oder Firmungen ebenfalls keine Fördergelder erhielten (Ziese-Henatsch 2000, 70). Der *HVD* klagte vor dem Verwaltungsgericht Berlin erfolglos gegen diese Entscheidung (Kunz 1999). Manche Verbandsvertreter versuchten daraufhin, auf anderem Wege für die Angemessenheit öffentlicher Förderung der *HVD*-Jugendfeier zu argumentieren. Groschopp (2003) äußert zum Beispiel das Argument, die Jugendfeier ähnle einer Theaterinszenierung, und fordert auf dieser Grundlage öffentliche Kulturförderung für diese.

> Denn man muss nicht nur ernsthaft die Frage stellen, welche Formen der Kinder- und Jugendarbeit um dieses Ereignis herum zu entwickeln wären, sondern ob diese Feiern nicht öffentlich gefördert werden sollten, schon weil es sich hier um Kunst, um eine ästhetische Aufführung, letztlich um Theater handelt. Eine Begründung für eine Förderung ergibt sich aber auch aus weiteren Gründen: der Werteorientierung als einem offenen Prozess, der Notwendigkeit politischer Bildung und der Gewaltprävention im Sinne eines ‚positiven Verfassungsschutzes'. (Groschopp 2003, 89)

Ziese-Henatsch (2000) weist auf die Möglichkeit und Notwendigkeit hin, die Jugendfeier als eine Form von Jugendarbeit öffentlich zu fördern, und bestreitet zum Zwecke der Tragfähigkeit seiner Argumentation sogar eine Weltanschauung vermittelnde Funktion der Jugendfeier.

> Da mit der Jugendfeier des HVD pro Jahr bundesweit etwa 10.000 Jugendliche mit einem inhaltlich anspruchsvollen und methodisch modernen Konzept erreicht werden und ihnen hier Möglichkeiten geboten werden, zivilgesellschaftliches Engagement einzuüben, fordert der HVD eine angemessene öffentliche Förderung dieser Arbeit. Bislang wurde gegen eine

> solche Förderung im Rahmen der Bestimmungen der §11 (Jugendarbeit) des Kinder- und Jugendhilfegesetzes (KJHG) eingewandt, die Kirchen würden für ihren Konfirmations- und Firmungsunterricht auch keine entsprechende Förderung erhalten. Dies könnte jedoch nur dann ein Argument gegen eine entsprechende öffentliche Förderung sein, wenn der §11 weltanschaulich gebundene Organisationen ausdrücklich von der Förderungswürdigkeit ausnähme. Dies ist jedoch nicht der Fall. [...] Da es sich bei der Jugendfeier auch nicht um einen Aufnahmeritus in eine Gemeinde handelt und hier – zumindest in den neuen Bundesländern – auch kein dezidierter Weltanschauungsunterricht stattfindet, muss die vermeintliche Analogie zu Konfirmation und Firmung zurückgewiesen werden. Einer öffentliche [sic!] Förderung der Jugendfeier nach §11 KJHG steht mithin rechtlich nichts im Wege. Gesellschaftspolitisch erscheint sie sogar geboten. (Ziese-Henatsch 2000, 70–71)

Mit solchen Forderungen ist der *HVD* jedoch erfolglos geblieben. Daran zeigt sich die Wichtigkeit des Attributs ‚religionspolitisch' im Zusammenhang mit der strategischen Schlüsselkategorie RELIGIONSPOLITISCHE ISOMORPHIE. Eine Kooperation mit und öffentliche Förderung durch Landesregierungen wird dem Verband nur dann ermöglicht, wenn er sich explizit als Weltanschauungsgemeinschaft und somit als Äquivalent zu Religionsgemeinschaften beziehungsweise Religionsgesellschaften, vor allem den Kirchen, aufstellt. In Praxisbereichen, die nicht auch von den Kirchen betrieben werden beziehungsweise für die diese keine explizit ausgewiesenen öffentlichen Mittel erhalten, besteht für den *HVD* nahezu keine Möglichkeit auf Kooperation oder Förderung. Aussicht auf Erfolg haben solche Forderungen nur dann, wenn der Verband auf Gleichberechtigung mit den Kirchen plädieren kann und sich praktisch und strategisch wie diese aufstellt. Auch auf dieser strategischen Ebene zeigt sich also ein – nahezu notgedrungener – imitierender Religionsbezug des Verbandes als Reaktion auf einen strukturellen Anpassungsdruck an kirchliche Organisationsstrukturen und Tätigkeitsfelder, erzeugt von Seiten der Politik. Vor diesem Hintergrund kann einem *HVD*-Vertreter zu Folge die Jugendarbeit des Verbandes – wie der gesamte „Gemeindehumanismus" (Interview 7, *HVD*-Funktionär, 6) – nur über den Umweg finanzieller Konsolidierung durch die öffentliche Förderung von Sozialträgerschaften überhaupt finanziert werden:

> Also wenn man jemanden hat, der das macht, entweder aus einem Staatszuschuss oder Staatsvertrag heraus, oder, wie wir das machen, einfach durch Resubventionierung, dann funktioniert das auch. Wenn ich die nicht habe, und das alles ehrenamtlich irgendwie gucken muss, dann kriegt man dieses Volumen gar nicht gestemmt. [...] Wir haben sozusagen einen Umweg gemacht. Wenn man das jetzt ganz kompliziert betrachten will, dann könnte man sagen, dass wir mangels ökonomischer Ressourcen [...] über einen Geschäftsbetrieb, in Anführungszeichen, so viel Volumen erzeugen, dass wir uns diesen Gemeindehumanismus wieder leisten können, um den dann wieder zu etablieren. (Interview 7, *HVD*-Funktionär, 50)

Im Traditionsverband aus Nordrhein-Westfalen, der einen existenzbedrohenden Mitgliederschwund von bis zu 30.000 Mitgliedern nach dem Zweiten Weltkrieg auf unter 3.000 Mitglieder im Jahr 2015 erlebte (Interview 17, *HVD* Gruppeninterview, 2), wird mittlerweile versucht, diese Entwicklung durch eine Anpassung an die oben beschriebene strategische Ausrichtung der Bruderverbände aus Berlin und Bayern umzukehren. Während der *HVD* in Nordrhein-Westfalen lange Zeit einen traditionellen mitgliederbezogenen Gemeindehumanismus praktizierte, wird gegenwärtig ebenso wie in Niedersachsen (fünf Kinderbetreuungseinrichtungen) und Baden-Württemberg (eine Kindertagesstätte) eine Notwendigkeit erkannt, den Weg der Sozialträgerschaften mitzugehen.

> Und wir sind jetzt in einer Situation, wo wir sagen: Wir müssen die Mitgliederschaft durch Werbung neuer Mitglieder wieder vergrößern. [...] Vielleicht ganz interessant im Zusammenhang mit der Aufbruchstimmung dürfte sein, dass wir jetzt zusammen mit dem Landesverband Bayern, und, ja, unter einer geringen Beteiligung des Bundesverbandes eine gemeinnützige GmbH gegründet haben, deren wesentliche Aufgabe darin bestehen wird, den Gang in die soziale Praxis zu vereinfachen. Das heißt, wir sind in Nordrhein-Westfalen dabei, grundsätzlich uns mit der Einrichtung einer Kindertagesstätte zu beschäftigen. Und langfristig gibt es natürlich noch sehr viele andere Ideen, beispielsweise die Kombination Pflegeeinrichtungen-Kindergarten, solche Dinge. Das verdeutlicht auch nochmal, dass wir wild entschlossen sind dem Humanismus die richtigen Organisationen zu geben. (Interview 17, *HVD* Gruppeninterview, 3)

Nicht selten gehen der öffentlichen Förderung und Kooperation lange Kämpfe und ein Gang durch diverse Instanzen in Gerichtsverfahren gegen Landesregierungen voraus. Beispielhaft sei in diesem Zusammenhang ein Interviewausschnitt mit einem Vertreter des *HVD* Bayern zitiert. Er thematisiert die gerichtlichen Auseinandersetzungen des Verbandes mit dem Freistaat Bayern um die Genehmigung der Weltanschauungsschule in Fürth, nachdem diese im Jahr 2004 zunächst von der bayrischen Landesregierung verweigert worden war.

> [I]ch habe ihm [gemeint ist ein Regierungsbeamter der bayrischen Staatsregierung, Anm. StS] dann unterstellt, dass die Regierung uns wegen weltanschaulichen Gründen so behandelt, wie sie uns behandelt, und das keine rechtliche Basis hat, also dass das hier nur um weltanschauliche Gründe geht. Das hat er ganz schön, Unverschämtheit, sowas lasse ich mir nicht sagen [...]. Und dann haben wir die Akten angeguckt, also die ganzen internen Vermerke und die interne Korrespondenz zwischen Regierung, da stand es natürlich drin. Was auch sonst? Der Atheismus ist aus der bayrischen Volksschule fernzuhalten. Also da sind Sachen in irgendwelchen Pseudogutachten erzählt worden, wir hätten irgendwelche Beschlüsse des Vatikanums nicht ausreichend berücksichtigt zur Umweltpädagogik, [...] also bizarres Zeug, wirklich bizarres Zeug, und natürlich immer wieder: Ist das überhaupt verfassungsgemäß?, Ehrfurcht vor Gott, oberstes Erziehungsziel, das können die doch gar nicht. Als ob es da nicht aus den 50ern schon ein Urteil vom bayrischen Verfassungsgericht gibt, wie dieser Paragraph zu deuten ist, so, nämlich als allgemeines Symbol, und das dann nur

für die gilt, die das für sich gelten lassen wollen, aber das haben sie dann halt nicht mehr so berücksichtigt. [...W]ir haben dann ja in Ansbach in der ersten Instanz verloren, weil, die haben abgelehnt, dann haben wir geklagt, haben verloren, Einspruch eingelegt, sind zugelassen worden, und dann waren wir halt in München beim Verwaltungsgericht so, und da hat die Regierung eine ganz breite Klatsche bekommen. Das war also wirklich verkehrte Welt. (Interview 7, *HVD*-Funktionär, 73–74)

Trotz solch langwieriger Anerkennungskämpfe verteidigen *HVD*-Vertreter den eingeschlagenen Weg gegenüber der Alternative laizistischer Forderungen negativer Gleichbehandlung, die, wie im Bereich der ursächlichen Bedingungen (Kapitel 4.4.1) beschrieben, als anachronistische Restbestände der Freidenkertradition und Auslöser der großen Krise freigeistiger Organisationen verworfen werden. Die bestehenden religionspolitischen Arrangements und staatskirchenrechtlichen Regelungen seien angesichts des vom Staat eingeschlagenen Weges der positiven Gleichbehandlung gegenüber dem Islam (zum Beispiel durch Islamunterricht an öffentlichen Schulen oder die Einführung islamischer Theologie an staatlichen Universitäten) zusätzlich gestärkt worden (Hummitzsch 2013, 17). Die Implementierung laizistischer Strukturen erscheine mehr denn je unrealistisch beziehungsweise in weite Ferne gerückt, eine darauf aufbauende Verbandsstrategie somit nicht nur deshalb alles andere als erfolgsversprechend.

Die Frage ist, wie sich Atheisten, Freidenker und Humanisten angesichts des zurückgehenden Einflusses der Kirchen auf dem ‚Markt' der Bekenntnisgemeinschaften positionieren. Auf religiös- beziehungsweise kirchenpolitischem Gebiet können sie auf große strukturelle Veränderungen im europäischen Haus nicht hoffen. Die *Europäische Union* verlangt von ihren Mitgliedstaaten Homogenität der politischen und sozialen Verhältnisse. Deutschland wird daher noch lange mit seinen staatskirchenrechtlichen Regelungen leben müssen. (Isemeyer 2003, 66)

In diesem Zusammenhang verweisen einige *HVD*-Vertreter auf die sogenannte Solange-Regel: Demnach fordert der *HVD* positive Gleichbehandlung, so lange laizistische Strukturen nicht erreichbar scheinen, verfolgt aber gleichzeitig das langfristige Ziel, an der Abschaffung der religionspolitischen und staatskirchenrechtlichen Arrangements insgesamt mitzuwirken.

Der Humanistische Verband setzt sich für die Trennung von Staat und Kirche und somit auch für die Trennung von Schule und Kirche ein. Insofern könnte der Vorwurf entstehen, die Einführung des Unterrichtsfaches Humanistische Lebenskunde als Alternative zum Religionsunterricht laufe dieser Forderung zuwider. Dem ist jedoch nicht so. Der Humanistische Verband NRW wird sich auch weiterhin dafür einsetzen, dass Religions- und Weltanschauungsunterricht in Zukunft zu einem nichtstaatlichen Angebot in alleiniger Verantwortung der jeweiligen Bekenntnisgemeinschaften umgewandelt wird. Des Weiteren plant der Humanistische Verband NRW zunächst die Einführung von Humanistischer Lebenskunde ausschließlich in Grundschulen. Dort gibt es bisher keine Alternative zum Religionsunterricht. Eine Konkurrenz zu dem in weiterführenden Schulen angebotenen staatlichen Fach Praktische Philosophie ist somit ausgeschlossen. Auch wenn dieses Fach zurzeit nur für die Jahrgangsstufen 9 und 10 angeboten wird, so ist es von den Inhalten her eine unserer Forderung sehr nahe kommende staatliche Alternative, zukünftig vielleicht sogar der staatliche Ersatz für Religions- und Weltanschauungsunterricht. (Wiedenlübbert 2006, 5)

Von anderen Verbandsvertretern wird das religionspolitische Inkorporationsmodell in Deutschland gegenüber laizistischen Strukturen aber auch ausdrücklich als dauerhafte Lösung bevorzugt. Argumentiert wird dabei häufig in Abgrenzung zu religionspolitischen Regelungen in Frankreich.

Und nur mit diesen, also radikal laizistischen, säkularistischen Positionen aufzutreten, wird, glaube ich, einfach der Problemlage nicht gerecht. Das ist falsch. Also nach meiner Überzeugung ist es falsch. Und weil es der Problemlage nicht gerecht wird, hat es auch keine Mehrheit und wird vom politischen Raum ja auch sehr stark abgestoßen. Das muss man einfach zur Kenntnis nehmen, dass das ja nicht nur religiöse Fanatiker sind, die das für nicht gut halten, immer zu sagen: Alles muss weg, ja?, alles raus, alles weg, ignorieren da alles. Das führt zu nichts. Also so ticken die Menschen nicht, die sind ja da. [...D]ie Verfasstheit der Bürgerinnen und Bürger, um die geht es ja eigentlich. Und ich glaube, dass wir da bei dieser Sache relativ viel lernen können, dass es wirklich im Interesse des Gemeinwesens ist, diese Vorstellungen zu bearbeiten. [...W]enn man das mit Frankreich kontrastiert, ne?, wie ist es denn in Frankreich mit dem ausgeprägten Laizismus? Zu was führt das, zu was für einer Gesellschaft? Also, dass dann vielleicht innerhalb des Bankenapparates das Religiöse keine, zumindest vordergründige Rolle spielt, das kann ja durchaus sein, aber es ist hintergründig immer noch so, und was macht es mit der Gesellschaft? (Interview 7, *HVD*-Funktionär, 22–89)

Auch die amerikanische Trennung von Staat und Religion wird von einigen *HVD*-Vertretern kritisch betrachtet und der *status quo* in Deutschland somit implizit befürwortet, zum Beispiel mit Bezug auf schulischen Religions- bzw. Weltanschauungsunterricht.

Religionsunterricht außerhalb der Schule hätte [...] USA-Verhältnisse zur Folge. Es werden dort keine demokratischen Glaubensgemeinschaften gezielt gefördert. Die Konsequenz davon ist, daß der religiöse Supermarkt am besten von fundamentalistischen Gruppen bedient wird. Ein Beispiel dafür haben wir auch in den Koranschulen der Kreuzberger Hinterhöfe, zu der viele Muslime gezwungen sind, weil kein demokratischer Islamunterricht als Alternative angeboten wird. (Schultz 1998, 19)

Gefordert wird von *HVD*-Seite jedoch, die Grundlagen, auf denen über Kooperationen des Staates beziehungsweise der Landesregierungen mit religiös-weltanschaulichen Trägern entschieden wird, politisch neu zu definieren. Bislang basiere der Umfang staatlicher Kooperation mit Religions- und

Weltanschauungsgemeinschaften beziehungsweise deren öffentliche Förderung vor allem auf Mitgliederzahlen, was den Kirchen einen wettbewerbsverzerrenden Vorteil gegenüber dem *HVD* verschaffe. Während es in vielen Gegenden Deutschlands weiterhin zum guten Ton gehöre, Kirchenmitglied zu sein, obwohl christliche Inhalte in der Lebenswelt vieler Mitglieder keinerlei Rolle mehr spielten, seien viele Konfessionsfreie nicht organisiert, obwohl sie die weltanschaulichen Prinzipien des *HVD* teilten und seine Angebote nutzten.

> [D]ies ist ein völlig unrealistischer Vergleich. Die Mitgliedschaftskriterien der Kirchen sind viel zu weit, um wirklich die Zugehörigkeit zu einer Glaubensgemeinschaft zu bedeuten, während die Mitgliedschaftskriterien der Weltanschauungsverbände nur die aktiven Kerne erfassen, welche sich freiwillig zur Pflege ihrer Weltanschauung nicht nur engagieren, sondern auch noch – gegen erhebliche Widerstände – entsprechende Organisationen aufbauen. (Wolf 2010b, 171–172)

Um dies zu belegen, gab der *HVD* beim Institut für Demoskopie Allensbach (2004) und beim Meinungsforschungsinstitut Forsa (2007) zwei repräsentative sogenannte Akzeptanzstudien innerhalb Deutschlands in Auftrag. 2004 wurden die Teilnehmer mit der Frage konfrontiert, ob die folgende „Lebensauffassung voll und ganz, überwiegend, eher nicht oder gar nicht" (Institut für Demoskopie Allensbach 2004, 2) der eigenen entspreche:

> Der Humanistische Verband vertritt folgende Lebensauffassung: ein eigenständiges, selbstbestimmtes Leben, das auf ethischen und moralischen Grundüberzeugungen beruht; ein Leben frei von Religion, ohne den Glauben an Gott; andere weltanschauliche und religiöse Lebensauffassungen zu achten, zu respektieren. (Institut für Demoskopie Allensbach 2004, 2)

Ähnlich formuliert war die Forsa-Umfrage drei Jahre später (Forsa 2007). 2004 stimmten 49 Prozent dieser Lebensauffassung voll und ganz (7 Prozent) oder überwiegend (42 Prozent) zu, 46 Prozent eher nicht (21 Prozent) oder gar nicht (25 Prozent) (Institut für Demoskopie Allensbach 2004, 9–10). 2007 stimmten 56 Prozent voll und ganz (21 Prozent) oder überwiegend (35 Prozent) zu, 42 Prozent eher nicht (21 Prozent) oder gar nicht (21 Prozent) (Forsa 2007, 2). In Reaktion auf die Ergebnisse schreibt der damalige *HVD*-Präsident Horst Groschopp in der Verbandszeitschrift *diesseits:*

> Über vier Millionen Bundesbürger und -bürgerinnen teilen unsere humanistische Lebensauffassung voll und ganz – einschließlich der Zuspitzung ‚ein Leben frei von Religion, ohne den Glauben an einen Gott'. [...] Und da sind wir dann gar nicht mehr bescheiden: Wenn in unserer Republik nahezu die Hälfte der Menschen unserer Lebensauffassung zumindest überwiegend zustimmt, zeigt dies zugleich deutlich säkulare kulturelle Ansprüche der Bevölkerung. [...] Pluralität und Gleichbehandlung auch hier. (Groschopp 2005, 11–12)

Und in der Schriftenreihe der *HAD* legt Groschopp 2012 nach:

> Ein selbstbewusster ‚Kulturhumanismus' möchte vielmehr mit Angeboten von ‚Kulturprotestanten', ‚Kulturkatholiken', ‚Kulturjuden' und ‚Kulturmuslimen' konkurrieren. Seine Organisationen wollen vom Staat wie die Kirchen behandelt werden – und zwar auf gleiche Weise, [...] aber nicht entsprechend der statistischen Mitgliederzahl, sondern entsprechend der ‚Kulturbedeutung'. (Groschopp 2012, 20)

Diese Argumentationsweise erklärt auch, warum der *HVD* seine Praxis nicht primär auf seine eigenen Mitglieder hin ausrichtet (siehe Kapitel 4.5.1.3). Eine vom Freistaat finanzierte Förderung von 18 *HVD*-Kinderbetreuungseinrichtungen in Bayern lässt sich über knapp 2.000 Mitglieder des Landesverbandes kaum rechtfertigen. Dieser Rahmen wäre für die Ansprüche des Verbandes, Interessenvertretung der Konfessionsfreien zu sein oder sogar förderwürdige Kulturleistungen für die gesamte Gesellschaft zu erbringen, zu eng.[13] Gleichzeitig fordert Art. 140 *GG* i.V.m. Art. 137 Abs. 7 *WRV* jedoch, dass Organisationen „sich die gemeinschaftliche Pflege einer Weltanschauung zur Aufgabe machen" müssen, um als Weltanschauungsgemeinschaft anerkannt und den Religionsgesellschaften gleichgestellt zu werden. Auf diesen Umstand weist zum Beispiel Mertesdorf (2012, 233–234) in einem Beitrag der Schriftenreihe der *HAD* hin. Es müsse demnach ein Zusammenschluss von mehreren Personen vorliegen, der „von einem gemeinsamen Konsens getragen werden muss" (Mertesdorf 2012, 233–234), der Weltanschauung, an der sich die Gemeinschaft orientiert, die sie bezeugen beziehungsweise pflegen muss.

> Nach Auffassung des Bundesverwaltungsgerichts äußert sich die gemeinschaftliche Pflege eines Bekenntnisses typischerweise und hauptsächlich in Kultushandlungen wie Gottesdiensten, Gebeten, dem Feiern von religiösen Festen, aber auch in der Verkündung des Glaubens und der Glaubenserziehung. (Mertesdorf 2012, 238)

Neben der verbandspraktischen Notwendigkeit, über die eigene Mitgliedschaft hinaus eine Kulturbedeutung zu beanspruchen und seine sozialen Dienstleistungen für alle Konfessionsfreien oder gar alle Mitglieder der Gesellschaft offen zu halten, ist der *HVD* somit gleichzeitig mit dem gegenläufigen politischen Druck konfrontiert, einen eindeutigen weltanschaulichen Kern der eigenen Organisation

---

[13] Vergleichen lässt sich diese Situation mit jener der Ahmadiyya Muslim Jamaat, die in Deutschland bundesweit 30.000 Mitglieder hat und mittlerweile zum Beispiel als Hauptansprechpartner der Politik für islamischen Religionsunterricht gilt – auch weil sie als erster Islamverband in Deutschland Körperschaftsrechte (in Hessen) zugesprochen bekam (Reiss 2015, 147).

definieren zu können und diesen durch eine entsprechende Mitgliedschaft zu bezeugen und zu pflegen. Vor dem Hintergrund dieses strategischen Dilemmas lässt sich die Uneindeutigkeit der Klientel, für die der *HVD* seine sozialen Dienstleistungen anbietet (Kapitel 4.5.1.3), ebenso erklären wie das Spannungsfeld zwischen einer weltlich-weltanschaulichen und einer metaweltanschaulichen Interpretationsweise von SELBSTBESTIMMUNG IN SOZIALER VERANTWORTUNG innerhalb des Verbandes (siehe dazu ausführlich Kapitel 4.5.1.1). Der Weltanschauungsentwurf des *HVD* darf strategisch einerseits nicht zu viel Spezifik aufweisen, wenn der Verband seinem Anspruch, Kulturorganisation zu sein, gerecht werden will. Anderseits darf er nicht zu offen sein, damit der *HVD* vom Staat noch als Weltanschauungsgemeinschaft behandelt und als Kooperationspartner gefördert wird. Ein strategisches Hin- und Herpendeln des *HVD* zwischen diesen beiden Polen ist die praktische Konsequenz. Es hat sich ein Modell entwickelt, nach dem der Verband „beim Kampf um öffentliche Mittel [...] das besondere Profil des Humanismus kenntlich" (Groschopp 2013b, 33) zu machen versucht, und somit weltanschaulich argumentiert, während er seine Angebote bei deren Installation dann für alle öffnet und sich als metaweltanschaulicher Mittler inszeniert. Mitunter misslingt dieser Spagat allerdings auch. Dies soll in der Folge anhand des erfolglosen Antrages des *HVD* auf eine humanistische Weltanschauungsschule in Bremen beispielhaft veranschaulicht werden.

Auf Betreiben einer Elterninitiative aus der eigenen Mitgliedschaft unterstützte der *HVD* Bremen gemeinsam mit dem *HVD* Niedersachsen Ende 2008 deren Antrag auf eine humanistische Weltanschauungsschule beim Bremer Senat (o.A. 2009). Der Antrag auf eine reformpädagogische Schule wurde von der Bremer Bildungsbehörde zunächst mit der Begründung abgelehnt, dass kein besonderes pädagogisches Interesse vorliege. Da Bekenntnis- oder Weltanschauungsschulen jedoch von dieser Auflage befreit und die Bedingungen für ihre Anerkennung rechtlich nicht endgültig geklärt sind, erarbeitete die Initiative mit Hilfe der Landesverbände Berlin und Bayern ein Konzept zur Beantragung einer Weltanschauungsschule (o.A. 2009). Die Bremer Schulsenatorin beauftragte daraufhin ein Rechtsgutachten, das feststellen sollte, ob es sich beim *HVD* rechtlich überhaupt um eine Weltanschauungsgemeinschaft handele. Es wurde im November 2009 von Prof. Wolfgang Löwer, Universität Bonn, vorgelegt, und kommt zu dem Schluss, dass der *HVD* rechtlich eine Weltanschauungsgemeinschaft sei (Löwer 2009). Die Bremer Schulsenatorin zeigte sich irritiert ob dieses Fazits, da im Gutachten zuvor dargelegt wird, dass es dem *HVD*-Humanismus an Verbindlichkeit mangele[14] und die vorgebrachten humanistischen Werte bereits

---

14 Der ersten Version des *HSV* 2001 zu Folge handele es sich bei der Programmschrift des *HVD*

gesellschaftliches Allgemeingut seien. Die Zulassung der Weltanschauungsschule wurde deshalb trotz des Gutachtens verweigert. Auf Klage des *HVD* gegen diese Entscheidung entschied das Bremer Verwaltungsgericht 2010, dass der Antrag der Weltanschauungsschule genehmigt werden müsse, da eine Weltanschauung auch dann eine Weltanschauung bleibe, wenn sie sich in der Gesellschaft durchgesetzt habe (Renken 2010; Groschopp 2013b, 32). Der von der Bremer Bildungsbehörde eingelegten Berufung wurde in einem Urteil des Oberverwaltungsgerichts 2012 stattgegeben. Das Urteil wird zum einen dadurch begründet, dass der *HVD* ein sechsjähriges Grundschulkonzept vorlegte, obwohl die Grundschule in Bremen nur die Klassenstufen 1 bis 4 umfasst. Zum anderen begründet das Gericht sein Urteil damit, dass das eingereichte Schulkonzept „nicht genügend humanistisch-weltanschaulich" (Groschopp 2013b, 32) sei. Zum besseren Verständnis soll der Wortlaut hier in einigen längeren Auszügen zitiert werden:

> Der Humanismus ist als Weltanschauung anzuerkennen. [...] Es fehlt der von den Klägern geplanten Grundschule jedoch an einer hinreichenden Prägung durch diese Weltanschauung. [...] Dem vorgelegten Schulkonzept mangelt es bereits an Vorgaben dazu, wie die notwendige weltanschauliche Homogenität von Schülern, Eltern und Lehrern erreicht werden soll. [...] Das Konzept verlangt weder bei der Schulaufnahme von Kindern noch bei der Einstellung und Beschäftigung von Lehrern und anderen Mitarbeitern ein Bekenntnis der Schülerinnen und Schüler beziehungsweise ihrer Erziehungsberechtigten sowie des Lehrpersonals und der Mitarbeiter zum Humanismus als Weltanschauung. [...] Das von den Klägern vorgelegte Konzept lässt schließlich auch nicht erkennen, dass der Humanismus als Weltanschauung für die Gestaltung von Erziehung und Unterricht in den verschiedenen Unterrichtsfächern sowohl methodisch, als auch bei der Behandlung der jeweils berührten Sinn- und Wertfragen prägend ist. [...] Dem Konzept fehlt es an einer Unterscheidbarkeit zwischen pädagogisch für erstrebenswert oder sinnvoll erachteten allgemeinen Prinzipien der pädagogischen Arbeit und aus dem Humanismus als Weltanschauung erwachsenen Leitideen, die die pädagogische Arbeit an der Grundschule tragen. Es wird nicht nachvollziehbar und begründet dargelegt, welche konkreten Unterrichtsmethoden, Arbeitsformen und schulorganisatorischen Besonderheiten einzeln oder in ihrer Gesamtkonzeption spezifischer Ausdruck einer humanistischen Weltanschauung sind. [...] Eine Schule wird erst dann zur Weltanschauungsschule, wenn aus einer gemeinsamen für richtig gehaltenen Weltanschauung heraus die Vermittlung dieser Weltsicht Erziehungs- und Bildungsziel ist. Das kommt in dem Konzept der Kläger nicht hinreichend zum Ausdruck. (Oberverwaltungsgericht der Freien Hansestadt Bremen 2012, 10–16)

Die komplexe Gemengelage aus eigenen weltanschaulichen Zielen, darüber hinausgehenden Vertretungsansprüchen, praktischen Notwendigkeiten und politischem Anpassungsdruck, die an diesem Beispiel sichtbar wird, wird am aus-

---

um „kein Bekenntnis." (Humanistischer Verband Deutschlands 2001, 3) Dieser Passus wurde in einer Neuauflage des Selbstverständnisses 2001 aus dem Jahr 2011 gestrichen.

führlichsten vom ehemaligen *HVD*-Präsidenten Horst Groschopp thematisiert. Einerseits positioniert er sich als klarer Verfechter eines *HVD* als Kulturorganisation (Groschopp 1997). Andererseits erkennt er, dass der *HVD* dem Anspruch, Kulturorganisation zu sein, nur dann gerecht werden kann, wenn öffentliche Mittel für seine Praxis bereitgestellt werden. Um diese zu erhalten, muss sich der Verband aber als Weltanschauungsgemeinschaft aufstellen und seinen Humanismus als spezielles, weltliches-immanentes Bekenntnis begreifen (Groschopp, 2013b, 25), sich selbst gleichsam als „Dritte Konfession." (Groschopp 2004a, 2004b) Argumentiert der *HVD* aus dieser Position heraus, könne und dürfe er sich nicht mehr als ‚Interessenvertretung der Konfessionsfreien' bezeichnen und begreifen, denn er selbst sei in dieser Position nicht konfessionsfrei (Groschopp 2010e, 11).

Mit dem Schlagwort ‚Dritte Konfession' hat Groschopp eine hitzig geführte verbandsinterne Debatte ausgelöst. Einige stimmen seiner Einschätzung zu.

> [I]ch bekenne mich dazu [gemeint ist das *HSV*, Anm. StS], ich stehe dafür ein und ich streite auch dafür, sei es in öffentlicher Diskussion oder im privaten Gespräch. Ich bekenne mich dazu, weil es den Rahmen meiner Lebens- und Wertesicht benennt. Darf ich das, wozu ich mich bekenne, nicht Bekenntnis nennen, weil der Begriff auch kirchlich-religiös besetzt ist? Das bedeutete für mich, den Kirchen auch noch die semantische Lufthoheit zu überlassen. (Jahn-Graf 2005, 14)

Neben solchen persönlichen Überlegungen können dabei auch politisch-strategische eine Rolle spielen.

> Humanisten schrecken häufig vor dem Bekenntnisbegriff zurück, weil er so stark mit Religion verglichen wird. Humanisten glauben nicht, so meinen sie, ‚weil es absurd ist'. Sie setzen lieber auf rational gestützte Plausibilität. Ich bin aber davon überzeugt, dass der HVD nur als Gemeinschaft mit einem klaren, gelebten Bekenntnis die Traditionslinien des europäischen Humanismus wirkungsvoll mit seiner Arbeit verknüpfen und gegenüber den Kirchen eine wichtige gesellschaftliche Rolle spielen kann. (Schilt 2010, 84)

Andere erinnert der Begriff zu sehr an Christentum und Kirche, gegen deren Positionen und vor allem Verquickungen mit dem Staat der *HVD* doch eigentlich protestieren sollte.

> Der Terminus ‚Konfession' ist christlichen Ursprungs und bezeichnet innerhalb der ‚universalen' christlichen Kirche eine bestimmte Teilkirche. [...] Er ist durch Abspaltungen und Machtkämpfe unter den Christen entstanden und ist letztlich ein Instrument, den innerkirchlichen Zerfall zu verhindern und Bekenntnisunterschiede zu deklarieren. Der weltliche Humanismus hat damit überhaupt nichts zu tun. [...] Konfession ist in der christlichen Kirche ein sehr belasteter Begriff. Confessio kommt aus dem Lateinischen und bedeutet Geständnis, Bekenntnis oder auch Glaubensbekenntnis oder Beichte. Es sind negativ besetzte Begriffe,

die im Vokabular eines nichtreligiösen Menschen wahrscheinlich wenig vorkommen. Ich bekenne nicht: Ich weiß oder ich weiß nicht. (Nass 2005, 15)

Sich selbst als gleichberechtigte Konfession neben den Kirchen zu inszenieren, stärke deren Position noch, statt kirchliche Privilegien abzubauen.

> Die grundsätzliche Gefahr besteht darin, dass wir mit der Forderung nach Gleichbehandlung Gleiches wie die Kirchen fordern. Damit werden weiterhin Kirchenpositionen gestärkt. Jegliche Generalforderung nach der Trennung von Kirche und Staat wäre somit unsinnig. (David 2003, o.S.)

Letztlich hat sich im Rahmen der innerverbandlich mehrheitlich vertretenen Strategie einer RELIGIONSPOLITISCHEN ISOMORPHIE jedoch das von Groschopp vorgeschlagene Modell eines doppelten Humanismus als „eine Kulturbewegung und eine Weltanschauung" (Groschopp 2010d, 7) durchgesetzt. Je nach strategischer Notwendigkeit vertritt der *HVD* demnach einerseits einen Kulturhumanismus, der einen „lebensweltlichen wie institutionellen Rahmen vor[gibt], in dem sich Weltanschauungen und Philosophien entfalten" (Groschopp 2010a, 70), andererseits einen spezifisch weltanschaulichen „‚konfessionelle[n]' Humanismus, wie er dem Konzept einer Weltanschauung nun einmal innewohnt." (Groschopp 2010c, 168) Die Beziehung zwischen beiden ist jedoch, wie Groschopp selbst mit Bezug auf die gescheiterte Genehmigung der Weltanschauungsschule in Bremen feststellt, nicht endgültig geklärt.

> Schon gar nicht liegt eine Studie vor, wie die beiden [...] Variationen von Humanismus sich aufeinander beziehen, die allgemeine in der Gesellschaft (der Humanismus, der sich ‚durchgesetzt' hat) und die spezielle des Antragstellers HVD (der Humanismus, den diese Organisation befördern will). (Groschopp 2010c, 144)

Der Ausrichtung auf die Strategiekategorie RELIGIONSPOLITISCHE ISOMORPHIE entsprechen auch die vom *HVD* avisierte Lobbyarbeit und das Ziel, Verbandsmitglieder in zentralen, politischen Positionen zu installieren.

> Und es ist eine wichtige politische Arbeit im Hinblick auf den Bundestag, wo wir sehr viel stärker uns Gehör verschaffen müssen, um politisch wirksam zu werden. Und da kommt auch wieder die Lobbyarbeit hinzu. Also wenn wir über die SPD-Schiene zum Beispiel, ich bin Mitglied der SPD, wenn wir darüber, von der Bundesebene an, den Landesverband nach Hessen, in den Stadtverband Frankfurt den HVD bekannt machen könnten, und damit sozusagen eine Art Stallgeruch von Anfang an hätten in der SPD in Frankfurt, wäre es viel leichter für den HVD, dort eine Kita aufzumachen, als völlig von außen. (Interview 6, *HVD*-Funktionär, 30)

Im Bereich der Verbandsstrategie findet wohl die schärfste Abgrenzung des *HVD* von der *GBS* und anderen weltanschaulich-agonalen freigeistigen Organisationen statt. Mit ihren laizistischen Forderungen setzen diese exakt die anachronistische Ausrichtung an freigeistiger Tradition fort, die freigeistige Organisationen erst in die große Krise treibe (dazu ausführlich Kapitel 4.3.1). Forderungen nach negativer Gleichbehandlung richten sie letztlich auch gegen die öffentliche Förderung der *HVD*-Praxis. Verbandsfunktionäre des *HVD* betrachten es somit als kontraproduktiv, Themen und Positionen weltanschaulich-agonaler freigeistiger Organisationen aufzugreifen, auch wenn die Versuchung dazu angesichts der medialen Aufmerksamkeit, die vor allem der *GBS* zukomme, bisweilen groß sei.

> [D]as Problem besteht aber darin, dass von uns von vornherein klar war, wir würden einmal errungene Privilegien nie wieder abgeben, während GBS und die dann wieder erstarkten Laizisten, das ist ja zeitlich etwas danach, der festen Überzeugung waren, dass alle rausmüssen, [...] möglichst der Humanistische Verband auch. [...] Man darf den HVD schon bundespolitisch gar nicht damit identifizieren, dass er so sei wie die Giordano Bruno Stiftung. Da ist dann die Arbeitsteilung mal ernst zu nehmen. Und da muss der Humanistische Verband, ich sage das so, nicht auf diesen Leim gehen. (Interview 20, ehemaliger *HVD*-Funktionär, 14–19)

Auch große Teile des Praxisangebots des *BFGD*, wie dessen Religionsunterricht und die Kindertagesstättenbetreuung, sind nur durch RELIGIONSPOLITISCHE ISOMORPHIE finanziell und organisatorisch bewältigbar. Zusätzlich weisen beim Bund die öffentlich-rechtliche Organisationsform und die Erhebung einer Kirchensteuer (auf die der *HVD* verzichtet) auf eine Aufbau-Strategie hin.

> Gute und qualifizierte Ansprechpartner sowie Räumlichkeiten zum Treffen verursachen Kosten. Und diese Kosten müssen finanziert werden. Außerdem betrachten wir es als unsere Pflicht, auf eine Gleichberechtigung aller Religionen und Weltanschauungen hinzuarbeiten und Privilegierungen bestimmter religiöser Richtungen abzubauen. Nur so kann der Staat seine Neutralität in religiös/weltanschaulichen Fragen wahren und Artikel 4 GG, Religions- und Glaubensfreiheit von allen gelebt werden. Dazu müssen wir uns in der Öffentlichkeit bemerkbar machen. Mitgliedsbeiträge in Höhe der üblichen Vereinsbeiträge reichen leider nicht aus. Von daher haben wir uns in den 1960er-Jahren schweren Herzens dazu entschlossen, den eigentlich unseren säkularen Prinzipien widersprechenden Weg über die sogenannte ‚Kirchensteuer' einzuschlagen. (Bund freireligiöser Gemeinden Deutschlands 2005)

4.5.2 Der weltanschaulich-agonale Humanismus: Handlungs- und interaktionale Strategien des weltanschaulich-agonalen Organisationstypus

Im Folgenden werden auch für die Kategorie WELTANSCHAULICH-AGONALER HUMANISMUS die Eigenschaften Weltanschauung, Organisationsform, Praxis und Strategien einer Analyse unterzogen. Dabei wird zunächst ausführlich die *GBS* ins Zentrum gerückt, am Unterkapitelende aber jeweils auch andere Beispiele weltanschaulich-agonaler freigeistiger Organisationen in Deutschland (*IBKA* und *GWUP*).

4.5.2.1 Eigenschaft Weltanschauung: Aufklärung

Als Schlüsselkategorie der Eigenschaft Weltanschauung des weltanschaulich-agonalen Organisationstypus bildete sich im Laufe der Analysen AUFKLÄRUNG heraus. Sie ist, ähnlich der Kategorie SELBSTBESTIMMUNG IN SOZIALER VERANTWORTUNG beim sozialpraktischen Organisationstypus, weltanschauliche Praxisgrundlage und Zielformulierung gleichermaßen.

Aufklärung wird von der *GBS* auf alle Lebens- und Gesellschaftsbereiche bezogen und soll durch breite Bildungsoffensiven in diese Einzug halten.

> Grundbedingung hierfür ist, dass diejenigen, die bislang keinen Zugang zu Wissenschaft, Philosophie und Kunst hatten, endlich einen solchen Zugang erhalten. Deshalb zählt die *Verbesserung des Bildungswesens* neben der Aufhebung der gravierenden sozialen (vorwiegend ökonomischen) Missstände zu den wichtigsten Aufgaben der Gegenwart. (Schmidt-Salomon 2006, 49)

Wie dieses Zitat verdeutlicht, steht die Kategorie AUFKLÄRUNG bei der *GBS* sowohl für ein zentrales Instrument zur Überwindung der großen Krise als auch zur Ausschöpfung menschlicher Potenziale (siehe dazu auch Kapitel 4.3.2). Zur Grundvoraussetzung für Aufklärung erklärt die Stiftung die Verbreitung wissenschaftlicher Epistemologie und Methodik. Obwohl *GBS*-Vertreter vor naturalistischen Fehlschlüssen und sozialdarwinistischen Fehlinterpretationen der Evolutionstheorie warnen, ist eine Auseinandersetzung mit Wissenschaft unerlässlich, um die Weltanschauung der *GBS* angemessen analysieren zu können. In kritischer Auseinandersetzung mit dem *HSV* des *HVD* schreibt Fink:

> Gleichwohl steht auch für das Selbstverständnis des säkularen Humanismus in Deutschland die Frage im Raum, ob der Erkenntnisfortschritt der Realwissenschaften religionsfreien Menschen nicht weitaus mehr zu geben hat als in der begeisterungsarmen Formulierung, die

Wissenschaften seien für den Humanismus ein ‚unverzichtbares Hilfsmittel' zum Ausdruck kommt. (2010b, 14)

Denn nicht nur ist für Stiftungsvertreter „die wissenschaftliche Methode [...] ohne Zweifel das beste Erkenntnisprinzip, das unsere Art bislang hervorgebracht hat." (Schmidt-Salomon 2009, 53) Der Stiftung geht es auch darum, Humanismus und Naturalismus zu versöhnen und somit sämtliche weltanschauliche Prinzipien wissenschaftlich rückzubinden. So wird zum Beispiel die Vorstellung der Gleichheit aller Menschen (und damit Menschenwürde beziehungsweise Menschenrechte[15] allgemein) aus der naturwissenschaftlichen Erkenntnis abgeleitet, dass sie alle evolutionsbiologisch als Exemplare der gleichen Spezies miteinander verbunden sind.

> Erst wenn wir uns nicht mehr als Christen, Juden, Muslime, Buddhisten, Hindus oder Atheisten gegenübertreten, sondern als *freie, gleichberechtigte Mitglieder einer mitunter zur Selbstüberschätzung neigenden affenartigen Spezies*, wird sozialer Frieden überhaupt möglich sein. (Schmidt-Salomon 2006, 49)

Auch ethische Überlegungen der *GBS* basieren wesentlich auf (natur-)wissenschaftlichen Erkenntnissen – nicht im Sinne konkreter Handlungsorientierungen, aber gewissermaßen als Voraussetzung für diese. Es gehe nicht um die Anwendung einer auf Naturrecht basierenden Moral, welche aus dem naturalistischen Sein ein Sollen abzuleiten versuche (Schmidt-Salomon 2006, 95). Vielmehr werden ethische Handlungsorientierungen daraufhin befragt, ob die biologischen Voraussetzungen des Menschen (dazu ausführlich Kapitel 4.4.2) das geforderte Verhalten überhaupt ermöglichen.

> Naturwissenschaftliche Erkenntnisse bleiben für die ethische Diskussion weiterhin hoch relevant, allerdings steht im Mittelpunkt des Interesses nicht mehr die Frage, *ob wir ein bestimmtes, ethisch gefordertes Verhalten zeigen sollten*, sondern vielmehr die Frage, *ob wir ein bestimmtes Verhalten überhaupt zeigen können beziehungsweise ob wir es* – trotz aller moralischen Verbote! – *mit größter Wahrscheinlichkeit am Ende nicht doch zeigen werden. [...]* Wer [zum Beispiel, Anm. StS] um die Bedeutung des sexuellen Eigennutzes in der Natur weiß – er ist die eigentliche *Triebkraft der Evolution!* –, der wird kaum damit rechnen, dass eine nennenswerte Zahl derer, die zur Keuschheit verpflichtet sind, tatsächlich diesem Gebot Folge leisten können. Wie sollte dies auch gelingen? Eine Urkraft wie die Sexualität lässt sich

---

15 Ähnlich wie beim *HVD* herrscht innerhalb der *GBS* die Ansicht vor, Menschenrechte seien durch freigeistige Revolutionen gegen Religionen „erkämpft" (Schmidt-Salomon 2011k, 86) worden. Anders als beim *HVD* wird jedoch die Möglichkeit offen gehalten, sie unter bestimmten, extremen Bedingungen auszusetzen, etwa im Falle von Notwehr oder Tyrannenmord (Schmidt-Salomon 2006, 127).

> nicht einfach verdrängen. Wie das Wasser bahnt sie sich ihren Weg – ohne Rücksicht auf Verluste. (Schmidt-Salomon 2006, 95–96)

Über die Funktion der epistemologischen Grundlage des *GBS*-Welt- und Menschenbildes hinaus wird Wissenschaft somit gleichsam zur Basis der *GBS*-Ethik. Das evolutionsbiologisch entwickelte Prinzip Eigennutz, Erfahrungen von Glück und Leid und die durch Spiegelneuronen entwickelte Fähigkeit des Menschen, Empathie zu empfinden und somit zu erkennen, dass auch andere Wesen Wohl und Wehe empfinden und eigennützig handeln – allesamt naturwissenschaftliche Erkenntnisse –, legen für die *GBS* ein epikureisch-utilitaristisches Ethikverständnis nahe, das möglichst allen Interessen (auch denen von Tieren, die sich diesbezüglich biologisch kaum vom Menschen unterschieden) gerecht werden soll, um die insgesamt fairste Lösung zu finden (Schmidt-Salomon 2006, 100; Kanitscheider 2010; Sommer 2012, 20–21)[16] und somit Eigennutz „in den Dienst von Humanität zu stellen." (Schmidt-Salomon 2006, 105) Diese Ethik sei „weder von ‚Gott' noch von ‚der Natur'"(Schmidt-Salomon 2006, 93) vorgegeben, sondern basiere auf empirischem Faktenwissen, logischen Schlüssen und der Prämisse, die „Zahl der Normen möglichst gering" (Vollmer 2013, 75) zu halten.

Wissenschaft wird darüber hinaus als wesentlicher Motor für Wohlstand und eine Verbesserung der Lebensverhältnisse betrachtet.

> Spätestens seit dem Zeitalter der Aufklärung gilt wissenschaftliche Erkenntnis als der Königsweg zur Steigerung des allgemeinen Lebensstandards, zur Befreiung von Aberglauben und Tradition, zur Lösung der großen Welträtsel. Und die zahlreichen Erfolge der wissenschaftlichen Erkenntnissuche schienen diese Hoffnung nur zu bestätigen. Die Wissenschaft verhalf den Glücklichen, die über sie verfügen konnten, zu einem nie da gewesenen materiellen Wohlstand. Sie sprengte die Ketten der Tradition und löste viele Rätsel, von denen die Vorfahren nicht einmal geahnt hatten, dass sie überhaupt existierten. (Schmidt-Salomon 2006, 9)

Wie dieses Zitat verdeutlicht, wird Wissenschaft für die *GBS* auch zum Kritikinstrument gegenüber anderen, vor allem religiösen Weltanschauungen, von deren falschen und inhumanen Lehren sie befreien könne. Durch den Leitsatz „Wissen statt Glauben" (Giordano Bruno Stiftung 2017b) wird angedeutet, dass *GBS*-Vertreter eine wissenschaftliche Epistemologie für nicht vereinbar mit religiösen Glaubensvorstellungen halten.

---

[16] Aus diesem Ethikverständnis der Stiftung schert lediglich Fink aus, laut dem eine „humanistische Pflichtethik […] nicht abwegig" (2010b, 23) sei.

Seit einigen Jahrhunderten ist jedoch die Präge- und Bindungskraft traditioneller Formen von Religionen zumindest dort rückläufig, wo empirische Wissenschaften und aufklärerisches Bewusstsein ihren Einfluss ungehindert entfalten können. Das Christentum hat in Europa seine beherrschende Stellung im Denken und Fühlen der Menschen weitgehend eingebüßt. Ein entscheidender Grund dafür ist sicherlich die schwer zu überbrückende Kluft zwischen altem Glauben und neuem Wissen. (Fink 2013b, 10)

Über den Anspruch, die eigene Weltanschauung an Wissenschaft rückzubinden und sie kontinuierlich an deren Fortschritt anzupassen, markieren Stiftungsvertreter einen scharfen Gegensatz zu Religionen. Dem Selbstverständnis der Stiftung zu Folge entwickeln sich *GBS*-Positionen im Unterschied zu religiösen Dogmen jeweils mit fortschreitender wissenschaftsbasierter Erkenntnis weiter.

[D]ie Stiftung [geht] keineswegs davon aus, im Besitz der ‚allein selig machenden Wahrheit' zu sein. Vielmehr stellt sie sich konsequent dem *‚Prinzip der kritischen Prüfung'*, das verlangt, fehlerhafte Überzeugungen aufzugeben, sobald bessere Argumente vorliegen. (Giordano Bruno Stiftung 2014a, 42)

Neben der Entzauberung erhält Wissenschaft von der *GBS* jedoch auch die Funktion, die Welt neu zu verzaubern.

Fragen Sie sich: Gibt es irgendeine Erzählung in irgendeiner Religion, die dem ‚Sinn und Geschmack für das Unendliche' so nahe kommt wie die rationale Erhellung der Sachverhalte im Rahmen der Kosmologie oder Evolutionsbiologie? Wer die grandiosen Dimensionen, die uns die wissenschaftliche Weltsicht heute eröffnet, nicht nur intellektuell begriffen hat, sondern auch die Tiefe und Erhabenheit spürt, die in dieser Weltsicht liegt, entwickelt eine besondere Form von ‚Religiosität', die mit dem, was traditioneller Weise unter ‚Religion' verstanden wird, schwerlich in Einklang zu bringen ist. (Schmidt-Salomon 2014, 320–321)

Interessant an diesem Zitat ist vor allem die Gegensatzkonstruktion einer eigenen Religiosität gegenüber traditionellen Religionen mit Bezug auf die Religiositätsdefinition Schleiermachers („Sinn und Geschmack für das Unendliche"), der jedoch sehr selektiv ausfällt. Die Demarkationslinie verläuft letztlich an der Unterscheidung Naturalismus/Transzendenz, die von *GBS*-Vertretern bei aller gelegentlichen Rede von einer eigenen ‚Religiosität', ‚rationaler Mystik'[17] oder ‚Spiritualität'[18] stets scharf gezogen wird.

---

17 Gemeint ist ein „neuer Monismus [...], eine rationale Einheitsdeutung der Welt, die in bemerkenswerter Weise mit der mystischen Einheitserfahrung korrespondiert." (Schmidt-Salomon 2014, 321)
18 Gemeint ist „eine Stimmung der Entrücktheit." (Interview 2, *GBS*-Funktionär, 33)

Allen Warnungen vor und Abgrenzungen von „irrationaler Wissenschaftsgläubigkeit" (Schmidt-Salomon 2006, 38) zum Trotz werden „Logik und Empirie" (Schmidt-Salomon 2012a, 194) als wissenschaftliche Prinzipien somit zu den *fundamentals* der GBS. Dass sie das beste Erkenntnis- und Kritikinstrument, Grundlage für Ethik und Wertvorstellungen, Fortschritts- und Wohlstandsmotor und Instrument für eine neue Verzauberung der Welt sind, ist eine *GBS*-interne Prämisse, die nicht in Zweifel gezogen wird – weder hinsichtlich der Frage, ob Wissenschaft dies alles tatsächlich zu leisten im Stande ist, noch, wenn man diese erste Frage denn bejahen möchte, ob dies dann nicht zu einer illegitimen Entgrenzung ihres Zuständigkeitsbereiches führt, die angesichts historischer Vorbilder innerhalb der freigeistigen Szene, wie dem Monismus, auch Gefahren birgt.

Im oben beschriebenen wissenschaftlichen Sinne aufzuklären gilt es laut *GBS*-Vertretern zum Beispiel darüber, dass alles dem Evolutionsprinzip unterliege, „nur nicht die Evolutionsgesetze." (Vollmer 2013, 61) Das Evolutionsprinzip wird als „Matrix" (Interview 18, Interview *GBS*-Funktionär, 1) verstanden, die für alle natürlichen und kulturellen Entwicklungen grundlegend ist. Aus diesem Grund sei es ein bildungspolitischer „Skandal" (Schmidt-Salomon 2013, 34), dass so wenig evolutionstheoretisches Wissen in den deutschen Bildungsinstitutionen vermittelt werde. Die *Evokids*-Kampagne der *GBS* reagiert explizit auf diesen „Bildungsnotstand." (Schmidt-Salomon 2013, 34) Sie soll zunächst über diesen aufklären, damit daraufhin bildungspolitisch nachgesteuert werden und evolutionstheoretische AUFKLÄRUNG, zum Beispiel mit Hilfe der von der *GBS* entwickelten Lehrmaterialien, an den Schulen erfolgen kann. In der auf der zweiten *Evokids*-Tagung in Gießen 2015 verabschiedeten Resolution heißt es dementsprechend:

> Wir appellieren daher nachdrücklich an die deutschen Bildungspolitikerinnen und Bildungspolitiker sowie an die Lehrerinnen und Lehrer des Landes, der Evolution im Unterricht endlich die Bedeutung zuzuweisen, die ihr als dem wohl wichtigsten Bestandteil des modernen Welt- und Menschenbildes gebührt! (Evokids o. J.)

Über das so verstandene, allumfassend wirkende Evolutionsprinzip will die *GBS* auch die Notwendigkeit einer „Einheit des Wissens" (Schmidt-Salomon 2007a[19]) veranschaulichen. Brückenschläge zwischen den Geistes- und Naturwissen-

---

[19] In diesem ersten Band der *GBS*-Schriftenreihe stellt Schmidt-Salomon im Zusammenhang des Ziels einer Einheit des Wissens explizit Traditionsbezüge zum *DMB* und Ernst Haeckel her, betont jedoch, dass diese „kritisch" und ohne deren „Biologismus" erfolgen müssten (Schmidt-Salomon 2007a, 37). Ähnliches liest man bei Fink (2013b, 10).

schaften seien nötig, um die Potenziale der Wissenschaft auch wirklich zur Entfaltung zu bringen.

> Die korrekte Wahrnehmung des biologisch vorgegebenen Rahmens ist von entscheidender Bedeutung. Ignorieren wir die Breite dieses Rahmens, so laufen wir geradewegs in die Sackgasse des Biologismus, ignorieren wir hingegen, dass dieser biologische Rahmen überhaupt existiert, so landen wir ebenso schnell auf dem Abstellgleis des Kulturismus. Beide Denkungsarten verfehlen ihr Ziel und behindern [...] den Weg einer ‚Einheit des Wissens'. (Schmidt-Salomon 2007a, 27)

Laut Schmidt-Salomon (2006, 40 – 44) ist eine echte Zusammenführung des „fragmentierten Wissens" (Schmidt-Salomon 2006, 42) der Wissenschaften allerdings erst durch Philosophie möglich. Sie habe eine ähnliche Funktionsweise wie Wissenschaft, könne jedoch durch präskriptive Aussagen über diese hinausgehen.

> Mithilfe einer rationalen, den aktuellen Forschungsstand berücksichtigenden Philosophie kann ein beachtlicher Teil jener kulturellen Lücke geschlossen werden, die die Wissenschaft aufgrund ihrer methodischen Selbstbeschränkungen nicht abdecken kann. Warum? Weil das philosophische Denken sehr wohl präskriptive Sätze (ethische Regeln) und existentielle Sinndeutungen mit einschließt, die im strengen wissenschaftlichen Sinne nicht überprüfbar sind und daher aus dem Geltungsbereich der exakten Wissenschaft ausgeschlossen werden. (Schmidt-Salomon 2006, 43 – 44)

Philosophie stellt somit für die *GBS*-Weltanschauung und ihre zentrale Kategorie AUFKLÄRUNG eine notwendige Ergänzung zur Wissenschaft dar, sei ohne Wissenschaft jedoch „*nur gehaltlose Spekulation.*" (Schmidt-Salomon 2006, 42) Gleiches gilt für die Kunst (Schmidt-Salomon 2006, 44 – 45). Ihr wird das Potenzial und die Funktion attestiert, „den *historisch vermittelten Lebenssinn sinnlich erfahrbar zu machen*" (Schmidt-Salomon 2014, 195), emotionale und ästhetische Bedürfnisse des Menschen anzusprechen und damit über Philosophie und Wissenschaft hinauszuweisen.

> Gerade in der spielerischen Vorwegnahme des Noch-nicht-Möglichen, in der Konfrontation des Bestehenden mit dem Utopischen liegt eine besondere Ressource der Kunst. [...] Dadurch, dass Kunst tradierte Formen der Weltwahrnehmung nicht nur bestätigt, sondern auch überschreitet, indem sie Widersprüche auf spielerische Weise artikuliert, zuspitzt und alternative Lösungsmöglichkeiten aufzeigt, wurde sie zu einem treibenden Motor der kulturellen Evolution. (Schmidt-Salomon 2014, 195 – 196)

Kunst sei somit keine „zweckfreie, lebenspraktisch irrelevante Luxusveranstaltung, sie ist vielmehr eine unser Leben und Überleben wesentlich bestimmende Kraft." (Schmidt-Salomon 2014, 196) Auch das Schöne und Ästhetische wird aber im Rahmen des naturalistischen Weltbildes der *GBS* gedeutet und unterliege damit, wie alles andere, dem Evolutionsprinzip. Auch darüber möchte die Stiftung aufklären.

> Ginge es in der Evolution allein darum, dass die Eigenschaften derjenigen Organismen überleben, die an ihre Umwelt am besten angepasst sind, [...] sähe unsere Welt deutlich trister aus: Es gäbe in ihr keine Paradiesvögel mit prächtigem Gefieder, keine Löwen mit mächtigen Mähnen, keinen Gesang der Nachtigall – und wir Menschen wären wahrscheinlich überhaupt nicht erst entstanden, geschweige denn, dass wir irgendwelche Kunstwerke hervorgebracht hätten. [...] Wie bereits Darwin vermutete, sind die sogenannten *schönen Künste* aus dem Liebeswerben und den ritualisierten sexuellen Rivalenkämpfen hervorgegangen, die wir in der Natur bei vielen Arten beobachten können. [...] Kunst ist deshalb attraktiv, weil derjenige, der es sich leisten kann, seine Zeit mit dem Erzeugen, Sammeln oder Genießen von Kunst zu verbringen, damit dokumentiert, dass er überschüssige Ressourcen besitzt, die er augenscheinlich nicht für die direkte Daseinsfürsorge benötigt. (Schmidt-Salomon 2014, 186–193)

Dieses Kunstverständnis beschränkt sich nicht auf die klassischen Kunstgattungen, sondern schließt zum Beispiel auch biographische beziehungsweise familiäre Übergangsfeiern mit ein, die als symbolischer Ausdruck und ästhetische Bearbeitung von Umbruchphasen im Lebenszyklus verstanden werden (Schmidt-Salomon 2006, 44).

Es zeigt sich der Anspruch der *GBS*, mit dem Zusammenspiel aus Wissenschaft, Philosophie und Kunst ein funktionales Äquivalent zu Religionen zu konstruieren. Wissenschaft steht dabei für die alternative Epistemologie und ein neues Welt- und Menschenbild, Philosophie für eine „fruchtbare weltliche Alternative zur religiösen Sinn- und Moralstiftung" (Schmidt-Salomon 2006, 40), und Kunst für eine alternative ästhetische und symbolisch-rituelle Praxis, die mit dem Naturalismus der *GBS* und ihrem weiten Wissenschaftsanspruch vereinbar erscheinen soll. Dies kulminiert in einem der Leitsätze der Stiftung: „Wer Wissenschaft, Philosophie und Kunst besitzt, braucht keine Religion." (Giordano Bruno Stiftung 2014a, 47) Aus der Erkenntnis, dass es über die Kunst funktionale Äquivalente zur ästhetischen und symbolisch-rituellen Dimension von Religion geben kann, leitet die Stiftung allerdings keine entsprechende Praxis ab. Ihrer weltanschaulichen Schlüsselkategorie entsprechend soll die *GBS* eher darüber aufklären, dass solche Alternativen existieren. Ein substituierender Religionsbezug wird der *GBS* intern eher auf der Ebene eines alternativen Welt- und Menschenbildes beziehungsweise einer alternativen Ethik zugewiesen. Dementsprechend versteht sich die Stiftung, anders als der *HVD*, nicht als sozialer Dienstleister, sondern als „Denkfabrik für Humanismus und Aufklärung." (Giordano Bruno Stiftung 2014a, 5)

Die im weltanschaulichen Bereich des sozialpraktischen Organisationstypus zentrale Kategorie SELBSTBESTIMMUNG IN SOZIALER VERANTWORTUNG spielt auch für die *GBS* eine durchaus prominente Rolle.[20] Sie wird jedoch stark an die Schlüsselkategorie der AUFKLÄRUNG rückgebunden und besitzt damit einen anderen Bedeutungsumfang als zum Beispiel beim *HVD*. So gestehen *GBS*-Vertreter einem Individuum nur dann überhaupt eine selbstbestimmte Entscheidungskompetenz zu, wenn es zuvor im oben beschriebenen Sinne umfassend aufgeklärt wurde. Der Glaube an ein kreationistisches Welt- und Menschenbild und eine damit einhergehende Gottesunterwerfung wird vor diesem Hintergrund zum Beispiel nicht als selbstbestimmte Entscheidung, sondern als Zeichen mangelnder Bildung und fehlender Aufklärung interpretiert, die auch ethisch verheerende Folgen mit sich bringe.

> Aus humanistisch-aufklärerischer Perspektive gelten solche ‚Freiheiten zur Unterwerfung', wie wir bereits gesehen haben, nicht als Freiheiten im eigentlichen Sinne. Sie werden vielmehr als Ausdruck verfehlter Weltbildkonstruktionen begriffen. Verfehlt, weil sie zum einen auf irrigen Annahmen beruhen, die den realen Verhältnissen in der Welt nicht angemessen sind, und zum anderen, weil sie Verhaltensweisen heraufbeschwören, die individuelle Interessen, insbesondere die Interessen von Nichtgruppenmitgliedern, nicht hinreichend berücksichtigen. (Schmidt-Salomon 2012a, 192)

Dem Selbstbestimmungs- und Toleranzprinzip sind demnach bei der *GBS*, gerade im Rahmen religiöser Weltbilder und Lebensentwürfe, deutlich engere Grenzen gesetzt als beim *HVD*. Wie in Kapitel 4.3.2 beschrieben, äußern sich *GBS*-Vertreter entsprechend ablehnend auch gegenüber postmodernen Positionen und Multikulturalismus, denen ein „falsches" (Schmidt-Salomon 2011a, 134) Verständnis von Selbstbestimmung und Toleranz attestiert wird.

> Wer für die *Leitkultur Humanismus und Aufklärung* eintritt, beschreitet einen Weg *jenseits von Fundamentalismus und Beliebigkeit*. Diese Leitkultur vermittelt (im Unterschied zum Paradigma der postmodernen Beliebigkeit) *einerseits genügend Orientierung*, um den Menschen in ihrer Suche nach Sinn Halt zu geben und ihr Zusammenleben nach vernünftigen Regeln zu gestalten, *andererseits* ist sie aber (im Unterschied zum religiösen oder politisch-ideologischen Dogmatismus) gleichzeitig *offen genug*, um die Menschen in ihrer Souveränität nicht unzulässig einzuschränken. (Schmidt-Salomon 2006, 144)

---

20 Vor allem mit der Frage der Autonomie am Lebensende haben sich Stiftungsvertreter intensiv auseinandergesetzt. Sie gehen in ihren Forderungen nach Sterbehilfe über die Beschränkung des *HVD* auf Suizidassistenz hinaus (etwa Minelli 2007).

Die angestrebte „Leitkultur Humanismus und Aufklärung" (Schmidt-Salomon 2006, 144) steht in einem Spannungsverhältnis zu pluralistischen Gesellschaftsentwürfen. Zwar betonen einzelne Stiftungsvertreter, dass religiöse Akteure von der *GBS* toleriert würden und sogar als Bündnispartner in Betracht kämen.

> Einer Zusammenarbeit mit Religionsgemeinschaften steht nichts im Wege, wenn es entsprechende Übereinstimmungen in den Zielen gibt. [...] Mit vielen christlichen Theologen eint uns das Ziel, dem religiösen Fundamentalismus entgegenzuwirken. Eine Kooperation ist dabei auch auf dem Gebiet der Verbreitung evolutionären Wissens denkbar. (Interview 22, GBS-Funktionär, 3)

Angesichts des weiten Wissenschaftsverständnisses und der unter Kapitel 4.5.2.3 beschriebenen Praxis der *GBS*, denen ein erheblicher kritisch-ablehnender Religionsbezug inhärent ist, bleibt jedoch fragwürdig, ob solche „Übereinstimmungen in den Zielen" tatsächlich realistisch sind. In den Schriften von Stiftungsvertretern überwiegt denn auch eine eindeutige Entweder-oder-Logik diametraler Gegensätze zwischen Religion/en und evolutionärem Humanismus.

> Die aufgeklärte Religion ist bei genauerer Betrachtung so etwas wie ein ‚verheirateter Junggeselle', ein Widerspruch in sich. Denn keine der bestehenden Religionen ist mit den Ergebnissen wissenschaftlicher Forschung noch in Einklang zu bringen. Nie zuvor in der Geschichte der Menschheit trat die Unvereinbarkeit von religiösem Glauben und wissenschaftlichem Denken so deutlich zum Vorschein wie in unseren Tagen. [...] Schließlich ist es gar nicht so leicht, einerseits zu wissen, dass man nur einer zufällig entstandenen Trockennasenspezies auf einem kleinen, unbedeutenden Planeten am Rande der Milchstraße angehört, andererseits jedoch an der größenwahnsinnigen Idee festzuhalten, dass es in der vermeintlichen ‚Schöpfung' vor allem um unser Seelenheil gehen soll. Die *kognitive Dissonanz*, die sich hier widerspiegelt, ist einer der Gründe dafür, warum wir weltweit einen recht stabilen sozialen Trend feststellen können – und zwar ein Trend in Richtung eines konsequenteren Denkens und Handelns in Bezug auf Religion. Eine Folge dieser Veränderungsprozesse wird sein, dass der ‚Kampf der Kulturen' in den nächsten Jahren noch heftiger geführt wird als in der Gegenwart. (Schmidt-Salomon 2011 g, 109–110)

Das von Schmidt-Salomon kritisierte „Ingroup-Outgroup-Denken" (Schmidt-Salomon 2011 g, 106) religiöser Akteure wird hier aus entgegengesetzter Perspektive von ihm selbst reproduziert. Er formuliert in seinen Publikationen zwar wiederholt das Ziel einer „offenen Gesellschaft" (Schmidt-Salomon 2006, 48, 2016), setzt dieser weltanschaulich jedoch zugleich enge Grenzen.[21]

---

[21] In Anlehnung an Karl Popper formuliert Schmidt-Salomon neben funktionierenden „Institutionen des Rechtsstaats" (Schmidt-Salomon 2016, 120) vier nicht verhandelbare Prinzipien einer offenen Gesellschaft: Liberalismus, Egalitarismus, Individualismus und Säkularismus (dazu ausführlich Schmidt-Salomon 2016, 113–162).

4.5 Handlungs- und interaktionale Strategien — 183

> All diese Formen der Ignoranz [Bezug genommen wird hier auf einen „*egozentrischen Tunnelblick*" und einen „*postmodernen Gleich-Gültigkeits-Wahn*", Anm. StS] verhindern, dass wir zur richtigen Zeit am richtigen Ort klare Kante zeigen. Sie unterlaufen jede sinnvolle Strategie, die offene Gesellschaft gegen ihre Feinde zu verteidigen. Und sie stärken all jene Kräfte, die sich zum Ziel gesetzt haben, das Rad der Geschichte um Jahrzehnte, wenn nicht sogar um Jahrhunderte zurückzudrehen. (Schmidt-Salomon 2006, 10)

Wie der Bezug auf Julian Huxley oder den Namenspatron der Stiftung, Giordano Bruno, verdeutlicht, basiert der *GBS*-Humanismus, anders als der des *HVD*, weniger auf Traditionsbezügen auf Antike, Renaissance oder eine nachaufklärerische Bildungsbewegung, wenn sich entsprechende Verweise auch mitunter finden lassen (Hilgendorf 2014, 53–54). Man vernehme diese Entwürfe nur noch „von ferne" (Fink 2010b, 9). Stattdessen werden Einzelpersonen, vor allem religionskritische Naturwissenschaftler, neben Huxley und Bruno auch Galilei, Kopernikus, Kropotkin und Darwin – der von einem Beirat gar zum „Begründer [...] des Evolutionären Humanismus" (Wuketits 2013, 119) gemacht wird – zu den Vorläufern der Stiftungs-Weltanschauung, und dabei zu regelrechten Märtyrern der Aufklärung erklärt.

> Giordano Bruno wurde 1600 nach sieben finsteren Kerkerjahren auf dem Scheiterhaufen der ‚Heiligen Inquisition' verbrannt. Er hatte das kirchenamtlich vorgegebene Weltbild in einer bis dahin unerreichten Schärfe verworfen und das Dogma der Sonderstellung von Menschheit und Erde im Kosmos durch seine Theorie des ‚unendlichen Universums' und der ‚Vielheit der Welten' in weit dramatischerem Maße entzaubert als Galilei, der nur wenige Jahre später (mit freundlicherem Ausgang) in die Hände der Inquisition geriet. [...] In Brunos unzeitgemäßer Philosophie finden sich bereits Grundzüge einer *nicht-dualistischen, naturalistischen Welterkenntnis*, Überlegungen zur *biologischen Abstammungslehre* und zu einer *evolutionär-humanistischen Ethik*, die auch die Rechte nichtmenschlicher Organismen einschließt. Zudem gingen von Bruno wesentliche Impulse für die Entwicklung der *modernen Religionskritik* aus. All diese Gründe führten zu der Entscheidung, die Stiftung nach Giordano Bruno, dem großen tragischen Helden der Wissenschafts- und Emanzipationsgeschichte, zu benennen. Schließlich setzt kritische Forschung nicht nur kluge Köpfe voraus, sondern auch *die Fähigkeit zum aufrechten Gang*. (Giordano Bruno Stiftung 2014a, 9)

Aus solchen Vorbildern leitet die *GBS* ihren „*Glaube[n] an die Entwicklungsfähigkeit des Menschen*" [22] (Schmidt-Salomon 2014, 93) ab, wenn er nur seine Potenziale ausschöpfe (siehe zu diesen ausführlich Kapitel 4.4.2). Nur über den Weg der Aufklärung könne die „Menschheit ihrer Verantwortung für die Ökosphäre der

---

[22] Am Schluss seiner Monographie *Hoffnung Mensch* formuliert Schmidt-Salomon ein „*alternative[s] Glaubensbekenntnis*" (Schmidt-Salomon 2014, 329), das mit den Worten endet: „Ich glaube an den Menschen / Der die Hoffnung der Erde ist / Nicht in alle Ewigkeit / Doch für Jahrmillionen / (Amen)." (Schmidt-Salomon 2014, 330)

Erde gerecht werden" (Schmidt-Salomon 2014, 313), wenn sie dafür auch „brennende Geduld" (Schmidt-Salomon 2012a, 250, 2014, 282–283) benötige.

Auch bei der *GWUP* und dem *IBKA*, zwei weiteren weltanschaulich-agonalen freigeistigen Organisationen in Deutschland, steht die Kategorie AUFKLÄRUNG im Zentrum der Eigenschaft Weltanschauung, ist jedoch weniger umfassend angelegt als bei der *GBS*. Wie schon unter Kapitel 4.3.2 mit Bezug auf die Kategorie DIAGNOSE EINER GROSSEN KRISE beschrieben, konzentrieren sich *GWUP* und *IBKA* auf bestimmte Themen. So stellt die *GWUP* vor allem die von ihr konstatierte Pseudowissenschaftlichkeit von Homöopathie ins Zentrum ihrer Aufklärung.

> Die GWUP möchte wissenschaftliches beziehungsweise kritisches Denken und wissenschaftliche Methoden verbreiten, allgemeinverständlich erklären und echte Wissenschaft klar von Parawissenschaft abgrenzen. Auf diese Weise will sie dazu beitragen, die Anfälligkeit der Gesellschaft für parawissenschaftliche Vorstellungen und Versprechungen abzubauen. [...] Eine offene und demokratische Gesellschaft braucht sachliche und verlässliche Informationen. Oft treffen Menschen auf der Basis fragwürdiger Behauptungen und Heilsversprechen wichtige Entscheidungen und setzen Vermögen, Beruf oder sogar ihre Gesundheit aufs Spiel. Klassische Verbraucherschutzorganisationen oder wissenschaftliche Einrichtungen sind meist nicht gerüstet, Fragen zu diesen Themenbereichen zu beantworten. Die GWUP hat es sich deswegen zur Aufgabe gemacht, verlässliche, objektive und nachvollziehbare Informationen zu vermitteln, um vernünftige Entscheidungen zu ermöglichen. (Gesellschaft zur wissenschaftlichen Untersuchung von Parawissenschaften o. J.)

Beim IBKA geht es hingegen in erster Linie darum, über die ‚hinkende Trennung von Staat und Kirche' aufzuklären.

> Im Internationalen Bund der Konfessionslosen und Atheisten (IBKA) haben sich nichtreligiöse Menschen zusammengeschlossen, um die allgemeinen Menschenrechte – insbesondere die Weltanschauungsfreiheit – und die konsequente Trennung von Staat und Religion durchzusetzen. Wir [...] wollen vernunftgeleitetes Denken fördern und über die gesellschaftliche Rolle von Religion aufklären. (Internationaler Bund der Konfessionslosen und Atheisten o. J.)

4.5.2.2 Eigenschaft Organisationsform: Aktivistische Organisationsformen

Bei weltanschaulich-agonalen freigeistigen Organisationen lässt sich keine allen gemeinsame organisatorische Rechtsform ausmachen. So finden sich unter ihnen sowohl Stiftungen als auch eingetragene Vereine. Gemeinsam ist ihnen jedoch, dass es sich nicht um mitgliederzentrierte Organisationen handelt. Während Stiftungen gar keine offizielle Form von Mitgliedschaft und damit auch keine satzungsgemäßen Mitgliederversammlungen oder Wahlen vorsehen, besitzen weltanschaulich-agonale freigeistige Organisationen, die als Vereine eingetragen sind, zwar eine Mitgliedschaft. Auch ihnen ist eine mitgliedschaftliche Gemeinschaftspflege aber kein zentrales Anliegen. Es handelt sich stattdessen um AKTIVISTISCHE ORGANISATIONSFORMEN.

Die *GBS* als Stiftung ist, anders als der *HVD* oder der *BFGD*, nicht föderalistisch, sondern zentralistisch um den Vorstand herum organisiert. Dies weist auf die zentrale Bedeutung hin, die die beiden Vorstandsmitglieder Michael Schmidt-Salomon (weltanschaulich und für die Außendarstellung) und Herbert Steffen (organisatorisch, finanziell) für die Stiftung besitzen. Steffen hat die *GBS* nicht nur ihr Vermögen und ihren Sitz zu verdanken. Er hat in den ersten Jahren der Stiftungsexistenz auch mit Großspenden erheblich dazu beigetragen, dass die *GBS* handlungsfähig blieb, ohne finanziell in die Bredouille zu geraten. Im Tätigkeitsbericht der Stiftung für das Jahr 2006 heißt es:

> Im Jahr 2006 nahm die Stiftung rund 48.000 € an Spenden ein. Den Löwenanteil trug hierbei allerdings – wie im Vorjahr – der Stifter, Herbert Steffen, mit einem Spendenvolumen von 32.500 €. Aus dem Förderkreis flossen Spenden in Höhe von knapp 15.500 €. Für die Zukunft haben sich Stiftungsvorstand und -kuratorium zum Ziel gesetzt, höhere Spenden oder Zustiftungen zu akquirieren, da die Aufgaben der Stiftung anderenfalls kaum bewältigt werden können. (Giordano Bruno Stiftung 2007, 18)

In der jüngeren Vergangenheit ist nicht mehr nachzuvollziehen, wie hoch der jährliche Spendenanteil Steffens an den Einnahmen der Stiftung ist. Einem Beiratsmitglied zu Folge bleibt er jedoch weiterhin überlebenswichtig für die *GBS* (Interview 4, *GBS*-Funktionär, 1). Der Einfluss Schmidt-Salomons auf die Weltanschauung der Stiftung lässt sich schon an der schieren Anzahl der von ihm stammenden Zitate in Kapitel 4.5.2.1 ablesen. Laut einem *GBS*-Beirat ist Schmidt-Salomon „der einzige, der für die Stiftung irgendwas macht" (Interview 4, *GBS*-Funktionär, 1). Ein anderer charakterisiert Schmidt-Salomon als „head of communication" (Interview 14, *GBS*-Funktionär, 9) der Stiftung. Während Beiräte ihre Expertise häufig lediglich für Einzelthemen zur Verfügung stellen, fügt Schmidt-Salomon diese zusammen und baut sie zum Evolutionären Humanismus aus. Dass dieser am ehesten das „Projekt von Schmidt-Salomon" (Interview 4, *GBS*-Funktionär, 1) ist, bestätigen verschiedene *GBS*-Vertreter, die mit der Stiftung eher Einzelinteressen wie Religionskritik (Interview 4, *GBS*-Funktionär, 1), Popularisierung der Evolutionstheorie (Teilnehmende Beobachtung 9, Vortrag *GBS*-Vertreter auf *FES* Seminar zum Neuen Atheismus, 2) oder die Trennung von Kirche und Staat (Teilnehmende Beobachtung 8, Philosophisches Frühstück *HVD* Bayern inklusive Vortrag *GBS*-Funktionär, 2) verbinden. Vielsagend ist in diesem Zusammenhang auch die Absage auf eine Interviewanfrage des Verfassers durch einen *GBS*-Beirat mit dem Hinweis: „Lesen Sie die Schriften von Michael Schmidt-Salomon. […] Darin finden Sie das Selbstverständnis der GBS." (Email vom 17.03. 2016, *GBS*-Beirat) Auch in der Außendarstellung dominiert Schmidt-Salomon das

Bild der Stiftung. Offizielle *GBS*-Veranstaltungen werden stets von ihm moderiert und wesentlich mitgestaltet, und auch in den Medien ist er als Vertreter der Stiftung omnipräsent. Hinzu kommt, dass andere Funktionäre bei eigenen öffentlichen Auftritten oder Vorträgen häufig nicht auf die *GBS* verweisen (etwa Hilgendorf 2010; Kanitscheider 2010; Voland 2010; Vowinkel 2010) und sich mitunter sogar davon distanzieren, im Namen der Stiftung zu sprechen (Matthäus-Maier 2013, 92). Es könnte in diesem Zusammenhang hinsichtlich des zukünftigen Fortbestandes der *GBS* mit Max Weber die „Nachfolgerfrage" (Weber [1921/1922] 1990, 143) von Schmidt-Salomon als charismatischem Führer der Stiftung aufgeworfen werden. Ebenso virulent für die Fortexistenz der *GBS* erscheint jedoch auch eine Loslösung von der finanziellen Abhängigkeit von Mäzen Herbert Steffen.

Schmidt-Salomon und Steffen bilden seit ihrer Gründung den Vorstand der *GBS*, werden als solcher zwar vom Kuratorium kontrolliert, können jedoch weder von diesem noch vom Beirat oder dem Stifter- und Förderkreis abgewählt werden. Beide verantworten sämtliche Aussagen und Aktionen, die offiziell im Namen der Stiftung getätigt werden (dazu zählen explizit nicht solche der Regional- und Hochschulgruppen, siehe dazu auch Kapitel 2.5.2), und ernennen Mitglieder des Beirats und des Kuratoriums (Interview 9, *GBS* Gruppeninterview, 18). Dies wird möglich durch die Organisations- beziehungsweise Rechtsform der Stiftung, die, wie oben beschrieben, keine Mitgliedschaft vorsieht und damit auch keine satzungsgemäßen Versammlungen oder Wahlen. *GBS*-Vertretern zu Folge weist diese Form der Organisation erhebliche Vorteile gegenüber dem traditionellen Verbandswesen innerhalb der freigeistigen Organisationslandschaft auf.

> K: [D]ie freigeistigen Verbände gibt es schon seit fast 150 Jahren, und sie haben relativ wenig erreicht, und das liegt zum Teil auch an der Organisationsstruktur, weil sich diese Verbände selbst lähmen, weil Entscheidungen einmal im Jahr getroffen werden, auf den Mitgliederversammlungen. [...]
>
> H: Deswegen ist schon klar, weshalb wir kein Verband sind, allein dadurch.
>
> K: [...E]s war klar: Wir brauchen eine andere Struktur. Wenn man wirklich etwas bewegen will, muss man schneller reagieren können. Und das kann man in diesen Vereinsstrukturen nur sehr sehr schwer. [...] Diese Idee, dass man eigentlich das alles organisieren muss, und dass es eigentlich nicht an den guten Argumenten fehlt, sondern an einer guten PR, und dass eine gute PR für Aufklärung einfach eine Art Organisationsform braucht, das war klar. [... Und] so eine Denkfabrik, die sich nicht aufreiben muss in diesem alltäglichen Kampf jetzt auf dem sozialen Markt, die ist für Intellektuelle und für Künstler natürlich attraktiver als so ein Dienstleistungsträger. (Interview 9, *GBS* Gruppeninterview, 23–24)[23]

---

23 Legende: H und K = *GBS*-Funktionäre.

Anders als der *HVD* besitzt die *GBS* keinen großen Mitarbeiterstab. Neben Geschäftsführerin Elke Held, dem wissenschaftlichen Mitarbeiter Helmut Fink und einer Verwaltungskraft vergibt die Stiftung bis zu zehn Stipendien. Vorstand und Beiräte arbeiten ehrenamtlich. Diese Freiwilligkeit wird von *GBS*-Vertretern gern als Beleg für die weltanschauliche Wahrhaftigkeit ihres Engagements hervorgehoben (etwa Interview 9, *GBS* Gruppeninterview, 19).

Die etische Kategorie einer zentralistisch vom Vorstand dominierten Stiftung widerspricht diametral der Selbstdarstellung der *GBS*.

> Obwohl wir eine Stiftung sind, und Stiftungen eben nicht basisdemokratisch organisiert sind, [...] diese Bewegung hinter der Stiftung ist sehr basisdemokratisch, und da wird sehr viel diskutiert, und da werden auch Argumente aufgenommen, und all das, was mich an Vereinen immer gestört hat, nämlich dass da eben eine ganz andere Form von Hierarchie ist, von Funktionsträgern, ja?, und Argumente nicht aufgegriffen werden, wenn sie von einem einfachen Mitglied kommen, weil die eben auch durch das Vereinsrecht so diszipliniert sind, dass also so Disziplinarmaßnahmen und so, das ist bei uns nicht. Also wir sind eher fast wie die Piraten. (Interview 9, *GBS* Gruppeninterview, 15)

Vor allem mit Verweis auf die eigenständige Gründung von Regional- und Hochschulgruppen wird von einer „Graswurzelrevolution" (Giordano Bruno Stiftung 2014a, 30) gesprochen und auf Beispiele verwiesen, in denen der Vorstand Vorschläge aus diesen Gruppen aufgegriffen habe.

> Unter anderem kam der wesentliche Impuls für die Kinderrechts-Kampagne ‚Mein Körper gehört mir! – Zwangsbeschneidung ist Unrecht – auch bei Jungen'(2012) von den GBS-Gruppen; das ‚Hasenfest' (2011–2015), das u. a. die Abschaffung des religiös begründeten Tanz- und Veranstaltungsverbots an den sog. ‚stillen Feiertagen' forderte und an dem sich zahlreiche Netzwerke vor Ort beteiligten, wurde von Sprechern einzelner Regionalgruppen ins Leben gerufen; die Kunstaktion ‚11. Gebot: Du sollst Deinen Kirchentag selbst bezahlen!' ging auf die Initiative einzelner Regionalgruppen-Koordinatoren zurück und auch die Veröffentlichung der Broschüre ‚Gegen Islamismus und Fremdenfeindlichkeit' (Ende 2014) war dem Engagement von Fördermitgliedern zu verdanken. (Interview 22, *GBS*-Funktionär, 2)

Letztlich bilden diese Aktionen aber nur einen Bruchteil der *GBS*-Praxis ab. Welche Vorschläge aus den Gruppen vom Vorstand weiterverfolgt werden, kann dieser am Ende allein entscheiden. Die Gruppen haben keinerlei Entscheidungsbefugnis innerhalb der Stiftung und somit weder Einfluss auf die Besetzung von Vorstand, Beirat und Kuratorium noch auf die offiziellen Veranstaltungen und Positionen der *GBS*. Der Vorstand behält sich zudem vor, Gruppen aufzulösen, wenn deren Praxis den (vom Vorstand definierten) Zielen der Stiftung widerspricht.

[E]s wäre natürlich, wenn jemand jetzt die Marke GBS in einem Sinne gebrauchen würde, die [...] humanistischen oder evolutionären Vorstellungen widersprechen, also wenn da jetzt ein Esoterikverein wäre, oder wenn sie jetzt plötzlich rechte Position beziehen würden, dann würde [der Vorstand] natürlich eingreifen und sagen: Hier, wir entziehen euch die Marke, wenn ihr das weiter so macht. [...] Und wenn es da Dinge gäbe, die nicht in Ordnung wären, müsste [...er] eben auch sagen: Nee, so machen wir das nicht. Aber bisher war das ganz selten der Fall, also erforderlich. (Interview 9, *GBS* Gruppeninterview, 18)

Obwohl es sich bei anderen weltanschaulich-agonalen Organisationen wie *IBKA* und *GWUP* nicht um Stiftungen, sondern um eingetragene Vereine handelt, lassen auch sie sich mit Hilfe der Kategorie AKTIVISTISCHE ORGANISATIONSFORMEN beschreiben. Sie werden von den Organisationen selbst in Abgrenzung zur für den sozialpraktischen Organisationstyp zentralen Organisationsform WELTANSCHAUUNGSGEMEINSCHAFT beschrieben. Auf der Website der *GWUP* wird betont: „Die GWUP ist keine Weltanschauungsgemeinschaft, sondern eine wissenschaftliche Gemeinschaft." (Gesellschaft zur wissenschaftlichen Untersuchung von Parawissenschaften o. J.) Und der *IBKA* bezeichnet sich als „von religiösen, weltanschaulichen, politischen, wirtschaftlichen und sonstigen Vereinigungen, Gruppen und Parteien unabhängig." (Internationaler Bund der Konfessionslosen und Atheisten o. J.) So erhalten denn auch beide Organisationen wie die *GBS* keine öffentlichen Fördergelder zur Weltanschauungspflege. Die Zwecke ihrer Organisationsstruktur sind nicht mitglieder-, sondern aktivismuszentriert. Das zeigt zum Beispiel folgende Stellungnahme zur Verwendung der finanziellen Mittel aus Mitgliedsbeiträgen und Spenden des *IBKA:* „Die Einnahmen des IBKA werden verwendet für die Publikationen und Aktivitäten des IBKA (Verleihung des IBKA-Preises, Webhosting, Druckkosten und so weiter)." (Internationaler Bund der Konfessionslosen und Atheisten o. J.)

4.5.2.3 Eigenschaft Praxis: Campaigning

Die Schlüsselkategorie CAMPAIGNING der Eigenschaft Praxis des weltanschaulich-agonalen Organisationstypus schließt unmittelbar an die vorangegangenen Überlegungen zu den AKTIVISTISCHEN ORGANISATIONSFORMEN dieses Typus an. Sie wird nun zunächst in Bezug auf die *GBS* näher erläutert. Eine ausführliche Beschreibung der Stiftungspraxis findet sich unter Kapitel 2.5.2. An dieser Stelle erfolgt eine Fokussierung der Analysen auf ihre Funktion.

Obwohl mitunter die Rede davon ist, Mitglieder der *GBS*-Regionalgruppen fänden in diesen eine „weltanschauliche Heimat" (Interview 14, *GBS*-Funktionär, 5) und ihre „weltanschauliche Bindung an die Stiftung" sei „viel stärker ausgeprägt" (Interview 9, *GBS* Gruppeninterview, 19) als bei Mitgliedern des *HVD*, hat die *GBS*, anders als jener, nicht den Anspruch, Gemeinschaft zu stiften oder als

Sozial- und Bildungsträger aufzutreten. Diese durchaus als „total wichtig" (Interview 9, *GBS* Gruppeninterview, 19, 24) erachtete Aufgabe wird im Sinne einer „Arbeitsteilung" (Interview 9, *GBS* Gruppeninterview, 19, Interview 18, *GBS*-Funktionär, 1) innerhalb der freigeistigen Organisationslandschaft den sozialpraktischen Organisationen überlassen. Der *HVD* begegne zum Beispiel bestimmten individuellen und sozialen Bedürfnissen der Menschen auf eine Weise, zu der die Stiftung nicht in der Lage sei, und sei somit eine begrüßenswerte und sogar notwendige Ergänzung zu dieser.

> [A]ber das ist eine Arbeitsteilung. Es ist eben so, dass der HVD einfach vor allen Dingen ein Dienstleister ist im Bereich der sozialen Dienstleistungen. Und die Leute arbeiten da, es ist ihr Arbeitgeber, oder nehmen diese Dienstleistungen in Anspruch. [...I]ch begrüße es auch, wenn der HVD sich ausbreitet, im Sinne, wir brauchen Alternativen, säkulare Alternativen auch im Dienstleistungssektor so nötig. (Interview 9, *GBS* Gruppeninterview, 19, 34)

Dem Selbstverständnis einer „Denkfabrik für Humanismus und Aufklärung" (Giordano Bruno Stiftung 2014a, 5) entsprechend, wird den Kampagnen der Stiftung, ihrer ausgeprägten Publizistik und ihrer Förderung von externen Projekten (etwa durch Preisverleihungen oder Stipendien) demgegenüber die Funktion zugeschrieben, den öffentlichen Diskurs und damit auch gesellschaftspolitische Entwicklungen zu beeinflussen und auf diese Weise eine Interessenvertretung der Konfessionsfreien zu konstituieren.

> In Deutschland leben mittlerweile mehr konfessionsfreie Menschen als Katholiken oder Protestanten. Doch sie finden weder in der Politik noch in den Medien die Beachtung, die sie verdienen. Die Giordano Bruno Stiftung versucht diesem Missstand entgegenzuwirken. (Giordano Bruno Stiftung 2009a, 15)

Als Schlüsselkategorie der *GBS*-Praxis bildete sich auf dieser Grundlage CAMPAIGNING heraus. Dem weltanschaulichen Zielbereich AUFKLÄRUNG entsprechend nutzt die Stiftung alle denkbaren Kanäle der Öffentlichkeitsarbeit, um ihren Evolutionären Humanismus und eine naturalistisch fundierte Weltsicht öffentlich zu propagieren und als „echte Alternative zu Religion" (Schmidt-Salomon 2013, 37) in Stellung zu bringen. Erneut zeigt sich dabei die enge Kopplung der *GBS*-Weltanschauung an wissenschaftliche Epistemologie, Methodik und Erkenntnis. Die Stiftung versteht sich nicht nur als weltanschaulicher Akteur, sondern auch als eine Institution zur Popularisierung und allgemeinverständlichen Verbreitung wissenschaftlicher Erkenntnisse. Der Selbstanspruch der Stiftung, einer „evolutionär-humanistischen Perspektive [...] praktisch zum Durchbruch zu verhelfen" (Schmidt-Salomon 2013, 38), ist stets damit verbunden, „die charismatische Autorität der Wissenschaft durch[zu]setzen." (Interview 18, *GBS*-Funktionär, 1)

> Wer für Humanismus und Aufklärung eintritt, dem kann es nicht nur um die Vermittlung von *Werten* gehen, sondern vor allem auch um die Vermittlung von *Wissen*. (Giordano Bruno Stiftung 2014a, 19)

So versteht sich die *GBS* auch als Popularisierer wissenschaftsbasierter Erkenntnisse, weshalb Wissenschaft als wesentliche Voraussetzung für die aufklärerische Stiftungspraxis verstanden wird. Rezipiert werden dabei aber vorwiegend naturwissenschaftliche Erkenntnisse, zum Beispiel rezente soziobiologische oder kognitionswissenschaftliche Untersuchungen und Herleitungen von Religiosität (zur Cognitive Science of Religion vergleiche überblicksartig Barrett 2007; Schüler 2014), aus denen im Kontext der *GBS* religionskritische Schlüsse abgeleitet werden (siehe unten). Vorbildcharakter wird in diesem Zusammenhang Richard Dawkins zugewiesen, der 2007, unter anderem aus diesem Grund, von der Stiftung mit dem Deschner-Preis ausgezeichnet wurde.

> Nicht erst seit seiner fulminanten Streitschrift *The God Delusion* macht Richard Dawkins unmissverständlich klar, dass er mit dem ‚einseitigen Nichtangriffspakt', der der Wissenschaft gegenüber der Religion abverlangt wird, nicht einverstanden ist. Warum auch sollten Wissenschaftler zu den oftmals obskuren Wahrheitsbehauptungen religiöser Heilsprediger keine fundierte Stellung beziehen dürfen? [...] Auch wenn Dawkins' wegweisende Beiträge zur Religionskritik und Evolutionstheorie *allein* ihn schon zum idealen Träger des Deschner-Preises machen, möchte ich doch noch einen dritten herausstellen, der ihn besonders auszeichnet, nämlich seine *ungewöhnliche Fähigkeit zur Vermittlung und Popularisierung wissenschaftlicher Erkenntnisse*. Dawkins besitzt die wunderbare Gabe, komplexeste Zusammenhänge auch für Laien verständlich darzustellen. Darüber hinaus scheut er sich nicht davor, die ökologische Nische der universitären Hörsäle zu verlassen und sich mit aller Wucht in die gesellschaftlichen Debatten zu stürzen. (Schmidt-Salomon 2008a, 8–10)

Geistes-, kultur- und sozialwissenschaftlichen Ansätzen wird dagegen eher mit Skepsis begegnet. Ihnen wird vorgeworfen, von einer unabhängigen Geistigkeit des Menschen auszugehen, die im Widerspruch zu dem zur Grundlage aller Stiftungspositionen erklärten naturalistischen Weltbild stünde.

> [G]erade was das Bild des Menschen angeht, ist unsere biologische Natur oft vernachlässigt worden – leider auch von säkularen Humanisten. Der geänderte Blickwinkel, unter dem geistige Fähigkeiten und kulturelle Leistungen des Menschen erscheinen, wenn man sie vom Standpunkt der Evolutions- oder der Soziobiologie aus betrachtet, scheint oft noch eher als Bedrohung des humanistischen Menschenbildes denn als Bereicherung empfunden zu werden. Nicht nur traditionelle religiöse Vorstellungen, sondern auch alte humanistische Ideale werden entzaubert und geraten unter Rechtfertigungsdruck. Es ist an der Zeit, sich

dieser Herausforderung zu stellen. Der alte Humanismus konnte noch rein geisteswissenschaftlich betrieben werden. *Der neue Humanismus ist naturalistisch.* (Fink 2010b, 10)

Ziel des CAMPAIGNING der *GBS* ist die Vision einer „Leitkultur Humanismus und Aufklärung." (Schmidt-Salomon 2006, 144) Die Voraussetzungen für deren Verwirklichung seien prinzipiell gegeben. Sie müsse lediglich endgültig und uneingeschränkt zur Entfaltung gebracht, durchgesetzt, dauerhaft verteidigt und gut vermarktet werden (Interview 9, *GBS* Gruppeninterview, 51). Dies haben sich die Verantwortlichen der Stiftung zum Ziel gesetzt.

> Und das ist zum großen Teil schon in unserer Verfassung integriert, und man hätte auch sagen können: Leitkultur der Menschenrechte. Und diese Leitkultur verlangt, dass wir also konsequent zum Beispiel gegen den kulturellen Relativismus agieren. […] Damals [gemeint ist die Zeit kurz nach Gründung der *GBS*, Anm. StS] gab es Urteile, wo Frauen, die muslimischer Herkunft waren, geschlagen wurden, nicht frühzeitig aus der Ehe rauskonnten, weil im Gerichtsurteil stand, dass das eben in dieser Kultur so sei, das sei kein Härtegrund. Und wir haben da diese andere Position eben bezogen, dass wir gesagt haben: Nein, das kann nicht sein. Wir müssen natürlich gegen Fremdenfeindlichkeit agieren. Aber wir müssen auch für die Gleichberechtigung von Mann und Frau uns einsetzen. Wir können es nicht zulassen, wenn Kinder nicht am Schwimmunterricht teilnehmen. Wir haben dann auch Veranstaltungen gemacht […] zur kopftuchfreien Schule. Und das war auch sehr bemerkenswert. Denn die meisten positiven Zuschriften haben wir bekommen von Eltern, die ihre Kinder selbst verschleiern, die aber gar nicht verschleiern wollen, es nur deshalb tun, weil man das in ihrem Viertel tun muss. Die sagten: Bitte sorgt dafür, dass in der Schule das nicht passiert, damit wir einen Grund haben unsere eigene Tochter nicht zu verschleiern, ja? Und das sind alles Debatten, die damit aufgegriffen worden sind. (Interview 9, *GBS* Gruppeninterview, 51–53)

Wie dieses Zitat exemplarisch verdeutlicht, ist ein zentrales Charakteristikum der Kategorie CAMPAIGNING bei der *GBS* ihre kritisch-konfrontative Religionsbezogenheit. Religiöse wie auch religionsfreundliche Akteure erscheinen, ihrer Rolle als ursächliche Bedingung und Symptom der großen Krise der Weltgesellschaft entsprechend (siehe Kapitel 4.3.2), als das Andere der Stiftung, als Kontrastfolie für die eigene Identitätsarbeit und Legitimation von Praxis. Viele der *GBS*-Kampagnen wurden explizit religionskritisch angelegt, etwa *Religionsfreie Zone – Heidenspaß statt Höllenqual* als Gegenveranstaltung zum römisch-katholischen Weltjugendtag oder *Wir haben abgeschworen!*, in deren Zusammenhang der Zentralrat der Ex-Muslime gegründet wurde (siehe dazu auch Kapitel 2.5.2). Aber auch andere, auf den ersten Blick nicht religionsbezogene Kampagnen wie *Grundrechte für Menschenaffen* oder *Evokids* besitzen bei genauerem Hinsehen einen religionskritischen Impuls. Zu ersterer schreibt *GBS*-Beirat Colin Goldner.

> Es ist das Wesen *jeder* Religion, den Menschen aus der Natur herauszuheben und ihn rückzubinden an Gott beziehungsweise je nach theologischer Ausrichtung an mehrere und unterschiedliche Götter, an das Göttliche, das Numinose und so weiter. Religion – zumindest in ihren dogmatisch verfassten Formen – ist immer Ausdruck und Rechtfertigung der Herrschaft von Menschen über Menschen und vor allem: Herrschaft des Menschen über die Natur. Tierrechts- oder Tierbefreiungsarbeit muss insofern immer und grundlegend Religionsbefreiungsarbeit sein. (Goldner 2012, 29)

Und in der Resolution, die im Zuge der *Evokids*-Kampagne der *GBS* verfasst wurde, heißt es:

> Angesichts der fundamentalen Bedeutung des Evolutionsverständnisses für die Entwicklung eines zeitgemäßen Weltbildes ist es befremdlich, dass Kinder in der Grundschule so wenig über dieses Thema erfahren – zumal im Unterricht oftmals Schöpfungsmythen behandelt werden, die ohne Vorwissen zur Evolution leicht fehlgedeutet werden können. Pädagogisch ist dies nicht zu rechtfertigen. Schließlich sollen öffentliche Schulen ihre Schülerinnen und Schüler nicht einseitig im Sinne einer bestimmten Religion oder Weltanschauung beeinflussen, sondern ihnen Zugang zu den zentralen Erkenntnissen der Wissenschaft ermöglichen! (Evokids o. J.)

Wie diese Zitate zeigen, sind die Kampagnen der Stiftung für etwas (Tierrechte, Evolutionsunterricht) in der Regel konflikthaft mit einem Einsatz gegen religiöse Alternativpositionen verknüpft. Gleiches ließe sich anhand der Publikationen der Stiftung oder ihrer Projektförderung aufzeigen. Mit Hilfe ihrer Religionskritik entwirft die Stiftung gleichsam das Bild eines Antagonisten, in Abgrenzung zu dem sie ihre eigenen Positionen und ihre Praxis definiert. Für die Handlungs- und interaktionalen Strategien der *GBS* besitzen Religionen somit eine existenzlegitimierende Funktion.

> Wäre die gbs zehn Jahre früher entstanden, hätte sie kaum Effekte erzielt. So aber spielten uns die politischen Ereignisse der letzten Jahre (islamistische Attentate, katholische Kindesmissbräuche, Karikaturen- und Minarett-Streit, Debatten über Kopftücher und Ehrenmorde, Parallelgesellschaften und Menschenrechte, über Fundamentalismus und ‚neuen Atheismus', Kreationismus und Evolutionsbiologie) in die Hände. (Schmidt-Salomon 2011i, 17)

Auf die Frage, wann die Stiftung sich auflösen könnte, weil sie alle ihre Ziele erreicht hat, sagt ein *GBS*-Funktionär im Interview:

> Ja, da werde ich nicht mehr leben, und meine Kinder und Kindeskinder wahrscheinlich auch nicht. [...] Ich versuche trotzdem mal, die zu formulieren. An der Stelle, an der Religion Privatsache geworden ist, jedem Menschen ermöglicht wird, niemandem angezwungen wird. An der Stelle, an der Erwachsene verstanden haben, dass Kinder nicht ihr ideologisches Eigentum sind. An der Stelle, an der Kirche sich zu 100 Prozent selbst finanziert. An

der Stelle, an der kein einziges Gesetz mehr existiert, das Nichtreligiöse dazu verpflichtet, sich an, wenn auch nur in der Historie entstandenen, religiösen Maßgaben zu orientieren. Dann muss es die GBS nicht mehr geben. (Interview 14, *GBS*-Funktionär, 17–18)

Religionskritik sei „unbedingt der Impuls, aus dem das Ganze [gemeint ist die *GBS*, Anm. StS] entstanden ist [und...] wird [...] auch immer so ein Nucleus bleiben." (Interview 14, *GBS*-Funktionär, 10) Zwar kündigt Schmidt-Salomon in der Einleitung seiner Aufsatzsammlung religionskritischer Texte mit dem Titel *Anleitung zum Seligsein* (2011b) an, sich von Religionskritik emanzipieren und bei der Analyse und Bekämpfung der großen Krise stärker über sie hinauszugehen zu wollen.

> Wie etwa sollte eine humanistische Wirtschaftsordnung aussehen? Wie sehen unsere Vorschläge aus, das Problem der absoluten Armut zu lösen? Was können wir Humanisten dazu beitragen, dass die meist übergangenen Interessen nichtmenschlicher Tiere stärker berücksichtigt werden? Was können wir unternehmen, um die ökologische Nische zu erhalten, auf die wir aufrechtgehenden Primaten auf Gedeih und Verderb angewiesen sind? Ich habe mir vorgenommen, mich in Zukunft – statt mit Religionskritik – eingehender mit solchen Fragen zu beschäftigen. [...] In gewisser Weise markiert das vorliegende Buch also eine Zäsur, denn es enthält überwiegend jene Form von Texten, die ich künftig nur noch in Ausnahmefällen zu veröffentlichen gedenke. (Schmidt-Salomon 2011i, 20)

Wie die oben genannten Beispiele aus der Stiftungs-Praxis zeigen, ist der religionskritische „Nucleus" (Interview 14, *GBS*-Funktionär, 10) der Identitätsarbeit und dem Tätigkeitsprofil der *GBS* jedoch erhalten geblieben. Es scheint stiftungsintern schwerzufallen, sich von diesem zu lösen, was auch damit zusammenhängt, dass Religionskritik die öffentlich-mediale Außenwahrnehmung der Stiftung dominiert, auf die sie für den Erfolg ihres CAMPAIGNING angewiesen ist (dazu ausführlicher Kapitel 4.5.2.4).

> Nach zwei Jahrzehnten intensiver Beschäftigung mit dem Thema würde ich die Religionskritik am liebsten ganz an den Nagel hängen, doch die Sache ist verhext: Erst kam ich mit religionskritischen Inhalten nicht in die Medien hinein, nun komme ich nicht mehr raus. Denn haben die Medien erst einmal eine passende Schublade gefunden (in meinem Fall war es ‚Deutschlands Chef-Atheist' – obwohl ich ganz gewiss kein ‚Chef' bin und ‚Atheist' nur unter agnostischem Vorbehalt), so wird man dort verortet – ob man will oder nicht. Ich werde mich also damit abfinden müssen, auch noch in den kommenden Jahren auf immer gleiche Fragen immer gleiche Antworten geben zu müssen. (Schmidt-Salomon 2011i, 16)

Ein *GBS*-Beirat weiß zu berichten:

> Also, ich kann mich gut an Michael [Schmidt-Salomon, Anm. StS] erinnern, er kam mal aus einer Diskussion, aus einer religionskritischen Podiumsdiskussion, war total abwesend danach. Ich sage: Michael, was ist denn los? Da sagt er: Ach, ich bin überhaupt nicht mehr

da, wenn ich über sowas diskutiere, ja?, ich interessiere mich auch für ganz andere Themen. Und ich kann ihm das gut nachfühlen. (Interview 14, *GBS*-Funktionär, 11)

Inhaltlich zeichnet sich die Religionskritik der *GBS* durch ein „epistemic moral entanglement" (Quack 2012, 272) aus. Auf epistemologischer Ebene gebe es für religiöse Lehren „keine überzeugenden Belege und Beweise" (Vollmer 2013, 72–73), sie seien stattdessen „himmelschreiend absurd" (Interview 14, *GBS*-Funktionär, 2), veraltet (Schmidt-Salomon 2012b, 73), unevolutionär (Schmidt-Salomon 2007a, 6), unvernünftig, unreif und naiv (Schmidt-Salomon 2012b, 43, 90). Das Hauptproblem sei jedoch, dass diesen „zeitbedingte[n] Irrtümern" (Schmidt-Salomon 2006, 168) von religiösen Akteuren ewige Gültigkeit und Unantastbarkeit zugeschrieben werde.

> Dass die großen Religionen – trotz der Offenlegung ihrer zahlreichen Irrtümer und ihrer verheerenden ethischen Konsequenzen – bis heute überleben konnten, ist nicht zuletzt auf Traditionsblindheit zurückzuführen. Es ist schon erstaunlich, mit welcher Sturheit Menschen die Irrwege und Schwächen ihrer eigenen Denktradition verdrängen können. (Schmidt-Salomon 2006, 31)

Wie dieses Zitat verdeutlicht, ist die von der Stiftung konstatierte epistemologische Unangemessenheit religiöser Welt- und Menschenbilder für die *GBS* aufgrund des dogmatischen Festhaltens religiöser Akteure an Prämissen und Prinzipien, die nicht mehr zur modernen Lebenswelt der Menschen passten, unmittelbar mit einem strukturell in ihnen angelegten ethischen Defizit verquickt. Kaum etwas habe so viel Leid und Elend produziert wie Religion/en (Schmidt-Salomon 2011f, 175–179). Die *GBS*-Liste ethischer Anklagen gegenüber Religionen ist lang: Sie seien grausam und menschenverachtend (Schmidt-Salomon 2006, 65), setzten den Menschen unnötigen Zwängen aus und machten ihnen falsche Hoffnungen (Schmidt-Salomon 2014, 91), sie hätten über das Konzeptbündel ‚Gut und Böse' das *ingroup-outgroup*-Denken und eine damit einhergehende Doppelmoral in die Welt gebracht (Schmidt-Salomon 2012a, 70–71), sie missbrauchten Kinder, zum Beispiel durch Indoktrination, Beschneidung oder Misshandlungen in religiösen Kinderheimen (Schmidt-Salomon 2012b, 91), schränkten Selbstbestimmung ein, zum Beispiel bei Themen wie Präimplantationsdiagnostik oder Sterbehilfe (Schmidt-Salomon 2012b, 75), sie seien frauenfeindlich (Schmidt-Salomon 2011c, 41–48) und Hauptmotor für Tierrechtsverletzungen (Goldner 2012, 29). Beispiele, vor allem aus der christlichen Religionsgeschichte, wie Kreuzzüge, Inquisition oder die Verstrickungen der Kirchen mit dem nationalsozialistischen Regime zwischen 1933 und 1945 (Czermak 2015, 11), aber auch gegenwärtige Beispiele – so seien „knapp 50 weltweit geführte Kriege [...] religiös motiviert" (Schmidt-Salomon 2011f, 176) – werden dabei häufig durch Verweise auf gewaltsame oder unethische Passagen aus den sogenannten Heiligen Schriften ergänzt beziehungsweise auf diese zurückgeführt.

> Beginnen wir chronologisch mit dem Alten Testament. Dort heißt es zwar: ‚Du sollst nicht morden' und ‚Du sollst nicht stehlen', doch wenige Zeilen später wird klar, dass solch noble Verhaltensweisen nur gegenüber den fest integrierten Mitgliedern der eigenen Gruppe erforderlich sind. Wer nämlich gegen die Gemeinschaftsregeln verstößt, wird zum Outsider und muss eliminiert werden. [...] Ingroup-Outgroup-Denken ist auch für das *Neue Testament* charakteristisch. Zwar findet sich hier das bemerkenswerte Gebot der ‚Feindesliebe', dies verhindert jedoch nicht, dass die Bestrafung ‚der Anderen', ‚der Bösen', immer wieder in schillerndsten Farben ausgemalt wird. [...] Mit dem unablässig wiederholten Hinweis, dass diejenigen, die Jesus nicht folgen wollen (also Outsider jeder Art), dem ewigen Höllenfeuer anheimfallen werden, führt das *Neue Testament* eine Strafandrohung ein, die bei genauerer Betrachtung alles in den Schatten stellt, was im *Alten Testament* an Gräueln für ‚die Anderen' vorgesehen war. [...] Eine scharfe Differenzierung entsprechend des Ingroup-Outgroup-Schemas kennzeichnet natürlich auch den Koran. Barmherzig, gütig und milde zeigt sich Allah nur jenen gegenüber, die sich gehorsam seinen Geboten fügen. [...] Immer wieder wird im Koran betont, wie sehr Allah die Ungläubigen hasse, dass es für jeden gläubigen Muslim eine heilige Pflicht sei, die Rache Gottes an den Ungläubigen zu vollziehen. Wer sich vor dieser Pflicht zum Heiligen drücke, [...] der werde unweigerlich zur Hölle fahren und mit den schlimmsten Strafen Allahs belegt werden. (Schmidt-Salomon 2011 g, 105–107)

Darüber hinaus machen Stiftungsvertreter unlautere Kritik an der *GBS* und an Konfessionsfreien von religiöser Seite aus. So würden „nichtreligiöse Menschen teilweise sogar massiv diskriminiert und können als ethisch unzuverlässig angeprangert werden, ohne dass das auf größeren gesellschaftlichen Widerstand stößt." (Czermak 2015, 10) Auf diese und ähnliche Weise nähmen Religionen in Deutschland noch immer massiven Einfluss auf Gesellschaft und Politik.

> In Bonn hat der Dekan der theologischen Fakultät der Universität geheiratet. Das soll ja wohl ein Menschenrecht sein! Sofort musste er aber seinen Sitz in der theologischen Fakultät aufgeben. Er ist jetzt Professor für Soziologie. Der Staat zahlt also doppelt. [...] Mein Mann und ich haben auch persönlich die enge Verflechtung von Kirche und Staat erlebt. Als wir ins Rheinland zogen, gab es da fast nur katholische Kindergärten. Der katholische Pfarrer kam ins Haus und fragte: ‚Warum steht denn bei ihnen überall in der Anmeldung Strich – Strich – Strich – Strich?' Da sagte mein Mann, weil wir alle nicht in der Kirche sind. Warum wir dann in einen katholischen Kindergarten die Kinder geben wollen? Ja, sagte mein Mann, hier ist weit und breit kein anderer. Das ließ der Pfarrer aber nicht zu, unsere Kinder wurden dann in einen Waldorfkindergarten geschickt. [...] Die Kirchen nahmen [auch] massiv Einfluss bei jeder Steuerreform. [...] Wir hatten [...] vor, den Kinderfreibetrag bei der Steuer zu ersetzen durch das Kindergeld und das Kindergeld abzuziehen von der Steuerschuld. Dadurch wäre das Steueraufkommen gesunken und die Annex-Kirchen-Steuer würde entsprechend sinken. Die Kirchen sind sturm gelaufen. Es war ganz offensichtlich, dass sie damit eine kinderfeindliche Politik vertraten. (Matthäus-Maier 2013, 89–90)

Die Religionskritik der *GBS* ist global. Es werden nicht nur „fundamentalistische Formen von Religion" kritisiert, sondern auch „aufgeklärte Religion" (Schmidt-Salomon 2011 g, 107) beziehungsweise „Religion light" (Schmidt-Salomon 2006, 32), eine Religionsform, in der versucht werde, wissenschaftliche Weltsicht und religiösen Glauben zusammenzubringen.

> In der *aufklärerisch gezähmten Variante*, gewissermaßen der ‚Light-Version' des religiösen Glaubens, werden weltliche Argumente zwar weitgehend in das Denksystem integriert, allerdings wird der radikale Gegensatz zwischen weltlichem und religiösem Denken mittels *intellektuell unredlicher Umdeutungen der traditionellen Glaubenssätze kaschiert*. [...] Man könnte sich ja möglicherweise achselzuckend mit den intellektuellen Verrenkungen, dem *logisch inkonsistenten Amalgam von aufgeklärtem Denken und archaischem Glauben der Weichfilter-Christen* (oder auch der Anhänger des sog. ‚Euro-Islam') abfinden, bestünde da nicht die sehr reale Gefahr, *dass die fundamentalistischen Reintypen der Religionen*, deren Bedrohungspotentiale aufgrund der so handzahmen religiösen ‚Light-Versionen' gerne übersehen werden, *mehr und mehr an Attraktivität gewinnen*. [...] Für Humanisten und Aufklärer heißt dies, dass sie weder die Kritik am Fundamentalismus noch die Kritik an den ‚Light-Versionen' der Religionen, die tragischerweise den Blick auf das eigentliche Problem des religiösen Wahrheits- und Machtanspruchs verstellen, aufgeben dürfen. (Schmidt-Salomon 2006, 31–164)

Darüber hinaus klagt die Stiftung auch „kulturrelativistisches [...,] postmodernes Beliebigkeitsdenken" an, das einen „Multikulturalismus" (Schmidt-Salomon 2006, 34) und mithin gesellschaftliche Entwürfe hervorbringe, in der sich jede Form der Religion frei entfalten könne – häufig vorangetrieben von „linken Organen." (Schmidt-Salomon 2007a, 35)

> Schließlich darf man nicht übersehen, dass [...] Wahrheitspluralismus, der auf den ersten Blick sympathisch und tolerant wirkt, bei genauerer Betrachtung jeden erdenklichen, mit Wahrheitsanspruch auftretenden, fundamentalistischen Irrsinn gewähren lässt – von der Klitorisverstümmelung über die Witwenverbrennung bis hin zur systematischen Abschlachtung vermeintlicher ‚Sünder'. (Schmidt-Salomon 2011j, 144)

Auf diese Weise würden wichtige Entwürfe gesellschaftlicher Integration, wie sie die *GBS* für sich beansprucht, blockiert, und demgegenüber die falschen, desintegrierenden gesellschaftlichen Tendenzen gefördert.

> Weil sie sich für die Legitimität und Anerkennung von Minderheitenkulturen einsetzen, sind Multikulturalisten besonders anfällig für den sogenannten ‚Kulturrelativismus', der behauptet, dass es universalistische, kulturübergreifende Werte gar nicht gebe, weshalb sich ein ‚Westler' beispielsweise nicht in Erziehungsangelegenheiten ‚muslimischer Familien' einmischen dürfe (etwa in die Abmeldung der Kinder vom Sexualkunde- oder Schwimmunterricht). [...] Da sie für die Einhaltung universalistischer Werte (etwa der Allgemeinen Menschenrechte) eintreten, werden Universalistinnen wie Kelek und Ahadi [Vorsitzende des

von der *GBS* mitinitiierten Zentralrats der Ex-Muslime und *GBS*-Stipendiatin, Anm. StS] häufig als ‚Kulturimperialistinnen', ja sogar als ‚Kulturrassistinnen' beschimpft. (Schmidt-Salomon 2014, 300)

Wie dieses Zitat verdeutlicht, diagnostizieren *GBS*-Vertreter eine besondere Angst der „Multikulturalisten" vor einer Kritik am Islam. Die „falsche Toleranz" (Schmidt-Salomon 2011i, 11) gegenüber diesem habe in ganz Europa zu Parallelgesellschaften beziehungsweise einer „religiösen Ghettoisierung" (Schmidt-Salomon 2011 h, 95) geführt, die eine besondere Gefahr darstellten. Diese gehe davon aus, dass der Islam in Europa, anders als das Christentum, (noch) nicht „durch die Dompteurschule der Aufklärung" (Schmidt-Salomon 2006, 133) gehen musste. Islamische Vorstellungen und Praxen werden als „demokratiefeindlich" (Schmidt-Salomon 2006, 133), unterwerfend, sexistisch, indoktrinierend (Schmidt-Salomon 2011i, 17) sowie antisemitisch (Schmidt-Salomon 2016, 39) und somit mit einer Leitkultur Humanismus und Aufklärung unvereinbar abgelehnt (Schmidt-Salomon 2012a, 182–183). Eine aufklärerische „Zähmung" des Islam wird deshalb als eine der gesellschaftspolitischen Hauptaufgaben der Gegenwart definiert, sie müsse dem „Islam [...] von außen abverlangt werden" (Schmidt-Salomon 2011a, 135). Die „notorischen Muslimenversteher" (Schmidt-Salomon 2016, 92) bremsten diesen Prozess aus.

> [Der] an sich begrüßenswerte Einsatz für den *Schutz von Minderheitenrechten* wurde im Laufe der Zeit [...] so sehr dogmatisiert, dass jede noch so berechtigte *Kritik an Minderheitenpositionen* als *chauvinistischer Angriff der Mehrheitskultur*, kurz: als Ausdruck von *Fremdenfeindlichkeit*, interpretiert wurde. Diese Denkschablone war letztlich verantwortlich dafür, dass in linksliberalen Kreisen lange Zeit kaum jemand wahrhaben wollte, wie stark autoritäre, antisemitische, frauenverachtende oder homophobe Normen in bestimmten muslimischen Communities verankert sind. (Schmidt-Salomon 2016, 93)

In der Stiftungspraxis zeugen die Mitinitiierung des Zentralrats der Ex-Muslime oder der Verleihung des Deschner-Preises 2016 an Raif Badawi und Ensaf Haidar (siehe dazu auch Kapitel 2.5.2) von solchen islamkritischen Positionen. Bei seiner Festrede auf der letztgenannten Preisverleihung sagte Schmidt-Salomon:

> Die Giordano-Bruno-Stiftung verleiht den mit 10.000 Euro dotierten Deschner-Preis für Religions- und Ideologiekritik an Raif Badawi und Ensaf Haidar für ihren *gemeinsamen, mutigen und aufopferungsvollen Einsatz für Säkularismus, Liberalismus und Menschenrechte*, der weit über Saudi-Arabien hinaus Bedeutung hat. Raif und Ensaf sind zu Vorbildern geworden für Männer und Frauen weltweit, die sich mit totalitärer Politik, religiöser Bevormundung und patriarchalen Rollenmodellen nicht länger abfinden wollen. (Giordano Bruno Stiftung 2017b)

Durch ihre konfrontative Religionskritik möchte die Stiftung auch hinsichtlich positiver Vorurteile gegenüber Religion/en aufklären. So gelte es mit der Ansicht aufzuräumen, christliche Lehren seien der Ursprung der Menschenrechte.

> Angesichts der katastrophalen Unbildung, die in der Politikerkaste offensichtlich vorherrscht, muss man hier zudem noch auf die triviale Tatsache hinweisen, dass auch die Idee der Menschenrechte nicht auf religiösem Fundament, sondern im Zuge der Amerikanischen und Französischen Revolution entstand und dabei maßgeblich von dezidierten Freigeistern wie Thomas Paine und Thomas Jefferson geprägt wurde. Von Seiten der religiösen Führer Europas gab es in dieser Hinsicht keinerlei Unterstützung. Im Gegenteil: Bis ins 20. Jahrhundert hinein taten sie sich insbesondere dadurch hervor, dass sie die Menschenrechte als ‚gotteslästerliche Anmaßung des Menschen' verunglimpften. Gleich welchen Aspekt des modernen Rechtsstaats wir auch fokussieren, ob die Freiheit der Meinungsäußerung, die Frage der sexuellen Selbstbestimmung oder die Gleichberechtigung von Mann und Frau: Die Religionen waren summa sumarum keine Motoren, sondern Bremsklötze des kulturellen Fortschritts – und sie sind es bis zum heutigen Tage geblieben. (Schmidt-Salomon 2011k, 86)

Bei den historischen Fortschrittserzählungen in der Schmidt-Salomon-Monographie *Hoffnung Mensch* (2014) wird das christliche Mittelalter stets ausgespart. Europa sei erst in der Renaissance wieder „aus dem Dornröschenschlaf" (Schmidt-Salomon 2014, 106) erwacht. In einer Stiftungsbroschüre zur *Legende vom christlichen Abendland* heißt es:

> Zwar haben ab dem 13. Jahrhundert auch christliche Theologen, etwa die Renaissance-Humanisten, an der ‚Wiedergeburt Europas' mitgewirkt, doch ihre maßgebliche Leistung bestand darin, die europäische Kultur von einer Last zu befreien, die es ohne das Christentum gar nicht erst gegeben hätte. Vom ‚christlichen Abendland' lässt sich daher vernünftigerweise nur in der Vergangenheitsform sprechen, etwa im Hinblick auf die ‚Klosterkultur des Mittelalters'. Die geistige, wissenschaftliche und gesellschaftliche Weiterentwicklung Europas seit der Renaissance jedoch beruht nicht auf ‚christlichen Werten', sondern vielmehr auf der zunehmenden Befreiung von diesen Werten. Der vielfach befürchtete ‚Untergang des christlichen Abendlandes' hat also längst stattgefunden – und das ist auch gut so! (Giordano Bruno Stiftung o. J., 10)

Einen ähnlichen Impetus weisen die Publikationen und Vorträge des *GBS*-Beirats Colin Goldner über positive Vorurteile gegenüber dem Dalai Lama auf.

> Das vorliegende Buch ist eher dazu angetan, den Heiligenschein des Dalai Lama abzumontieren. Es stellt die Frage, ob das weltweit hohe Ansehen, das dieser quer durch sämtliche politischen und weltanschaulichen Lager genießt, in der Tat gerechtfertigt ist; oder ob sein Image als Symbolfigur für Friedfertigkeit, Weisheit und unendliche Gelassenheit möglicherweise nichts anderes ist als schwärmerische Projektion, basierend auf grober Unkenntnis der tatsächlichen Zusammenhänge. (Goldner 2008, 10)

Die kritisch-konfrontative Religionsbezogenheit der *GBS* wird in Schriften der Stiftung häufig mit dem Stilmittel der Kriegsmetaphorik unterstrichen und dramatisiert. Es ist die Rede von „Rückzugsgefechten" (Interview 9, *GBS* Gruppeninterview, 5) der Religionen angesichts von Säkularisierungstendenzen, einem „Kampf [...um] Menschenrechte gegen den erbitterten Widerstand der Religionen" (Schmidt-Salomon 2006, 68), einer Alternativlosigkeit „globaler religiöser Abrüstung" (Schmidt-Salomon 2011f, 176) oder der Notwendigkeit, „falsche Ideen sterben zu lassen, bevor Menschen für falsche Ideen sterben." (Schmidt-Salomon 2012b, 110) Diese Rhetorik sei jedoch nicht als Aufruf zu Gewalt misszuverstehen. Sie unterstreiche lediglich die Dringlichkeit, mit der es gegen „die Bedrohungen eines neuen Irrationalismus" (Schmidt-Salomon 2011d, 117) vorzugehen gelte. Schmidt-Salomon wehrt sich auch gegen den Vorwurf der Militanz.

> In all den Jahren, in denen ich als Religionskritiker unterwegs bin, habe ich nicht einen einzigen ‚militanten Atheisten' getroffen, wohl aber zahlreiche militante Gläubige. Immerhin erhalte ich schon seit gut fünfzehn Jahren Morddrohungen von Fundamentalisten, die das ‚Geschenk der Kritik' offensichtlich nicht zu schätzen wissen. Ich bezweifle stark, dass Vertreter des Glaubens von nicht-religiöser Seite auch nur annähernd so massiv bedroht werden, wie wir Religionskritiker es von religiöser Seite gewohnt sind. (Schmidt-Salomon 2011d, 116)

Religionen beziehungsweise religionsfreundliche Akteure werden auf diese Weise einerseits zu einem mächtigen und einflussreichen Gegner aufgebaut, zu einer echten Gefahr für den Fortbestand der Menschheit.

> Die ‚halbierte Aufklärung', in der höchstes technisches Know-how gepaart mit naivstem Kinderglauben auftritt (man denke etwa an das Atomprogramm des iranischen Mullahregimes), ist ein hoch riskantes Spiel, das auf Dauer kaum gut gehen dürfte. (Schmidt-Salomon 2012a, 182–183)

Andererseits erscheint Religiosität in der *GBS*-Wahrnehmung als Ergebnis „kognitiver Defizite" (Schmidt-Salomon 2012b, 43) oder psychologischer Störungen wie „Schläfenlappenepilepsie" beziehungsweise „Schizophrenie." (Vaas 2013, 144) Dadurch wird das Bild eines krankhaft irrationalen Gegenübers konstruiert, von dem gerade aufgrund dieser Unberechenbarkeit eine große Gefahr ausgehe. Abseits der rationalistischen Widerlegung religiöser Weltsichten mündet diese von der *GBS* unterstellte „Diskurs-" und „Kritikunfähigkeit" (Schmidt-Salomon 2012b, 174) religiöser Akteure einerseits und die Pathologisierung von Religiosität andererseits in eine Legitimation dafür, stiftungsintern auf eine ernsthafte, kultur- oder sozialwissenschaftlich informierte Auseinandersetzung mit Religion/en und Religiosität zu verzichten. Der Kategorie NATURALISTISCHES WELTBILD entsprechend, werden stattdessen hirnphysiologische und evolutionstheoretische Erklärungen für Religiosität herangezogen.

> Freilich kann der Gläubige noch immer entgegnen, dass sein Glaube auf persönlicher Erfahrung und Entscheidung beruht und keiner weiteren Rechtfertigung bedarf. Gegen eine reine Wahnidee würde zudem sprechen, dass sehr viele Menschen gläubig sind, und dass sie viele Offenbarungen und Zeugnisse anführen. Dann sollte der Skeptiker mehr sagen können, als nur auf härtere Indizien zu pochen. Er sollte erklären, weshalb der Gläubige sich irrt, wenn er sich irrt, und warum so viele Menschen gläubig sind. Auch hier vermag die biologische Erforschung der Religiosität einen philosophischen Beitrag zu leisten – indem sie nämlich die Glaubensquellen des persönlichen Erlebens inspiziert und ihre Ursachen und Interpretationen kritisch hinterfragt. […D]ann sind die biologischen Erkenntnisse – egal ob sie die Adaptions- oder die Nebenprodukttheorie unterstützen – ein zusätzliches Argument für einen Atheismus, weil sie die Genese des Glaubens verständlich machen helfen. (Vaas 2013, 170)

Sehr vereinzelt werden von *GBS*-Vertretern positive Bewertungen von Religionen vorgenommen, die den Vorwurf unreflektierter Religionsfeindlichkeit, der der *GBS* häufig entgegengebracht werde, entkräften sollen (Interview 9, *GBS* Gruppeninterview, 45). Diese Wertschätzung bezieht sich jedoch stets auf künstlerische oder kulturelle Aspekte, die von Religionen hervorgebracht worden seien. Damit wird betont, dass es sich schlichtweg um Ergebnisse der Ausschöpfung menschlicher Potenziale handele, nicht um genuin religiöse Errungenschaften.

> Es wäre ein Fehler, würde man die religionskritische Aussage des *Manifests* so verstehen, als ob in dem Buch behauptet würde, dass alles, was im Rahmen religiöser Traditionen entstanden ist, was ‚religiöse' Menschen in der Geschichte leisteten (und auch heutzutage leisten), unsinnig oder inhuman wäre. Selbstverständlich enthalten *sämtliche* Religionen als kulturelle Schatzkammern der Menschheit neben einem Arsenal fehlerhafter Seinserkenntnisse und inhumaner Sollenssätze viele wertvolle Elemente, die auch heute noch erhaltenswert sind. Es ist doch gar nicht zu bestreiten, dass die Religionen *Sachwalter eines ‚impliziten Wissens'* sind, welches sich die Menschheit im Verlauf ihrer kulturellen Evolution durch Versuch und Irrtum erworben hat. Allerdings stellen die Religionen *als Religionen* keineswegs die *bestmöglichen* Sachwalter eines solchen impliziten Wissens dar. Warum? Weil sie *aufgrund ihrer Ansprüche auf überhistorisch gültige, aus vermeintlich ‚höheren Quellen' stammende Erkenntnisse das auch in Zukunft immer wieder notwendige Lernen über Versuch und Irrtum (d.h. die kritisch-rationale Methode) untergraben*. (Schmidt-Salomon 2006, 161–162)

Trotz des naturalistischen Weltbildes der Stiftung bestehen ihre Vertreter darauf, dass eine sinnerfüllte menschliche Existenz möglich ist. Eine kritische Abgrenzung findet gegenüber alternativen säkularen Weltanschauungsentwürfen wie dem Nihilismus oder dem Zynismus statt. Mit ihrer Praxis verbindet die *GBS* die Hoffnung, dass der Mensch „wenn nicht alles, so doch vieles zum Besseren"

(Schmidt-Salomon 2014, 303) wenden, dass er die große Krise überwinden und seine Potenziale zur Entfaltung bringen kann.

> *Es ist so leicht, Zyniker zu sein.* Unendlich viele Gründe sprechen dafür, die Menschheit zu verachten. Man werfe nur einen Blick in die Geschichte. Oder in die Reality-Soaps, die Tag für Tag über unsere Bildschirme flimmern. [...] Nicht ohne Grund ist der Zynismus *die* große intellektuelle Verführung für jeden, der sich ernsthaft mit der Geschichte und Gegenwart unserer unglückseligen Spezies beschäftigt. Denn er verhindert bereits im Ansatz die schmerzliche Diskrepanz zwischen den hochtrabenden Idealen, die wir vertreten, und den bitteren Realitäten, die wir erzeugen, indem er die hehren Ideale von vornherein als utopisch verwirft. [...] Durch seine Illusionslosigkeit wirkt der Zyniker reif, überlegen, abgeklärt, ja: vernünftig – und doch beruht gerade der Zynismus auf einer *totalen Bankrotterklärung der Vernunft*, nämlich der Überzeugung, dass rationale Argumente nichts, aber auch rein gar nichts am Lauf der Dinge ändern können. Zyniker zu sein bedeutet, *vorauseilend vor der Irrationalität der Welt zu kapitulieren*, um sich den eigentlichen Herausforderungen des Menschseins gar nicht erst stellen zu müssen. [...] Zyniker sind auf einem Auge blind, weshalb sie nur die Schattenseiten der menschlichen Existenz erkennen können. (Schmidt-Salomon 2014, 7–8)

Auch für den Praxisbereich von *IBKA* und *GWUP* erwies sich CAMPAIGNING als Schlüsselkategorie. So wirbt der *IBKA* zum Beispiel auf Ständen in Fußgängerzonen oder Messen für den Kirchenaustritt und unterhält auf seiner Website die Rubrik „Frequently Asked Questions Kirchenaustritt". Zudem ist er gemeinsam mit der *GBS* an der Kampagne *Gegen religiöse Diskriminierung am Arbeitsplatz!* beteiligt. Vierteljährlich gibt er die Zeitschrift *MIZ* heraus und publiziert zahlreiche Flugblätter und Broschüren. Auf seiner Website finden sich außerdem Informationen zu religionskritischen Büchern, deren Autoren häufig *IBKA*-Mitglieder sind (Internationaler Bund der Konfessionslosen und Atheisten o. J.). Eine ähnliche Rubrik stellt auch die *GWUP*-Website bereit. Darüber hinaus heißt es dort:

> Neben unserer Webseite betreiben wir ein Informationszentrum samt Spezialbibliothek, geben die Zeitschrift ‚Skeptiker' und den Newsletter ‚e-Skeptiker' heraus, pflegen einen Blog und organisieren Veranstaltungen wie bspw. Skeptics in the Pub – Köln oder die jährlichen PSI-Tests in Würzburg. Daneben findet einmal im Jahr eine Skeptiker-Konferenz statt, bei der die Vielfalt an Personen, Ideen und Themen, die unseren Verein ausmacht, in zahlreichen Vorträgen sichtbar wird. Ganz entscheidend wird die GWUP von ihren zahlreichen GWUP Regionalgruppen geprägt, die auf lokaler Ebene viele spannende Events und Aktivitäten anbieten. (Gesellschaft zur wissenschaftlichen Untersuchung von Parawissenschaften o. J.)

Im Oktober 2016 trafen sich in mehreren deutschen Großstädten die im obigen Zitat angesprochenen Regionalgruppen zur Aktion *Nichts drin, nichts dran*, in deren Rahmen sie durch die massenhafte Einnahme einer Überdosis homöopathischer Substanzen an zentralen Plätzen (zum Beispiel am Brandenburger Tor in

Berlin) symbolisch ihr Argument unterstrichen, dass diese keinerlei (positiven oder negativen) Effekt auf den menschlichen Körper ausüben. Über Plakate mit der Aufschrift „Verdünnisiert euch aus den Apotheken" oder „Wir sind Globulisierungsgegner" machten sie auf ihr aufklärerisches Ansinnen aufmerksam. Dazu wurden Flugblätter verteilt, die über die *GWUP* informierten (Gesellschaft zur wissenschaftlichen Untersuchung von Parawissenschaften o.J.). Wie diese Beispiele nochmals verdeutlichen, ist der explizite kritisch-konfrontative Religionsbezug bei der *GWUP* weniger stark ausgeprägt als bei *GBS* und *IBKA*. Religionen werden nur dann zur Zielscheibe des *GWUP*-CAMPAIGNING, wenn sie in den Augen des Vereins unwissenschaftliche Aussagen treffen (dazu ausführlicher Kapitel 4.3.2).

4.5.2.4 Eigenschaft Strategie: Mediale Inszenierung

Als Schlüsselkategorie der Eigenschaft Strategie des weltanschaulich-agonalen Organisationstypus kristallisierte sich im Laufe der Analysen MEDIALE INSZENIERUNG heraus. Sie entwickelte sich in Abgrenzung und in einem erheblichen Spannungsverhältnis zur Schlüsselkategorie RELIGIONSPOLITISCHE ISOMORPHIE im Strategiebereich des sozialpraktischen Organisationstypus. Weltanschaulich-agonale freigeistige Organisationen vertreten ein strikt säkularistisches Politik- und Verfassungsideal, das sie in Deutschland jedoch nicht ausreichend umgesetzt sehen.

Das Trennungsgebot von Staat und Religion/Weltanschauung gilt es zum Beispiel laut *GBS* umzusetzen beziehungsweise zu vollenden, nicht durch die Kooperation des Staates mit anderen religiös-weltanschaulichen Trägern weiter zu untergraben (Interview 9, *GBS* Gruppeninterview, 32). In der *GBS*-Programmschrift *Aufklärung für das 21. Jahrhundert* (Version 2009) wird der damalige spanische Ministerpräsident Zapatero zitiert:

> ‚Das gesellschaftliche Zusammenleben kann nur in einem laizistischen Staat funktionieren. Wenn Glaubensregeln sich in die Gesetze des Staates einmischen, ist Schluss mit der Bürgerfreiheit!' (Giordano Bruno Stiftung 2009a, 17)

Eine Kooperation des Staates mit religiös-weltanschaulichen Trägern in Deutschland wird von der *GBS* abgelehnt, weil sie zu einer konfessionellen Trennung in vielen Gesellschaftsbereichen und damit auch in den Köpfen der Menschen beitrage, statt gesellschaftliche Integration zu gewährleisten. Beispielhaft hingewiesen wird dabei häufig auf den Bereich des konfessionellen Religionsunterrichts an allgemeinbildenden Schulen.

> Der Religionsunterricht ist für mich das schlimmste Beispiel, denn selbstverständlich werden die Muslime einen Religionsunterricht bekommen und wir werden sehen, was dann ist und wie die Gleichberechtigung von Frauen darin vorkommt. Dieses könnten die Kirchen verändern, in dem sie selbst auf den Bekenntnisunterricht verzichten. [...] Aber sie werden keinesfalls den Zugriff auf die Kinder im Kleinkindalter und in der Grundschule aus der Hand geben – zusammen mit der Taufe ist dies das Einfallstor für ihre kindliche Missionierung. (Matthäus-Maier 2013, 93)

Außerdem erhielten vor allem die beiden großen christlichen Kirchen auf Grundlage rechtlich teilweise fragwürdiger Kooperationsvereinbarungen öffentliche Fördergelder aus Steuereinnahmen unabhängig von der Kirchensteuer, die für innerkirchliche Zwecke genutzt würden, zum Beispiel für die Pensionszahlungen von Bischöfen (Giordano Bruno Stiftung 2014a, 44).[24]

> [D]er Knackpunkt kam bei mir, als ich [...] erfahren habe, dass es eben nicht nur eine himmelschreiende erkenntnistheoretische Absurdität gibt im Zusammenhang mit Religion, sondern vor allem eine dramatische politische Brisanz, arbeitsrechtliche Skandale, die da stattfinden, und vor allen Dingen gigantisch hohe Summen, die außerhalb der Kirchensteuer in die Parallelwelt Christentum fließen, ohne dass sie dort für soziale, karitative Zwecke eingesetzt werden. Vorher habe ich mir halt gedacht: Mensch, alles crazy, aber das muss ja jeder selbst wissen. Aber in dem Moment, wo ich gemerkt habe, dass es politisch wird, habe ich gesagt: Nee, also, das war für mich ein gewisses Erweckungsmoment auch. [...I]ch dachte: Das kann alles nicht wahr sein. Das kann alles nicht wahr sein. Ich hatte die letzten 24 Monate alle mögliche religionskritische Literatur gelesen. Aber dass da jetzt auch noch ein Staatsgebilde draus gebastelt wird, unfassbar. (Interview 14, *GBS*-Funktionär, 2)

Den Staat koste dies Milliarden, die er aus *GBS*-Sicht besser für die eigenständige Erfüllung seiner staatshoheitlichen Aufgaben aufwenden sollte. Ein Sozialstaat müsse dazu in der Lage sein.

> Der Betrieb von Einrichtungen der Krankenpflege, Kindergärten und anderen sozialen Einrichtungen ist eine staatliche Aufgabe. Der Staat hat deshalb selbst eine hinreichende Anzahl derartiger Einrichtungen zu schaffen. Dabei ist auf religiös-weltanschauliche Neutralität zu achten. (Hilgendorf 2010, 52)

Ein Abbau kirchlicher Privilegien soll laut *GBS* deshalb nicht über die Ausgleichsstrategie gleichberechtigter Förderung weltanschaulicher Träger stattfinden, sondern durch negative Gleichbehandlung und laizistische Strukturen. Eine

---

24 *GBS*-Beirat Carsten Frerk legt in seinem *Violettbuch Kirchenfinanzen* (2010) eine detaillierte Auflistung der finanziellen Staat-Kirche-Verquickungen in Deutschland vor. Die *GBS* verschickte das Buch kurz nach seinem Erscheinen an „fast zweitausend politische Entscheidungsträger in Deutschland." (Giordano Bruno Stiftung 2011, 10)

Kooperation und Förderung religiös-weltanschaulicher Träger mit dem beziehungsweise durch den Staat soll insgesamt zugunsten einer strikten Trennung eingestellt werden. „Der Grundsatz Trennung von Kirche und Staat als Ausdruck der weltanschaulich-religiösen Neutralität bleibt das Ziel." (Matthäus-Maier 2013, 93) Die im vorangegangenen Kapitel erläuterte Strategie des sozialpraktischen Organisationstypus (Schlüsselkategorie RELIGIONSPOLITISCHE ISOMORPHIE) wird in diesem Zusammenhang stiftungsintern mit Skepsis und Befremden zur Kenntnis genommen. Man verfestige und legitimiere damit nicht nur kirchliche Privilegien, sondern begebe sich auf Grundlage der Notwendigkeit struktureller und programmatischer Anpassung in eine Situation, in der freigeistige Ideale verraten würden.

> Man muss sich klar machen, dass man sich auf eine schiefe Ebene begibt, je mehr Privilegien auch den Weltanschauungsgemeinschaften zugestanden werden und je länger sie dauern. Sie dienen dann der Verfestigung des Systems. Man gewöhnt sich daran. Man kriegt seinen Teil des Kuchens ab. Es wird dann nichts mehr abgeschafft. Man will es am Schluss auch gar nicht mehr. Man wagt auch gar nicht mehr, die Trennung von Kirche und Staat zu fordern. [...] Es gibt Grenzen, jenseits derer sich die Gleichstellung mit Religionsgesellschaften aus meiner persönlichen Sicht verbietet. Wichtiges Beispiel sind hier humanistische Lehrstühle analog der theologischen Fakultäten, analog, also mit Eingriffsrecht. An die Universitäten gehört Forschung nach Artikel 5 Grundgesetz. Die theologischen Fakultäten sind ein absoluter Fremdkörper, übrigens nicht von der Verfassung geschützt. [...] Die Vorstellung, dass wir als Konfessionsfreie humanistische Professoren auf ihre Linientreue überprüfen, ist mir völlig fremd. [...] Die Begriffe ‚Bekenntnis' oder sogar ‚Glaube' – wenn auch in Anführungsstrichen – sind mir in diesem Zusammenhang fremd. (Matthäus-Maier 2013, 93–94)

Die Laizismus-Forderungen aus den Reihen der *GBS* gehen so weit, dass sie in letzter Konsequenz ein Ende großer Bereiche der Praxis sozialpraktischer freigeistiger Organisationen bedeuten würden.

> Im Idealfall sind Kindergärten und auch Schulen nicht weltanschaulich gebunden, sie sollten es nicht sein. [...] Kinder haben ein Recht auf Bildung. Und sie sollten nicht weltanschaulich in eine Richtung gedrückt werden. Ja, deswegen, im Idealfall sind Kindergärten wirklich Bildungsinstitutionen, die nicht mit Scheuklappen ausgestattet sind. [...] Wir halten es für sinnvoll, dass dieses Körperschaftsrecht abgeschafft wird, [...] und das Gleiche gilt auch für den Lebenskundeunterricht, ja? Wir sind der Meinung, dass es einen für alle verbindlichen Ethik- oder religionskundlichen Unterricht oder sowas geben sollte. (Interview 9, *GBS* Gruppeninterview, 32–34)

Noch deutlicher wird ein anderer Stiftungsfunktionär:

> Und trotzdem halte ich es für falsch, die Kinder zu trennen nach Konfessionen. Auch nach der humanistischen Konfession, wenn man das so nennen darf. [...Ich denke], dass er [gemeint ist der Lebenskundeunterricht des *HVD*, Anm. StS] sich problemlos ersetzen ließe

durch einen Ethikunterricht. [...] Der richtigere Ansatz wäre meines Erachtens, dass weltanschauliche, ungebundene weltanschauliche Bildung unbedingt nötig ist an Schulen, und zwar in Form eines Ethikunterrichts. Und damit wäre der Unterricht des HVD nicht mehr gültig. [...] Humanistische Lebenskunde wäre dann einfach redundant, wenn es einen guten Ethikunterricht gäbe. [...] Deswegen wäre es auch nicht schlimm, wenn er nicht mehr da wäre. (Interview 14, *GBS*-Funktionär, 13)

Dennoch streiten Stiftungsvertreter explizit ab, dass es sich bei den strategischen Positionen von *GBS* und *HVD* hinsichtlich der religionspolitischen Arrangements in Deutschland um Gegensätze handelt. Stattdessen wird über die in Kapitel 4.5.1.4 bereits angesprochene So-Lange-Regel eine Vereinbarkeit der Positionen von Stiftung und Verband propagiert.

Also, da bekämpfen wir den HVD überhaupt nicht. [...] So lange das [gemeint ist ein verpflichtender Ethikunterricht für alle als Ersatz für den konfessionellen Unterricht, Anm. StS] nicht da ist, finde ich das nicht nur legitim, sondern strategisch sehr klug, einen anderen, einen konfessionellen, also in Anführungszeichen, nicht konfessionell-konfessionellen, Unterricht, humanistischen, anzubieten, ja? Und das unterstützen wir auch, und die können auch gerne unser Material verwenden. (Interview 9, *GBS* Gruppeninterview, 32)

Demgegenüber tritt im Alltagsgeschäft der Organisationen die oben beschriebene Unvereinbarkeit zwischen einer RELIGIONSPOLITISCHEN ISOMORPHIE und den laizistischen Positionen der *GBS* zunehmend offen und konflikthaft zu Tage. Darauf wird im Folgeteilkapitel weiter einzugehen sein.

Da die *GBS* auf öffentliche Fördergelder verzichtet beziehungsweise sich sehr bestimmt gegen solche ausspricht, bedarf es alternativer Finanzierungsquellen für die Organisationspraxis. Überlebensnotwendig für die *GBS* ist in diesem Zusammenhang das Mäzentum von Vorstandsmitglied Herbert Steffen. Ohne seine Stiftung des Vermögens und Sitzes der *GBS* und seine Großspenden zum Ausgleich der Jahresbilanzen würde die *GBS* heute nicht (mehr) existieren. Um sich von der Person Steffens unabhängiger zu machen, versucht sich die *GBS* im Werben von potenziellen Spendern.

Gelder des Staates, der Länder und der Kommunen nimmt die GBS nicht in Anspruch. Da an die Stiftung weit mehr Ideen und Projekte herangetragen werden, als diese finanziell realisieren kann, sind Zustifter und Spender jederzeit herzlich willkommen. Spenden oder Zustiftungen an die gemeinnützige Giordano Bruno Stiftung sind steuerlich absetzbar. [...] Wir freuen uns natürlich auch über [...] Schenkungen und Erbschaften. (Giordano Bruno Stiftung 2014a, 33)

Die Schlüsselkategorie MEDIALE INSZENIERUNG steht in diesem Zusammenhang für eine entsprechende Öffentlichkeitsarbeit, um potenzielle Interessenten zu erreichen und für eine (finanzielle) Unterstützung der Stiftung zu gewinnen. Zur

Verbreitung der Stiftungspositionen und ihrer entsprechenden Praxis nutzt die *GBS* einerseits eigens gegründete oder befreundete Medieninstitutionen (zum Beispiel den *HPD* und den Alibri Verlag). Andererseits wird bewusst versucht, die *GBS* auch in unabhängigen Medienhäusern und deren Organen im Sinne der Stiftungspositionen in Szene zu setzen. Hintergrund dieser Strategie ist die Erkenntnis:

> Der Aufklärungsbewegung mangelte es selten an *guten Argumenten*, wohl aber an einer *guten PR*. Gerade in einer Mediengesellschaft wie der unseren gilt: Es genügt nicht, wenn man aufzeigen kann, dass vernünftige Argumente für eine Position sprechen, man muss sie auch erfolgreich unter die Menschen bringen! (Giordano Bruno Stiftung 2014a, 21)

Als Vorbild für diese Strategie der *GBS* tauchen im Datenmaterial immer wieder die ‚Neuen Atheisten' (Kapitel 2.2) auf. Schmidt-Salomon zählt sich selbst trotz einiger Vorbehalte gegenüber dem Begriff ‚Neuer Atheismus' (Schmidt-Salomon 2011d, 119–120) zusammen mit den ‚Four Horsemen' zu einer Gruppe von Religionskritikern, deren gemeinsames Interesse in einer Popularisierung wissenschaftlicher, speziell evolutionstheoretischer Erkenntnisse liegt (Schmidt-Salomon 2011d, 117). Dabei wird vor allem Richard Dawkins zu einem wichtigen Bezugs- beziehungsweise Orientierungspunkt für die Stiftung.

> Zunächst einmal verkörpert Richard Dawkins wie kaum ein anderer Intellektueller weltweit das zentrale Ideal der Stiftung, nämlich die Forderung, *Klartext zu sprechen* – gerade auf jenem Gebiet, das seit Jahrhunderten mit Denkverboten belegt ist: *der ‚twilight zone' der Religion*. [...] Auch die wissenschaftlich-philosophische Perspektive des *evolutionären Humanismus*, die die *Giordano Bruno Stiftung* vertritt, verdankt Richard Dawkins grundlegende Einsichten. Wer an der Entwicklung eines naturalistischen und zugleich humanistischen Menschenbildes arbeitet, kommt an seinen Werken nicht vorbei. (Schmidt-Salomon 2008a, 8–10)

Laut Schmidt-Salomon haben auch die *GBS* und ihre Anhänger von den öffentlichkeitswirksamen Publikationen der ‚Neuen Atheisten' profitiert, und von der entsprechenden geschickten *PR*-Strategie der Autoren könne die Stiftung noch viel lernen.

> Abertausende Menschen outen sich Tag für Tag im Internet als Nichtgläubige, das Thema Religionskritik hat nach langem, zähem Ringen endlich auch die Massenmedien erreicht. Hieran haben die sog. neuen Atheisten einen wesentlichen Anteil. Denn sie haben erkannt, *dass es der Aufklärung in der Vergangenheit nicht so sehr an guten Argumenten mangelte, sondern vielmehr an einer guten PR*. Also haben sie die Möglichkeiten der Mediengesellschaft genutzt und auf kreative Weise den öffentlichen Raum besetzt, wodurch sichtbar wurde, was zuvor verdeckt war, nämlich, dass sich sehr viele Menschen in den westlichen Industrienationen längst schon von traditionellen Glaubensvorstellungen verabschiedet haben. [...]

> Das größte Verdienst des sog. neuen Atheismus ist es, dass er einer großen Öffentlichkeit bewusst machte, dass es eine tragfähige weltanschauliche Position jenseits der etablierten Religionen gibt und dass diese Position heute von mehr und mehr Menschen vertreten wird. (Schmidt-Salomon 2011d, 117–118)

Wie wichtig es für die *GBS* ist, dass ihre Themen und Tätigkeiten von den Medien aufgegriffen werden, zeigen die sehr genaue stiftungsinterne Beobachtung und Dokumentation medialer Erwähnungen der *GBS* und entsprechende Rückverweise. So enthält zum Beispiel die Programmschrift *Aufklärung für das 21. Jahrhundert* in der Version von 2009 eine Rubrik „Stimmen zur Stiftung" (Giordano Bruno Stiftung 2009a, 11) mit Zitaten über die *GBS* aus dem *Spiegel*, der *Süddeutschen Zeitung* und dem *Schweizer Tages-Anzeiger*. In einem Interview mit einem Stiftungsfunktionär zum *Evokids*-Projekt heißt es:

> Anlässlich der im Rahmen des Evokids-Kongresses Ende 2015 verabschiedeten Resolution [...] gab es unter anderem ein ausführliches Interview auf Süddeutsche.de, die Westdeutsche Zeitung, die Rheinische Post und Der Sonntag, Wochenendbeilage u.a. des Donaukurier, des Pfaffenhofener Kurier und Eichstätter Kurier, berichteten über das Projekt, zudem griffen auch das WDR-Fernsehen und der Deutschlandfunk das Thema auf. (Interview 22, *GBS*-Funktionär, 4)

Die große Relevanz des Medienechos für die Stiftung erzeugt eine gewisse Abhängigkeit von diesem. Bleiben die Tätigkeiten der *GBS* medial unbeachtet, dann bleibt ihre Außenwahrnehmung sehr beschränkt und erreicht potenzielle Unterstützer kaum. Um eine Medienreaktion im gewünschten Umfang zu erzeugen, werden gängige Medienstrategien angewendet.

> Bei der wirkungsvollen Vermarktung aufklärerischer Ideen ist *Provokation* unerlässlich, schließlich bedeutet ‚pro-vocare', etwas hervorzurufen – und genau das wollen wir! Wer der Gesellschaft *Anstöße* geben will, der darf sich nicht scheuen, von Zeitgenossen als anstößig empfunden zu werden. An den Kampagnen der gbs nahmen in der Vergangenheit viele Anstoß – und dies war sicherlich ein Grund für ihren Erfolg. (Giordano Bruno Stiftung 2014a, 21)

Das unter Kapitel 4.5.2.3 thematisierte, stark ausgeprägte religionskritische Moment der Stiftungspraxis ist vor dem Hintergrund dieser strategischen Notwendigkeit der Provokation zu interpretieren. Sichtbar geworden ist die Stiftung bislang vor allem durch das Erzeugen medialer Skandalöffentlichkeiten mit religionskritischen Inhalten. Dies dürfte ein entscheidender Grund dafür sein, warum ihre Vertreter trotz gegenteiliger Ankündigungen immer wieder zu diesem Stilmittel zurückkehren.

> Erst kam ich mit religionskritischen Inhalten nicht in die Medien hinein, nun komme ich nicht mehr raus. Denn haben die Medien erst einmal eine passende Schublade gefunden (in meinem Fall war es ‚Deutschlands Chef-Atheist' – obwohl ich ganz gewiss kein ‚Chef' bin und ‚Atheist' nur unter agnostischem Vorbehalt), so wird man dort verortet – ob man will oder nicht. (Schmidt-Salomon 2011i, 16)

Zur Kategorie der MEDIALEN INSZENIERUNG gehört mit Blick auf die *GBS*-Strategie auch die Wahl repräsentativer Orte für Veranstaltungen (zum Beispiel Haus der Bundespressekonferenz, Berlin; Aula der Deutschen Nationalbibliothek, Frankfurt am Main) und die Gewinnung medial erprobter Intellektueller und Künstler für den eigenen Beirat. Darüber hinaus erfüllt die Organisationsform der *GBS* in dieser Hinsicht eine wichtige Funktion.

> Aber es war klar: Wir brauchen eine andere Struktur. Wenn man wirklich etwas bewegen will, muss man schneller reagieren können. Und das kann man in diesen Vereinsstrukturen nur sehr sehr schwer [...] in der Mediengesellschaft. (Interview 9, *GBS* Gruppeninterview, 6–31)

Um die *GBS*-Strategie in ihrer Funktionsweise nachzuvollziehen, soll sie in der Folge an einem Beispiel veranschaulicht werden. Dazu wird das Handeln der Stiftung im Rahmen des (gescheiterten) Indizierungsverfahrens gegen das von Schmidt-Salomon (2007b) verfasste Kinderbuch *Wo bitte geht's zu Gott?, fragte das kleine Ferkel* näher untersucht. Das Buch beschreibt die durch ein Werbeplakat herbeigeführte Suche eines Ferkels und seines befreundeten Igels nach Gott. Auf dieser begegnen sie einem Rabbi, einem Bischof und einem Mufti, deren Antworten auf ihre Frage nach Gott sie belustigen, aber auch verängstigen und verstören: Der Rabbi berichtet von der biblischen Sintflut, vom Bischof erfahren sie vom römisch-katholischen Abendmahlsverständnis und der Mufti belehrt sie über die muslimische Pflicht des Salāt. Während die drei Religionsvertreter dabei anfangs freundlich und zuvorkommend wirken, reagieren sie auf die naiven Nachfragen und ironisch-kritischen Anmerkungen von Ferkel und Igel zunehmend mit Zorn, der rasch auf die jeweils anderen Religionsvertreter kanalisiert wird und in einen Streit unter diesen darüber mündet, wessen Hölle die heißeste sei, während Ferkel und Igel davonschleichen. Beide stellen fest, dass ihnen ohne Gott nur „die Angst gefehlt" habe und dass, sollte es Gott tatsächlich geben, er sicher nicht in den zuvor besuchten „Gespensterburgen" wohne. Die Geschichte endet mit dem Satz „Und die Moral von der Geschicht': Wer Gott nicht kennt, der braucht ihn nicht!" (Schmidt-Salomon 2007b) Ein frühes Beispiel für die mediale Inszenierung des Buches stellt eine werbungsähnliche Rezension zum Buch (inklusive Autoreninterview mit Schmidt-Salomon) beim *HPD* dar, die es als „religiöses Frühwarnsystem für Kinder" (Finke 2007, o.S.) feiert. Schmidt-Salomon bezeichnet das Buch darin als „Erste-Hilfe-Set für genervte Eltern" (Finke 2007, o.S.), die keiner religiösen Glaubenstradition angehören und auf dem religiös dominierten Kinderbuchmarkt nach einer überfälligen Alternative suchten. Im Dezember 2007 beantragte das Bundesministerium für Familie, Senioren, Frauen und Jugend die Indizierung des Kinderbuches nach dem Jugendschutzgesetz Artikel 18, Absatz 1, bei der Bundesprüfstelle für Jugendgefährdende Medien. Im Antrag heißt es, das Buch sei

> geeignet, die Entwicklung von Kindern und Jugendlichen oder ihre Erziehung zu einer eigenverantwortlichen und gemeinschaftsfähigen Persönlichkeit zu gefährden. (Bundesministerium für Familie, Senioren, Frauen und Jugend 2007, 1)

Im Kinderbuch würden die „drei Weltreligionen Judentum, Christentum und Islam verächtlich gemacht [...und] der Lächerlichkeit preisgegeben." Die Darstellung des Judentums, das besonders „verächtlich gemacht" werde, wird im Indizierungsantrag in den Fokus gerückt. Im Text werde die jüdische Religion als „Angst einflößend und grausam" beschrieben. Deutlicher noch nimmt das Ministerium aber an den Illustrationen im Buch Anstoß, die von Helge Nyncke stammen. Sie bildeten den Rabbi als „wütenden Mann mit entgleisten Gesichtszügen und den stereotypen Merkmalen eines streng orthodoxen Juden in negativer Weise" ab. Die bildliche Darstellung zur Sintfluterzählung des Rabbis, auf der Schnuller und Kinderschuhe den Tod von Babys und Kindern versinnbildlichten, stelle das Judentum zudem als besonders „grausam, menschenverachtend und mitleidlos" dar. Laut dem Ministerium „weisen Text und Abbildungen des Buches mithin antisemitische Tendenzen auf." (Bundesministerium für Familie, Senioren, Frauen und Jugend 2007, 2–3) Im März 2008 wurde der Antrag von der Bundesprüfstelle für Jugendgefährdende Medien abgelehnt. In einer begründenden Stellungnahme der stellvertretenden Leiterin Petra Meier gegenüber *Deutschlandradio Kultur* heißt es:

> Es gibt im Jugendschutzgesetz bestimmte Tatbestände der Jugendgefährdung. Dazu zählt zum Beispiel das Anreizen zum Rassenhass, worunter auch der Anreiz zu Judenhass gefasst wird. Es gibt darüber hinaus noch weitere Tatbestandsmerkmale, zum Beispiel die Verherrlichung des Nationalsozialismus, Verherrlichung von Drogenkonsum, oder auch die Diskriminierung von Menschen. Allgemeine Kritik an Religion selbst ist kein Tatbestand der Jugendgefährdung. (zitiert nach Bohl 2008)

Zuvor hatten Schmidt-Salomon und Nyncke gemeinsam mit der *GBS* eine Kampagne mit dem Titel *Rettet das kleine Ferkel!* gestartet, eine entsprechende Website geschaltet und eine Gegendarstellung verfasst (Rettet das kleine Ferkel o.J.). Der beschriebene Prozess ging mit einer ausführlichen Medienberichterstattung in Deutschland (zum Beispiel Free 2008; n-tv.de 2008; Rühle 2008; Spiegel Online

Redaktion 2008; Werner 2008) der Schweiz (Güntner 2008), Österreich (Redaktion derStandard.at 2008), Polen (Binswanger-Stefańska 2008) und Israel (Aderet 2008) einher, die auf der Website der Kampagne genau dokumentiert wird (Rettet das kleine Ferkel o. J.). Sie trug dazu bei, einerseits das Buch, andererseits den Antrag als Skandal zu vermarkten. In einem Interview mit dem *HPD* bestätigt Schmidt-Salomon, den medialen Aufschrei sowohl in der einen als auch in der anderen Weise bewusst eingeplant zu haben: „Wir haben eine solche Kampagne erwartet." (Schmidt-Salomon 2008b) Die mediale Berichterstattung um den Gesamtvorgang hat dem Buch und damit auch dem Autoren und seiner Stiftung breite öffentliche Aufmerksamkeit verschafft. Laut *Spiegel Online* stieg die Anzahl der verkauften Bücher in der Zeit zwischen Bekanntwerden des Indizierungsantrages und dessen Ablehnung von 5.000 auf 12.500 an (Spiegel Online Redaktion 2008). Durch ein provokatives Spielen mit Klischees und religionskritischen Tabus wurden die Medien somit für die Stiftung nutzbar gemacht. Einen zusätzlichen, sicher unintendierten Beitrag zur medialen Inszenierung des Buches und der darin vertretenen Positionen leistete schließlich noch der Regensburger Bischof Gerhard Müller, der die öffentliche Diskussion um das Buch aufgriff und eine polemisch-apologetische Predigt auf Grundlage falscher Aussagen über dessen Inhalte hielt. Demnach ließe Schmidt-Salomon

> ein Schwein auftreten, das dann nach Gott fragt – als jüdischer Rabbi, als christlicher Bischof oder als ein moslemischer Geistlicher. Letztlich sagt er damit nichts anderes, als dass alle, die an Gott glauben, sich auf dem geistigen Niveau eines Schweins befänden. (zitiert nach Bauer 2008)[25]

Schmidt-Salomon stellte daraufhin eine Unterlassungsklage gegen den Bischof. Ein darauf folgender dreijähriger Gang durch verschiedene Instanzen endete im August 2011 mit einem Urteil des Bundesverwaltungsgerichtes, laut dem „die religiöse Äußerungsfreiheit, auch soweit es um eine Predigt geht, keinen absoluten Vorrang vor den Belangen des Persönlichkeits- und Ehrenschutzes" (Bundesverwaltungsgericht 2011) genießt. In seiner abschließenden Stellungnahme sagte Schmidt-Salomon:

> Dies ist ein wichtiges Signal für den Rechtsstaat: Endlich ist juristisch geklärt, dass die Kirche kein rechtsfreier Raum ist. Herr Müller und seine Kollegen sind nun, wie alle anderen Bürger auch, dazu verpflichtet, wahrheitsgemäß zu zitieren. Vielleicht sehen sie es irgendwann sogar selber ein, dass es ratsam wäre, ein Buch erst einmal zu lesen, bevor sie es in einer Predigt verdammen. (Salomons Homepage o. J.)

---

[25] Der Internetlink zum Originaltext der Predigt funktioniert nicht mehr.

Auch die umfängliche Medienberichterstattung zu diesem Vorgang, der zu einer weiteren Popularisierung des Buches beigetragen haben dürfte, wird auf Schmidt-Salomons Website detailliert dokumentiert (Salomons Homepage o. J.).

Auch *GWUP* und *IBKA* erhalten für ihre Praxis keine öffentlichen Fördergelder. Wie die *GBS* lehnen sie den besonderen rechtlichen Status von Religions- und Weltanschauungsgemeinschaften explizit ab und bestreiten, dass es staatlich geförderter Akteure bedarf, um eine vorstaatliche gesellschaftliche Kohäsion zu gewährleisten. Vor allem der *IBKA* fordert – wie auch die *GBS* – laizistische Strukturen.

> Die Privilegierung der Kirchen lässt sich wegen des Gebots der Gleichbehandlung langfristig nur bewahren, wenn sie auf weitere religiöse Gemeinschaften ausgeweitet wird. Der IBKA fordert stattdessen die generelle Abschaffung der Privilegierung von Religionsgemeinschaften. (Internationaler Bund der Konfessionslosen und Atheisten o. J.)

Stattdessen lässt sich auch die strategische Ausrichtung von *GWUP* und *IBKA* zusammenfassend mit der Kategorie MEDIALE INSZENIERUNG beschreiben, wie zum Beispiel die mediale Begleitung der Aktion *Nichts drin, nichts dran* der *GWUP* zeigt (Kapitel 4.4.2). Auch die Rubriken „IBKA in den Medien" sowie „Medienecho" auf den Websites der beiden Organisationen (Internationaler Bund der Konfessionslosen und Atheisten o. J.; Gesellschaft zur wissenschaftlichen Untersuchung von Parawissenschaften o. J.) zeugen von der Relevanz medialer Rezeption ihrer Tätigkeiten für weltanschaulich-agonale freigeistige Organisationen.

4.5.3 Vergleich der Handlungs- und interaktionalen Strategien

Die Handlungs- und interaktionalen Strategien des sozialpraktischen und des weltanschaulich-agonalen Organisationstypus werden in der vorliegenden Studie mit den Oberkategorien SOZIALPRAKTISCHER HUMANISMUS und WELTANSCHAULICH-AGONALER HUMANISMUS überschrieben und durch die abstrakten Eigenschaften Weltanschauung, Organisationsform, Praxis und Strategie ausdifferenzierend dimenisonalisiert. Zwischen SOZIALPRAKTISCHEM HUMANISMUS und WELTANSCHAULICH-AGONALEM HUMANISMUS lassen sich, je nach Eigenschaft, Gemeinsamkeiten, aber auch erhebliche Unterschiede feststellen, die bis zur Gegensätzlichkeit und Unvereinbarkeit reichen können.

Im weltanschaulichen Bereich wurden jeweils ähnliche Kategorien rekonstruiert, die sich jedoch beim sozialpraktischen Organisationstypus um die Schlüsselkategorie SELBSTBESTIMMUNG IN SOZIALER VERANTWORTUNG, beim weltanschaulich-agonalen Organisationstypus um die Schlüsselkategorie AUF-

KLÄRUNG herum gruppieren, weshalb sie unterschiedliche Bedeutungsnuancen aufweisen können. Weltanschaulich-agonale freigeistige Organisationen nehmen dabei eine kritisch-konfrontative Haltung gegenüber Religion/en ein, und begreifen sich in den Bereichen Weltbild und Ethik substituierend als „echte Alternative zu Religion." (Schmidt-Salomon 2013, 37) Demgegenüber fällt die Religionsbezogenheit des sozialpraktischen Organisationstypus in der Regel differenzierter aus und weist verschiedene Facetten auf, von einer Kritik an Dogmatismus und Fundamentalismus bis hin zu verschiedenen Formen wertschätzender Religionsbezüge (dialogorientiert, imitierend, kooperierend), die sich entsprechend auch in der Praxis spiegeln (siehe unten).

Hinsichtlich der Eigenschaft Organisationsform weisen der sozialpraktische und der weltanschaulich-agonale Organisationstypus erhebliche Unterschiede auf. Sozialpraktische freigeistige Organisationen lassen sich als WELTANSCHAUUNGS- respektive RELIGIONSGEMEINSCHAFT beschreiben, beim weltanschaulich-agonalen Organisationstypus dominieren AKTIVISTISCHE ORGANISATIONSFORMEN. Der Unterschied liegt im Bezug auf die eigene Mitgliedschaft. Während es sich bei sozialpraktischen freigeistigen Organisationen in der Regel um klassische föderalistische Mitgliederverbände handelt, die traditionell Gemeinschaftspflege ins Zentrum ihres Organsiationszweckes rücken, sieht das Organisationsmodell AKTIVISTISCHE ORGANISATIONSFORMEN keine solche mitgliedschaftliche Gemeinschaftspflege vor. Statt Gemeinschaft wird in weltanschaulich-agonalen freigeistigen Organisationen Aktivismus organisiert. Bei der *GBS* geht dies sogar so weit, dass im Rahmen der Rechtsform Stiftung gar keine Mitgliedschaft vorgesehen ist. Über den Förder- und Stifterkreis beziehungsweise die Regional- und Hochschulgruppen haben sich zwar viele sogenannte Unterstützer der *GBS* angeschlossen und somit eine Quasi-Mitgliedschaft ausgebildet. Diese besitzt jedoch keine offiziellen Befugnisse in Entscheidungsprozessen der Stiftung, wenn auch ein regelmäßiger Austausch zwischen ihren Sprechern und dem Vorstand zum Zwecke der Koordination des Aktivismus stattfindet.

Noch größere Unterschiede zwischen dem sozialpraktischen und dem weltanschaulich-agonalen Organisationstypus werden hinsichtlich der Eigenschaften Praxis und Strategie sichtbar. Die Praxis des sozialpraktischen Organisationstypus wird hier mit der Kategorie SOZIALE DIENSTLEISTUNGEN überschrieben, die in verschiedenen Sektoren (Lebensfeiern, Sozial- und Bildungsangebote, Beratung) angeboten werden und sich an die eigenen Mitglieder, Konfessionsfreie oder an alle Mitglieder der Gesellschaft richten können. Sie weisen eine im hohen Maße imitierende Religionsbezogenheit auf, da sie als notwendige funktionale Äquivalente und Konkurrenz zu kirchlichen Angeboten mit alternativem Inhalt definiert und legitimiert werden. Das Selbstverständnis, sich funktional auf Augenhöhe mit Religionen zu befinden, führt mitunter auch zu dialogorientierten

Religionsbezügen sozialpraktischer freigeistiger Organisationen in Gremien oder Dialogkreisen. Die dabei ausgemachten Gemeinsamkeiten in der praktischen Arbeit und deren Zielen können sogar bis hin zu konkreten praktischen Kooperationen mit Religionsgemeinschaften führen, wie das Hospizprojekt *Dong Ban Ja* in Berlin zeigt, an dem der *HVD* gemeinsam mit einem buddhistischen Träger beteiligt ist. Kooperative Religionsbezüge stellen in der Praxis sozialpraktischer freigeistiger Organisationen jedoch eine Ausnahme dar. Dagegen zeichnet sich die Praxis weltanschaulich-agonaler freigeistiger Organisationen durch CAMPAIGNING aus, also den Versuch, gesellschaftspolitische Diskurse zum Beispiel durch Kampagnen oder Publikationen im Sinne eigener epistemologischer und weltanschaulicher Vorstellungen zu prägen oder zu verändern. Dabei zeigt sich erneut die Abgrenzung des weltanschaulich-agonalen Organisationstypus gegenüber Religionen, zu denen man sich in der Praxis in einen diametralen, kritisch-konfrontativen Gegensatz setzt.

Mit der jeweiligen Praxis einher gehen Unterschiede hinsichtlich der Eigenschaft Strategie. Zur Unterhaltung ihrer sozialen Dienstleistungen sind sozialpraktische freigeistige Organisationen nicht selten auf öffentliche Kooperation und Förderung angewiesen. Da ihnen diese als Weltanschauungs- bzw. Religionsgemeinschaften nur auf Grundlage von Forderungen einer Gleichbehandlung mit den Kirchen gewährt werden, wird hier eine RELIGIONSPOLITISCHE ISOMORPHIE sichtbar, während die mitgliedschaftlich-, mäzen- und/oder spendenfinanzierten weltanschaulich-agonalen freigeistigen Organisationen Unabhängigkeit vom Staat und von religionspolitischen Arrangements propagieren, laizistische Entwürfe befürworten und stattdessen auf Grundlage MEDIALER INSZENIERUNG häufig religionsbezogene Skandalöffentlichkeiten zu erzeugen versuchen, um Anhänger und Spender zu gewinnen. Die strategischen Unterschiede der beiden Organisationstypen münden zu Ende gedacht in einer Gegensätzlichkeit und Unvereinbarkeit. Wie die obenstehenden Ausführungen gezeigt haben, sprechen sich zum Beispiel *GBS* und *IBKA* für einen Abbau sämtlicher Formen der Kooperation von Staat und Religions- beziehungsweise Weltanschauungsgemeinschaften, und damit auch gegen freireligiösen Religions- oder humanistischen Lebenskundeunterricht, Kindertagesstätten unter Trägerschaft von *HVD* oder *BFGD*, humanistische Weltanschauungsschulen oder eine wissenschaftliche Humanistik an staatlichen Universitäten aus. Umgesetzt würde dies das Ende großer Teile der Praxis sozialpraktischer freigeistiger Organisationen bedeuten. Diese wiederum zeigen sich mitunter von der Herstellung religionskritischer Skandalöffentlichkeiten durch weltanschaulich-agonale Organisationsvertreter befremdet, und bevorzugen differenziertere Formen der Religionskritik oder sogar eine Kooperation mit gemäßigten religiösen Kräften, sofern diese wie sie ein pluralistisches Gesellschaftsideal besitzen. Angesichts der

Globalkritik an Religion/en und postmodernen Multikulturalisten haben solche eher religionsfreundlichen Entwürfe im Rahmen gesellschaftsutopischer Überlegungen der meisten weltanschaulich-agonalen freigeistigen Organisationen kaum einen Platz. Die *GBS* strebt gar eine „Leitkultur Humanismus und Aufklärung" (Schmidt-Salomon 2006, 144) an.

Die im strategischen Bereich bestehenden Spannungen zwischen dem sozialpraktischen und dem weltanschaulich-agonalen Organisationstypus werden im Rahmen der Zusammenarbeit freigeistiger Organisationen im *KORSO* sicht- und greifbar. Der Koordinationsrat ist seit seiner Gründung 2008 aufgrund dieses „Konfliktpotenzial[s]" (Hummitzsch 2013, 8) kaum öffentlich in Erscheinung getreten. Vor allem von Seiten des *HVD* wird er häufig als „fauler Kompromiss [,... der] zu Lasten des Humanistischen Verbandes" (Interview 20, ehemaliger *HVD*-Funktionär, 10) gehe, charakterisiert.

> Aber die beiden Konzepte scheinen nicht insofern kompatibel zu sein, als dass, wie Michael Schmidt-Salomon betont hat: Im Prinzip sind wir uns ja einig. Ich denke, dass wir uns im Prinzip nicht einig sind. (Interview 20, ehemaliger *HVD*-Funktionär, 15)

Die Analysen zu den Handlungs- und interaktionalen Strategien des sozialpraktischen und des weltanschaulich-agonalen Organisationstypus verdeutlichen jedoch auch, dass die gegensätzlichen Strategien und Ziele kein gänzlich hausgemachtes Phänomen sind – schließlich weisen beide auf weltanschaulicher Ebene auch große Schnittmengen auf –, sondern dass die Organisationsumwelten und Abhängigkeiten von diesen einen nicht unerheblichen Einfluss auf strategische Entscheidungen und die Definition von Organisationszielen nehmen. Aus der Strategie RELIGIONSPOLITISCHER ISOMORPHIE, durch welche die Praxis sozialpraktischer freigeistiger Organisationen häufig erst finanzierbar und somit organisierbar wird, folgt auch eine Angewiesenheit auf die entsprechenden religionspolitischen Arrangements, und damit einhergehend eine zwangsläufige Anpassung an durch diese definierte Strukturen für Kooperation und Förderung. Im religiös-weltanschaulichen Bereich bedeutet dies in Deutschland vor allem die Notwendigkeit organisatorischer und praktischer Kirchenähnlichkeit, die sich in der Organisationsform WELTANSCHAUUNGSGEMEINSCHAFT und der Praxiskategorie SOZIALE DIENSTLEISTUNGEN konkret nachweisen lässt. Die Strategie MEDIALE INSZENIERUNG des weltanschaulich-agonalen Organisationstypus erzeugt demgegenüber die Notwendigkeit, sich den Gesetzen medialer Öffentlichkeitswirksamkeit zu unterwerfen, also laut und provokativ gesellschaftspolitische Kontroversen aufzugreifen und zu diesen möglichst schnell und polarisierend Stellung zu beziehen. Der Staat respektive die Medien nehmen auf diese Weise als intervenierende Bedingungen erheblichen Einfluss auf die Handlungs- und interaktionalen Strategien beider Organisationstypen. Dies soll im Folgenden näher erläutert und einer vertiefenden Analyse unterzogen werden.

4.6 Intervenierende Bedingungen

Corbin und Strauss definieren intervenierende Bedingungen als den

> breiteren strukturellen Kontext, der zu einem Phänomen gehört. Diese Bedingungen wirken entweder fördernd oder einengend auf die Handlungs- und interaktionalen Strategien ein, die innerhalb eines spezifischen Kontexts eingesetzt werden. (1996, 82)

Intervenierende Bedingungen können sowohl mehr oder weniger von Menschen beeinflusste beziehungsweise konstruierte systemische Strukturen aufweisen, wie ein Rechtssystem oder klimatische Bedingungen, als auch konkrete Akteure wie Einzelpersonen oder Organisationen umfassen. Beide Formen werden im Folgenden in den Blick genommen. Grundsätzlich werden im Bereich der intervenierenden Bedingungen für den sozialpraktischen und den weltanschaulich-agonalen Organisationstypus ähnliche Kategorien rekonstruiert – was angesichts des gemeinsamen historischen, kulturellen und gesellschaftspolitischen Kontextes wenig verwunderlich ist. Ihre Bedeutung und Relevanz für und ihr konkreter Einfluss auf die beiden Organisationen unterscheidet sich jedoch zum Teil erheblich.

4.6.1 Der regulierende Staat und die Ambivalenz interner Umwelten: Intervenierende Bedingungen beim sozialpraktischen Organisationstypus

Die Darstellung der intervenierenden Bedingungen für die Handlungs- und interaktionalen Strategien des sozialpraktischen Organisationstypus soll an dieser Stelle auf zwei zentrale Kategorien in diesem Bereich beschränkt werden. Die wichtigste intervenierende Bedingung beim sozialpraktischen Organisationstypus wird mit der Kategorie STAAT umschrieben. Der Staat ermöglicht große Teile des Tätigkeitsspektrums sozialpraktischer freigeistiger Organisationen durch eine entsprechende Kooperations- und Förderungspraxis überhaupt erst. Über die Kategorie INTERNE UMWELT wurde zudem der Einfluss der Mitglieder auf das Handeln sozialpraktischer freigeistiger Organisationen und dessen Konsequenzen erfasst. Auf eine Darstellung weiterer wichtiger Kategorien aus der externen Organisationsumwelt, zum Beispiel ANDERE FREIGEISTIGE ORGANISATIONEN oder RELIGIONEN, wird an dieser Stelle verzichtet, um Redundanzen zu vermeiden. Ihre Rolle für das organisationale Handeln des sozialpraktischen Typus wurde bereits ausführlich in den vorangegangenen Kapiteln behandelt. Die Schlüsselkategorien STAAT und INTERNE UMWELT sollen nun – wie in den vorangegangenen Kapiteln auch – zunächst am Beispiel des *HVD* veranschaulicht werden.

Die zentrale Kategorie im Bereich der intervenierenden Bedingungen des *HVD* ist STAAT. Landesregierungen oder Verwaltungsgerichte können – zum Beispiel auf Grundlage gewährter oder verwehrter Kooperation oder öffentlicher Förderung beziehungsweise entsprechender Urteile – die Arbeit des *HVD* ermöglichen oder verunmöglichen. Für beides lassen sich in der Verbandsgeschichte zahlreiche Beispiele anführen. Wie zum Beispiel die Genehmigungsanträge des *HVD* auf Weltanschauungsschulen (vergleiche dazu ausführlich Kapitel 4.5.1.4) zeigen, kann die gleiche Praxis im einen Bundesland (Bayern) – wenn auch nach langem juristischem Vorspiel – genehmigt werden, während sie dem *HVD* in einem anderen Bundesland (Bremen) verwehrt wird. Dabei kommt es wesentlich auf die politische Ausrichtung und die Interessen der jeweiligen Landesregierungen sowie die Rechtslage in den betreffenden Bundesländern an.

> Wir [gemeint ist der *HVD* Bayern, Anm. StS] blicken da [gemeint ist der *HVD* Berlin-Brandenburg, Anm. StS] mit Faszination natürlich hin, ne? Also was alles auch möglich sein kann, wenn das politische Umfeld anders ist. […] Wir müssen halt wirklich uns durchsetzen. Das unterscheidet uns, glaube ich, schon auch von anderen. Das geht auch immer leichter und immer besser, aber wir müssen es trotzdem tun, […] wir müssen unsere Rechte durchsetzen gegen eine überaus, ich will jetzt gar nicht mal sagen: unwillige, aber gegen eine Staatsregierung, der das überhaupt nicht nahe liegt. (Interview 7, *HVD*-Funktionär, 71)

Es lassen sich für Deutschland jedoch auch einige übergreifende, nationale religionspolitische Strukturen und Ressourcen ausmachen, mit denen der *HVD* konfrontiert ist und mit denen er sich angesichts seiner Strategie-Kategorie RELIGIONSPOLITISCHE ISOMORPHIE auseinandersetzen muss. Das religionspolitische Arrangement in Deutschland kommt laut Art. 140 *GG* i.V.m. Art. 137 Abs. 1 *WRV* ohne Staatsreligion aus, sieht jedoch die Möglichkeit der Kooperation zwischen Staat und Religions- beziehungsweise Weltanschauungsgemeinschaften vor, die als Träger von Bildungs-, Gesundheits- und Wohlfahrtseinrichtungen in zentrale Bereiche staatlicher Politik eingebunden werden können (zum Staatskirchenrecht allgemein vergleiche Listl und Pirson 1996; Dirksen 2003; Droege 2006; Cavuldak 2013). Besondere Privilegien genießen dabei die Religionsgesellschaften (und diesen gleichgestellte Weltanschauungsgemeinschaften), die den rechtlichen Status einer K.d.ö.R. erhalten können. Bedingung für eine rechtliche Anerkennung als K.d.ö.R. sind neben den verfassungsrechtlich benannten Voraussetzungen einer Gewähr der Dauer durch die Zahl der Mitglieder und die Verfassung der jeweiligen Religionsgesellschaft auch einige verfassungsrechtlich unbenannte, aber in der Rechtsprechung de facto wirksame Voraussetzungen, wie Staatsloyalität oder eine hierarchische Organisationsform mit eindeutig identifizierbarem Ansprechpartner für den Staat (Heinig 2010b, 99– 103). Koenig (2003) betrachtet dieses für Deutschland spezifische religionspolitische Arrangement als Ergebnis eines Entwicklungspfades, der bis zu den sogenannten Konfessionskriegen der frühen Neuzeit zurückreicht, sich aber „aufgrund der späten Entstehung eines deutschen Nationalstaats erst Ende des 19. Jahrhunderts stabilisiert hat." (Koenig 2003, 104) Dabei spielten besondere Beziehungen zwischen den Territorialstaaten beziehungsweise später auch dem Nationalstaat und den beiden Großkirchen stets eine entscheidende Rolle. Die religionspolitische und rechtliche Inkorporation religiös-weltanschaulicher Minderheitenorganisationen setzt daher bis heute deren kirchenförmige, hierarchische Organisation voraus. Die kirchenähnliche Praxis des *HVD* sowie seine Organisations- beziehungsweise Rechtsform als Weltanschauungsgemeinschaft und K.d.ö.R. in einzelnen Bundesländern verdeutlichen seine Ausrichtung auf die religionspolitischen Arrangements in Deutschland und seine Inkorporation in diese (vergleiche dazu die Schlüsselkategorie RELIGIONSPOLITISCHE ISOMORPHIE in Kapitel 4.5.1.4). An einzelnen Stellen äußert der Verband aber auch Kritik an den bestehenden religionspolitischen Strukturen und Regelungen, zum Beispiel hinsichtlich des staatlichen Kirchensteuereinzuges oder der Orientierung öffentlicher Mittelvergabe an Mitgliedschaftszahlen statt an Kulturbedeutung. In der praktischen Umsetzung religionspolitischer Arrangements sieht sich der *HVD* zudem gegenüber Religionsgemeinschaften und -gesellschaften, vor allem den Kirchen, benachteiligt.

> Eine faktische Gleichstellung von Religions- und Weltanschauungsgemeinschaften gibt es allerdings bis heute offensichtlich nicht. Das kann nicht damit begründet werden, dass die säkularen Gemeinschaften von ihrer Mitgliederzahl her nicht an die großen Kirchen heranreichen. Eine Ungleichbehandlung kann in bestimmten Punkten auf eine solch quantitative Differenz gestützt werden. Die säkularen Verbände haben aber noch nicht einmal die gleiche Stellung und die gleichen Privilegien wie die kleinen Religionsgemeinschaften, die sie an Mitgliederzahl übertreffen. Hier ist der Religionsunterricht wiederum ein gutes Beispiel: Während z. B. die Alt-Katholiken, die Mennoniten, die Neuapostolische Kirche und die orthodoxen Christen problemlos eine Zulassung ihres Religionsunterrichtes und eine entsprechende Förderung hierfür erhalten haben, wird dies z. B. dem HVD verwehrt, so dass derzeit in NRW und Niedersachsen Klagen vor den Verwaltungsgerichten geführt werden. [...] Die Ungleichbehandlung an Schulen geht aber noch weiter. [...] Der Welthumanistentag ist nicht als Feiertag vorgesehen. Auch ein freier Tag auf Antrag wird für Mitglieder von Weltanschauungsgemeinschaften nicht gewährt. Dagegen können Kirchenmitglieder für Kirchentage, Rüsttage und stundenweise zur Teilnahme an Gottesdiensten schulfrei erhalten.

> Eine Begründung für diese Ungleichbehandlung ist nicht ersichtlich. (Heinrichs 2010, 132–133)

Mit Blick auf die Unterschiede der Repräsentation von Religions- und Weltanschauungsgemeinschaften an staatlichen Universitäten in Deutschland schreibt der ehemalige *HVD*-Präsident Horst Groschopp:

> Man kann es durchaus einen Skandal nennen, dass es zwar an mehreren staatlichen deutschen Hochschulen eine christliche ‚Missionswissenschaft' gibt, aber keine systematische Beschäftigung mit dem Humanismus, weder als Ganzes, noch speziell dem säkularen, weder historisch, noch theoretisch, auch nicht pädagogisch, schon gar nicht sozialwissenschaftlich. (Groschopp 2012, 15)

Kritisiert wird darüber hinaus eine fehlende Transparenz in der staatlichen Kooperation mit und der öffentlichen Förderung von den christlichen Kirchen in Deutschland, aufgrund derer der *HVD* „seinen Zuwendungsanspruch auf Grundlage des Gleichbehandlungsgrundsatzes gegenüber Verwaltungen und Gerichten nicht glaubhaft begründen" (Isemeyer 2003, 65) könne. Die vielen in einfachgesetzlichen Regelungen versteckten und damit verschleierten Privilegien für Kirchen seien gar „verfassungswidrig." (Heinrichs 2013, 48)

Im Vergleich zur Schlüsselkategorie STAAT ist die Kategorie INTERNE UMWELT (meint hier die Mitgliedschaft) im Bereich der intervenierenden Bedingungen des *HVD* deutlich weniger gesättigt. Die kleinen Mitgliederzahlen werden zwar einerseits vor dem Hintergrund des geringen Bekanntheits- und Verbreitungsgrades des *HVD* und der auf Mitgliedschaft basierenden öffentlichen Förderung und Kooperation von beziehungsweise mit Religions- und Weltanschauungsgemeinschaften von Seiten des Staates als Problem erkannt (Interview 3, *HVD* Gruppeninterview, 21). In Berlin führten die kleinen Mitgliederzahlen des *HVD* 1999 sogar zu einer Ablehnung des Antrages auf Körperschaftsrechte durch die Berliner Landesregierung.[26] Eine Klage des *HVD* gegen diese Entscheidung wurde vom Berliner Verwaltungsgericht abgelehnt. In einem Bericht in der Mitgliederzeitschrift *diesseits* heißt es dazu:

> In der Frage der Körperschaftsrechte vertrat das Gericht die Ansicht, der Humanistische Verband habe zu wenig Mitglieder und biete deshalb nicht die ‚Gewähr der Dauer'. (Kunz 1999, 18)

---

[26] Ein zweiter Antrag des Landesverbandes Berlin-Brandenburg auf Anerkennung als K.d.ö.R. wurde 2017 von der Landesregierung genehmigt.

Andererseits wird verbandsintern auch Verständnis dafür geäußert, dass Konfessionsfreie nach ihrem Austritt aus den Kirchen kein Bedürfnis danach verspüren, sich in einem strukturell sehr ähnlich ausgerichteten Verband neu zu organisieren.[27] Vor dem Hintergrund der weltanschaulichen Schlüsselkategorie SELBSTBESTIMMUNG IN SOZIALER VERANTWORTUNG möchte der Verband jeden Eindruck vermeiden, missionarisch ausgerichtet zu sein.

> Meiner Meinung nach kann humanistische Weltanschauungspflege nicht Mission bedeuten. Das zum Einen schon aus dem Grund, dass das Aufdrängen einer Überzeugung dem humanistischen Bild vom Menschen als selbst bestimmt und autonom im Urteil widerspräche und ihm gegenüber den gebotenen Respekt vermissen ließe. Zum anderen verbietet sich ein missionierender Habitus aber auch, weil der Humanismus seinem Wesen nach nur eine einzige mögliche kulturelle Praxis unter vielen anderen ebenfalls möglichen Praxen in der Gesellschaft sein will. (Bauer 2012, 257–258)

HVD-Vertreter bestreiten sogar explizit, Mitglieder werben zu wollen.

> [A]ber der [Verband] hat wirklich keinerlei Mitgliederwerbungsstrategie bisher, und ist da auch überhaupt nicht aggressiv oder so. Und wie gesagt, auch bei unseren Dienstleistungen, da wird nicht gesagt: Bist Du bei uns Mitglied? Da spart man auch kein Geld oder so. (Interview 3, *HVD* Gruppeninterview, 22)

Stattdessen wird das Ideal eines emanzipierten, autonomen Lebens ohne soziale Abhängigkeiten und Gruppenzwänge ausgegeben. Häufig geben Verbandsvertreter offen zu, dass auch sie selbst unabhängig von ihrer Arbeitsstelle im Verband nicht Mitglied des *HVD* geworden wären.

> Ich wäre ja auch nicht Mitglied, wenn ich hier nicht arbeiten würde. Wozu muss ich Mitglied sein, dafür, dass ich individuell sein will, dass es niemanden gibt, an den ich glaube und so? Also so eine Religionsgemeinschaft, das verstehe ich noch, die haben alle einen Sinn oder da fügt sie was zusammen. Ich bin aber Individualistin, ich glaube an nichts, also muss ich auch nicht in einem Verband sein. Dass es darum so schwer ist für uns, Mitglieder zu kriegen, die reichen, um Körperschaft zu werden, also das ist, denke ich, einfach so, also so mein Gefühl, weil, es ist ja nicht zwingend notwendig, [...] finde ich jetzt persönlich nicht. Das widerspricht jetzt natürlich so ein bisschen unserem Anliegen, natürlich, wir wollen ja Mitglieder, [...aber] ich kann mir nicht vorstellen, dass ich irgendwo nachmittags hingehen will, und da in einer Gruppe noch was zusammen machen, dazu habe ich viel zu viele eigene Interessen. (Interview 5, *HVD*-Funktionär, 38–43)

---

27 Während hinsichtlich der Unwilligkeit, sich zu organisieren, Verständnis geäußert wird, wird weltanschauliche Indifferenz scharf kritisiert: Ein Nicht-Verhalten zur großen Krise (siehe Kapitel 4.3.1) sei auch eine Aussage, denn es bedeute ein stilles Einverständnis mit der gegenwärtigen Lage, das „verantwortungslos" (Wolf 2008, 12) sei.

Gerade bei Vertretern des Landesverbandes Berlin-Brandenburg erscheint der *HVD* dementsprechend eher als Arbeitszusammenhang denn als weltanschauliche Mitgliederorganisation.

> Wie bin ich zum Humanistischen Verband gekommen? Ja, also es war nicht so, dass ich gesagt habe: Mensch, der HVD, der vertritt meine Interessen, ich finde, ich sollte da arbeiten, ne?, das nicht. Also es gab eine Stelle, ich habe mich beworben, und ich wurde genommen. [...] Also darum geht es. Es ging mir nicht in erster Linie darum, jetzt wirklich weltanschaulich was zu reißen, so, sondern das war eine private, vielleicht betriebswirtschaftliche Entscheidung, so. [...] Also ich weiß nicht, ich verstehe mich vielleicht eher als Skeptiker mit deutlichem Hang zum Pragmatismus. Und insofern, nö, finde ich jetzt eigentlich nicht wichtig, für mich persönlich habe ich da nicht das Bedürfnis, mich zu organisieren. Da gibt es, glaube ich, andere Wege. (Interview 15, *HVD*-Funktionär, 19–20)

Versuche des *HVD*, Mitglieder zu werben, laufen häufig ins Leere. In Nürnberg und Hannover warb der Verband mit Plakaten in öffentlichen Verkehrsmitteln, die aber nicht zu der erhofften Resonanz führten.

> [E]s gelingt uns auch nicht, trotz wirklich massiver Werbung, die wir mal gefahren haben, auch kontinuierlich diese Zahlen zu erhöhen. Das ist mir ein Rätsel, warum das nicht geht. Aber das geht halt nicht. Also wir haben U-Bahn-Werbung geschaltet, ne? [...] Wir haben Postkarten [...] verteilt, flächendeckend, also in Nürnberg und in Fürth, die sind auch weggegangen, Plakate, einige so in Kneipen aufgehängt. [...] Also, es kann eigentlich keinem entgangen sein, dass es sowas gibt. Aber es hat nicht dazu geführt, dass da die Zahlen also auch wirklich dann angestiegen sind. (Interview 7, *HVD*-Funktionär, 52)

Aus internen Umfragen und Gesprächen leiten Verbandsvertreter deshalb die Strategie ab, über die eigenen Angebote für sich zu werben und auf Klienten als Multiplikatoren zu setzen (Teilnehmende Beobachtung 6, Jahreshauptversammlung *HVD* Bayern 2014, 2–3). Häufig bleibe es aber bei Klientenbeziehungen.

> [W]ir haben zwar viele Angebote hier in Berlin, und erreichen damit sehr viele Menschen, werben aber trotzdem eben zurückhaltend für unsere Mitgliedschaft. Also es ist eher so ein Daraufhinweisen, weil die Menschen können ja unsere Angebote auch ohne Mitglied zu werden wahrnehmen, und leider tun das eben auch sehr viele. (Interview 3, *HVD* Gruppeninterview, 24)

Eine Steigerung der Mitgliederzahlen ist vor dem Hintergrund seiner Organisationsform als Weltanschauungsgemeinschaft (und somit Mitgliederverband) jedoch eine legitimatorische Notwendigkeit für den *HVD*. Es entsteht ein Dilemma, dem der Verband mit verschiedenen Strategien zu begegnen versucht: Zum einen über seinen Anspruch, Kulturorganisation zu sein und seine Forderung, öffentliche Kooperation und Förderung nicht von Mitgliedschaftszahlen, sondern von

Kulturbedeutung abhängig zu machen (dazu ausführlich Kapitel 4.5.1.3). Zum anderen durch niedrigschwellige Mitgliedschaftsangebote. Am deutlichsten zeigt sich diese zweite Strategie im Rahmen der Jugendfeier in Berlin. Deren Teilnehmer werden nach der Feier Betreuungsmitglieder des Verbandes, sofern sie nicht ausdrücklich schriftlich erklären, dies nicht zu wünschen. Mit diesem Status sind zwar keine finanziellen oder praktischen Verpflichtungen verbunden, und er erlischt mit Erreichen des 18. Lebensjahres auch wieder. Die Jugendfeierteilnehmer treiben auf diese Weise aber nicht nur die Mitgliederzahlen des *HVD* in Berlin erheblich nach oben – durchschnittlich 2.500 Jugendfeierteilnehmer jährlich relativieren vor diesem Hintergrund die Berliner Mitgliederzahl von 7.850 erheblich, selbst wenn nicht alle nach der Jugendfeier in den *HVD* eintreten –, sondern ermöglichen ihm auch einen Zugriff auf Jugendliche im Sinne der Möglichkeit, Werbung für den Verband und seine Veranstaltungen gezielt zu verbreiten.

> Also, alle Teilnehmer der Jugendfeier, die nicht ausdrücklich gesagt haben: Nein, ich möchte nicht, die werden erstmal pro forma in die Mitgliedsdatenbank der Jungen HumanistInnen übernommen, und bekommen dann einen Mitgliedsausweis und ein Anschreiben und eine Einladung zum Neumitgliederempfang. Und dann rufen viele der Leute an, und – naja, was heißt viele? – also einige rufen dann an und sagen: Ach Mensch, das habe ich vergessen. Das wollte ich ja eigentlich nicht. Können wir das wieder rückgängig machen? Und dann machen wir das halt so. Dann tragen wir die wieder aus. (Interview 15, *HVD*-Funktionär, 7)

Daran zeigt sich – bei aller Bedachtheit des *HVD* darauf, den Eindruck missionierender Verbandspraxis zu vermeiden –, dass das große Potenzial, die Jugendfeier, mit der man deutschlandweit jährlich bis zu 10.000 Teilnehmer und deren Familien erreicht, als Strategie der Mitgliedergewinnung zu nutzen, von Verbandsvertretern nicht nur erkannt, sondern auch genutzt wird. Gleichzeitig scheint der fehlende Verpflichtungscharakter der Jugendfeier (in Berlin ist die Teilnahme am Vorbereitungsprogramm freiwillig) und der auf sie folgenden Betreuungsmitgliedschaft, auf den der Verband angesichts seines Selbstbestimmungsideals Wert legt, dazu zu führen, dass viele Betreuungsmitglieder mit dem *HVD* wenig Konkretes verbinden und ihre Mitgliedschaft zu ihrem 18. Lebensjahr unbemerkt wieder erlischt. Bei der Entscheidung des Verwaltungsgerichtes Berlin gegen die Anerkennung des *HVD* als K.d.ö.R. im Jahr 1999 wurden die Betreuungsmitglieder denn auch aus den Mitgliederzahlen herausgerechnet.

> Als Mitglieder des Verbandes erkannten die Verwaltungsrichter lediglich die ordentlichen und die fördernden Mitglieder an, nicht jedoch die 2526 betreuten jugendlichen Mitglieder. Dazu heißt es in der Pressemitteilung des Gerichtes: ‚Herauszurechnen seien insoweit die sogenannten betreuten Mitglieder, denn ihre Mitgliedschaft ende automatisch mit dem 18. Lebensjahr und sei nichts anderes als eine Schnuppermitgliedschaft'. (Kunz 1999, 18)

Die problematische Rolle der INTERNEN UMWELT für die Handlungs- und interaktionalen Strategien des *HVD* wird zusätzlich dadurch verstärkt, dass innerhalb der bestehenden Mitgliedschaft Teile der Verbandsstrategie mitunter nicht mitgetragen werden. In informellen Gesprächen des Verfassers der vorliegenden Studie mit Mitgliedern kamen nicht selten betont konfrontativ-religionskritische und laizistische Positionen zum Ausdruck. Den Eindruck, dass diese innerhalb der Mitgliedschaft des *HVD* durchaus verbreitet sind, bestätigen auch Verbandsfunktionäre (Interview 3, *HVD* Gruppeninterview, 30).

Bei anderen sozialpraktischen freigeistigen Organisationen taucht STAAT ebenfalls als zentrale intervenierende Bedingung auf. Dies wird zum Beispiel in der Rechtfertigung des *BFGD* dafür deutlich, dass er eine Kirchensteuer erhebt (siehe dazu Kapitel 4.5.1.2). Der Bund gesteht hier offen ein, ohne die staatliche Unterstützung beim Beitragseinzug seine Kosten nicht tragen zu können. Auch die Durchführung des freireligiösen Religionsunterrichtes an öffentlichen Schulen, eine der Hauptaktivitäten des *BFGD*, wäre ohne staatliche Unterstützung nicht finanzierbar.

Die intervenierende Bedingung INTERNE UMWELT ist beim *BFGD* wohl so wichtig wie bei keiner anderen der hier untersuchten freigeistigen Organisationen. Sie erhält ihre zentrale Bedeutung dadurch, dass der *BFGD* die mitgliedschaftliche Gemeinschaftspflege ins Zentrum seiner Aktivitäten stellt (siehe Kapitel 4.5.1.3). Wie auch beim *HVD* ist die Rolle der intervenierenden Bedingung INTERNE UMWELT für den *BFGD* jedoch ambivalent. Das Interesse an einer Mitgliedschaft im *BFGD* hat seit seiner Wiedergründung 1949 stetig abgenommen. Während nach dem zweiten Weltkrieg noch in ganz Deutschland freireligiöse Landesverbände existierten und der Bund insgesamt 70.000 Mitglieder hatte (Isemeyer 2007, 88), ist er mittlerweile auf drei Lokalverbände im südwestdeutschen Raum zusammengeschrumpft (Bund freireligiöser Gemeinden Deutschlands 2005). Unter diesen Voraussetzungen erscheint es schwierig, Argumente für einen Ausbau der eigenen Praxis und zusätzliche öffentliche Förderung zu finden.

4.6.2 Spannungsfelder zwischen Medien, Staat und interner Umwelt: Intervenierende Bedingungen beim weltanschaulich-agonalen Organisationstypus

Auch im Bereich der intervenierenden Bedingungen des weltanschaulich-agonalen Organisationstypus sollen nicht alle Kategorien, die rekonstruiert wurden, ausführlich dargestellt werden. Die zentrale Rolle von RELIGIONEN als Antagonist dieses Typus wurde zum Beispiel in den vorangegangenen Kapiteln bereits ausführlich dargelegt. An dieser Stelle werden drei zentrale Kategorien behandelt.

4.6 Intervenierende Bedingungen — 223

Dominant ist dabei die Kategorie MEDIEN. Sie ist für die konkrete CAMPAIGNING-Praxis weltanschaulich-agonaler freigeistiger Organisationen in ihrer Funktion als Multiplikator entscheidend, kann in Form von negativer Berichterstattung jedoch auch ambivalente Effekte erzeugen. Hinzu kommen die Kategorien STAAT und INTERNE UMWELT, die aus dem Bereich der intervenierenden Bedingungen des sozialpraktischen Organisationstypus bereits bekannt sind, vor dem Hintergrund der unter Kapitel 4.5.3 vorgestellten Divergenzen zwischen beiden freigeistigen Organisationstypen jedoch auf andere Weise Einfluss auf deren Handlungs- und interaktionale Strategien nehmen. Dies soll nun zunächst anhand eines Nachvollzuges der Kategorien am Beispiel der *GBS* erläutert werden.

Die zentrale Kategorie im Bereich intervenierender Bedingungen der *GBS* ist MEDIEN. Wie in Kapitel 4.5.2.4 dargestellt, richtet die Stiftung ihre Strategie wesentlich darauf aus, medienwirksame Öffentlichkeitsarbeit zu leisten, um auf diese Weise möglichst viele Menschen mit ihren Themen zu erreichen, Unterstützer für die Stiftung zu gewinnen und darüber schließlich gesellschaftspolitische Diskurse zu beeinflussen. Veranschaulichen lässt sich der Stellenwert der Kategorie MEDIEN als intervenierende Bedingung für die *GBS* durch die Rede von der gegenwärtigen Mediengesellschaft.

> Gerade in einer Mediengesellschaft wie der unseren gilt: Es genügt nicht, wenn man aufzeigen kann, dass vernünftige Argumente für eine Position sprechen, man muss sie auch erfolgreich unter die Menschen bringen! (Giordano Bruno Stiftung 2014a, 21)

Die konstatierte Wirkmacht der Medien kann dabei ambivalente Effekte auf die Handlungs- und interaktionalen Strategien der *GBS* erzeugen. Einerseits werden sie zu Multiplikatoren der *GBS*-Positionen, wenn sie im Sinne der Stiftung über diese berichten. Eine Dokumentation zur Kampagne *Grundrechte für Menschenaffen* in der *GBS*-Schriftenreihe veranschaulicht diese Funktion:

> 10.8.2011: In der Fernsehzeitschrift *Hörzu* erscheint in Zusammenarbeit mit Volker Sommer ein mehrseitiger Artikel über ‚Menschen und Affen', der unter anderem auf die Preisverleihung [des Ethikpreises der *GBS* an das ‚Great Ape Project' von Paola Cavalieri und Peter Singer, Anm. StS] in Frankfurt eingeht. Damit ist das *Great Ape Project* auch im Mainstream-Journalismus angekommen. 9.11.2011: ‚Düstere Zeiten für Gorilla & Co.': Auf hpd.de zieht Colin Goldner eine Bilanz seiner Zoo-Exkursion. Besonders scharf kritisiert er dabei die Haltungsbedingungen für Schimpansen im Zoo Wuppertal. 23.12.2011: In einem großformatigen Artikel prangert die *Westdeutsche Zeitung* die ‚unzumutbaren Zustände' im Schimpansengehege des Wuppertaler Zoos an. Zahlreiche Leserinnen und Leser melden sich zu Wort und äußern ihre Empörung. Die Zeiten, in denen die Bedürfnisse von Großen Menschenaffen leichtfertig übergangen werden konnten, sind offenkundig vorbei. (Giordano Bruno Stiftung 2012a, 65–66)

Andererseits können gerade unabhängige Medien in der Ausrichtung ihrer Berichterstattung nicht durch die *GBS* kontrolliert werden, sind deshalb für die Stiftung unberechenbar und erzeugen durch entsprechende Darstellungen mitunter ein Negativimage der *GBS* in der Öffentlichkeit.

> Der gestiegene Bekanntheitsgrad der Giordano-Bruno-Stiftung löste als Gegenreaktion eine beträchtliche Anzahl kritischer, mitunter sogar offen diffamierender Medienberichte aus. […] Auf diese Weise schlichen sich einige Fehldeutungen im Hinblick auf die Giordano-Bruno-Stiftung ein, die sich auch in etlichen Anfragen an den Stiftungsvorstand widerspiegelten. (Giordano Bruno Stiftung 2014a, 38)

Besonders häufig sei eine falsche und negative Berichterstattung über die Stiftung auf proreligiöse Vorurteile in den Medien zurückzuführen.

> Dieser Prozess [gemeint ist die Säkularisierung, Anm. StS] ist vor allem deshalb beachtlich, da in den öffentlichen Medien hemmungslos Religionspropaganda gemacht wird (häufig auch unter redaktioneller Federführung der Kirchen), während religionskritische Positionen immer noch weitgehend verdrängt werden. Man muss davon ausgehen, dass die Lage der Großkirchen wahrscheinlich noch verheerender aussehen würde, wenn den Vertretern einer humanistischen Aufklärung auch nur annähernd die gleichen Senderechte eingeräumt würden wie den Großkirchen. (Schmidt-Salomon 2006, 142)

Zudem werde die *GBS* von den Medien zu häufig auf die Funktion der Religionskritik beschränkt.

> [H]aben die Medien erst einmal eine passende Schublade gefunden (in meinem Fall war es ‚Deutschlands Chef-Atheist' – obwohl ich ganz gewiss kein ‚Chef' bin und ‚Atheist' nur unter agnostischem Vorbehalt), so wird man dort verortet – ob man will oder nicht. (Schmidt-Salomon 2011i, 16)

Schmidt-Salomon kritisiert darüber hinaus, dass die Medien ihrer wichtigen aufklärerischen Funktion insgesamt nur ungenügend nachkämen.

> Das ‚Prinzip Denkverödung' wird uns nicht zuletzt in den Medien vorgeführt. […] Mehr als je zuvor gehen Medienverantwortliche heute davon aus, dass man das Publikum nur *unterhält*, wenn man Niveau *unten hält*. Tragischerweise scheint ihnen der Erfolg recht zu geben. […] Kein Wunder, dass wir Tag für Tag, Nacht für Nacht den gleichen nervtötenden Schwachsinnsbrei vorgesetzt bekommen: Talkformate, in denen viel gesprochen, aber wenig gesagt wird, Reality-Soaps mit ‚Prominenten', die man nicht kennt und auch gar nicht kennenlernen möchte, Comedy-Sendungen ohne Humor, Quizsendungen ohne Grips, Informationssendungen ohne Informationswert, Popsendungen ohne Pepp – wer all dies übersteht, ohne intellektuell völlig zu degenerieren, dem wird spätestens von den ‚lustigen Mutanten' der Volksmusik oder ihren Nachfahren vom Ballermann 6 das letzte Fünkchen Denkvermögen aus den Hirnwendungen geblasen. (Schmidt-Salomon 2012b, 96)

Statt ihren Bildungsauftrag zu erfüllen, regiere in der Medienlandschaft eine reine Marktorientierung.

> Die unsichtbare Hand des Marktes hat hier ganze Arbeit geleistet, weshalb in den Chefetagen Quote heute weit mehr gilt als Qualität: *Je flacher das Sendeformat, desto breiter das Grinsen der Macher.* Die Programmverantwortlichen begreifen sich zunehmend als bloße Dienstleister (‚Wer Mist will, bekommt auch Mist geliefert!'). Wer von ihnen etwas anderes erwartet als Marktfixierung, etwa, dass sie sich bewusst sein sollten, welche bedeutende Rolle ihnen in einer Mediengesellschaft zufällt, der läuft Gefahr, ausgelacht zu werden. (Schmidt-Salomon 2006, 118)

Die *GBS* versteht die mediale Inszenierung ihrer Themen auch als Gegenbewegung zu der in diesen Zitaten beschriebenen Entwicklung.

Auf dem Weg zum *GBS*-Ziel einer laizistischen „Leitkultur Humanismus und Aufklärung" (Schmidt-Salomon 2006, 144) spielt auch die Kategorie STAAT als intervenierende Bedingung eine wichtige Rolle. Anders als der *HVD* ist die *GBS* in ihrer Arbeit zwar nicht unmittelbar von diesem abhängig, weil sie weder praktisch mit ihm kooperiert noch finanziell von ihm gefördert wird. Die Stiftung wird jedoch indirekt vom deutschen Staat beeinflusst, weil gleichzeitig andere Religions- und Weltanschauungsgemeinschaften in die religionspolitischen Arrangements inkorporiert werden und damit einen Wettbewerbsvorteil gegenüber der *GBS* erhalten.

> Das ist meines Erachtens ein großes strukturelles Problem. Die Kirchen haben da einfach eine super Vormachtstellung durch ihren unfassbaren, im wahrsten Wortsinne, unfassbaren, nicht zu erfassenden Reichtum. Und wenn man da bedenkt, dass die GBS irgendwie ein Jahresbudget von einem Pfarrersgehalt hat. [...] Du kriegst, wenn Du religiös bist, und das geil findest, auch andere religiös zu machen, dann wirst Du halt Pfarrer, ja?, das ist ein Berufsbild. Dieses Berufsbild gibt es. Es gibt keine Professur für den Humanismus, es gibt keine humanistischen Kirchen, ja?, nicht, in denen es irgendwelche fest angestellten humanistischen Seelsorger oder Ähnliches gäbe. (Interview 14, *GBS*-Funktionär, 16)

Stiftungsvertreter empfinden dies als „skandalöse" (Interview 9, *GBS* Gruppeninterview, 44), teilweise „verfassungswidrige" (Giordano Bruno Stiftung 2014a, 44) Privilegierung, vor allem mit Bezug auf die christlichen Kirchen.

> Die meisten sozialen Einrichtungen der Kirchen (etwa Krankenhäuser, Altersheime, Kinderheime, Therapieeinrichtungen) werden in Deutschland komplett von der öffentlichen Hand, durch Versicherungsbeiträge und die Beiträge der Betroffenen finanziert. Nur in einem *kleinen Segment* (beispielsweise einigen Kindergärten und Beratungsstellen) tragen die Kirchen einen geringen Teil der Kosten selbst. Dieser Betrag wird jedoch *mehrfach kompensiert* durch die Milliardensubventionen, die die Kirchen Jahr für Jahr (neben den Kirchensteuern) aus dem allgemeinen Steuertopf erhalten. So wissen noch immer viele Bür-

gerinnen und Bürger nicht, dass die Gehälter vieler Bischöfe nicht über die Kirchensteuern gedeckt werden, sondern dass dafür u. a. auch *konfessionsfreie Menschen* mit ihren Steuerzahlungen aufkommen müssen. (Giordano Bruno Stiftung 2014a, 44)

Statt im Sinne einer positiven Gleichbehandlung nun auch noch andere Religions- und Weltanschauungsgemeinschaften, wie Islamverbände oder den *HVD*, zu fördern, solle der Staat seiner Verantwortung als Sozialstaat gerecht werden, selbst öffentliche Angebote für alle bereitstellen und damit zu gesellschaftlicher Integration beitragen.

> Der Betrieb von Einrichtungen der Krankenpflege, Kindergärten und anderen sozialen Einrichtungen ist eine staatliche Aufgabe. Der Staat hat deshalb selbst eine hinreichende Anzahl derartiger Einrichtungen zu schaffen. Dabei ist auf religiös-weltanschauliche Neutralität zu achten. [...] Im weltanschaulich-religiösen Staat [sic!] sollte Religions- und Weltanschauungsgemeinschaften nicht der Status einer Körperschaft des öffentlichen Rechts zukommen, da diese Gemeinschaften keine staatlichen Aufgaben erfüllen. Stattdessen sollte ein neues Verbandsrecht entwickelt werden. (Hilgendorf 2010, 52)

Um politisch auf eine solche laizistische Transformation hinzuarbeiten, haben Stiftungsvertreter Laizismusgruppen in verschiedenen Parteien mitbegründet beziehungsweise engagieren sich in diesen (Matthäus-Maier 2013, 90–92; Interview 22, *GBS*-Funktionär, 5).[28] Grundlage einer umfassenden gesellschaftspolitischen Integration aller Menschen in Deutschland ist aus *GBS*-Sicht einerseits die Neutralität des Staates gegenüber Religions- und Weltanschauungsgemeinschaften, die andererseits jedoch keine Werteindifferenz bedeuten dürfe. Der säkulare Verfassungsstaat beruhe eigentlich bereits auf einer „Leitkultur Humanismus und Aufklärung" (Schmidt-Salomon 2006, 144), welche auf der Höhe wissenschaftlicher Forschung sei und die Mindestvoraussetzungen für das Zusammenleben definiere. Der deutsche Staat müsse ein Interesse daran haben, sie vor allem in seinen Bildungsinstitutionen sichtbar zu machen und konsequent durchzusetzen.

> Deshalb ist es von großer Bedeutung, dass die basalen Werte von Humanismus und Aufklärung – Toleranz, Freiheit, die Menschenwürde und die anderen Menschenrechte – nicht als selbstverständlich hingenommen, sondern aktiv gelebt und verteidigt werden, wenn nötig gegenüber religiösen Lehren, die diese Werte bedrohen. Es handelt sich hierbei auch um eine staatliche Aufgabe. Die Rechtsordnung zähmt die Religionen und sichert Individuen wie die Gesellschaft als ganzes gegenüber religiösen Zumutungen. (Hilgendorf 2010, 56)

---

[28] In diesen Laizismusgruppen sind allerdings auch *HVD*-Funktionäre vertreten. Über die korrekte Interpretation des Wortes ‚Laizismus' mit Bezug auf den deutschen Kontext wird in ihnen deshalb mitunter gestritten (Interview 7, *HVD*-Funktionär, 84).

Insgesamt bewerten *GBS*-Vertreter die Rolle des Staates für die Durchsetzung der eigenen Ziele ambivalent. Er besitzt laut *GBS* das Vermögen, eine „Leitkultur Humanismus und Aufklärung" (Schmidt-Salomon 2006, 144) und einen dazugehörigen Laizismus durchzusetzen, da sie in seinen Verfassungswerten bereits angelegt seien. So lange er dies jedoch unterlasse, werden seine Effekte auf die *GBS* stiftungsintern negativ bewertet.

Unter der Kategorie INTERNE UMWELT werden hier alle sogenannten Unterstützer der *GBS* aus dem Förder- und Stifterkreis sowie den Regional- und Hochschulgruppen gefasst. Da Stiftungen rein rechtlich gesehen keine Mitgliedschaft vorsehen, ist die *GBS* legitimatorisch weniger stark auf die INTERNE UMWELT als intervenierende Bedingung angewiesen als der *HVD*. Dennoch erfüllen die 8.500 Unterstützer im Förderkreis unterschiedliche wichtige Funktionen für die *GBS*, vor allem als Finanzierungsquelle und Multiplikatoren.

> Helfen Sie uns, die Ideen von Humanismus und Aufklärung noch stärker in der Gesellschaft zu verankern! Wir freuen uns über jeden, der die Anliegen der Giordano-Bruno-Stiftung unterstützen möchte. Dafür gibt es verschiedene Möglichkeiten: Werden Sie Mitglied im Förderkreis der Giordano-Bruno-Stiftung. [...] Wirken Sie vor Ort in einer unserer Regional- oder Hochschulgruppen mit. Falls es in Ihrer Region noch keine gbs-Gruppe geben sollte und Sie selbst eine aufbauen möchten, nehmen Sie bitte Kontakt zu uns auf. Abonnieren Sie auf unserer Website den kostenlosen gbs-Newsletter und besuchen Sie unsere Veranstaltungen. Wenn Sie Bekannte haben, die sich für unsere Anliegen interessieren könnten, sprechen Sie bitte mit ihnen über unsere Ziele. Hierzu können Sie die Broschüren der Stiftung auch in größerer Stückzahl bestellen und weiterverteilen. Unterstützen Sie unsere Arbeit mit einer Spende. Die Giordano-Bruno-Stiftung ist vom Finanzamt als gemeinnützig anerkannt. Spenden können von der Steuer abgesetzt werden. [...] Wir freuen uns natürlich auch über Zustiftungen, Schenkungen und Erbschaften. (Giordano Bruno Stiftung 2014a, 33)

Während die Wirkung der INTERNEN UMWELT als Multiplikator der *GBS*-Positionen stiftungsintern durchaus positiv eingeschätzt wird (Interview 14, *GBS*-Funktionär, 5), war das durch sie aufgebrachte Spendenvolumen in den ersten zehn Jahren der Stiftungsexistenz zu gering, um die geplanten Tätigkeiten der *GBS* finanziell umsetzen zu können. Wie unter Kapitel 4.5.2.2 beschrieben, musste Mäzen Herbert Steffen wiederholt mit beträchtlichen Großspenden einspringen, um die Jahresbilanzen der *GBS* auszugleichen. Da öffentliche Förderung – wie oben beschrieben – als Finanzierungsquelle der Stiftung ausscheidet, ist sie finanziell auf die Spendenfreudigkeit ihrer Unterstützer angewiesen. Gleichzeitig wird betont, dass jeder unabhängig von seiner Spendenbereitschaft dem Förderkreis beitreten könne. Über den Verzicht eines Zwangs zur finanziellen Gegenleistung möchte die Stiftung eine positive Abgrenzungslinie zu verbandlich organisierten Religions- und Weltanschauungsgemeinschaften markieren. Die

GBS versucht jeden Eindruck zu vermeiden, als Bittsteller an die eigenen Unterstützer heranzutreten.

> Sie können ja Mitglied hier sein, ohne dass sie das was kostet, während in jedem Verein muss man ja bezahlen, ne?, das braucht man hier nicht, [...] das ist dann freiwillig. (Interview 9, *GBS* Gruppeninterview, 38)

Aufgrund der oben beschriebenen finanziellen Engpässe gründete die Stiftung 2014 den *GBS*-Stifterkreis, in den Großspender (mindestens 5.000 Euro jährlich) aufgenommen werden (siehe auch Kapitel 2.5.2). Ähnlich wie beim *HVD* erwächst auch bei der *GBS* ein Dilemma aus dem Zusammenspiel des Anspruches freiwilligselbstbestimmter ‚Mitgliedschaft' und materieller Notwendigkeiten.

Auch bei *GWUP* und *IBKA* spielt die Kategorie MEDIEN als intervenierende Bedingung eine entscheidende Rolle. Mit der Strategie MEDIALE INSZENIERUNG ist, wie bei der *GBS*, häufig ein Kampf um die Inhalte beziehungsweise die Ausrichtung medialer Berichterstattung mit anderen, gegensätzlichen Positionen verbunden. In einem auf *youtube* einsehbaren Interview mit dem *GWUP*-Vorsitzenden Amardeo Sarma sagt dieser:

> Die Medien berichten häufig nur das, was sie bekommen. Ich glaube auch nicht, dass sie gezielt irreführen wollen, sondern sehr häufig sind sie selber einseitig informiert. Und auch die Medien brauchen uns, um die kritische Seite dieser Thesen überhaupt zu kennen. (Sarma 2010)

Als eingetragene Vereine sind *GWUP* und *IBKA* auf Mitgliedsbeiträge und Spenden angewiesen, um ihre Praxis zu finanzieren. Aufgrunddessen erhält die Kategorie INTERNE UMWELT eine ähnliche Bedeutung wie bei der *GBS*.

Das ambivalente Verhältnis zum STAAT, das in diesem Kapitel mit Bezug auf die *GBS* ausgemacht wurde, lässt sich für andere weltanschaulich-agonale Organisationen ebenfalls zeigen. Vor allem der *IBKA* kritisiert die Privilegierung der christlichen Kirchen durch öffentliche Kooperation und Förderung und spricht sich für eine laizistische Trennung von Staat und Religions- beziehungsweise Weltanschauungsgemeinschaften aus.

> Eine enge Verflechtung des Staates mit Kirchen und sonstigen Religionsgemeinschaften gefährdet die weltanschaulich-religiöse Neutralität des Staates. Deshalb fordert der IBKA eine konsequente Trennung von Staat und Kirchen, von Staat und Religions- wie Weltanschauungsgemeinschaften. (Internationaler Bund der Konfessionslosen und Atheisten o. J.)

4.6.3 Vergleich der intervenierenden Bedingungen

Wie bereits in der Einleitung dieses Teilkapitels angedeutet, lassen sich für den sozialpraktischen und den weltanschaulich-agonalen Organisationstypus im Bereich der intervenierenden Bedingungen größtenteils die gleichen Kategorien rekonstruieren. Sie unterscheiden sich jedoch in ihrem Bedeutungsumfang als intervenierende Bedingungen für den jeweiligen Organisationstypus. Während die Kategorie STAAT für den sozialpraktischen Organisationstypus die Existenzgrundlage für die eigene Praxis markiert, blockiert sie die Ziele der weltanschaulich-agonalen freigeistigen Organisationen in vielerlei Hinsicht. Der Kategorie INTERNE UMWELT kommt beim sozialpraktischen Organisationstypus, dem die Organisationsform der WELTANSCHAUUNGSGEMEINSCHAFT entspricht, legitimierende Funktion zu; gleichzeitig stimmen die kleinen Mitgliederzahlen und teilweise auch die Positionen der eigenen Mitgliedschaft in der Alltagsrealität nicht mit den Zielen und Ansprüchen sozialpraktischer freigeistiger Organisationen überein. Weltanschaulich-agonale freigeistige Organisationen müssen sich angesichts ihrer Ausrichtung auf andere als mitgliedschaftliche Organisationszwecke nicht über Mitgliederzahlen legitimieren, sind allerdings auf Beiträge, Spenden und Multiplikatorentätigkeiten aus dem Kreis der Mitglieder oder, im Falle der *GBS*, des Förder- und Stifterkreises heraus angewiesen. Die praktische Notwendigkeit der Mitglieder- beziehungsweise Unterstützergewinnung zum Erreichen der Organisationsziele versetzt beide Organisationstypen angesichts ihres antimissionarischen Selbstbestimmungsideals in ein Dilemma.

Für den weltanschaulich-agonalen Organisationstypus wurde darüber hinaus eine weitere wichtige Kategorie rekonstruiert, die im Bereich intervenierender Bedingungen des sozialpraktischen Organisationstypus keine zentrale Bedeutung besitzt: Die Verbreitung beziehungsweise Popularisierung wissenschaftlicher und weltanschaulicher Aufklärung erfolgt bei weltanschaulich-agonalen freigeistigen Organisationen über die Kanäle der Medien, die damit zum entscheidenden Multiplikator ihres CAMPAIGNING werden. Als zentrale Kategorie der intervenierenden Bedingungen des weltanschaulich-agonalen Organisationstypus steht deshalb MEDIEN der Kategorie STAAT beim sozialpraktischen Organisationstypus gegenüber, der sich weniger auf die mediale Herstellung polarisierender, öffentlichkeitswirksamer Diskurse, als auf religionspolitische Ressourcen ausrichtet.

4.7 Konsequenzen

Corbin und Strauss definieren Konsequenzen im Rahmen des Kodierparadigmas folgendermaßen:

> Handlung und Interaktion, die als Antwort auf oder zum Bewältigen eines Phänomens ausgeführt werden, bewirken bestimmte *Ergebnisse* oder *Konsequenzen*. Diese sind nicht immer vorhersehbar oder beabsichtigt. (1996, 85)

An dieser Stelle wird also die Frage nach den konkreten Folgen der Handlungs- und interaktionalen Strategien von sozialpraktischen und weltanschaulich-agonalen freigeistigen Organisationen aufgeworfen. Sie lässt sich in ihrem Gesamtumfang nur schwer operationalisieren. Einzelne Konsequenzen konnten trotzdem analytisch rekonstruiert werden. Sie werden in der Folge erläutert.

4.7.1 Punktuelle Pluralität und Stabilisierung religionspolitischer Arrangements: Konsequenzen beim sozialpraktischen Organisationstypus

Hinsichtlich der Konsequenzen der Handlungs- und interaktionalen Strategien lassen sich mit Bezug auf den sozialpraktischen Organisationstypus zwei zentrale Kategorien rekonstruieren. Ihre Rolle als Faktor in lokalen Traditionsgeflechten wird mit der Kategorie PUNKTUELLE PLURALITÄT umschrieben. Außerdem wird die Kategorie STABILISIERUNG RELIGIONSPOLITISCHER ARRANGEMENTS als Konsequenz der Strategie RELIGIONSPOLITISCHER ISOMORPHIE gebildet. Beide Kategorien werden erneut zunächst mit Bezug auf den *HVD* erläutert.

Mit seiner auf SOZIALE DIENSTLEISTUNGEN konzentrierten Praxis reagiert der *HVD* vor allem auf die Phänomenkategorie THEORIE INDIVIDUELLER UND SOZIALER BEDÜRFNISSE (dazu Kapitel 4.5.1.3). Im Bereich der Sozial- und Bildungsträgerschaften sind die Angebote des Verbandes dabei gut ausgelastet. Die Wartelisten der Humanistischen Weltanschauungsschule in Fürth und der Kinderbetreuungseinrichtungen in Berlin und Bayern sind lang, die Zahl der Schüler im Lebenskundeunterricht steigt seit Jahren kontinuierlich an (Teilnehmende Beobachtung 1, Humanistische Schule, 1). Es bleibt jedoch festzuhalten, dass diese Angebote lediglich in Berlin-Brandenburg und Bayern in nennenswertem Umfang, in anderen größeren Landesverbänden (Niedersachsen, Baden-Württemberg) nur vereinzelt, in den restlichen überhaupt nicht existieren. Dies wird jedoch kaum damit zu erklären sein, dass es außerhalb von Berlin, Brandenburg und Bayern nicht das Bedürfnis nach ihnen gäbe. Der *HVD* ist organisatorisch und/oder finanziell schlichtweg mit ihrem Ausbau überfordert.

> Der HVD ist ein ganz bunter Haufen, ne? Die Arbeitsweise und auch die Projekte, die vorhanden sind, unterscheiden sich da schon stark. Also wir haben ja Landesverbände, die nur eine Handvoll Mitglieder haben, und die allein schon dadurch auf so wenig Infrastruktur und auch Ressourcen zurückgreifen können, dass da gar nicht das vorstellbar ist, was wir hier [gemeint ist beim HVD Bayern, Anm. StS] machen, oder was der HVD Niedersachsen macht oder gar in Berlin. Das muss man schon sehr relativieren. (Interview 7, *HVD*-Funktionär, 5)

Etwas anders stellt sich die Situation hinsichtlich der unterschiedlichen Formen des sogenannten Gemeindehumanismus dar, zum Beispiel im Bereich biographischer Übergangsfeiern. Zwar hängt es auch hier von der Mitgliederzahl und der lokalen Verbandstradition ab, ob ein Landesverband des *HVD* sie jeweils überhaupt anbietet. Es lässt sich allerdings feststellen, dass je nach lokalem Kontext konkrete Angebote zwar vom Verband unterbreitet, aber nicht wie gewünscht beziehungsweise erhofft angenommen werden. Während zum Beispiel die Jugendfeier in Berlin und Brandenburg jährlich Tausende Jugendliche und deren Familien erreicht, verbleibt die Anzahl der jährlich durchgeführten Namensfeiern, Hochzeiten und Bestattungen zusammengenommen im einstelligen Bereich, obwohl es entsprechende professionelle Angebote des Verbandes gibt.

> Naja, aber dass es ein Bedürfnis gibt, kann man, wenn man in Berlin ist, ja sehen, wo ja interessanter Weise der Gemeindehumanismus ja nicht so funktioniert. Das scheint mir eher ein westdeutsches Phänomen zu sein. Und dafür funktioniert da das Ding mit der Lebenskunde. [...] Das ist für mich auch ein großes Faszinosum, wie das eigentlich sein kann. Also es ist also so rätselhaft, ja? Wie kann es sein, dass die, ich weiß gar nicht wie viele, 40.000 oder 50.000 Lebenskundeschüler haben, das sind doch 100.000 Eltern. 100.000 Eltern und sieben Feiern? [...] Eineinhalb Tausend Mitarbeiter, das müsste doch alleine schon dadurch eine Reichweite von mindestens 5.000 Menschen sein. Und sieben Feiern. (Interview 7, *HVD*-Funktionär, 90)

Demgegenüber stellt der *HVD* Nordrhein-Westfalen jährlich Sprecher für etwa 800 Bestattungen, kann allerdings lediglich auf 40 Jugendfeierteilnehmer pro Jahr verweisen. Es scheint, als reagiere der *HVD* mit seinen Lebensfeiern nicht auf universelle menschliche Bedürfnisse, sondern als sei er vielmehr als Akteur in spezifische lokale Traditionsgeflechte verwoben, in denen er einzelne seiner Angebote jeweils durchaus erfolgreich platzieren kann, während andere auf nur geringes Interesse stoßen. Dies meint die Kategorie PUNKTUELLE PLURALITÄT als Konsequenz des verbandlichen Handelns.

> Und das hat sich aber auch alles erst in den letzten Jahren so nach der Wende hier so entwickelt, im Unterschied zu den anderen Bundesländern, da ist nach wie vor die Trauer- und Bestattungskultur, also Nordrhein-Westfalen, Niedersachsen, die werden ja nicht von ihren einzelnen Ländern unterstützt, sondern die verdienen ihr Geld durch Trauerreden, ja? Das ist hier mit fünf Reden nichts, ne?, die haben noch dieses Urgeschäft sozusagen. (Interview 5, *HVD*-Funktionär, 37)

Auf die Phänomenkategorie THEORIE EINER NOTWENDIGKEIT GESELLSCHAFTLICHER KOHÄSION reagiert der *HVD* mit konkreten weltanschaulichen Sinn- und Orientierungsangeboten, die er in einen Dialog mit anderen, zum Beispiel religiösen Anbietern vergesellschaftend einbringen möchte. Die Dialogveranstaltungen, an denen der *HVD* teilnimmt (siehe Kapitel 4.5.1.3), verdeutlichen beispielhaft, dass er sich tatsächlich in einen solchen Austausch begibt, machen jedoch auch gegenseitige Vorbehalte und asymmetrische Machtbeziehungen in diesem sichtbar. Ganz ähnlich ist die Ansicht der Bremer Bildungsbehörde zu beurteilen, der vom *HVD* vertretene Humanismus habe sich bereits gesellschaftlich durchgesetzt (siehe Kapitel 4.5.1.4). Man könnte dies als Erfolg des *HVD* hinsichtlich seines Anspruches, auf die Phänomenkategorie THEORIE EINER NOTWENDIGKEIT GESELLSCHAFTLICHER KOHÄSION zu reagieren, lesen. Andererseits wird diese Einschätzung gerade gegen den *HVD* und seine Praxis gewendet, da mit ihr – vom Oberverwaltungsgericht in Bremen bestätigt – die Ablehnung der vom Verband beantragten Weltanschauungsschule begründet wird. Es bleibt schwierig nachzuvollziehen, ob, und wenn ja, inwiefern dem *HVD* gesamtgesellschaftlich eine integrierende beziehungsweise kohäsionsstiftende Funktion zugesprochen werden kann – auch weil intern nicht geklärt zu sein scheint, wodurch sich der *HVD*-Humanismus eigentlich konkret auszeichnet, ob der Verband beispielsweise seine weltanschauliche Schlüsselkategorie SELBSTBESTIMMUNG IN SOZIALER VERANTWORTUNG weltlich-immanent oder meta-weltanschaulich interpretiert und somit einen weltanschaulichen Humanismus oder einen Kulturhumanismus vertritt (Kapitel 4.5.1.1).

Noch unklarer bleibt, was der *HVD* mit seinen Handlungs- und interaktionalen Strategien zur Bearbeitung der Phänomenkategorie DIAGNOSE EINER GROSSEN KRISE beiträgt beziehungsweise beitragen kann. Angesichts der kleinen Mitgliederzahlen und der geringen gesellschaftspolitischen Relevanz des Verbandes in vielen Bundesländern betonen seine Funktionäre, dass der *HVD* allein gegenüber den systemisch zur „Menschheitskrise" (Wolf 2008, 13) verbundenen Einzelkrisen machtlos sei, und sich deshalb zu entsprechenden Bündnissen, die in ein „Palaver der Menschheit" (Wolf 2008, 9) münden sollen, zusammenschließen müsse.

> Wir haben als Humanistinnen und Humanisten in der gegenwärtigen Entwicklung der Welt zu beobachten, dass unsere Möglichkeiten zum Handeln schwach sind – und wir können uns nicht damit herausreden, das liege daran, dass die anderen unvernünftig oder böse seien; wir müssen uns vielmehr selber daraufhin prüfen, was wir wirklich tun können, was wir erreichen können, um unsere Handlungsmöglichkeiten auszubauen und zu verbessern. Ich denke, dass [sic!] ist genau der Punkt, warum ein konsequenter Humanismus auf die Herstellung gemeinsamer Handlungsfähigkeit abzielen muss. Für sich alleine kann keiner die gemeinsame Handlungsfähigkeit erhöhen. (Wolf 2008, 92)

Abgesehen von kleineren Aktionsbündnissen auf lokaler Ebene lassen sich jedoch keine konkreten Verbandstätigkeiten ausmachen, die in diese Richtung weisen. Demgegenüber besitzt die Kategorie THEORIE INDIVIDUELLER UND SOZIALER BEDÜRFNISSE, wie oben beschrieben, deutlich größere Relevanz für die Verbandspraxis.

Um die große Krise auf der Ebene freigeistiger Organisationen zu überwinden, verfolgt der *HVD* die Strategie RELIGIONSPOLITISCHE ISOMORPHIE, vor allem um die nötigen finanziellen Ressourcen für die eigene Arbeit vom Staat zur Verfügung gestellt zu bekommen und in seinen Angeboten und seiner gesellschaftspolitischen Bekanntheit und Relevanz zu wachsen. Ist dies bislang auch, wie beschrieben, nur regional gelungen, bleibt festzuhalten, dass der *HVD* hinsichtlich Mitglieder- und Mitarbeiterzahlen sowie Tätigkeitsspektrum die am stärksten und breitesten aufgestellte freigeistige Organisation in Deutschland seit den Freidenkerverbänden der Weimarer Republik (zu diesen ausführlich Kapitel 2.4.2) ist und auf das Ziel einer pluralistischen Gesellschaft somit punktuell durchaus erfolgreich zuarbeitet.

Mit der genannten Strategie geht eine weitere, nicht von allen Verbandsvertretern intendierte Konsequenz einher, die mit der Kategorie STABILISIERUNG RELIGIONSPOLITISCHER ARRANGEMENTS erfasst werden soll. Indem der Verband als Weltanschauungsgemeinschaft für die gleichen Rechte wie die Kirchen in den Bereichen öffentlicher Förderung für Bildungs- und Sozialträgerschaften, Religionsunterricht und Repräsentanz an staatlichen Universitäten oder in öffentlich-rechtlichen Gremien streitet, signalisiert er sein grundsätzliches Einverständnis mit diesen Privilegien, die Religions- und Weltanschauungsgemeinschaften in Deutschland staatlicherseits zukommen können. Je mehr Trägerschaften für Kinderbetreuungseinrichtungen der *HVD* übernimmt und je mehr Schüler den Lebenskundeunterricht besuchen, desto unwahrscheinlicher erscheint es, dass der *HVD* im Sinne der So-Lange-Regel langfristig tatsächlich das Ziel laizistischer Strukturen in Deutschland verfolgt. Seine Anpassungen an die notwendigen, kirchenähnlichen Strukturen des religionspolitischen Arrangements in Deutschland verdeutlichen, wie dieses als Inkorporationsregime[29] massiven Einfluss auf Religions- und auch Weltanschauungsgemeinschaften in Deutschland wie den *HVD* ausübt und sich selbst dadurch weiter stabilisiert.

Noch stärker als beim *HVD* muss beim *BFGD* der umfassende gesellschaftspolitische Anspruch des eigenen Wirkens analytisch relativiert werden. Der Bund besteht mittlerweile nur noch aus drei lokalen Gemeinschaften aus dem südwestdeutschen Raum (Bund Freireligiöser Gemeinden Deutschlands 2005) und tritt öffentlich kaum in Erscheinung. Zu seinem Ziel einer pluralistischen Gesellschaft leistet er nur im Sinne einer sehr eingeschränkten PUNKTUELLEN PLURALITÄT einen Beitrag. Dadurch, dass der *BFGD* die Aufbaustrategie des *HVD* teilt und durch die Inanspruchnahme eines von staatlichen Behörden organisierten Beitragseinzugs analog zur Kirchensteuer sogar noch umfänglicher verfolgt, trägt auch er zudem zu einer STABILISIERUNG RELIGIONSPOLITISCHER ARRANGEMENTS bei.

4.7.2 Verstärkte mediale Sichtbarkeit der freigeistigen Szene: Konsequenzen beim weltanschaulich-agonalen Organisationstypus

Weltanschaulich-agonale freigeistige Organisationen haben dazu beigetragen, freigeistige Themen und Positionen öffentlich sichtbarer zu machen. Dies wird über die Schlüsselkategorie VERSTÄRKTE MEDIALE SICHTBARKEIT DER FREIGEISTIGEN SZENE im Bereich der Konsequenzen dieses Organisationstypus erfasst. Sie wird nun am Beispiel der *GBS* näher beschrieben.

Mit ihrer Strategie MEDIALE INSZENIERUNG haben die Stiftung und vor allem ihr Vorstandsmitglied Michael Schmidt-Salomon es geschafft, gesellschaftlich einen gewissen Bekanntheitsgrad zu erreichen und eine beachtliche Zahl an Multiplikatoren für ihren Förder- und Stifterkreis sowie die Regional- und Hochschulgruppen zu gewinnen. Hinzu kommen die vielen bekannten Gesichter aus

---

29 Das Konzept des Inkorporationsregimes stammt von Soysal (1994) und bietet einen Analyserahmen für die Untersuchung kollektiver Organisation von Migrantengruppen, der den Fokus weg vom kulturellen oder ethnischen Hintergrund ihrer Mitglieder, und hin zu den institutionellen, organisatorischen und diskursiven Rahmenbedingungen verschiebt, die sich im jeweiligen Gemeinwesen als Strategien der Regelung von Teilhabe historisch herausgebildet haben. Demnach definieren Migrantenorganisationen ihre Ziele, Funktionen und Handlungsstrategien in Relation zu den Diskursen, Institutionen und Ressourcen, die sie in ihrem Aufnahmeland vorfinden. In diesem Sinne werden ihre Organisationsformen und kollektiven Identitäten von institutionalisierten Formen staatlicher Inkorporationsregime gerahmt (Soysal 1994, 86).

dem akademischen und künstlerischen Bereich im Beirat, die der *GBS* als Sachverständige oder zumindest mit ihrem Namen Legitimität und Anerkennung verschaffen und in den Medien *GBS*-Positionen öffentlich sichtbar machen und gesellschaftlich verbreiten. Insgesamt hat das Engagement der *GBS* dadurch zu einer VERSTÄRKTEN MEDIALEN SICHTBARKEIT DER FREIGEISTIGEN SZENE in Deutschland geführt. Es muss jedoch kritisch hinterfragt werden, wie weit der gesellschaftspolitische Einfluss der Stiftung im Einzelnen tatsächlich reicht – ob sich also die *GBS* nicht in ihrer säkularisierenden Wirkung überschätzt, wenn sie für sich in Anspruch nimmt, wesentlichen Anteil an zurückgehenden Kirchenmitgliederzahlen und Glaubensvorstellungen zu haben:

> Wir [...] haben in den letzten Jahren viel mehr erreicht, als man realistischerweise erwarten durfte. [...] Die Verantwortlichen bei den Medien haben eingesehen, dass man schwerlich über Religion und Weltanschauung in Deutschland sprechen kann – ohne dabei Vertreter des konfessionsfreien Drittels der Gesellschaft zu hören. [...] Letztlich führte dies zu einer erdrutschartigen Veränderung der weltanschaulichen Verfasstheit unserer Gesellschaft. [...] Angesichts der Tatsache, dass a) nur noch 5 Prozent der Deutschen an die Existenz von Himmel und Hölle glauben und b) ihr Vertrauen in religiöse Institutionen insgesamt auf einen historischen Tiefstand gesunken ist, kann man wohl mit Fug und Recht behaupten, dass die religionskritische Message in der Bevölkerung angekommen ist. (Schmidt-Salomon 2011i, 17–18)

Selbst hinsichtlich der Rechtsprechung in Deutschland beurteilen Stiftungsvertreter den Einfluss der *GBS* sehr selbstbewusst.

> Also wenn ich mir jetzt angucke, was im deutschen Fernsehen über diese Fragen von Staatsleistungen passiert, oder Diskriminierung von Arbeitnehmern in kirchlichen Betrieben. Also da sind wir mit vielen unseren Punkten, die wir in Kampagnen hatten, ja durchgekommen, auch mit den Heimkindern, das ist durchgekommen, auch die repressive Toleranz, das Problem wird, glaube ich, stärker gesehen, der Kulturrelativismus wird stärker bekämpft, die Gerichte machen andere Urteile. Also wir haben uns mit vielen Dingen, die im Manifest da geschrieben worden sind, ja, was heißt durchgesetzt, aber sind zum Teil also eingegangen, ja? Vieles von dem war damals noch richtig empörend, und jetzt ist es das eben acht Jahre später nicht mehr. (Interview 9, *GBS* Gruppeninterview, 66)

Tatsächlich bleibt zumindest der politische Einfluss der Stiftung eher gering. *GBS*-Forderungen, zum Beispiel nach einem umfassenden Laizismus oder nach aktiver Sterbehilfe, erscheinen zu weit weg von der politischen Realität der Gegenwart, als dass sie konkreten Einfluss auf die entsprechenden Debatten oder gar Entscheidungen nehmen könnten. Die polemischen Beiträge zur politischen Elite in Deutschland aus dem Stiftungsumfeld (zum Beispiel Schmidt-Salomon 2011k) dürften zudem nicht dazu beitragen, dass die *GBS* innerhalb deutscher Politik als konstruktiver Gesprächspartner wahrgenommen wird.

Die Stiftung ist auf dem Weg zur Utopie einer aufgeklärten Gesellschaft mit dem Problem konfrontiert, dass dafür sowohl akademisch-differenzierte Sachverständigkeit als auch die Popularisierung der entsprechenden Themen zur Notwendigkeit erklärt wird. Beides gleichermaßen zu gewährleisten, stellt eine komplizierte Gratwanderung dar. Eine differenzierte Auseinandersetzung zum Beispiel mit der religionsverfassungsrechtlichen Wirklichkeit in Deutschland, wie sie Beirat Gerhard Czermak (2015) in der *GBS*-Schriftenreihe vornimmt, lässt sich medial kaum inszenieren, während das polarisierend-provokante Kinderbuch über das *Kleine Ferkel* von Schmidt-Salomon für die Stiftung zwar einen großen Vermarktungserfolg bedeutete, aber kaum dem Anspruch genügen kann, wissenschaftliches Wissen zu popularisieren. Es sind vor allem die provokanten, wenig differenzierten Positionen der Stiftung, welche sich öffentlichkeitswirksam medial inszenieren lassen. In diesem Spannungsfeld muss die *GBS* ihr auf AUFKLÄRUNG basierendes CAMPAIGNING positionieren und sich fragen, was eine aufgeklärte Gesellschaft in diesem Zusammenhang bedeuten kann.

Neben der *GBS* tragen auch *IBKA* und *GWUP* zu einer VERSTÄRKTEN MEDIALEN SICHTBARKEIT DER FREIGEISTIGEN SZENE bei, wenn auch in deutlich geringerem Maße. Durch ein reges Publikationswesen verbreiten sie ihre Positionen im Buchhandel und im Internet. Auf eigenen *Facebook*-Seiten und *youtube*-Channels (der *GWUP*-Channel hat immerhin knapp 1.800 Abonnenten) informieren sie über ihre Praxis. Die Rubriken „IBKA in den Medien" auf der Website des *IBKA* sowie „Medienecho" auf der Website der *GWUP* zeigen, dass in regionalen, aber auch überregionalen Medien wie dem *Deutschlandfunk* oder der *Frankfurter Allgemeinen Zeitung* regelmäßig über das CAMPAIGNING der beiden weltanschaulich-agonalen freigeistigen Organisationen berichtet wird (Internationaler Bund der Konfessionslosen und Atheisten o.J.; Gesellschaft zur wissenschaftlichen Untersuchung von Parawissenschaften o.J.).

Weder *IBKA* noch *GWUP* geht es hinsichtlich der Konsequenzen ihrer Handlungs- und interaktionalen Strategien darum, eine pluralistische Gesellschaft zu ermöglichen beziehungsweise zu feiern. Vielmehr trage gerade diese Pluralität auch Blüten, deren Wurzeln zu Gunsten einer aufgeklärten Gesellschaft gekappt werden müssten, zum Beispiel Homöopathie (*GWUP*) oder verbreitete religiöse Vorstellungen (*IBKA*).

4.7.3 Vergleich der Konsequenzen

Hinsichtlich der Konsequenzen ihres organisationalen Handelns muss festgehalten werden, dass die Wirkmacht beider Organisationstypen auf dem Weg zur Verwirklichung der Utopien einer pluralistischen (sozialpraktischer Organisationstypus) beziehungsweise einer aufgeklärten Gesellschaft (weltanschaulich-agonaler Organisationstypus) beschränkt ist: Zwar ist es sozialpraktischen freigeistigen Organisationen gelungen, einen Beitrag zu einer PUNKTUELLEN PLURALITÄT zu leisten, und weltanschaulich-agonale freigeistige Organisationen haben eine VERSTÄRKTE MEDIALE SICHTBARKEIT DER FREIGEISTIGEN SZENE herbeigeführt. Dennoch sind beide Organisationstypen weiterhin weit davon entfernt, flächendeckend gesellschaftspolitischen Einfluss zu entfalten.

Auffällig ist der große Einfluss, den die jeweils entscheidenden intervenierenden Bedingungen auf die Konsequenzen des organisationalen Handelns von freigeistigen Organisationen in Deutschland nehmen. Im Falle des sozialpraktischen Organisationstypus ist dies die Kategorie STAAT. Er hat sich an die religionspolitischen Arrangements in Deutschland angepasst. Dadurch werden sozialpraktische freigeistige Organisationen einerseits als Kooperationspartner vom Staat anerkannt und durch ihn gefördert, was ihnen große Teile ihrer Praxis überhaupt erst ermöglicht. Andererseits werden sie auch durch ihn reguliert, sind vom guten Willen der Landesregierungen und einsichtigen Gerichten abhängig, die einen Ausbau dieser Praxis durch die Verweigerung von Fördergeldern beziehungsweise entsprechende gerichtliche Entscheidungen auch blockieren können. Zudem führt die Inkorporation sozialpraktischer freigeistiger Organisationen zu einer (von manchen Vertretern unintendierten) STABILISIERUNG RELIGIONSPOLITISCHER ARRANGEMENTS.

Für den weltanschaulich-agonalen Organisationstypus ist die Kategorie MEDIEN die entscheidende intervenierende Bedingung für die Konsequenzen seiner Handlungs- und interaktionalen Strategien. Weltanschaulich-agonale freigeistige Organisationen sind auf ein Medienecho angewiesen, das vor allem durch polarisierend-provokative Botschaften erzeugt wird. Differenzierte akademische Beiträge sind dagegen weniger öffentlichkeits- und medienwirksam, obwohl eine Autorität der Wissenschaft wesentlich zur Utopie einer aufgeklärten Gesellschaft gehört, die weltanschaulich-agonale freigeistige Organisationen eint.

4.8 Reichweite der Typologie: Internationale Kontextualisierung als Ausblick

In diesem Teilkapitel soll eine vorläufige internationale Kontextualisierung der in dieser Studie generierten Typologie vorgenommen werden, um diese auf ihre Reichweite über den nationalen Bezugsrahmen hinaus zu testen. Dabei werden zwei europäische (Norwegen, Schweden) und zwei außereuropäische (*USA*, Indien) Kontexte in den Blick genommen.

Das Beispiel Norwegen wurde über den *HEF* bereits unter Kapitel 2.3 angeschnitten (siehe auch Alberts 2011). Der Verband ist mit rund 88.000 Mitgliedern die größte freigeistige Organisation weltweit (Human-Etisk Forbund o. J.). Er ist föderalistisch aufgestellt, wird institutionell vom Staat gefördert, bietet in ganz Norwegen Lebensfeiern an und unterhält einen Jugendverband. Seine Organisationsform, Praxis und sein pluralistisches Gesellschaftsideal entsprechen somit dem sozialpraktischen Organisationstypus. Es lassen sich diverse Parallelen zum *HVD* aufzeigen, bei dessen Gründung der *HEF*, gemeinsam mit anderen, ähnlich strukturierten humanistischen Verbänden aus Nordwesteuropa (Niederlande, Belgien), als Vorbild fungierte (siehe dazu Kapitel 2.5.1). Einen anderen Standpunkt als die sozialpraktischen freigeistigen Organisationen in Deutschland nimmt der norwegische Verband jedoch hinsichtlich eines konfessionellen Religions- beziehungsweise Weltanschauungsunterrichtes an allgemeinbildenden Schulen ein. In Norwegen existiert ein religionskundlich ausgerichtetes Einheitsfach mit einem Schwerpunkt auf christlichen Inhalten, der politisch über die zentrale kulturhistorische Bedeutung des Christentums für die norwegische Nation legitimiert wird. Der *HEF* ist grundsätzlich gegenüber der Unterstützung eines solchen konfessionsübergreifenden, religionskundlichen Unterrichts aufgeschlossen, kritisiert jedoch die Ungleichbehandlung der verschiedenen weltanschaulichen Traditionen in diesem, sowohl hinsichtlich der Inhalte als auch mit Bezug auf das Lehrpersonal, die beide ein christliches Übergewicht aufwiesen. Gemeinsam mit kleineren Religionsgemeinschaften klagte sich der *HEF* erfolgreich bis zum *UN*-Menschenrechtsausschuss und Europäischen Gerichtshof für Menschenrechte, um entsprechende Änderungen herbeizuführen (Alberts 2011, 227–237). Der *BFGD* zeichnet demgegenüber für einen eigenen konfessionellen freireligiösen Religionsunterricht an staatlichen Schulen verantwortlich, der *HVD* in Berlin, Brandenburg und Fürth für die ebenso konfessionelle Lebenskunde, für deren bundesweite Einführung er streitet. Es scheint jedoch plausibel, dies weniger auf strategische Gegensätze zwischen den sozialpraktischen freigeistigen Organisationen in Deutschland und dem *HEF* und eher auf unterschiedliche religionspolitische Arrangements in Norwegen und Deutschland zurückzuführen. So lange es in Norwegen einen konfessionellen Religionsunterricht an allgemeinbildenden Schulen gab (bis 1997), setzte sich der *HEF* als Alternative zu diesem erfolgreich für einen konfessionell-humanistischen Lebensanschauungskunde-Unterricht ein, für den er ab 1974 gemeinsam mit staatlichen Behörden auch ein Curriculum ausarbeitete. Die Einstellung dieses Arrangements zu Gunsten eines religionskundlichen Einheitsfaches mit christlichem Schwerpunkt wurde vom *HEF* zunächst heftig kritisiert. Da es danach jedoch offiziell auch keinen christlich-konfessionellen Unterricht mehr gab, war der Argumentation für Lebensanschauungskunde auf der Basis einer Gleichbehandlung mit der Kirche die Legitimation entzogen. So löste der Einsatz für eine inhaltlich und personell ausgewogenere Gestaltung des Einheitsfaches denn auch die Forderung nach positiver Gleichbehandlung ab (Alberts 2011, 227–237). Dass der *HVD* und der *BFGD* sich bei entsprechenden religionspolitischen Reformen in Deutschland ähnlich verhalten würden, darf auf Grundlage ihrer strategischen Ausrichtung (RELIGIONSPOLITISCHE ISOMORPHIE) als wahrscheinlich betrachtet werden. Erneut zeigt sich die entscheidende Rolle der intervenierenden Bedingung STAAT für die strategische Ausrichtung und Praxis freigeistiger Organisationen, auch über den deutschen Kontext hinaus.

Neben dem *HEF* besteht in Norwegen mit dem Norwegischen Heidenverband (Det norske Hedningsamfunn, *DNH*, gegründet 1974) auch noch eine deutlich kleinere freigeistige Organisation mit etwa 1.000 Mitgliedern, die sich dem weltanschaulich-agonalen Organisationstypus zuordnen lässt und viele Gemeinsamkeiten mit der *GBS* aufweist. Der *DNH* kritisiert den gesellschaftspolitischen Einfluss der norwegischen Kirche und tritt für laizistische Positionen ein. Darüber hinaus zeichnet sich der Verband durch islamkritische Positionen aus. So trat er im Zuge des Karikaturenstreits in Dänemark für Kunst- und Satirefreiheit ein und erwirkte im Jahr 2000 eine offizielle Erlaubnis durch die Osloer Stadtverwaltung, öffentlich den Satz „Gott existiert nicht" zu verbreiten, nachdem diese einer Moschee erlaubt hatte, den Adhān auszurufen (Det norske Hedningsamfunn o. J.). Für einen Funktionär des *HEF*, den der Verfasser der vorliegenden Studie im Rahmen eines Aufenthaltes in Oslo traf, hat der *DNH* durchaus eine Berechtigung in der pluralen weltanschaulichen Landschaft Norwegens. Er selbst sei lange Mitglied des Verbandes gewesen und habe dessen Treffen als „great fun" (Interview 23, *HEF*-Funktionär, 1) empfunden. In der jüngeren Vergangenheit habe der *DNH* den *HEF* jedoch häufig über die Maßen für seine Inanspruchnahme von Steuergeldern und sein Engagement im „interfaith dialogue" (Interview 23, *HEF*-Funktionär, 1) kritisiert. Da der *DNH* einige Medienaufmerksamkeit erhalte, müsse sich der *HEF* zudem immer wieder öffentlich von diesem abgrenzen, um nicht mit ihm identifiziert zu werden (Interview 23, *HEF*-Funktionär, 1). Das Beispiel erinnert stark an die Beziehungen zwischen *GBS* und *HVD* in Deutschland.

Als ein aufschlussreiches Gegenbeispiel für die organisatorische Spaltung der freigeistigen Szene aus strategischen Gründen sei hier der schwedische Kontext angeführt. Im Sinne einer freigeistigen Einheitsfront existiert hier nur eine starke freigeistige Organisation, die Humanisterna (gegründet 1979 als Human-Etiska Förbundet). Interessanterweise lassen sich die in der vorliegenden Studie analytisch rekonstruierten unterschiedlichen praktischen und strategischen Ausrichtungen innerhalb der freigeistigen Szene in Deutschland aber auch hier rekonstruieren – sie treffen lediglich nicht in Form verschiedener Organisationen, sondern innerhalb einer Organisation aufeinander. Kind (im Erscheinen) bezeichnet die beiden Fraktionen innerhalb der Organisation als „Lifestance-Humanists" und „Opinion-Making-Humanists". Die Humanisterna ist tief gespalten hinsichtlich der Frage, ob der Verband sich zum Beispiel durch Lebensfeiern eher religionsimitierend als sozialpraktische Organisation aufstellen, oder sich weltanschaulich-agonal mit religionskritisch-konfrontativen Positionen in gesellschaftspolitische Debatten einschalten sollte. Die Lager blockieren sich in Praxisinitiativen gegenseitig und konterkarieren damit die ursprüngliche Idee der Einheitsfront. Die Situation der Humanisterna erscheint somit mit der des *KORSO* in Deutschland vergleichbar. Das schwedische Beispiel erinnert darüber hinaus daran, dass freigeistige Organisationen insgesamt nicht als monolithisch agierende Akteure ohne interne Spannungsfelder und Widersprüche begriffen werden dürfen. Die detaillierten Analysen dieses Kapitels (4.2– 4.7) sollten dies ebenfalls verdeutlicht haben. Die im Rahmen der oben generierten Theorie rekonstruierten Organisationstypen sind als Idealtypen zu verstehen, die in der empirischen Wirklichkeit in Reinform nicht vorkommen.

LeDrew (2015) spricht mit Blick auf freigeistige Organisationen in den *USA* von Spannungen zwischen zwei Fraktionen, die er als „Humanists" (darunter die American Humanist Association) und „Atheists" (darunter die American Atheists) klassifiziert.

> Atheism seeks distinction (confrontation), while humanism seeks assimilation (accommodation). One side is defined through negation, the other through a positive system of ethics. One sees religion as an essential enemy to be vanquished by rational critique, while the other sees it primarily as an obstacle to tackle the real social problems that are of greater concern. (LeDrew 2015, 64)

Diese Spannungen liegen laut LeDrew nicht in weltanschaulichen Gegensätzen begründet, sondern in unterschiedlichen Strategien, oder, in den Worten des Autoren, gegenläufigen „political projects." (LeDrew 2015, 56) Er sieht für die Organisationen eine Notwendigkeit „to overcome these differences and keep the movement from splintering into a number of politically divided fractions." (LeDrew 2015, 66) LeDrew verfolgt die Tradition der beiden Fraktionen geistesgeschichtlich bis in das 19. Jahrhundert zurück und macht ihre Ursprünge bereits in den unterschiedlichen Entwürfen von Karl Marx und Ludwig Feuerbach („humanistic atheism") auf der einen, Sigmund Freud und Friedrich Nietzsche („scientific atheism") auf der anderen Seite aus.

> Humanistic atheism, like scientific atheism, is therefore a political project as well as an intellectual one – both are grounded in a vision of how society is and how it ought to be. Humanist atheism focuses attention on social justice for people, while scientific atheism

is more interested in the freedom and authority of science and reason, from which social progress is expected to flow. (LeDrew 2015, 56)

Die Nähe von LeDrews „Atheism" zum weltanschaulich-agonalen und dem, was er „Humanism" nennt, zum sozialpraktischen Organisationstypus ist unverkennbar.

Freilich sind freigeistige Organisationen in den *USA* und Deutschland mit sehr unterschiedlichen gesellschaftspolitischen Voraussetzungen konfrontiert. So ist das religionspolitische Arrangement in den *USA* ein grundlegend anderes als in Deutschland – eine staatliche Kooperation mit oder finanzielle Förderung von Religions- beziehungsweise Weltanschauungsgemeinschaften ist hier laut Verfassung unzulässig, RELIGIONSPOLITISCHE ISOMORPHIE für freigeistige Organisationen deshalb nicht in gleicher Weise möglich wie in Deutschland. Hinzu kommen unterschiedliche Grade von gesellschaftlicher Säkularisierung und diskursiver Emotionalisierung und Normativierung des Religionsthemas in Europa und den *USA* (Zuckerman 2012a). Solche kontextuellen Unterschiede sollen hier keineswegs bestritten und müssen differenziert betrachtet werden. Trotzdem – oder gerade deshalb – bleiben die hinsichtlich Praxis, strategischer Ausrichtung und Religionsbezug ähnlichen freigeistigen Organisationstypen in den beiden Ländern auffällig – wenngleich die Überprüfung dieses hergestellten Zusammenhangs in Form einer tiefergehenden Analyse zweifellos notwendig ist.

Die Beiträge von Quack (2012a, 2012b) zu freigeistigen Organisationen in Indien gehen trotz einer Vielzahl verschiedener Organisationen mit unterschiedlichen Eigenbezeichnungen und Tätigkeitsspektren von einer gemeinsamen rationalistischen Bewegung aus. Wiederholt betont Quack (2012a, 11–12, 2012b, 68) die Gemeinsamkeiten der von ihm untersuchten Organisationen und verzichtet dabei analytisch auf eine systematische komparative Perspektive. Die von ihm beschriebenen weltanschaulichen, praktischen und strategischen Merkmale der rationalistischen Organisationen in Indien fassen die Schlüsselkategorien beider für den deutschen Kontext rekonstruierten freigeistigen Organisationstypen zusammen. Die Praxis reicht von SOZIALEN DIENSTLEISTUNGEN bis hin zu aufklärerischem CAMPAIGNING (Quack 2012b, 71) – teilweise nehmen die Organisationen dabei öffentliche Fördergelder in Anspruch, was zu internen Debatten und Verwerfungen geführt hat (Quack 2012a, 166). Kritisch-konfrontative und substituierende Religionsbezüge lassen sich ebenso ausmachen wie imitierend-konkurrierende oder kooperative (Quack 2012a, 185–194). Die für den deutschen Kontext konstatierte Gegenläufigkeit beziehungsweise Widersprüchlichkeit von Teilen dieser Ausrichtungen, vor allem im strategischen Bereich, thematisiert Quack nicht. Es wäre ein lohnenswertes Unterfangen, seine detaillierten ethnografischen Analysen um eine komparative Perspektive zu erweitern, um die in der vorliegenden Studie generierte Typologie am indischen Kontext testen zu können.

Insgesamt kann mit aller Vorsicht und dem Verweis auf stets existierende kulturhistorische Pfadabhängigkeiten die Hypothese aufgestellt werden, dass die am deutschen Kontext entwickelte Typologie freigeistiger Organisationen auch in anderen nationalen Zusammenhängen funktioniert. Eine tiefergehende empirische Prüfung dieser Hypothese verbleibt als Desiderat.

5 Schlussbetrachtung

In der Folge „Go God Go" der animierten amerikanischen Fernsehserie South Park wird ein Zukunftsszenario für das Jahr 2546 entworfen, nach dem die gesamte Menschheit atheistisch geworden ist. Dabei ist es allerdings zu einem Schisma verschiedener Denominationen gekommen, zwischen denen ein Bürgerkrieg wütet. Die United Atheist Alliance, die Unified Atheist League und die Allied Atheist Alliance bekämpfen sich im Streit um die sogenannte ‚große Frage', die lautet: Welchen Namen sollten sich organisierte Atheisten geben?

In den USA gilt ein ‚Auftritt' bei South Park als eine Art Auszeichnung, als Zeichen der Anerkennung des eigenen gesellschaftlichen Einflusses. Die satirische Überzeichnung des eigenen Charakters wird dabei gern in Kauf genommen. Einerseits haben freigeistige Organisationen es insofern geschafft, sich von den Peripherien der Subkultur auf die Bühne öffentlicher Wahrnehmbarkeit zu begeben. Andererseits verweist die satirische Verarbeitung des Themas darauf, dass diese Dynamik begrenzt ist. Die Zersplitterung der Szene im aufreibenden Streit um Nichtigkeiten (wie die geeignete Selbstbezeichnung) führt dazu, dass keine geeinte Bewegung entstehen kann. Die aufstrebenden Organisationen schwächen sich gegenseitig – und damit auch sich selbst.

Die Ergebnisse der vorliegenden Studie knüpfen gewissermaßen an diese popkulturelle Verarbeitung des Themas an. Statt satirisch zu überzeichnen nehmen sie dabei eine sachliche Klärung der Gründe des Richtungsstreits innerhalb der freigeistigen Szene für den deutschen Kontext vor. Dieser wurzelt ebensowenig in einem Streit um die eigene Selbstbezeichnung wie im in der Einleitung beschriebenen Autonomieideal von Freidenkern und ihrer Abneigung gegen jede Form von *corporate identity*. Stattdessen konstatiert die vorliegende Studie auf Grundlage einer Grounded Theory geleiteten, theoriegenerierenden, empirischen Analyse eine strategische Spaltung der organisationalen Praxis freigeistiger Organisationen, deren Fronten durch die intervenierenden Bedingungen STAAT und MEDIEN wesentlich mitkonstituiert und verhärtet werden. Die Spaltung manifestiert sich in zwei freigeistigen Organisationstypen, welche sich über den deutschen Kontext hinaus aufspüren lassen. Sie steht keinesfalls für die „Unmöglichkeit, Religionslosigkeit zu organisieren" (Kehrer 2006, 201; siehe Kapitel 1), sondern lediglich für einen strategischen Richtungsstreit, wie er ganz ähnlich auch in anderen organisationalen Kontexten zu beobachten ist – man denke etwa an die Islamverbände in Deutschland (vergleiche zum Beispiel Heimbach 2001, 61–164).

5.1 Historischer und theoretischer Erkenntnisfortschritt

Mit Bezug auf die Säkularitäts- und Nichtreligionsforschung innerhalb der Religionswissenschaft liegt der wesentliche Beitrag dieser Studie in der Perspektivenerweiterung auf eine soziale Mesoebene. Sie komplementiert das makrotheoretische Verständnis des Säkularen als singuläre Kategorie eines einheitlichen, modernen westlichen „context of understanding" (Taylor 2007, 3) oder „living-in-the-world" (Asad 2003, 67) einerseits um einen empirisch differenzierenden Ansatz, der auf einer sozialen Akteursebene unterschiedliche Formen der Aushandlung von Religion und Säkularität unterscheidet. Andererseits weist sie über die zum deutschen Kontext in diesem Bereich dominierenden Studien zu einer biographisch-individuellen Mikroebene der Säkularität – auch mit Bezug auf freigeistige Organisationen und deren Mitglieder (dazu Mastiaux 2013) – hinaus, indem sie kollektive Akteure und deren Handeln vor dem Hintergrund gesellschaftspolitischer Gesamtkontexte in den Blick nimmt.

Konkreter war mit der vorliegenden Studie das Ziel verbunden, zwei Forschungslücken hinsichtlich freigeistiger Organisationen in Deutschland zu schließen: Zum einen galt es, historisch die wissenschaftlich bislang nur sehr oberflächlich erschlossene Entwicklung freigeistiger Organisationen in Deutschland nach 1945 nachzuvollziehen. Zum anderen sollten die bisher stark auf säkularisierungs- und inkorporationstheoretische Überlegungen beschränkten theoretischen Perspektiven auf den Gegenstand erweitert werden, um seine Anschlussfähigkeit an alternative Theoriediskurse innerhalb der Religionswissenschaft zu prüfen.

5.1.2 Aufarbeitung der Geschichte freigeistiger Organisationen in Deutschland nach 1945

Die historische Betrachtung des Gegenstandes offenbart sowohl Kontinuitäten als auch Brüche mit der freigeistigen Tradition vor 1933. Die Brüche gehen dabei in der Regel mit allgemeinen gesellschaftspolitischen Einschnitten einher. Die Zerschlagung und das Verbot freigeistiger Organisationen zwischen 1933 und 1945 führten dazu, dass ein Großteil ihrer personellen, organisatorischen und materiellen Ressourcen verloren ging. Teile der vorherigen Organisationspraxis, zum Beispiel der für die größten freigeistigen Organisationen bis 1933 zentrale Betrieb von Bestattungskassen, konnten deshalb nach dem Zweiten Weltkrieg nicht wieder aufgenommen werden. Dies war jedoch auch darauf zurückzuführen, dass das Interesse und die Nachfrage nach solchen Angeboten in der Bevölkerung nachließen. Das klassische Verbandswesen verlor gegenüber dem entstehenden

Dienstleistungssektor mit Konkurrenzangeboten freier Anbieter an Attraktivität. Die Zersetzung der Arbeiterbewegung zu Zeiten des sogenannten Wirtschaftswunders in Deutschland fügte der strukturell-organisatorischen Krise der freigeistigen Tradition zudem eine identitäre hinzu. Viele freigeistige Organisationen verstanden sich wie vor 1933 weiterhin als Arbeiterorganisationen, während das Konzept ‚Sozialismus' in der *BRD* zunehmend zu einem negativen ideologischen Marker für den Klassenfeind jenseits des Eisernen Vorhangs verkam. In der *DDR* war für freigeistige Organisationen aufgrund des totalitären Selbstverständnisses der *SED*, das auch weltanschauliche Zuständigkeiten umfasste, gar kein Platz mehr vorgesehen. Die Loslösung der freigeistigen Szene von der Arbeiterbewegung wurde ab den 1980er Jahren und zuerst vom *DFV*, Sitz Berlin, vollzogen. Das klassische Verständnis eines Mitgliederverbandes wurde durch ein Programm sozialer Dienstleistungen für Konfessionsfreie oder gar alle Mitglieder der Gesellschaft ersetzt und als solches in den 1993 gegründeten *HVD* eingebracht, in dem es bis heute praktiziert wird. Noch eklatanter als diese eher praxisorientierte Abwendung von der Arbeiterbewegung erscheint die politische Abgrenzung der *GBS* von „linken Organen" beziehungsweise „einer dogmatischen Linken", denen ein „Mangel an theoretischem Differenzierungsvermögen" und „krude Verschwörungstheorien" auf der Basis von „notdürftig zusammengegoogelte[m] Halb-, Viertel- oder Achtelwissen" (Schmidt-Salomon 2006, 161) vorgeworfen werden. Stattdessen sind von *GBS*-Vertretern verstärkt politisch konservative Positionen zu vernehmen (vergleiche etwa Schmidt-Salomon 2011e, 124; 2016) – ein historisch neuartiges Phänomen mit Blick auf die freigeistige Tradition, das ihre eindeutige Einordnung in klassische politische Kategorien kaum mehr zulässt. Dabei scheint es sich um eine internationale beziehungsweise transnationale Entwicklung zu handeln. LeDrew (2016) beschreibt für den amerikanischen Kontext das Entstehen einer atheistischen Rechten, das er auf die Nachwirkungen der Anschläge am 11. September 2001 und das gleichzeitige Erstarken einer Kreationismusbewegung und postmoderner Positionen in der amerikanischen Gesellschaft zurückführt (LeDrew 2016, 55). Trotz aller weltanschaulichen Gegensätze entstünden auf diese Weise zu Ende gedacht tatsächlich politische Koalitionen zwischen einer christlichen und einer atheistischen Rechten (LeDrew 2016, 178). Festzuhalten bleibt, dass Verbindungslinien von freigeistigen Organisationen zu Arbeiterbewegung und linker Politik, die zu Beginn des 20. Jahrhunderts selbstverständlich erschienen, zu großen Teilen gekappt wurden und sich teilweise sogar ins Gegenteil verkehrt haben. Das neuartige politisch-weltanschauliche Geflecht innerhalb der freigeistigen Szene zu entwirren und im Detail zu analysieren, verbleibt als Desiderat. Vor diesem Hintergrund könnten die Ergebnisse der vorliegenden Studie auch für Diskurse um politische Bewegungen und deren historische Entwicklung von Bedeutung sein und weiterführende, qualitative Forschung in diesem Bereich anregen.

Neben den beschriebenen Transformationen lassen sich auch einige historische Kontinuitäten mit Blick auf die freigeistige Szene in Deutschland ausmachen. So sind einige Bereiche ihrer Praxis trotz des organisatorischen Kontinuitätsbruchs zwischen 1933 und 1945 nach dem Zweiten Weltkrieg weitergeführt beziehungsweise wieder aufgegriffen worden. Biographische Übergangsfeiern oder Kinderbetreuung, wie *HVD* oder *BFGD* sie heute praktizieren, gab es in den freireligiösen Gemeinden Bayerns bereits 1849. Aber auch das wissenschaftliche und weltanschauliche (speziell religionskritisch-konfrontative) CAMPAIGNING zum Zwecke der AUFKLÄRUNG durch *GBS*, *GWUP* oder *IBKA* hat in der Szene eine lange Tradition. Die von *GBS* und *IBKA* gemeinsam initiierte Kirchenaustrittskampagne greift dabei auch inhaltlich eine freigeistige Programmatik vom Anfang des 20. Jahrhunderts wieder auf (dazu ausführlich Kapitel 2.5.2). Ein nochmaliger Blick auf die gesellschaftspolitischen Grundforderungen des *WK*, der ersten Freireligiöse und Freidenker vereinenden freigeistigen Dachorganisation in Deutschland zu Beginn des 20. Jahrhunderts, zeigt, dass die gesellschaftspolitischen Grundforderungen der Szene – (1) die freie Entwicklung des geistigen Lebens und die Abwehr aller Unterdrückung, (2) die Trennung von Schule und Kirche und (3) die vollständige Verweltlichung des Staates (Groschopp 2011, 26) – bis heute erhalten geblieben sind. Er offenbart allerdings auch eine starke Ausrichtung am in der vorliegenden Studie rekonstruierten weltanschaulich-agonalen Organisationstypus. Tatsächlich einten religionskritisch-konfrontative und laizistische Positionen die freigeistige Szene bis 1918. Selbst freireligiöse Gemeinden zeichneten sich religionspolitisch durch ähnliche Positionen aus wie die proletarischen Freidenkerverbände oder das *KK*. Dies dürfte wesentlich auf die religionspolitischen Arrangements der Zeit zurückzuführen sein, welche zum Beispiel die Strategie RELIGIONSPOLITISCHE ISOMORPHIE für nicht-kirchliche, damals so genannte Dissidentengemeinden gar nicht ermöglichten. Dies begann sich nach 1918 mit der Einführung der *WRV* zu ändern. Der neue juristische Status der Weltanschauungsgemeinschaft und die mit diesem einhergehende staatskirchenrechtlich eingeräumte Option, eine Gleichbehandlung mit den Religionsgesellschaften und damit auch den Kirchen anzustreben, fand in der Szene sowohl begeisterte Befürworter als auch erbitterte Gegner. Wie in Kapitel 2.5 beschrieben, erhielt der *BFGD* bereits 1918 Körperschaftsrechte; im Freidenkerlager wurden sie Ende der 1920er Jahre von einigen Lokalverbänden des *VfFF* (der spätere *DFV*) beantragt. Dies löste eine interne freigeistige Debatte mit gegensätzlichen strategischen Positionen aus, die bis heute weitergeführt wird. Schon hier zeigt sich, wie religionspolitische Arrangements die programmatische und praktische Ausrichtung freigeistiger Organisationen beeinflussen und regulieren können, und warum STAAT als intervenierende Bedingung beziehungsweise zentrale Kategorie der Organisationenumwelt miteinbezogen werden muss, um Entwicklungen innerhalb der Szene angemessen verstehen und analysieren zu können. Die Strategien der beiden unter Kapitel 4.1 beschriebenen freigeistigen Organisationstypen in Deutschland beginnen sich zwischen 1918 und 1933 als solche herauszubilden – und dies ist untrennbar verbunden mit den Transformationen der religionspolitischen und der entsprechenden rechtlichen Arrangements der Zeit, die 1949 auch in das *GG* inkorporiert wurden und bis heute im Wesentlichen erhalten geblieben sind.

5.1.2 Typologie und säkularisierungstheoretische Neubewertung freigeistiger Organisationen

Auf theoretisch-methodologischer Ebene fiel die Wahl in Abgrenzung zu den beziehungsweise als Erweiterung der häufig säkularisierungstheoretisch und inkorporationstheoretisch ausgerichteten Forschungsarbeiten über freigeistige Organisationen auf den theoriegenerierenden Ansatz der Grounded Theory. Dadurch sollte zum einen eine theoretische Engführung vermieden und stattdessen eine umfassende, differenzierte empirische Beschreibung und Analyse der freigeistigen Organisationslandschaft in Deutschland ermöglicht werden. Gleichzeitig förderten diese Analysen aber auch säkularisierungstheoretisch und inkorporationstheoretisch relevante Ergebnisse zu Tage, welche die genannten theoretischen Perspektiven nicht nur herausfordern, sondern sie gleichsam zueinander in Beziehung setzen können.

Säkularisierungstheoretisch gerahmte Studien zu freigeistigen Organisationen betrachten diese vorwiegend als kollektive religionskritisch-konfrontative Akteure, deren Ziel und Funktion es ist, Säkularisierungsprozesse – also nach Casanova (1994) (1) den Rückgang religiöser Glaubensvorstellungen und Mitgliedschaften, (2) die Privatisierung von Religion beziehungsweise deren Verschwinden aus dem öffentlichen Raum, und (3) die Trennung von Religion und anderen funktional ausdifferenzierten gesellschaftlichen Teilbereichen (und damit auch die Trennung von Kirche und Staat als Differenzierung eines politischen von einem religiösen gesellschaftlichen Teilbereich) – intentional herbeizuführen. Diese akteurszentrierte Perspektive stellt zweifellos ein wichtiges Korrektiv gegenüber einem breiten Spektrum an säkularisierungstheoretischen Arbeiten dar, die Säkularisierung als vollständig anonym verlaufenden Prozess und reines Nebenprodukt von Modernisierungsprozessen beschreiben. Mit Blick auf die Typologie freigeistiger Organisationen in Deutschland, die das Ergebnis dieser Studie ist, muss die oben genannte säkularisierungstheoretische These jedoch zumindest teilweise in Frage gestellt werden. Vor allem hinsichtlich des sozialpraktischen Organisationstypus konnten mit Hilfe des heuristischen Nichtreligionsmodells nach Quack (2013, 2014) – je nach Konstellation, verhandeltem Inhalt und Praxisbezug – neben kritisch-konfrontativen eine ganze Reihe weiterer unterschiedlicher Religionsbezüge rekonstruiert werden, zum Beispiel ein imitierend-konkurrierender Religionsbezug hinsichtlich der Organisationsform und großer Teile der Praxis, oder ein dialogorientierter beziehungsweise gar kooperativer Religionsbezug. Mit diesen eher religionsfreundlichen Bezugsformen einher geht die Strategie RELIGIONSPOLITISCHE ISOMORPHIE, zum Beispiel durch die Inanspruchnahme des Körperschaftsstatus oder den Wunsch nach Inkorporation in andere vorliegende religionspolitische Arrangements, die die Möglichkeit einer Kooperation zwischen Staat und Religions- beziehungsweise Weltanschauungsgemeinschaften und eine entsprechende staatliche Förderung vorsehen. Diese vom sozialpraktischen Organisationstypus vorangetriebene Anpassung an die religionspolitischen Arrangements tragen zu deren Ratifizierung und weiteren Stabilisierung bei, die das Gegenteil von Säkularisierung im Sinne einer Privatisierung von Religion oder einer fortschreitenden funktionalen Ausdifferenzierung gesellschaftlicher Teilbereiche bedeuten. Auch das Selbstverständnis von *HVD* oder *BFGD* entspricht nicht dem säkularisierender, sondern Säkularisierung verwaltender Organisationen. Ziel ist es demnach nicht, die Menschen aus den Kirchen zu treiben, sondern den bereits Ausgetretenen oder nie Eingetretenen Sinn- und Orientierungs- sowie entsprechende praktische Angebote zu unterbreiten, und mit Kirchen und anderen Religionsgemeinschaften in einer pluralistischen Gesellschaft zu koexistieren, in der jeder kollektive weltanschauliche Akteur das Existenzrecht der jeweils anderen wertschätzend anerkennt. Demgegenüber steht der weltanschaulich-agonale Organisationstypus für die säkularisierende Funktion, die freigeistigen Organisationen im Sinne der oben genannten These für gewöhnlich zugeschrieben wird. Bei ihm dominieren kritisch-konfrontative Religionsbezüge und Forderungen nach einem Abbau derzeitiger religionspolitischer Arrangements zu Gunsten laizistischer Strukturen. Religiöse Positionen sollten demnach aus dem öffentlichen und vor allem dem politischen Diskurs ferngehalten werden. Wissenschaftliche und weltanschauliche Aufklärung soll religiösen Symbolbeständen und Akteuren, die zum Hauptauslöser und Symptom der großen Krise erklärt werden, den epistemisch-moralischen Nährboden entziehen und sie substituieren. Die Utopie der aufgeklärten Gesellschaft meint eine säkularisierte Gesellschaft mit einer von religiösen Einflüssen befreiten Leitkultur. Insgesamt bleibt festzuhalten, dass die oben genannte Säkularisierungsthese hinsichtlich freigeistiger Organisationen nur in Bezug auf den weltanschaulich-agonalen Organisationstypus aufrechterhalten bleiben kann, für den sozialpraktischen Organisationstypus dagegen revidiert werden muss. Vor diesem Hintergrund drängt sich die These eines Zusammenhanges von säkularisierungstheoretischen und inkorporationstheoretischen Unterschieden zwischen den beiden Organisationstypen auf. Der weltanschaulich-agonale Organisationstypus verfolgt eine Abbaustrategie hinsichtlich religionspolitischer Arrangements und wirkt dadurch säkularisierend auf die Gesellschaft ein, während der sozialpraktische Organisationstypus, der für eine Aufbaustrategie der Gleichbehandlung mit anderen Religions- und Weltanschauungsgemeinschaften steht, weder eine säkularisierende Agenda besitzt noch gesellschaftspolitisch säkularisierende Wirkung entfaltet. Im Gegenteil wirkt er durch die mit der Aufbaustrategie einhergehende STABILISIERUNG RELIGIONSPOLITISCHER ARRANGEMENTS einer Privatisierung von Religion und einer funktionalen Ausdifferenzierung gesellschaftlicher Teilbereiche sogar entgegen.

5.2 Ausblick: Freigeistige Organisationen als Gegenstand komparativ-religionswissenschaftlicher Arbeit

Über inkorporationstheoretische Überlegungen wird das hier verhandelte Thema auch anschlussfähig für Diskurse um die politische Integration religiös-weltanschaulicher Minderheitengruppen insgesamt, die sich derzeit sowohl gesellschaftspolitisch als auch wissenschaftlich vor allem um islamische Verbände und Organisationen formieren (zum Beispiel Koenig 2007; Fetzer und Soper 2005, 98 – 157; Tezcan 2007; Brunn 2012; Chbib 2014). Hinsichtlich der Gouvernementalitätspraktiken des Staates sind freigeistige Organisationen in Deutschland mit dem gleichen „spannungsvollen Zusammenspiel" zwischen „(Selbst)Führung der Individuen und Gruppen einerseits und politischen Regierungspraktiken im engeren Sinne andererseits" (Tezcan 2007, 52) konfrontiert, das zum Beispiel Tezcan (2007) und Chbib (2014) mit Bezug auf die deutschen Islamverbände beschreiben. Durch rechtliche und religionspolitische Arrangements greift der Staat nicht nur regulierend in die Selbstorganisation von Religions- und Weltanschauungsgemeinschaften ein.

> Diese Form der Institutionalisierung des Islams in Deutschland über rechtlich eingetragene Vereine, Dachverbände und Beratungsgremien wird aus heutiger Sicht als ‚strukturelle Isomorphie', als Adaptionsprozess an religionsrechtliche und politische Rahmenbedingungen bewertet. Dennoch wird die repräsentative Bedeutung dieser Strukturen von politischer Seite mit dem Verweis auf geringe Mitgliedschaftsanteile im Vergleich zur geschätzten Zahl an Menschen islamischen Glaubens in Deutschland stark relativiert. (Chbib 2014, 213)

Mit der strukturell-organisatorischen Regulation durch den Staat einher geht auch eine praktische und sogar inhaltlich-programmatische. So werden nur solche

Gemeinschaften als Partner anerkannt, gefördert und in das zweckrationale Handeln staatlicher Politik eingespannt, die sich einerseits kirchenähnlich aufstellen und somit zum Beispiel einen eindeutig identifizierbaren Ansprechpartner für den Staat definieren, andererseits Loyalität gegenüber deutschen Verfassungswerten demonstrieren und Toleranz- und Menschenrechtsdiskurse mittragen.

> Die Religion mit klarer Dogmatik, ansprechbaren Akteuren, erkennbaren Zeichen, kollektiven Ritualen und heiligen Orten/Plätzen dominiert folglich zunehmend den Kulturdiskurs: Sie operationalisiert die Kultur. [...] Generell ist es letztlich die Religion, die den gesellschaftspolitischen Diskurs um Multikulturalismus, inzwischen durch die konservative Aufnahme von der Zuwanderungsfrage zum Mainstreamthema erhoben, für Regierungshandeln operationalisierbar macht. Genau in diesem Zusammenhang bildet sich ein *Sicherheitsdispositiv* um den Islam, das auf Gefährdungen reagiert, indem es ihn zugleich in die Integrationspolitik einspannt. [...] Das bedeutet nicht einfach ein natürliches Milieu aufzusuchen, sondern zugleich, durch Zuschreibung performativ die Identität des Milieus mitzubestimmen. (Tezcan 2007, 56)

Interessant könnte in diesem Zusammenhang zum Beispiel der *HVD* als Vergleichsfall sein, weil es sich bei ihm, anders als bei der überwiegenden Zahl islamischer Minderheitengruppen, nicht um eine Migrantenorganisation handelt. Die Rolle von Kulturvariablen bei der Inkorporation religiös-weltanschaulicher Minderheitenorganisationen in Deutschland ließe sich in einem solchen komparativen Setting entsprechend isolieren und gegebenenfalls neu bewerten. Gleiches gilt für die im obigen Zitat aufgeworfenen sicherheitspolitischen Erwägungen beim regulierenden Umgang des Staates mit religiös-weltanschaulichen Minderheitenorganisationen, die im Falle muslimischer Organisationen eine erhebliche Rolle spielen, beim *HVD* nicht – es existiert kein öffentlich und politisch geführter Integrationsdiskurs um ihn und seine Mitglieder. Welchen Einfluss nehmen diese Unterschiede jeweils auf staatliches Erwägen, Handeln und Regulieren bei der Inkorporation? Diese Frage sei als eine mögliche Perspektive aufgezeigt, die Forschungsergebnisse der vorliegenden Studie für weiterführende religionswissenschaftliche Fragestellungen fruchtbar zu machen.

Quellenverzeichnis

Die Unterscheidung zwischen Primär- und Sekundärliteratur wurde auf Grundlage der jeweiligen Funktion der Texte für die vorliegende Studie getroffen. Unter Primärliteratur werden solche Quellen aufgeführt, die der Autor als *found data* zur empirischen Analyse seines Forschungsgegenstandes heranzieht. Unter Sekundärliteratur firmieren dagegen Quellen, auf deren Grundlage der historische, theoretische und methodologische wissenschaftliche Forschungsstand zum Thema erarbeitet und erläutert wird. Dass einige Autoren sowohl im Bereich der Primär- als auch im Bereich der Sekundärliteratur aufgeführt werden, erklärt sich anhand der unterschiedlichen Positionierungen, die sie jeweils in ihren Texten einnehmen: Horst Groschopp hat beispielsweise sowohl kultur- und geschichtswissenschaftlich anschlussfähige Texte über die freigeistige Szene als auch Positionspapiere aus der Sichtweise eines freigeistigen Verbandsfunktionärs verfasst.

Sekundärliteratur

Adorno, Theodor W., und Max Horkheimer. [1944] 2000. *Dialektik der Aufklärung. Philosophische Fragmente*. Frankfurt am Main: Fischer-Taschenbuch-Verlag.

Alberts, Wanda. 2011. „Religionskritik, Alternative zu Religion oder säkulare Religion? Der Human-ethische Verband Norwegens." In *Religionspolitik – Öffentlichkeit – Wissenschaft. Studien zur Neuformierung von Religion in der Gegenwart*, hrsg. von Martin Baumann und Frank Neubert, 219–250. Zürich: Pano-Verlag.

Altemeyer, Bob, und Bruce Hunsberger. 2006. *Atheists. A Groundbreaking Study of America's Nonbelievers*. Amherst: Prometheus Books.

Amarasingam, Amarnath, Hrsg. 2010. Religion and the New Atheism. A Critical Appraisal. Leiden u. a.: Brill.

Anglberger, Albert J. J., und Paul Weingartner, Hrsg. 2010. *Neuer Atheismus wissenschaftlich betrachtet*. Frankfurt am Main u. a.: Ontos-Verlag.

Antes, Peter, und Steffen Führding, Hrsg. 2013. *Säkularität in religionswissenschaftlicher Perspektive*. Göttingen: Vandenhoeck & Ruprecht.

Asad, Talal. 2003. *Formations of the Secular. Christianity, Islam, Modernity*. Stanford: Stanford University Press.

Baab, Florian. 2013. *Was ist Humanismus? Geschichte des Begriffes, Gegenkonzepte, säkulare Humanismen heute*. Regensburg: Pustet.

Bagg, Samuel, und David Voas. 2010. „The Triumph of Indifference. Irreligion in British Society." In *Atheism and secularity*. Band 2, *Global Expressions*, hrsg. von Phil Zuckerman, 91–111. Santa Barbara u. a.: Praeger.

Bainbridge, William S. 2005. „Atheism." *Interdisciplinary Journal of Research on Religion* 1:1–26.

Baker, Joseph O., und Buster G. Smith. 2009a. „None Too Simple. Examining Issues of Religious Nonbelief and Nonbelonging in the United States." *Journal for the Scientific Study of Religion* 48 (4):719–733.

Baker, Joseph O., und Buster G. Smith. 2009b. „The Nones. Social Characteristics of the Religiously Unaffiliated." *Social Forces* 87 (3):1251–1263.
Baker, Joseph O., und Buster G. Smith. 2015. *American Secularism. Cultural Contours of Nonreligious Belief Systems*. New York u. a.: New York University Press.
Bangstad, Sindre. 2009. „Contesting Secularism/s. Secularism and Islam in the Work of Talal Asad." *Anthropological Theory* 9:188–208.
Barker, Eileen. 2005. „Yet more Varieties of Religious Experience. Diversity and Pluralism in Contemporary Europe." In *Religiöser Pluralismus im vereinten Europa. Freikirchen und Sekten*, hrsg. von Hartmut Lehmann, 156–172. Göttingen: Wallstein.
Barrett, Justin L. 2007. „Cognitive Science of Religion. What Is It and Why Is It." *Religion Compass* 1 (6):768–786.
Baumann, Martin. 2008. „Qualitative Religionsforschung." In *Praktische Religionswissenschaft. Ein Handbuch für Studium und Beruf*, hrsg. von Michael Klöcker und Udo Tworuschka, 48–62. Stuttgart: Böhlau.
Beaman, Lori G. 2015. „Freedom of and Freedom from Religion. Atheist Involvement in Legal Cases." In *Atheist Identities. Spaces and Social Contexts*, hrsg. von Lori G. Beaman und Steven Tomlins, 39–52. Cham: Springer.
Benthaus-Apel, Friederike, und Monika Wohlrab-Sahr. 2006. „Weltsichten." In *Kirche in der Vielfalt der Lebensbezüge*. Band 1, hrsg. von Wolfgang Huber, 279–329. Gütersloh: Gütersloher Verlagshaus.
Berner, Ulrich. 2011. „Der Neue Atheismus als Gegenstand der Religionswissenschaft." In *Religionen nach der Säkularisierung. Festschrift für Johann Figl zum 65. Geburtstag. Unter Mitarbeit von Johann Figl*, hrsg. von Hans G. Hödl und Veronica Futterknecht, 378–390. Wien u. a.: Lit.
Bertelsmann-Stiftung, Hrsg. 2009. *Woran glaubt die Welt? Analysen und Kommentare zum Religionsmonitor 2008*. Gütersloh: Verlag Bertelsmann-Stiftung.
Blanes, Ruy L. 2006. „The Atheist Anthropologist. Believers and Non-Believers in Anthropological Fieldwork." *Social Anthropology* 14 (2):223–234.
Bochinger, Christoph. 2013. „Das Verhältnis zwischen Religion und Säkularität als Gegenstand religionswissenschaftlicher Forschung." In *Säkularität in religionswissenschaftlicher Perspektive*, hrsg. von Peter Antes und Steffen Führding, 15–58. Göttingen: Vandenhoeck & Ruprecht.
Bochinger, Christoph, und Katharina Frank. 2015. „Das religionswissenschaftliche Dreieck. Elemente eines integrativen Religionskonzepts." *Zeitschrift für Religionswissenschaft* 23 (2):343–370.
Böckenförde, Ernst W. 1976. *Staat, Gesellschaft, Freiheit. Studien zur Staatstheorie und zum Verfassungsrecht*. Frankfurt am Main: Suhrkamp.
Bodenstein, Mark C. 2010. „Institutionalisierung des Islam zur Integration von Muslimen." In *Die Rolle der Religion im Integrationsprozess. Die deutsche Islamdebatte*, hrsg. von Bülent Ucar, 349–364. Frankfurt am Main u. a.: Lang.
Böllmann, Friederike. 2010. *Organisation und Legitimation der Interessen von Religionsgemeinschaften in der Europäischen Politischen Öffentlichkeit. Eine Quantitativ-Qualitative Analyse von Europäisierung als Lernprozess in Religionsorganisationen*. Würzburg: Ergon-Verlag.
Braun, Claude M. J. 2012. „Explaining Global Secularity. Existential Security or Education?" *Secularism and Nonreligion* 1: 68–93.

Brederlow, Jörn. 1976. „Lichtfreunde" und „Freie Gemeinden". Religiöser Protest und Freiheitsbewegung im Vormärz und in der Revolution von 1848/49. München u.a.: Oldenbourg.

Breuer, Franz. 2010. Reflexive Grounded Theory. Eine Einführung für die Forschungspraxis. 2. Auflage. Wiesbaden: VS Verlag für Sozialwissenschaften.

Brunn, Christine. 2012. Religion im Fokus der Integrationspolitik. Ein Vergleich zwischen Deutschland, Frankreich und dem Vereinigten Königreich. Wiesbaden: Springer.

Budd, Susan. 1977. Varieties of Unbelief. Atheists and Agnostics in English Society 1850–1960. London: Heinemann Educational Books.

Bullivant, Spencer C. 2015. „Believing to Belong. Non-Religious Belief as a Path to Inclusion." In Atheist Identities. Spaces and Social Contexts, hrsg. von Lori G. Beaman und Steven Tomlins, 101–114. Cham: Springer.

Bullivant, Stephen. 2010. „The New Atheism and Sociology. Why Here? Why Now? What Next?" In Religion and the New Atheism. A Critical Appraisal, hrsg. von Amarnath Amarasingam, 109–124. Leiden u.a.: Brill.

Bullivant, Stephen. 2012. „Not so Indifferent After All? Self-Conscious Atheism and the Secularisation Thesis." Approaching Religion 2 (1):100–106.

Bullivant, Stephen, und Lois Lee. 2012. „Interdisciplinary Studies of Non-Religion and Secularity. The State of the Union." Journal of Contemporary Religion 27 (1):19–27.

Burchardt, Marian, und Monika Wohlrab-Sahr. 2011. „Vielfältige Säkularitäten. Vorschlag zu einer vergleichenden Analyse religiös-säkularer Grenzziehungen." Denkströme 7:53–71.

Burchardt, Marian, und Monika Wohlrab-Sahr. 2013. „Multiple Secularities. Religion and Modernity in the Global Age. Introduction." International Sociology 28 (6):605–611.

Burchardt, Marian, Middell, Matthias, und Monika Wohlrab-Sahr, Hrsg. 2015. Multiple Secularities beyond the West. Religion and Modernity in the Global Age. Berlin u.a.: De Gruyter.

Campbell, Colin. [1971] 2013. Toward a Sociology of Irreligion. With New Introduction by Lois Lee and New Bibliography. London: Alcuin Academics.

Cannell, Fenella. 2010. „The Anthropology of Secularism." Annual Review of Anthropology 39:85–100.

Casanova, José. 1994. Public Religions in the Modern World. Chicago: University of Chicago Press.

Cavanaugh, William T. 2007. „Colonialism and the Myth of Religious Violence." In: Religion and the Secular. Historical and Colonial Formations, hrsg. von Timothy Fitzgerald, 241–262. London u.a.: Equinox.

Cavuldak, Ahmet. 2013. „Die Legitimität der hinkenden Trennung von Staat und Kirche in der Bundesrepublik Deutschland." In Religion und Politik im vereinigten Deutschland. Was bleibt von der Rückkehr des Religiösen?, hrsg. von Gert Pickel und Oliver Hidalgo, 307–335. Wiesbaden: Springer.

Charles, Eric, Didyoung, Justin, und Nicholas J. Rowland. 2013. „Non-Theists Are No Less Moral Than Theists. Some Preliminary Results." Secularism and Nonreligion 2:1–20.

Charmaz, Kathy. 2011. „Den Standpunkt verändern. Methoden der konstruktivistischen Grounded Theory." In Grounded Theory Reader, hrsg. von Günter Mey und Katja Mruck. 2., aktualisierte und erweiterte Auflage, 181–205. Wiesbaden: VS Verlag für Sozialwissenschaften.

Chbib, Raida. 2014. „Organisatorische Hindernisse und theologisches Vakuum. Kontextbedingungen einer Verhältnisbestimmung des Islams zum deutschen Verfassungsstaat." In *Kirche und Umma. Glaubensgemeinschaft in Christentum und Islam*, hrsg. von Hansjörg Schmid, 209–220. Regensburg: Pustet.

Cimino, Richard, und Christopher Smith. 2007. „Secular Humanism and Atheism beyond Progressive Secularism." *Sociology of Religion* 68 (4):407–424.

Cimino, Richard, und Christopher Smith. 2010. „The New Atheism and the Empowerment of American Freethinkers." In *Religion and the New Atheism. A Critical Appraisal*, hrsg. von Amarnath Amarasingam, 139–156. Leiden u. a.: Brill.

Cimino, Richard, und Christopher Smith. 2011. „The New Atheism and the Formation of the Imagined Secularist Community." *Journal of Media and Religion* 10:24–38.

Cimino, Richard, und Christopher Smith. 2012. „Atheisms Unbound. The Role of the New Media in the Formation of a Secularist Identity." *Secularism and Nonreligion* 1: 17–31.

Cimino, Richard, und Christopher Smith. 2015. „Secularist Rituals in the US. Solidarity and Legitimization." In *Atheist Identities. Spaces and Social Contexts*, hrsg. von Lori G. Beaman und Steven Tomlins, 87–100. Cham: Springer.

Cliteur, Paul. 2009. „The Definition of Atheism." *Journal of Religion and Society* 11:1–23.

Corbin, Juliet M., und Anselm L. Strauss. [1990] 1996. *Grounded Theory. Grundlagen qualitativer Sozialforschung*. Weinheim: Beltz.

Cox, James L., und Adam Possamai. 2014. „Religion, ‚Non-Religion' and Indigenous Peoples on the 2011 Australian National Census." *Diskus* 16 (2):31–44.

Cragun, Ryan T. 2015. „Who are the ‚New Atheists'?" In *Atheist Identities. Spaces and Social Contexts*, hrsg. von Lori G. Beaman und Steven Tomlins, 195–211. Cham: Springer.

Cragun, Ryan T., und Joseph H. Hammer. 2011. „‚One Person's Apostate is Another Person's Convert'. What Terminology Tells Us about Pro-Religious Hegemony in the Sociology of Religion." *Humanity & Society* 35:149–175.

Cragun, Ryan T., Hammer, Joseph H., Hwang, Karen, und Jesse M. Smith. 2012. „Forms, Frequency, and Correlates of Perceived Anti-Atheist Discrimination." *Secularism and Nonreligion* 1:43–67.

Cragun, Ryan T., Hammer, Joseph H., Keysar, Ariela, und Barry Kosmin. 2012. „On the Receiving End. Discrimination toward the Non-Religious in the United States." *Journal of Contemporary Religion* 27 (1):105–127.

Davie, Grace. 2012. „Belief and Unbelief. Two Sides of a Coin." *Approaching Religion* 2 (1):3–7.

Della Porta, Donatella, Kriesi, Hanspeter, und Dieter Rucht, Hrsg. 1999. *Social Movements in a Globalizing World*. Basingstoke u. a.: MacMillan u. a.

Dinzelbacher, Peter. 2009. *Unglaube im „Zeitalter des Glaubens". Atheismus und Skeptizismus im Mittelalter*. Badenweiler: Wissenschaftlicher Verlag Bachmann.

Dirksen, Gesa. 2003. *Das deutsche Staatskirchenrecht. Freiheitsordnung oder Fehlentwicklung?* Frankfurt am Main u. a.: Lang.

Döhnert, Albrecht. 2000. *Jugendweihe zwischen Familie, Politik und Religion. Studien zum Fortbestand der Jugendweihe nach 1989 und die Konfirmationspraxis der Kirchen*. Leipzig: Evangelische Verlagsanstalt.

Dressler, Markus, und Arvind-Pal S. Mandair, Hrsg. 2011. *Secularism and Religion-Making*. New York: Oxford University Press.

Droege, Michael. 2006. „Atheismus im bundesdeutschen Religionsverfassungsrecht." In *Atheismus. Ideologie, Philosophie oder Mentalität?*, hrsg. von Richard Faber und Susanne Lanwerd, 225–245. Würzburg: Königshausen und Neumann.

Eisenstadt, Shmuel N. 2003. *Comparative Civilizations and Multiple Modernities*. Leiden: Brill.

Eller, Jack D. 2010. „What is Atheism?" In *Atheism and Secularity*. Band 1, *Issues, Concepts, and Definitions*, hrsg. von Phil Zuckerman, 1–18. Santa Barbara u. a.: Praeger.

Engelke, Matthew. 2012a. „Not Mine, Not Mine. On the Coffin Question in Non-Religious Funerals." Präsentation am University College London, Skript vom 27. Februar 2012. Letzter Zugriff: 4. Februar 2015. http://www.esrc.ac.uk/my-esrc/grants/RES-000-22-4157/outputs/Read/99bf6ceb-551e-448d-94e1-ba4daec70183.

Engelke, Matthew. 2012b. „In Spite of Christianity. Humanism and Its Others in Contemporary Britain." Präsentation an der London School of Economics, Skript vom 28. November 2012. Letzter Zugriff: 4. Februar 2015. http://www.esrc.ac.uk/my-esrc/grants/RES-000-22-4157/outputs/read/933e529e-a881-4ac2-9b7b-324f94acb06a.

Engelke, Matthew. 2015. „Humanist Ceremonies: The Case of Non-Religious Funerals in England." In *The Wiley Blackwell Handbook of Humanism*, hrsg. von Andrew Copson und Anthony C. Grayling, 216–233. Chichester: Wiley Blackwell.

Engler, Steven. 2011. „Grounded Theory." In: *The Routledge Handbook of Research Methods in the Study of Religion*, hrsg. von Michael Stausberg und Steven Engler, 256–274. London u. a.: Routledge.

Esser, Hartmut. 2000. *Soziologie. Spezielle Grundlagen*. Band 5, *Institutionen*. Frankfurt am Main: Campus.

Falcioni, Ryan C. 2010. „Is God a Hypothesis? The New Atheism, Contemporary Philosophy of Religion, and Philosophical Confusion." In *Religion and the New Atheism. A Critical Appraisal*, hrsg. von Amarnath Amarasingam, 203–224. Leiden u. a.: Brill.

Fetzer, Joel S., und J. Christopher Soper. 2005. *Muslims and the State in Britain, France, and Germany*. Cambridge u. a.: Cambridge University Press.

Fincke, Andreas. 2002. *Freidenker – Freigeister – Freireligiöse*. Berlin: Evangelische Zentralstelle für Weltanschauungsfragen.

Fincke, Andreas. 2017. *Mit Gott fertig? Konfessionslosigkeit, Atheismus und säkularer Humanismus in Deutschland. Eine Bestandsaufnahme aus kirchennaher Sicht*. Aschaffenburg: Alibri.

Fink, Helmut. 2012. „Säkulare Organisationen in Deutschland. Traditionen – Positionen – Perspektiven." *Aufklärung und Kritik* 3:27–47.

Fitzgerald, Timothy. 2007. „Introduction." In *Religion and the Secular. Historical and Colonial Formations*, hrsg. von Timothy Fitzgerald, 1–24. London u. a.: Equinox.

Flick, Uwe. 2011. *Qualitative Sozialforschung. Eine Einführung*. 4., vollständig überarbeitete und erweiterte Auflage. Reinbek bei Hamburg: Rowohlt-Taschenbuch-Verlag.

Führding, Steffen. 2006. *Culture Critic oder Caretaker? Religionswissenschaft und ihre Funktion für die Gesellschaft. Eine Auseinandersetzung mit Russell T. McCutcheon*. Marburg: Diagonal-Verlag.

Führding, Steffen. 2013. „Der schmale Pfad. Überlegungen zu einer diskurstheoretischen Konzeptionalisierung von Säkularität." In *Säkularität in religionswissenschaftlicher Perspektive*, hrsg. von Peter Antes und Steffen Führding, 71–86. Göttingen: Vandenhoeck & Ruprecht.

Führding, Steffen. 2015. *Jenseits von Religion? Zur sozio-rhetorischen „Wende" in der Religionswissenschaft*. Bielefeld: transcript.

Gabriel, Karl, Gebhardt, Winfried, und Michael Krüggeler. 1999a. „Einleitung." In *Institution, Organisation, Religion. Sozialformen der Religion im Wandel*, hrsg. von Karl Gabriel, Winfried Gebhardt und Michael Krüggeler, 7–17. Opladen: Leske + Budrich.

Gabriel, Karl, Gebhardt, Winfried, und Michael Krüggeler, Hrsg. 1999b. *Institution, Organisation, Religion. Sozialformen der Religion im Wandel*. Opladen: Leske + Budrich.

Galen, Luke W., Pasquale, Frank L., und Phil Zuckerman. 2016. *The Nonreligious. Understanding Secular People and Societies*. New York: Oxford University Press.

Gandow, Thomas. 1994. *Jugendweihe. Humanistische Jugendfeier*. München: Evangelischer Presseverband für Bayern.

Gasenbeek, Bert, und Babu Gogineni, Hrsg. 2002. *International Humanist and Ethical Union 1952–2002. Past, Present and Future*. Utrecht: De Tijdstroom uitgeverij.

Girtler, Roland. 1984. *Methoden der qualitativen Sozialforschung. Anleitung zur Feldarbeit*. Wien: Böhlau.

Gladigow, Burkhard. 2005. *Religionswissenschaft als Kulturwissenschaft*. Stuttgart: Kohlhammer.

Gladkirch, Anja, und Gert Pickel. 2013. „Politischer Atheismus. Der ‚Neue' Atheismus als politisches Projekt oder Abbild empirischer Realität?" In *Religion und Politik im vereinigten Deutschland. Was bleibt von der Rückkehr des Religiösen?*, hrsg. von Gert Pickel und Oliver Hidalgo, 137–162. Wiesbaden: Springer.

Glaser, Barney G. 1978. *Theoretical Sensitivity. Advances in the Methodology of Grounded Theory*. Mill Valley: The Sociology Press.

Glaser, Barney G., und Anselm L. Strauss. [1967] 1998. *Grounded Theory. Strategien qualitativer Forschung*. Bern u.a.: Huber.

Groppe, Annalena. 2016. „Spirituality as Peace Work. Idea and Practice of Spirituality as a Tool for Peace in a Jewish-Palestinian Community in Israel." *Zeitschrift für junge Religionswissenschaft* 11. Letzter Zugriff: 7. März 2017. http://zjr.revues.org/638.

Groschopp, Horst. 2004b. „Wie humanistisch ist das säkulare Spektrum? Von den ‚Dissidenten' zur ‚dritten Konfession'." In *Woran glaubt, wer nicht glaubt?*, hrsg. von Andreas Fincke, 15–27. Berlin: Evangelische Zentralstelle für Weltanschauungsfragen.

Groschopp, Horst. 2007. „Säkulare und freigeistige Organisationen und Verbände in Deutschland 2007." *humanismus aktuell* 11 (20):123–127.

Groschopp, Horst. 2011. *Dissidenten. Freidenker und Kultur in Deutschland*. 2., verbesserte Auflage. Marburg: Tectum-Verlag.

Groschopp, Horst. 2016. *Pro Humanismus. Eine zeitgeschichtliche Kulturstudie. Mit einer Dokumentation*. Aschaffenburg: Alibri.

Groschopp, Horst, und Eckhard Müller, Hrsg. 2013. *Letzter Versuch einer Offensive. Der Verband der Freidenker der DDR (1988–1990). Ein dokumentarisches Lesebuch*. Aschaffenburg: Alibri.

Groschopp, Horst, und Michael Schmidt. 1995. *Lebenskunde – die vernachlässigte Alternative. Zwei Beiträge zur Geschichte eines Schulfaches*. Dortmund: Humanitas-Verlag.

Guenther, Katja M. 2014. „Bounded by Disbelief. How Atheists in the United States Differentiate Themselves from Religious Believers." *Journal of Contemporary Religion* 29 (1):1–16.

Gutkowski, Stacey. 2012. „The British Secular Habitus and the War on Terror." *Journal of Contemporary Religion* 27 (1):87–103.
Hallberg, Bo. 1978. *Die Jugendweihe. Zur deutschen Jugendweihetradition.* Göttingen: Vandenhoeck & Ruprecht.
Haught, John F. 2008. *God and the New Atheism. A Critical Response to Dawkins, Harris, and Hitchens.* Louisville: Westminster John Knox Press.
Heberle, Rudolf. [1951] 1967. *Hauptprobleme der politischen Soziologie.* Stuttgart: Enke.
Heesacker, Martin, und Lawton K. Swan. 2012. „Anti-Atheist Bias in the United States. Testing Two Critical Assumptions." *Secularism and Nonreligion* 1:32–42.
Heimbach, Marfa. 2001. *Die Entwicklung der islamischen Gemeinschaft in Deutschland seit 1961.* Berlin: Schwarz.
Heinig, Hans M. 2010b. „Der Körperschaftsstatus nach Art. 137 Abs.5 S.2 WRV. Ein Gleichheitsversprechen." In *Religionskonflikte im Verfassungsstaat*, hrsg. von Hans G. Kippenberg und Astrid Reuter, 93–118. Göttingen: Vandenhoeck & Ruprecht.
Helfferich, Cornelia. 2004. *Die Qualität qualitativer Daten. Manual für die Durchführung qualitativer Interviews.* Wiesbaden: VS Verlag für Sozialwissenschaften.
Hirschkind, Charles. 2006. *The Ethical Soundscape. Cassette Sermons and Islamic Counterpublics.* New York: Columbia University Press.
Hitzler, Ronald, und Arne Niederbacher. 2010. *Leben in Szenen. Formen juveniler Vergemeinschaftung heute.* 3., vollständig überarbeitete Auflage. Wiesbaden: VS Verlag für Sozialwissenschaften.
Hoff, Gregor M. 2009. *Die Neuen Atheismen. Eine notwendige Provokation.* Kevelaer: topos.
Höffe, Ottfried. 2012. „Religion im säkularen Zeitalter. Zu Charles Taylors opus magnum Ein säkulares Zeitalter." In *Das Politische und das Vorpolitische. Über die Wertgrundlagen der Demokratie*, hrsg. von Michael Kühnlein, 361–370. Baden-Baden: Nomos.
Hormel, Leontina M. 2010. „Atheism and Secularity in the Former Soviet Union." In *Atheism and Secularity*. Band 2, *Global Expressions*, hrsg. von Phil Zuckerman, 45–71. Santa Barbara u. a.: Praeger.
Hussain, Murtaza. 2013. „Scientific Racism, Militarism, and the New Atheists." *Al Jazeera*, 2. April 2013. Letzter Zugriff: 04. Februar 2015. http://www.aljazeera.com/indepth/opinion/2013/04/20134210413618256.html.
Hyman, Gavin. 2012. „Dialectics or Politics? Atheism and the Return to Religion." *Approaching Religion* 2 (1):66–74.
Inglehart, Ronald, und Pippa Norris. 2012. *Sacred and Secular. Religion and Politics Worldwide.* 2. Auflage. Cambridge u. a.: Cambridge University Press.
Isemeyer, Manfred. 2007. „Freigeistige Bewegungen in der Bundesrepublik 1945 bis 1990. Ein Überblick." *humanismus aktuell* 11 (20):84–95.
Jacoby, Susan. 2004. *Freethinkers. A History of American Secularism.* New York: Metropolitan/Owl Book.
Joshi, Sunand T. 2011. *The Unbelievers. The Evolution of Modern Atheism.* Amherst: Prometheus Books.
Kaiser, Jochen-Christoph. 1981. *Arbeiterbewegung und organisierte Religionskritik. Proletarische Freidenkerverbände in Kaiserreich und Weimarer Republik.* Stuttgart: Klett-Cotta.

Kaiser, Jochen-Christoph. 1982. „Sozialdemokratie und ‚praktische' Religionskritik. Das Beispiel der Kirchenaustrittsbewegung 1878–1914." *Archiv für Sozialgeschichte* 22:263–298.

Kaiser, Jochen-Christoph. 2003. „Organisierter Atheismus im 19. Jahrhundert." In *Atheismus und religiöse Indifferenz*, hrsg. von Christel Gärtner, Detlef Pollack und Monika Wohlrab-Sahr, 99–127. Opladen: Leske + Budrich.

Karstein, Uta, Schaumburg, Christine, und Monika Wohlrab-Sahr. 2005. „‚Ich würd' mir das offenlassen'. Agnostische Spiritualität als Annäherung an die ‚große Transzendenz' eines Lebens nach dem Tode." *Zeitschrift für Religionswissenschaft* 13:153–173.

Karstein, Uta, Schmidt-Lux, Thomas, und Monika Wohlrab-Sahr. 2008. „Secularization as Conflict." *Social Compass* 55 (2):127–139.

Karstein, Uta, Schmidt-Lux, Thomas, und Monika Wohlrab-Sahr. 2009. *Forcierte Säkularität. Religiöser Wandel und Generationendynamik im Osten Deutschlands*. Frankfurt am Main u. a.: Campus.

Kehrer, Günter. 1982. *Organisierte Religion*. Stuttgart u. a.: Kohlhammer.

Kehrer, Günter. 2006. „Atheismus light. Der lautlose Abschied von den Kirchen in den alten Bundesländern." In *Atheismus. Ideologie, Philosophie oder Mentalität?*, hrsg. von Richard Faber und Susanne Lanwerd, 199–208. Würzburg: Königshausen und Neumann.

Kelle, Udo. 2007. *Die Integration qualitativer und quantitativer Methoden in der empirischen Sozialforschung. Theoretische Grundlagen und methodologische Konzepte*. Wiesbaden: VS Verlag für Sozialwissenschaften.

Kelle, Udo. 2011. „‚Emergence' oder ‚Forcing'? Einige methodologische Überlegungen zu einem zentralen Problem der Grounded-Theory." In *Grounded Theory Reader*, hrsg. von Günter Mey und Katja Mruck. 2., aktualisierte und erweiterte Auflage, 235–260. Wiesbaden: VS Verlag für Sozialwissenschaften.

Kern, Thomas. 2008. *Soziale Bewegungen. Ursachen, Wirkungen, Mechanismen*. Wiesbaden: VS Verlag für Sozialwissenschaften.

Kettell, Steven. 2013. „Faithless. The Politics of New Atheism." *Secularism and Nonreligion* 2:61–72.

Kind, Susanne. Im Erscheinen. „‚Fields that Shouldn't be Mixed'. How Secular Humanists in Sweden Discuss their Identity and Relationship to Religion." In *The Diversity of Nonreligion*, hrsg. von Johannes Quack, Cora Schuh und Susanne Kind. O.O.: Buchmanuskript.

Kleine, Christoph. 2012. „Zur Universalität der Unterscheidung religiös/säkular. Eine systemtheoretische Betrachtung." In *Religionswissenschaft*, hrsg. von Michael Stausberg, 65–80. Berlin u. a.: De Gruyter.

Klimkeit, Hans-Joachim. 1971. *Anti-religiöse Bewegungen im modernen Südindien. Eine religionssoziologische Untersuchung zur Säkularisierungsfrage*. Bonn: Röhrscheid.

Klug, Petra. 2015. „Der Religionsbegriff der Religionswissenschaft im Spiegel von Nichtreligion und Nonkonformität. Religiöse Normierung als blinder Fleck eines implizit emischen Religionsverständnisses." *Zeitschrift für Religionswissenschaft* 23 (1):188–206.

Knoblauch, Hubert. 2003. *Qualitative Religionsforschung. Religionsethnographie in der eigenen Gesellschaft*. Paderborn: Schöningh.

Knott, Kim. 2010. „Theoretical and Methodological Resources for Breaking Open the Secular and Exploring the Boundary between Religion and Non-Religion." *Historia Religionum* 2:115–133.

Koenig, Matthias. 2003. *Staatsbürgerschaft und religiöse Pluralität in post-nationalen Konstellationen. Zum institutionellen Wandel europäischer Religionspolitik am Beispiel der Inkorporation muslimischer Immigranten in Großbritannien, Frankreich und Deutschland.* Dissertation, Fachbereich Gesellschaftswissenschaften und Philosophie, Philipps-Universität Marburg.

Koenig, Matthias. 2007. „Europäisierung von Religionspolitik. Zur institutionellen Umwelt der Anerkennungskämpfe muslimischer Migranten." In *Konfliktfeld Islam in Europa*, hrsg. von Monika Wohlrab-Sahr und Levent Tezcan, 347–368. Baden-Baden: Nomos.

Krech, Volkhard. 2005. „Kleine Religionsgemeinschaften in Deutschland. Eine religionssoziologische Bestandsaufnahme." In *Religiöser Pluralismus im vereinten Europa. Freikirchen und Sekten*, hrsg. von Hartmut Lehmann, 116–143. Göttingen: Wallstein.

Kreiner, Armin. 2010. „Was ist neu am ‚Neuen Atheismus'?" In *Neuer Atheismus wissenschaftlich betrachtet*, hrsg. von Albert J. J. Anglberger und Paul Weingartner, 1–19. Frankfurt am Main u. a.: Ontos-Verlag.

Kuckartz, Udo. 2005. *Einführung in die computergestützte Analyse qualitativer Daten.* Wiesbaden: VS Verlag für Sozialwissenschaften.

Lamnek, Siegfried. 1995. *Qualitative Sozialforschung. Band 2, Methoden und Techniken.* 3., korrigierte Auflage. Weinheim: Beltz.

Langenbach, Christian G. 2007. „Freireligiöse und Nationalsozialismus. Replik auf eine Debatte." *humanismus aktuell* 11 (20):43–54.

LeDrew, Stephen. 2012. „The Evolution of Atheism. Scientific and Humanistic Approaches." *History of the Human Sciences* 25 (3):70–87.

LeDrew, Stephen. 2013. „Discovering Atheism. Heterogeneity in Trajectories to Atheist Identity and Activism." *Sociology of Religion* 74 (4):431–453.

LeDrew, Stephen. 2015. „Atheism Versus Humanism. Ideological Tensions and Identity Dynamics." In *Atheist Identities. Spaces and Social Contexts*, hrsg. von Lori G. Beaman und Steven Tomlins, 53–68. Cham: Springer.

LeDrew, Stephen. 2016. *The Evolution of Atheism. The Politics of a Modern Movement.* New York: Oxford University Press.

Lee, Lois. 2011. „From ‚neutrality' to dialogue. Constructing the Religious Other in British Non-Religious Discourses." In *Modernities Revisited*, hrsg. von Maren Behrensen, Lois Lee und Ahmet S. Tekelioglu. Wien: IWM Junior Visiting Fellows' Conferences.

Lee, Lois. 2012a. „Locating Nonreligion, in Mind, Body and Space. New Research Methods for a New Field." *Annual Review of the Sociology of Religion* 3:135–157.

Lee, Lois. 2012b. „Research Note. Talking about a Revolution: Terminology for the New Field of Non-Religion Studies." *Journal of Contemporary Religion* 27 (1):129–139.

Lee, Lois. 2015. *Recognizing the Non-Religious. Reimagining the Secular.* Oxford: Oxford University Press.

Lim, Chaeyoon, MacGregor, Carol A., und Robert D. Putman. 2010. „Secular and Liminal. Discovering Heterogeneity Among Religious Nones." *Journal for the Scientific Study of Religion* 49 (4):596–618.

Listl, Joseph, und Dietrich Pirson, Hrsg. 1996. *Handbuch des Staatskirchenrechts der Bundesrepublik Deutschland.* 2 Bände. 2. Auflage. Berlin: Duncker und Humblot.

Lüchau, Peter. 2010. „Atheism and Secularity. The Scandinavian Paradox." In *Atheism and Secularity*. Band 2, *Global Expressions*, hrsg. von Phil Zuckerman, 177–196. Santa Barbara u.a.: Praeger.

Lüders, Christian. 2009. *Teilnehmende Beobachtung und Ethnografie*. Hagen: Fernuniversität Hagen.

Mahmood, Saba. 2005. *Politics of Piety. The Islamic Revival and the Feminist Subject*. Princeton: Princeton University Press.

Manning, Christel. 2010. „Atheism, Secularity, the Family, and Children." In *Atheism and Secularity*. Band 1, *Issues, Concepts, and Definitions*, hrsg. von Phil Zuckerman, 19–41. Santa Barbara u.a.: Praeger.

Martin, Michael, Hrsg. 2007. *The Cambridge Companion to Atheism*. New York: Cambridge University Press.

Mastiaux, Björn. 2013. *Die Mitglieder atheistischer Organisationen in Deutschland und den USA. Partizipation in einer freigeistig-säkularistischen Bewegung*. Dissertation, Philosophische Fakultät, Heinrich-Heine-Universität Düsseldorf.

Mayring, Philipp. 2007. *Qualitative Inhaltsanalyse. Grundlagen und Techniken*. 9. Auflage. Weinheim: Beltz.

McAndrew, Siobhan, und David Voas. 2012. „Three Puzzles of Non-Religion in Britain." *Journal of Contemporary Religion* 27 (1):29–48.

McAnulla, Stuart. 2012. „Radical Atheism and Religious Power. New Atheist Politics." *Approaching Religion* 2 (1):87–99.

McBrien, Julie, und Mathijs Pelkmans. 2008. „Turning Marx on his Head. Missionaries, ‚Extremists' and Archaic Secularists in Post-Soviet Kyrgyzstan." *Critique of Anthropology* 28 (1):87–103.

McCutcheon, Russell T. 2007. „‚They Licked the Platter Clean'. On the Co-Dependency of the Religious and the Secular." *Method and Theory in the Study of Religion* 19:173–199.

McGrath, Alister E., und Joanna C. McGrath. 2007. *The Dawkins Delusion? Atheist Fundamentalism and the Denial of the Divine*. London: Society for Promoting Christian Knowledge.

Merino, Stephen M. 2012. „Irreligious Socialization? The Adult Religious Preferences of Individuals Raised with No Religion." *Secularity and Nonreligion* 1:1–16.

Mertesdorf, Christine. 2010. „Weltanschauungsgemeinschaften im deutschen Verfassungsrecht." In *Konfessionsfreie und Grundgesetz*, hrsg. von Horst Groschopp, 81–128. Aschaffenburg: Alibri.

Mertesdorf, Christine. 2012. „‚Weltanschauungspflege'. Juristisch gesehen." In *Humanistik. Beiträge zum Humanismus*, hrsg. von Horst Groschopp, 231–246. Aschaffenburg: Alibri.

Minois, Georges. [1998] 2000. *Geschichte des Atheismus. Von den Anfängen bis zur Gegenwart*. Weimar: Böhlau.

Mühlberg, Dietrich. 2007. „Welche sozialkulturellen Defizite Ende der 1980er Jahre zur Gründung eines Freidenkerverbandes in der DDR führten." *humanismus aktuell* 11 (20):96–104.

Multiple Secularities – Beyond the West, Beyond Modernities. 2017. „Website." Letzter Zugriff: 6. Mai 2018. https://www.multiple-secularities.de/.

Murken, Sebastian, Hrsg. 2008. *Ohne Gott leben. Religionspsychologische Aspekte des „Unglaubens"*. Marburg: Diagonal-Verlag.

Nanko, Ulrich. 2006. „Nationalliberale, sozialistische und völkische Freidenker zwischen 1848 und 1881. Zur Frühgeschichte des organisierten Atheismus im deutschsprachigen Raum." In *Atheismus. Ideologie, Philosophie oder Mentalität?*, hrsg. von Richard Faber und Susanne Lanwerd, 183–197. Würzburg: Königshausen und Neumann.

Neef, Katharina. 2012. „Das deutsche Religions- und Vereinsrecht um 1900 und einige daraus resultierende Konflikte im Umgang mit neuen Religionen." *Religion – Staat – Gesellschaft* 13:107–132.

Neubert, Erhart. 1998. „Konfessionslose in Ostdeutschland. Folgen verinnerlichter Unterdrückung." *Pastoraltheologie* 87:368–379.

Nonreligion and Secularity Research Network. O.J. „Website." Letzter Zugriff: 23. Februar 2017. https://nsrn.net/.

Opp, Karl-Dieter. 2005. *Methodologie der Sozialwissenschaften. Einführung in Probleme ihrer Theorienbildung und praktischen Anwendung*. 6. Auflage. Wiesbaden: VS Verlag für Sozialwissenschaften.

Osuch, Bruno. 2000. *Zur Bedeutung von Erich Fromm für das Schulfach Humanistische Lebenskunde. Ein Beitrag zur Didaktik der Wertebildung*. Dissertation, Fachbereich 2 – Erziehungs- und Unterrichtswissenschaften, Technische Universität Berlin.

Osuch, Bruno. 2012. „Humanistische Lebenskunde. Traditionen und Perspektiven einer besonderen Alternative zum Religionsunterricht in Berlin und Deutschland." In *Internationale Studien zur Geschichte von Wirtschaft und Gesellschaft*, hrsg. von Karl Hardach, 786–817. Frankfurt am Main u.a.: Lang.

Pasquale, Frank L. 2010. „A Portrait of Secular Group Affiliates." In *Atheism and Secularity*. Band 1, *Issues, Concepts, and Definitions*, hrsg. von Phil Zuckerman, 43–87. Santa Barbara u.a.: Praeger.

Peterson, Gregory R. 2010. „Ethics, Out-Group Altruism and the New Atheism." In *Religion and the New Atheism. A Critical Appraisal*, hrsg. von Amarnath Amarasingam, 159–177. Leiden u.a.: Brill.

Pickel, Gert, und Detlef Pollack, Hrsg. 2000. *Religiöser und kirchlicher Wandel in Ostdeutschland 1989–1999*. Opladen: Leske + Budrich.

Pitzer College. 2017. „Website Secular Studies." Letzter Zugriff: 23. Februar 2017. http://catalog.pitzer.edu/preview_entity.php?catoid=3&ent_oid=153&returnto=171.

Plessentin, Ulf. 2012a. „Die ‚Neuen Atheisten' als religionspolitische Akteure." In *Religion und Kritik in der Moderne*, hrsg. von Ulrich Berner und Johannes Quack, 83–114. Berlin u.a.: Lit.

Plessentin, Ulf. 2012b. „Zwischen Globalkritik am Staatskirchenrecht und ‚Dritter Konfession'. Organisierte Humanisten und Atheisten in Deutschland." *Religion – Staat – Gesellschaft* 13 (1):133–169.

Przyborski, Aglaja, und Monika Wohlrab-Sahr. 2008. *Qualitative Sozialforschung. Ein Arbeitsbuch*. München: Oldenbourg.

Quack, Johannes. 2011. „Is to Ignore to Deny? Säkularisierung, Säkularität und Säkularismus in Indien." In *Religionspolitik – Öffentlichkeit – Wissenschaft. Studien zur Neuformierung von Religion in der Gegenwart*, hrsg. von Martin Baumann und Frank Neubert, 291–317. Zürich: Pano-Verlag.

Quack, Johannes. 2012a. *Disenchanting India. Organized Rationalism and Criticism of Religion in India*. New York: Oxford University Press.

Quack, Johannes. 2012b. „Organised Atheism in India. An Overview." *Journal of Contemporary Religion* 27 (1):67–85.

Quack, Johannes. 2013. „Was ist ‚Nichtreligion'? Feldtheoretische Überlegungen zu einem relationalen Verständnis eines eigenständigen Forschungsgebietes." In *Säkularität in religionswissenschaftlicher Perspektive*, hrsg. von Peter Antes und Steffen Führding, 87–107. Göttingen: Vandenhoeck & Ruprecht.

Quack, Johannes. 2014. „Outline of a Relational Approach to ‚Nonreligion'." *Method and Theory in the Study of Religion* 26:439–469.

Quack, Johannes, und Cora Schuh, Hrsg. 2017. *Religious Indifference. New Perspectives from Studies on Secularization and Nonreligion*. Cham: Springer.

Quack, Johannes, Schuh, Cora, und Susanne Kind, Hrsg. Im Erscheinen. *The Diversity of Nonreligion*. O.O.: Buchmanuskript.

Raters, Marie-Luise. 2009. *Atheismus*. Berlin: Berliner Wissenschafts-Verlag.

Reichertz, Jo. 2011. „Abduktion. Die Logik der Entdeckung der Grounded Theory." In *Grounded Theory Reader*, hrsg. von Günter Mey und Katja Mruck. 2., aktualisierte und erweiterte Auflage, 279–297. Wiesbaden: VS Verlag für Sozialwissenschaften.

Reiss, Wolfram. 2015. „Auswirkungen der religiösen Pluralität auf staatliche Institutionen und die Anstaltseelsorge." In *Religion im Wandel. Transformation religiöser Gemeinschaften in Europa durch Migration. Interdisziplinäre Perspektiven*, hrsg. von Regina Polak und Wolfram Reiss, 143–182. Göttingen: Vandenhoeck & Ruprecht.

Religionswissenschaftlicher Medien- und Informationsdienst. 2017. *Religions- und Weltanschauungsgemeinschaften in Deutschland*. Marburg: Eigenverlag.

Reuter, Astrid. 2009. „Grenzarbeiten am religiösen Feld. Religionsrechtskonflikte und -kontroversen im Verfassungsstaat." In *Religionsproduktivität in Europa. Markierungen im religiösen Feld*, hrsg. von Jamal Malik, 101–115. Münster: Aschendorff.

Roth, Roland, und Dieter Rucht, Hrsg. 2008. *Die sozialen Bewegungen in Deutschland seit 1945. Ein Handbuch*. Frankfurt am Main u.a.: Campus.

Scharfe, Martin. 2006. „Dilettanten des Atheismus. Zweifel und Gottlosigkeit in der europäischen Volkskultur." In *Atheismus. Ideologie, Philosophie oder Mentalität?*, hrsg. von Richard Faber und Susanne Lanwerd, 151–160. Würzburg: Königshausen und Neumann.

Schmidt, Michael. 2007. „Verfolgung und Widerstand. Die sozialistische Freidenkerbewegung im Nationalsozialismus." *humanismus aktuell* 11 (20):55–66.

Schmidt-Lux, Thomas. 2008. *Wissenschaft als Religion. Szientismus im ostdeutschen Säkularisierungsprozess*. Würzburg: Ergon-Verlag.

Schröder, Richard. 2011. *Abschaffung der Religion. Wissenschaftlicher Fanatismus und die Folgen*. Freiburg im Breisgau: Herder.

Schröder, Stefan. 2012. „Darstellungen der Religionsphänomenologie in der deutschen religionswissenschaftlichen Einführungsliteratur. Ein Vergleich." *Zeitschrift für junge Religionswissenschaft* 7:20–39. Letzter Zugriff: 21. März 2017. http://zjr.revues.org/382.

Schröder, Stefan. 2013. „Dialog der Weltanschauungen? Der Humanistische Verband Deutschlands als Akteur im interreligiösen Dialoggeschehen." In *Säkularität in religionswissenschaftlicher Perspektive*, hrsg. von Peter Antes und Steffen Führding, 169–185. Göttingen: Vandenhoeck & Ruprecht.

Schröder, Stefan. 2017. „Organized New Atheism in Germany?" *Journal of Contemporary Religion* 32 (1):33–49.

Schüler, Sebastian. 2014. „Zwischen Naturalismus und Sozialkonstruktivismus.Kognitive, körperliche, emotionale und soziale Dimensionen von Religion." *Zeitschrift für Religionswissenschaft* 22 (1):5–36.

Secularism and Nonreligion. O.J. „Website". Letzter Zugriff: 23. Februar 2017. http://www.secularismandnonreligion.org/.

Simon-Ritz, Frank. 1996. „Kulturelle Modernisierung und Krise des religiösen Bewusstseins. Freireligiöse, Freidenker und Monisten im Kaiserreich." In *Religion im Kaiserreich. Milieus – Mentalitäten – Krisen*, hrsg. von Olaf Blaschke, 457–475. Gütersloh: Gütersloher Verlagshaus.

Simon-Ritz, Frank. 1997. *Die Organisation einer Weltanschauung*. Gütersloh: Gütersloher Verlagshaus.

Smith, Jesse M. 2011. „Becoming an Atheist in America. Constructing Identity and Meaning from the Rejection of Theism." *Sociology of Religion* 72 (2):215–237.

Soysal, Yasemin N. 1994. *Limits of Citizenship. Migrants and Postnational Membership in Europe*. Chicago u. a.: University of Chicago Press.

Storch, Kersten. 2003. „Konfessionslosigkeit in Ostdeutschland." In *Atheismus und religiöse Indifferenz*, hrsg. von Christel Gärtner, Detlef Pollack und Monika Wohlrab-Sahr, 231–245. Opladen: Leske + Budrich.

Strübing, Jörg. 2011. „Zwei Varianten von Grounded Theory? Zu den methodologischen und methodischen Differenzen zwischen Barney Glaser und Anselm Strauss." In *Grounded Theory Reader*, hrsg. von Günter Mey und Katja Mruck. 2., aktualisierte und erweiterte Auflage, 261–277. Wiesbaden: VS Verlag für Sozialwissenschaften.

Suddaby, Roy. 2006. „From the Editors. What Grounded Theory is Not." *Academy of Management Journal* 49 (4):633–642.

Taira, Teemu. 2012. „More Visible but Limited in its Popularity. Atheism (and Atheists) in Finland." *Approaching Religion* 2 (1):21–35.

Taylor, Charles. 2007. *A Secular Age*. Cambridge u. a.: Harvard University Press.

Tezcan, Levent. 2007. „Kultur, Gouvernementalität der Religion und der Integrationsdiskurs." In *Konfliktfeld Islam in Europa*, hrsg. von Monika Wohlrab-Sahr und Levent Tezcan, 51–71. Baden-Baden: Nomos.

Tibi, Bassam. 1996. „Multikultureller Werte-Relativismus und Werte-Verlust." *Aus Politik und Zeitgeschichte* 52–53:27–36.

Tibi, Bassam. 1998. *Europa ohne Identität? Die Krise der multikulturellen Gesellschaft*. München: Bertelsmann.

Tiefensee, Eberhard. 2011. „Religiöse Indifferenz als interdisziplinäre Herausforderung." In *Religion und Religiosität im vereinigten Deutschland. Zwanzig Jahre nach dem Umbruch*, hrsg. von Gert Pickel, 79–101. Wiesbaden: VS Verlag für Sozialwissenschaften.

Trinity College Hartford. O.J. „Website Institute for the Study of Secularism in Society and Culture." Letzter Zugriff: 23. Februar 2017. http://www.trincoll.edu/Academics/centers/ISSSC/Pages/default.aspx.

Universität Zürich. 2016. „Website The Diversity of Nonreligion." Letzter Zugriff: 23. Februar 2017. http://www.research-projects.uzh.ch/p21349.htm.

University of Kent. 2017. „Website Understanding Unbelief programme." Letzter Zugriff: 29. April 2018. https://research.kent.ac.uk/understandingunbelief/.

University College London. 2017. „Website Scientific Study of Nonreligious Belief project." Letzter Zugriff: 29. April 2018. http://www.ucl.ac.uk/non-religious-belief.

Walter, Christian. 2005. „Sekten und Freidenker als Motor der Modernisierung in den Staat-Kirche-Beziehungen (juristisch)." In *Religiöser Pluralismus im vereinten Europa. Freikirchen und Sekten*, hrsg. von Hartmut Lehmann, 173–199. Göttingen: Wallstein.

Weber, Max. [1921/1922] 1990. *Wirtschaft und Gesellschaft. Grundriss der verstehenden Soziologie*. 5. Auflage, besorgt von Johannes Winckelmann. Tübingen: Mohr.

Weir, Todd H. 2006. „The Secularization of Religious Dissent. Anticlerical Politics and the Freigeistig Movement in Germany 1844–1933." In *Religiosität in der säkularisierten Welt. Theoretische und empirische Beiträge zur Säkularisierungsdebatte in der Religionssoziologie*, hrsg. von Manuel Franzmann, Christel Gärtner und Nicole Köck, 155–176. Wiesbaden: VS Verlag für Sozialwissenschaften.

Wohlrab-Sahr, Monika. 2001a. „Religionslosigkeit als Thema der Religionssoziologie." *Pastoraltheologie* 90:152–167.

Wohlrab-Sahr, Monika. 2001b. „Säkularisierte Gesellschaft." In *Klassische Gesellschaftsbegriffe der Soziologie*, hrsg. von Georg Kneer, Armin Nassehi und Markus Schroer, 308–332. München: Wilhelm Fink.

Wohlrab-Sahr, Monika. 2009. „Das stabile Drittel jenseits der Religiosität. Religionslosigkeit in Deutschland." In *Woran glaubt die Welt? Analysen und Kommentare zum Religionsmonitor 2008*, hrsg. von Bertelsmann-Stiftung, 95–103. Gütersloh: Verlag Bertelsmann-Stiftung.

Wolf, Gary. 2006. „The Church of the Non-Believers. A Band of Intellectual Brothers is Mounting a Crusade Against Belief in God. Are They Winning Converts, or Merely Preaching to the Choir?" *Wired* 14. November 2006. Letzter Zugriff: 5. Februar 2015. http://www.wired.com/wired/archive/14.11/atheism.html.

Zenk, Thomas (2012): „,Neuer Atheismus'. ,New Atheism' in Germany." *Approaching Religion* 2 (1):36–51.

Zuckerman, Phil. 2007. „Atheism. Contemporary Numbers and Patterns." In *The Cambridge Companion to Atheism*, hrsg. von Michael Martin, 47–65. New York: Cambridge University Press.

Zuckerman, Phil. 2012a. „Contrasting irreligious orientations. Atheism and secularity in the USA and Scandinavia." *Approaching Religion* 2 (1):9–20.

Zuckerman, Phil. 2012b. *Faith No More. Why People Reject Religion*. New York: Oxford University Press.

Primärliteratur

Aderet, Ofer. 2008. „German Children's Book Draws Fire for Alleged Anti-Religion Bent." *Haaretz* 6. Februar 2008. Letzter Zugriff: 14. März 2017. http://www.haaretz.com/news/german-children-s-book-draws-fire-for-alleged-anti-religion-bent-1.238742.

Adloff, Peter. 2010. *Nach Sinn fragen. Eine fachdidaktische Studie für die Humanistische Lebenskunde und den Ethikunterricht*. Berlin: Humanistischer Verband Berlin-Brandenburg. Eigenverlag.

Adloff, Peter, und Bettina Alavi, Hrsg. 2001. *Genau wie Schule, nur ganz anders. Didaktische Beiträge zur humanistischen Lebenskunde*. Berlin: Humanistischer Verband Berlin-Brandenburg. Eigenverlag.

Antitheists.org. 2012. „The Four Horsemen of New Atheism." Youtube-Video. Letzter Zugriff: 27. Februar 2017. https://www.youtube.com/watch?v=vZ-xK_PEDgc.
Bauer, Martin. 2008. „,Auch Bischöfe sollten bei der Wahrheit bleiben!'." *Humanistischer Pressedienst* 23. Juli 2008. Letzter Zugriff: 14. März 2017. https://hpd.de/node/5080.
Bauer, Michael. 2002. „Nicht dabei heißt außen vor." *diesseits* 16 (60):24–25.
Bauer, Michael. 2012. „Humanistische Weltanschauungspflege. Praktisch gesehen." In *Humanistik. Beiträge zum Humanismus*, hrsg. von Horst Groschopp, 247–268. Aschaffenburg: Alibri.
Bauer, Michael, und Arik Platzek. 2015. *Gläserne Wände. Bericht zur Benachteiligung nichtreligiöser Menschen in Deutschland*. Berlin: Humanistischer Verband Deutschlands. Eigenverlag.
Beirau, Erhard. 1992. „Eine notwendige Alternative." *diesseits* 6 (19):32.
Bingener, Reinhard. 2009. „Giordano-Bruno-Stiftung. Die Agenda des Neuen Atheismus." *Frankfurter Allgemeine Zeitung* 22. März 2009. Letzter Zugriff: 27. Februar 2017. http://www.faz.net/aktuell/politik/giordano-bruno-stiftung-die-agenda-des-neuen-atheismus-1926867-p2.html?printPagedArticle=true#pageIndex_3.
Binswanger-Stefańska, Elżbieta. 2008. „Awantura o prosię." *Racjonalista* 3. Februar 2008. Letzter Zugriff: 14. März 2017. http://www.racjonalista.pl/kk.php/s,5723.
Block, Patricia. 2006. „Herbert Steffen. Im Dienst der Sache." *diesseits* 20 (75):14–15.
Bohl, Gottfried. 2008. „Kleines Ferkel sorgt für großen Ärger. Atheistisches Kinderbuch kommt nicht auf den Index." *Deutschlandradio Kultur* 6. März 2008. Letzter Zugriff: 14. März 2017. http://www.deutschlandradiokultur.de/kleines-ferkel-sorgt-fuer-grossen-aerger.1013.de.html?dram:article_id=167738.
Bund Freireligiöser Gemeinden Deutschlands. 2000/2002. *Freie Religion. Eine Alternative.* Mannheim u. a.: Freireligiöse Verlagsbuchhandlung.
Bund Freireligiöser Gemeinden Deutschlands. 2005. „Website." Letzter Zugriff: 17. März 2017. http://www.freireligioese.de/bfgd/.
Bund Freireligiöser Gemeinden Deutschlands. 2015. „Konfliktlösungen ohne Militäreinsätze vorantreiben." Presseerklärung. Letzter Zugriff: 17. Dezember 2017. http://www.freireligioese-pfalz.de/files/Presseerklaerung.pdf.
Bundesministerium für Familie, Senioren, Frauen und Jugend. 2007. „Indizierungsantrag nach dem Jugendschutzgesetz (JuSchG)." Brief an die Bundesprüfstelle für jugendgefährdende Medien. Letzter Zugriff: 14. März 2017. http://www.ferkelbuch.de/.
Bundesverwaltungsgericht. 2011. „Die religiöse Äußerungsfreiheit genießt, auch soweit es um eine Predigt geht, keinen absoluten Vorrang vor den Belangen des Persönlichkeits- und Ehrenschutzes." Gerichtsentscheidung, Aktenzeichen BVerwG 7 B 41.11. Letzter Zugriff: 14. März 2017. http://www.bverwg.de/entscheidungen/entscheidung.php?ent=080811B7B41.11.0.
Bundeszentralstelle für Patientenverfügungen. O.J. „Website." Letzter Zugriff: 2. März 2017. https://www.patientenverfuegung.de/.
Cancik, Hubert. 2010. „Humanistische Begründung humanitärer Praxis. Antike Tradition – neuzeitliche Rezeption". In *Humanismusperspektiven*, hrsg. von Horst Groschopp, 11–29. Aschaffenburg: Alibri.
Coene, Gily, und Ulrike Dausel. 2012. „Lehrstuhl Humanistik und humanistische Praxisarbeit in Flandern. Eine sinnvolle Synergie." In *Humanistik. Beiträge zum Humanismus*, hrsg. von Horst Groschopp, 100–115. Aschaffenburg: Alibri.

Czermak, Gerhard. 2015. *Weltanschauung in Grundgesetz und Verfassungswirklichkeit. Eine kritische Einführung auch für Nichtjuristen.* Aschaffenburg: Alibri.
David, Günter. 2003. „Streit um Lebenskunde im Land Brandenburg. Warum die ostbrandenburgischen Humanisten die Klage der Elterninitiative zur Einführung des Faches ‚Humanistische Lebenskunde' in Brandenburg nicht unterstützen können." *diesseits* 17 (62).
Dawkins, Richard. 2006. *The God Delusion.* Boston: Houghton Mifflin.
Dennett, Daniel C. 2006. *Breaking the Spell. Religion as a Natural phenomenon.* New York: Viking.
Det norske Hedningsamfunn. O.J. „Website." Letzter Zugriff: 17. März 2017. http://hedning.no/.
Die Humanisten Baden-Württemberg. O.J. „Website HuKi, die humanistische Kindertagesstätte." Letzter Zugriff: 2. März 2017. http://www.dhubw.de/44-0-Humanistische-KiTa.html.
diesseits. O.J. „Website." Letzter Zugriff: 2. März 2017. http://www.diesseits.de/.
Dong Ban Ja – Interkulturelles Hospiz. O.J. „Website." Letzter Zugriff: 9. März 2017. http://www.dongbanja.de/.
Eggers, Gerd. 2003. „Humanistik als Hochschuldisziplin. Konturen eines Zukunftsprojekts." *diesseits* 17 (62).
European Humanist Federation. 2014. „Website." Letzter Zugriff: 27. Februar 2017. http://humanistfederation.eu/index.php.
Evangelische Kirche in Deutschland, Hrsg. 1999. *Jugendliche begleiten und gewinnen. 12 Thesen des Rates der Evangelischen Kirche in Deutschland zur Jugendweihe/Jugendfeier und ihrem Verhältnis zur Konfirmation.* Hannover: Kirchenamt der Evangelischen Kirche in Deutschland.
Evokids. O.J. „Website." Letzter Zugriff: 5. März 2017. https://evokids.de/.
Fink, Helmut, Hrsg. 2010a. *Der neue Humanismus. Wissenschaftliches Menschenbild und säkulare Ethik.* Aschaffenburg: Alibri.
Fink, Helmut. 2010b. „Einleitung. Auf dem Weg zu einem neuen Humanismus?" In *Der neue Humanismus. Wissenschaftliches Menschenbild und säkulare Ethik*, hrsg. von Helmut Fink, 9–24. Aschaffenburg: Alibri.
Fink, Helmut, Hrsg. 2013a. *Die Fruchtbarkeit der Evolution. Humanismus zwischen Zufall und Notwendigkeit.* Aschaffenburg: Alibri.
Fink, Helmut. 2013b. „Einleitung. Evolution und Humanismus." In *Die Fruchtbarkeit der Evolution. Humanismus zwischen Zufall und Notwendigkeit*, hrsg. von Helmut Fink, 9–22. Aschaffenburg: Alibri.
Finke, Stefanie. 2007. „‚Dawkins for Kids'." *Humanistischer Pressedienst* 20. August 2007. Letzter Zugriff: 14. März 2017. https://hpd.de/node/2557.
Forsa. 2007. „Meinungen zur humanistischen Lebensauffassung." Letzter Zugriff: 10. März 2017. http://hvd-bb.de/sites/hvd-bb.de/files/sites/hvd-berlin.de/files/Forsa-Umfrage-Human-Lebensauffassung.pdf.
Forschungsgruppe Weltanschauungen in Deutschland. 2017. „Website." Letzter Zugriff: 3. März 2017. https://fowid.de/.
Fragell, Levi. 1989. „Die Entwicklung und das Wachstum des Internationalen Humanismus." *diesseits* 3 (5):22–24.
Free, Jan. 2008. „Gottlose Tiere." *Zeit Online* 31. Januar 2008. Letzter Zugriff: 14. März 2017. http://www.zeit.de/online/2008/06/kinderbuch-religion?page=1.

Frerk, Carsten. 2010. *Violettbuch Kirchenfinanzen. Wie der Staat die Kirchen finanziert.* Aschaffenburg: Alibri.
Friedersdorff, Wolfram. 2006. „Editorial." *diesseits* 20 (77): 1.
Friedland, Hannelore. 1991. „Die Zukunft der Jugendweihe im Land Brandenburg." *diesseits* 5 (15): 15.
Gesellschaft zur wissenschaftlichen Untersuchung von Parawissenschaften. O.J. „Website." Letzter Zugriff: 17. März 2017. https://www.gwup.org/.
Giordano Bruno Stiftung. O.J. *Die Legende vom christlichen Abendland.* Oberwesel: Eigenverlag.
Giordano Bruno Stiftung. 2006. *Tätigkeitsbericht 2005. Agenda 2006/2007.* Mastershausen: Eigenverlag.
Giordano Bruno Stiftung. 2007. *Tätigkeitsbericht 2006. Agenda 2007/2008.* Mastershausen: Eigenverlag.
Giordano Bruno Stiftung. 2008a. *Tätigkeitsbericht 2007. Agenda 2008/2009.* Mastershausen: Eigenverlag.
Giordano Bruno Stiftung, Hrsg. 2008b. *Vom Virus des Glaubens. Deschner-Preis 2007.* Aschaffenburg: Alibri.
Giordano Bruno Stiftung. 2009a. *Aufklärung im 21. Jahrhundert.* Mastershausen: Eigenverlag.
Giordano Bruno Stiftung. 2009b. *Tätigkeitsbericht 2008.* Mastershausen: Eigenverlag.
Giordano Bruno Stiftung. 2010. *Tätigkeitsbericht 2009.* Mastershausen: Eigenverlag.
Giordano Bruno Stiftung. 2011. *Tätigkeitsbericht 2010.* Oberwesel: Eigenverlag.
Giordano Bruno Stiftung, Hrsg. 2012a. *Grundrechte für Menschenaffen.* Aschaffenburg: Alibri.
Giordano Bruno Stiftung. 2012b. *Tätigkeitsbericht 2011.* Oberwesel: Eigenverlag.
Giordano Bruno Stiftung. 2013. *Tätigkeitsbericht 2012.* Oberwesel: Eigenverlag.
Giordano Bruno Stiftung. 2014a. *Aufklärung im 21. Jahrhundert.* 2. Auflage. Oberwesel: Eigenverlag.
Giordano Bruno Stiftung. 2014b. *Tätigkeitsbericht 2013.* Oberwesel: Eigenverlag.
Giordano Bruno Stiftung. 2015. *Tätigkeitsbericht 2014.* Oberwesel: Eigenverlag.
Giordano Bruno Stiftung, Hrsg. 2016a. *Freiheit für Raif Badawi! Deschner-Preis 2016.* Aschaffenburg: Alibri.
Giordano Bruno Stiftung. 2016b. *Tätigkeitsbericht 2015.* Oberwesel: Eigenverlag.
Giordano Bruno Stiftung. 2017a. *Tätigkeitsbericht 2016.* Oberwesel: Eigenverlag.
Giordano Bruno Stiftung. 2017b. „Website." Letzter Zugriff: 2. März 2017. https://www.giordano-bruno-stiftung.de/.
Goldner, Colin. 2008. *Dalai Lama. Fall eines Gottkönigs.* Erweiterte Neuauflage. Aschaffenburg: Alibri.
Goldner, Colin. 2012. „Die Überwindung der Trennlinie zwischen Mensch und Tier." In *Grundrechte für Menschenaffen*, hrsg. von der Giordano Bruno Stiftung, 25–36. Aschaffenburg: Alibri.
Goldner, Colin. 2014. *Lebenslänglich hinter Gittern. Die Wahrheit über Gorilla, Orang Utan & Co in deutschen Zoos.* Aschaffenburg: Alibri.
Grimm, Karsten. 2010. „Fragwürdige Kurskorrekturen. Zu den (Leit-)Artikeln von F. O. Wolf (diesseits 90, 91, 92)." *diesseits* 24 (93):39.
Groschopp, Horst. 1997. „Weltanschauung und humanistische Kultur." *humanismus heute* 1 (1):8–15.

Groschopp, Horst. 2002. „Organisierte Freigeister und säkulare Gesellschaft." *humanismus aktuell* 6 (10): 59–70.

Groschopp, Horst. 2003. „Von der Konfirmation zur Jugendfeier. Über die Entritualisierung einer Übergangspassage, deren Ost-West-Unterschiede und Fragen an die Perspektiven von Jugendfeiern und Jugendweihen." *humanismus aktuell* 7 (13):80–93.

Groschopp, Horst. 2004a. „Der organisierte Humanismus." *diesseits* 18 (67):9–11.

Groschopp, Horst. 2005. „Allensbach-Studie bescheinigt dem Humanistischen Verband großes Potenzial. Er sollte es zu nutzen wissen." *diesseits* 19 (71):11–12.

Groschopp, Horst. 2009. „Humanismus und organisierte Barmherzigkeit. Vorwort." In *Humanistisches Sozialwort*, hrsg. von Horst Groschopp, 7–12. Aschaffenburg: Alibri.

Groschopp, Horst. 2010a. „Humanismus als kulturelle Weltanschauung." In *Humanismusperspektiven*, hrsg. von Horst Groschopp, 68–80. Aschaffenburg: Alibri.

Groschopp, Horst, Hrsg. 2010b. *Humanismusperspektiven*. Aschaffenburg: Alibri.

Groschopp, Horst. 2010c. „Konfessionsfreie und Weltanschauungspflege." In *Konfessionsfreie und Grundgesetz*, hrsg. von Horst Groschopp, 143–168. Aschaffenburg: Alibri.

Groschopp, Horst. 2010d. „Vorwort." In *Humanismus und junge Generation*, hrsg. von Horst Groschopp, 7–10. Aschaffenburg: Alibri.

Groschopp, Horst. 2010e. „Vorwort." In *Konfessionsfreie und Grundgesetz*, hrsg. von Horst Groschopp, 7–12. Aschaffenburg: Alibri.

Groschopp, Horst. 2012. „Humanistik – Wegbegleitung aus der Krise. Einführung in den Sammelband." In *Humanistik. Beiträge zum Humanismus*, hrsg. von Horst Groschopp, 7–21. Aschaffenburg: Alibri.

Groschopp, Horst. 2013a. „Humanismus und Geschichtskultur. Ansprüche an eine moderne Erinnerungskultur." In *Humanismus – Laizismus – Geschichtskultur*, hrsg. von Horst Groschopp, 167–182. Aschaffenburg: Alibri.

Groschopp, Horst. 2013b. „Laizismus und Kultur." In *Humanismus – Laizismus – Geschichtskultur*, hrsg. von Horst Groschopp, 18–33. Aschaffenburg: Alibri.

Groth, Peter. 1994. „Zwischen himmelhoch jauchzend und zu Tode betrübt. Eine Reaktion auf Klaus Sühl im letzten Heft." *diesseits* 8 (28):22–23.

Güntner, Joachim. 2008. „Ferkel auf den Index. Deutsches Familienministerium will antireligiöses Kinderbuch verbieten." *Neue Zürcher Zeitung* 2. Februar 2008. Letzter Zugriff: 14. März 2017. https://www.nzz.ch/ferkel-auf-den-index-1.664060.

Harris, Sam. 2004. *The End of Faith. Religion, Terror, and the Future of Reason*. New York: W.W. Norton & Co.

Heinig, Hans M. 2010a. „Artikel 135 bis 141 der Weimarer Reichsverfassung. Entstehung und aktuelle Bedeutung." In *Konfessionsfreie und Grundgesetz*, hrsg. von Horst Groschopp, 29–44. Aschaffenburg: Alibri.

Heinrichs, Thomas. 2010. „Die rechtliche Stellung der säkularen Weltanschauungsgemeinschaften." In *Konfessionsfreie und Grundgesetz*, hrsg. von Horst Groschopp, 129–142. Aschaffenburg: Alibri.

Heinrichs, Thomas. 2013. „So wenig wie möglich und so viel wie nötig. Überlegungen zum Verhältnis von Religion/Weltanschauung und Politik." *Humanismus – Laizismus – Geschichtskultur*, hrsg. von Horst Groschopp, 34–58. Aschaffenburg: Alibri.

Hempelmann, Reinhard. 2010. „Zum Prinzip der Gleichbehandlung von Religions- und Weltanschauungsgemeinschaften." In *Konfessionsfreie und Grundgesetz*, hrsg. von Horst Groschopp, 72–80. Aschaffenburg: Alibri.

Hilgendorf, Eric. 2010. „Staatsbürger im multikulturellen Staat. Die besonderen Rechtsinteressen der Konfessionsfreien unter dem Blickwinkel der Trennung von Staat und Kirche und der Religionsfreiheit in Deutschland." In *Konfessionsfreie und Grundgesetz*, hrsg. von Horst Groschopp, 44–60. Aschaffenburg: Alibri.

Hilgendorf, Eric. 2014. „Humanismus und Recht – Humanistisches Recht? Eine erste Orientierung." In *Humanismus und Humanisierung*, hrsg. von Horst Groschopp, 36–56. Aschaffenburg: Alibri.

Hitchens, Christopher. 2007. *God is Not Great. How Religion Poisons Everything*. New York: Twelve.

Human-Etisk Forbund. O.J. „Website." Letzter Zugriff: 17. März 2017. https://human.no/.

Humanistische Akademie Berlin-Brandenburg. O.J. „Website." Letzter Zugriff: 2. März 2017. http://www.humanistische-akademie-berlin.de/.

Humanistische Akademie Deutschland. O.J. „Website." Letzter Zugriff: 2. März 2017. http://www.humanistische-akademie-deutschland.de/.

Humanistische Gemeinschaft Hessen. 2018. „Website". Letzter Zugriff: 4. Mai 2018. http://www.humanisten-hessen.de/.

Humanistische Grundschule Fürth. O.J. „Website." Letzter Zugriff: 2. März 2017. http://www.humanistische-schule.de/.

Humanistischer Pressedienst. O.J. „Website." Letzter Zugriff: 3. März 2017. https://hpd.de/.

Humanistischer Verband Bayern. O.J. „Website Unsere Kindertagesstätten." Letzter Zugriff: 2. März 2017. http://www.hvd-kitas.de/unsere-projekte/kindergaerten/ueber-uns/.

Humanistischer Verband Bayern. 2014. *Satzung*. Nürnberg.

Humanistischer Verband Berlin-Brandenburg, Hrsg. 2013. *Vielfalt und Migration. Unterrichtsbausteine zur Menschenrechtsbildung im Fach Humanistische Lebenskunde*. Berlin: Eigenverlag.

Humanistischer Verband Deutschlands. O.J. „Website." Letzter Zugriff: 2. März 2017. http://www.humanismus.de/.

Humanistischer Verband Deutschlands. 2017. „Bundesverband verabschiedet neues Selbstverständnis." Letzter Zugriff: 4. Mai 2018. http://www.humanismus.de/aktuelles/bundesverband-verabschiedet-neues-selbstverstaendnis.

Humanistischer Verband Deutschlands. 1993. *Humanistisches Selbstverständnis 1993*. Berlin: Eigenverlag.

Humanistischer Verband Deutschlands. 2001. *Humanistisches Selbstverständnis 2001*. Berlin: Eigenverlag.

Humanistischer Verband Deutschlands. 2011. *Satzung*. Berlin.

Humanistischer Verband Deutschlands. 2015. *Humanistisches Selbstverständnis 2015*. Berlin: Eigenverlag. Letzter Zugriff: 2. März 2017. http://www.humanismus.de/sites/humanismus.de/files/Humanistisches_Selbstverstaendnis_2015-web.pdf.

Humanistischer Verband Hessen. O.J. „Website." Letzter Zugriff: 2. März 2017. https://www.hvd-hessen.de/.

Humanistischer Verband Niedersachsen. 2016. „Website Humanistische Kindertagesstätten." Letzter Zugriff: 2. März 2017. http://www.hvd-niedersachsen.de/kindertagesstaetten.html.

Humanistisches Sozialwerk Bayern. O.J. „Website." Letzter Zugriff: 2. März 2017. http://www.hsw-bayern.de/.

Hummitzsch, Thomas. 2013. „Der Scheideweg des Laizismus. Die säkulare Szene zwischen positiver und negativer Gleichbehandlung." In *Humanismus – Laizismus – Geschichtskultur*, hrsg. von Horst Groschopp, 7–17. Aschaffenburg: Alibri.

Huxley, Julian, Hrsg. [1961] 1964. *Der evolutionäre Humanismus. 10 Essays über die Leitgedanken und Probleme*. München: Beck.

Institut für Demoskopie Allensbach. 2004. *Humanistischer Verband Deutschlands. Allensbacher Akzeptanzstudie zu Lebensauffassung, speziellen Angeboten, Engagement*. Allensbach am Bodensee: Eigenverlag. Letzter Zugriff: 10. März 2017. http://hvd-bb.de/sites/hvd-bb.de/files/sites/hvd-berlin.de/files/Allensbacher-Akzeptanzstudie.pdf.

Internationaler Bund der Konfessionslosen und Atheisten. O.J. „Website." Letzter Zugriff: 17. März 2017. https://www.ibka.org/.

Isemeyer, Manfred. 1993. „Ein gelungener Start. Erster Delegiertentag des Humanistischen Verbandes." *diesseits* 7 (24): 10–11.

Isemeyer, Manfred. 2002. „Humanistische Zukunftsdebatte." *humanismus aktuell* 6 (10):71–76.

Isemeyer, Manfred. 2003. „Zur Finanzierung der Weltanschauungsverbände in Deutschland." *humanismus aktuell* 7 (12):63–66.

Jahn-Graf, Susanne. 2005. „Dritte im Bunde? Die Debatte um die ‚Dritte Konfession'. Pro." *diesseits* 19 (72):14–15.

Janßen, Folker. 2000. „Editorial. Schritt für Schritt." *diesseits* 14 (51):1.

John, Christian. 1993a. „Humanistischer Verband Deutschlands gegründet." *diesseits* 7 (22):33.

John, Christian. 1993b. „Ost-West-Dialog über Europa im 21. Jahrhundert. Europäischer Humanismus-Kongreß 1993 in Berlin." *diesseits* 7 (22):30.

John, Christian. 1994. „Nicht mehr in einem Boot mit ‚Yin und Yang'. Freie Humanisten Niedersachsen verlassen Bund freireligiöser Gemeinden Deutschlands." *diesseits* 8 (29):12–13.

John, Christian. 2000. „Unter Dach und Fach. Neun Verbände aus Berlin und Brandenburg bilden Landesverband Berlin-Brandenburg." *diesseits* 14 (53).

John, Christian, Kopschinski, Jürgen, und Ingeborg Renner. 1990. „Offener Brief. An alle organisierten und nichtorganisierten FreidenkerInnen in der DDR." *diesseits* 4 (11): 22–23.

Kanitscheider, Bernulf. 2010. „Irdische Freuden. Hedonismus, Naturalismus und die Idee des gelungenen Lebens." In *Der neue Humanismus. Wissenschaftliches Menschenbild und säkulare Ethik*, hrsg. von Helmut Fink, 55–74. Aschaffenburg: Alibri.

Käthner, Andrea. 2009. „Armut. Eine Herausforderung für den Humanistischen Verband Deutschlands?" In *Humanistisches Sozialwort*, hrsg. von Horst Groschopp, 116–123. Aschaffenburg: Alibri.

Krebs, Siegfried R. 2009. „Humanistischer Verband Thüringen konstituiert." *diesseits* 23 (87):8–9.

Kruse, Max. 2012. *Urmel saust durch die Zeit*. Stuttgart. Thienemann.

Kuchel, Charlotte, Kuchel, Margarethe, und Ruth Michaelis. 1991. „Wie soll der Freidenkerverband in Zukunft heißen. Interview." *diesseits* 5 (17):9.

Kunz, Norbert. 1999. „Auf hoher See und vor Gericht ist man in Gottes Hand." *diesseits* 13 (48):18–19.

Laibl, Angelika. 1992. „Erste Hürden übersprungen. Die Freien Humanisten in Sachsen-Anhalt verspüren Aufwind." *diesseits* 6 (19).
Lange, Werner. 1992. „Humanismus. Anspruch oder Anmaßung?" *diesseits* 6 (18):34.
Lange, Werner. 2003. „10 Jahre Humanistischer Verband. Ein Rück- und Ausblick. Sachsen-Anhalt." *diesseits* 17 (62).
Lorenz, Fiona. 2008. „HVD Rheinland-Pfalz gegründet." *diesseits* 22 (83):4–5.
Löwer, Wolfang. 2009. *Gutachtliche Stellungnahme zu Rechtsfragen der Genehmigung einer Weltanschauungsgrundschule erstattet auf Ersuchen der Senatorin für Bildung und Wissenschaft Bremen.* Privatarchiv Horst Groschopp. Zwickau.
Mahner, Martin. 2003. „Naturalismus und Wissenschaft." *Der Skeptiker* 16 (4).
Matthäus-Maier, Ingrid. 2013. „Laizismus in Deutschland? Eine juristische und politische Betrachtung." In *Humanismus – Laizismus – Geschichtskultur*, hrsg. von Horst Groschopp, 85–104. Aschaffenburg: Alibri.
Minelli, Ludwig A. 2007. „Muss man nach Deutschland Vernunft importieren? Die eigenartigen Wege der Diskussion um Sterbehilfe." In *Selbstbestimmung am Ende des Lebens*, hrsg. von Michael Bauer und Alexander Endreß, 146–166. Aschaffenburg: Alibri.
Müller, Andreas. 2007. „Die Neuen Atheisten." *Humanistischer Pressedienst* 21. Februar 2007. Letzter Zugriff: 27. Februar 2017. https://hpd.de/node/1211.
Myers, Paul Z. 2013. *The Happy Atheist.* New York: Vintage.
Nass, Egbert. 2005. „Dritte im Bunde? Die Debatte um die ‚Dritte Konfession'. Contra." *diesseits* 19 (72):15.
Neumann, Gita. 2011. „Lebens- und Sterbehilfe. Bedürfnis nach geistiger Orientierung." In *Barmherzigkeit und Menschenwürde. Selbstbestimmung, Sterbekultur, Spiritualität*, hrsg. von Horst Groschopp, 61–145. Aschaffenburg: Alibri.
Neumann, Ursula. 1998. „Sind Christen doch die besseren Menschen? Das Märchen von der Bedeutung der christlichen Wertevermittlung." *Materialien und Informationen zur Zeit* 17 (4).
n-tv.de. 2008. „Von Schweinen, Igeln und Religionen. Mit der Keule gegen ein Kinderbuch." *n-tv.de* 9. Februar 2008. Letzter Zugriff: 14. März 2017. http://www.n-tv.de/leute/buecher/Mit-der-Keule-gegen-ein-Kinderbuch-article248351.html.
O.A. 2008. „Kooperationsvertrag." *diesseits* 22 (84):4.
O.A. 2009. „Humanistische Schule." *diesseits* 23 (86):2.
Oberverwaltungsgericht der Freien Hansestadt Bremen. 2012. „Kein Anspruch auf Genehmigung der Humanistischen Schule." Gerichtsentscheidung, Aktenzeichen 2 A 271/10. Letzter Zugriff: 10. März 2017. http://www.oberverwaltungsgericht.bremen.de/sixcms/detail.php?gsid=bremen72.c.11058.de&asl=bremen72.c.11265.de.
Pfahl-Traughber. 2010. „Demokratischer Humanismus." In *Humanismusperspektiven*, hrsg. von Horst Groschopp, 87–105. Aschaffenburg: Alibri.
Proske, Wolfgang. 2003. „Die anhaltende Säkularisierung als Herausforderung für Konfessionslose." *humanismus aktuell* 7 (12):67–70.
Redaktion derStandard.at. 2008. „Religionskritisches ‚Ferkelbuch' wird doch nicht verboten." *derStandard.at* 10. Juni 2008. Letzter Zugriff: 14. März 2017. http://derstandard.at/3253655/Religionskritisches-Ferkelbuch-wird-doch-nicht-verboten.
Renken, Lutz. 2010. „Konfessions- und Weltanschauungsschulen. Zweierlei Maß." *diesseits* 24 (91):6–7.

Renken, Lutz. 2011. „Das Humanistische Selbstverständnis ist kein Bekenntnis." *diesseits* 25 (94).
Rettet das kleine Ferkel. O.J. „Website." Letzter Zugriff: 14. März 2017. http://www.ferkelbuch.de/.
Richard Dawkins Foundation for Reason and Science. 2017. „Website." Letzter Zugriff: 27. Februar 2017. https://richarddawkins.net/.
Rühle, Alex. 2008. „Der hässliche Rabbi. Indizierungsverfahren gegen Kinderbuch." *Süddeutsche Zeitung* 31. Januar 2008. Letzter Zugriff: 14. März 2017. http://www.sueddeutsche.de/kultur/indizierungsverfahren-gegen-kinderbuch-der-haessliche-rabbi-1.289388.
Salomons Hompage. O.J. „Website." Letzter Zugriff: 14. März 2017. http://www.schmidt-salomon.de/homepage.htm.
Sarma, Amardeo. 2010. „Interview am Rande der GWUP-Konferenz 2010 in Essen." Youtube-Video, hrsg. von Gesellschaft zur wissenschaftlichen Untersuchung von Parawissenschaften. Letzter Zugriff: 21. März 2017. https://www.youtube.com/watch?v=3ieAQgXH5XI.
Schilt, Jaap. 1991. „Humanismus in den Niederlanden." *diesseits* 5 (17):10–11.
Schilt, Jaap. 2010. „Humanismus als Bekenntnis begreifen." In *Humanismusperspektiven*, hrsg. von Horst Groschopp, 81–86. Aschaffenburg: Alibri.
Schmidt-Salomon, Michael. 2006. *Manifest des evolutionären Humanismus. Plädoyer für eine zeitgemäße Leitkultur.* 2., korrigierte und erweiterte Auflage. Aschaffenburg: Alibri.
Schmidt-Salomon, Michael. 2007a. *Auf dem Weg zur Einheit des Wissens. Die Evolution der Evolutionstheorie und die Gefahren von Biologismus und Kulturismus.* Aschaffenburg: Alibri.
Schmidt-Salomon, Michael. 2007b. *Wo bitte geht's zu Gott?, fragte das kleine Ferkel. Ein Buch für alle, die sich nichts vormachen lassen.* Aschaffenburg: Alibri.
Schmidt-Salomon, Michael. 2008a. „Preisbegründung. Warum die Giordano Bruno Stiftung Richard Dawkins mit dem Deschner-Preis auszeichnet." In *Vom Virus des Glaubens. Deschner-Preis 2007*, hrsg. von der Giordano Bruno Stiftung, 7–12. Aschaffenburg: Alibri.
Schmidt-Salomon, Michael. 2008b. „,Wir haben eine solche Kampagne erwartet'." *Humanistischer Pressedienst* 1. Februar 2008. Letzter Zugriff: 14. März 2017. https://hpd.de/node/3741.
Schmidt-Salomon, Michael. 2009. „,Es war eine schwierige Geburt'. Darwins Dankesrede auf dem Festakt zu seinem 200. Geburtstag." In *Happy Birthday, Charly! Darwin-Jahr 2009*, hrsg. von der Giordano Bruno Stiftung, 47–57. Aschaffenburg: Alibri.
Schmidt-Salomon, Michael. 2011a. „,Wir haben abgeschworen!'. Hintergünde einer erfolgreichen Kampagne." In *Anleitung zum Seligsein*, hrsg. von Michael Schmidt-Salomon, 127–135. Aschaffenburg: Alibri.
Schmidt-Salomon, Michael, Hrsg. 2011b. *Anleitung zum Seligsein.* Aschaffenburg: Alibri.
Schmidt-Salomon, Michael. 2011c. „Big Mama is Watching You! Wie die Jungfrau Maria Deutschland errettete." In *Anleitung zum Seligsein*, hrsg. von Michael Schmidt-Salomon, 41–48. Aschaffenburg: Alibri.
Schmidt-Salomon, Michael. 2011d. „Der sogenannte ‚neue Atheismus'. Rede in der Evangelischen Stadtakademie in München." In *Anleitung zum Seligsein*, hrsg. von Michael Schmidt-Salomon, 115–121. Aschaffenburg: Alibri.

Schmidt-Salomon, Michael. 2011e. „Lehren aus dem Minarettverbot. Kommentar zur Schweizer Volksabstimmung." In *Anleitung zum Seligsein*, hrsg. von Michael Schmidt-Salomon, 123–125. Aschaffenburg: Alibri.

Schmidt-Salomon, Michael. 2011f. „Offenheit statt Offenbarung. Über Humanismus, Agnostizismus und die Diskursunfähigkeit ‚der Religiösen'." In *Anleitung zum Seligsein*, hrsg. von Michael Schmidt-Salomon, 175–183. Aschaffenburg: Alibri.

Schmidt-Salomon, Michael. 2011g. „Religion und Gewalt. Warum die Religionen keine ‚treibende Kraft für eine Kultur des Friedens' sind." In *Anleitung zum Seligsein*, hrsg. von Michael Schmidt-Salomon, 103–113. Aschaffenburg: Alibri.

Schmidt-Salomon, Michael. 2011h. „Ursula von der Leyens gedankliche Entgleisungen. Plädoyer für eine zeitgemäße Bildungsoffensive." In *Anleitung zum Seligsein*, hrsg. von Michael Schmidt-Salomon, 89–101. Aschaffenburg: Alibri.

Schmidt-Salomon, Michael. 2011i. „Vorwort. Persönlicher Rückblick auf zwei Jahrzehnte Religionskritik." In *Anleitung zum Seligsein*, hrsg. von Michael Schmidt-Salomon, 7–23. Aschaffenburg: Alibri.

Schmidt-Salomon, Michael. 2011j. „Was ist Wahrheit? Das Wahrheitskonzept der Aufklärung im weltanschaulichen Widerstreit." In *Anleitung zum Seligsein*, hrsg. von Michael Schmidt-Salomon, 138–152. Aschaffenburg: Alibri.

Schmidt-Salomon, Michael. 2011k. „Wie blind sind unsere Politiker eigentlich? Kommentar zur Rede des Bundespräsidenten Wulff." In *Anleitung zum Seligsein*, hrsg. von Michael Schmidt-Salomon, 84–88. Aschaffenburg: Alibri.

Schmidt-Salomon, Michael. 2012a. *Jenseits von Gut und Böse. Warum wir ohne Moral die besseren Menschen sind*. München u. a.: Piper.

Schmidt-Salomon, Michael. 2012b. *Keine Macht den Doofen! Eine Streitschrift*. München u. a.: Piper.

Schmidt-Salomon, Michael. 2013. „Darwins umkämpftes Erbe. Die Evolutionstheorie im weltanschaulichen Widerstreit." In *Die Fruchtbarkeit der Evolution. Humanismus zwischen Zufall und Notwendigkeit*, hrsg. von Helmut Fink, 23–39. Aschaffenburg: Alibri.

Schmidt-Salomon, Michael. 2014. *Hoffnung Mensch. Eine bessere Welt ist möglich*. München u. a.: Piper.

Schmidt-Salomon, Michael. 2016. *Die Grenzen der Toleranz. Warum wir die offene Gesellschaft verteidigen müssen*. München u. a.: Piper.

Schultz, Werner. 1990a. „IHEU-Kongress 1990 in Brüssel." *diesseits* 4 (12):32.

Schultz, Werner. 1990b. „Neuer Dachverband? Kongress in Hannover: Humanismus – die Alternative." *diesseits* 4 (11):33.

Schultz, Werner. 1991a. „Internationaler Humanismus." *diesseits* 5 (16):28.

Schultz, Werner. 1991b. „Organisationsdebatte. Ein schwebendes Dach oder ein neues Fundament?" *diesseits* 5 (14):26–27.

Schultz, Werner. 1994. „Der Neuanfang. Vom atheistischen zum humanistischen Selbstverständnis." *diesseits* 8 (26):2–4.

Schultz, Werner. 1998. „Pluralismus und Gleichbehandlung. Zur Trennung von Staat und Kirche." *humanismus aktuell* 2 (2):17–20.

Singh, Simon. O.J. „Homöopathie. Was schadet es schon?" Letzter Zugriff: 17. Dezember 2017. https://www.gwup.org/infos/themen/77-komplementaer-und-alternativmedizin-cam/1036-homoeopathie-was-schadet-es-schon.

Sommer, Volker. 2012. „Schimpanse und Bonobo gehören in die Gattung Homo." In *Grundrechte für Menschenaffen*, hrsg. von der Giordano Bruno Stiftung, 15–23. Aschaffenburg: Alibri.

Spiegel Online Redaktion. 2008. „Piglet's Tale Not Anti-Semitic. Germany OK's Controversial Children's Book." *Spiegel Online* 6. März 2008. Letzter Zugriff: 14. März 2017. http://www.spiegel.de/international/germany/piglet-s-tale-not-anti-semitic-germany-ok-s-controversial-children-s-book-a-539914.html.

Stöckel, Rolf. 1991. „‚Butta bei die Fische'." *diesseits* 5 (16):31.

Stößel, Frank. 1994. „Über den eigenen Tellerrand hinausschauen. Ein Plädoyer gegen bayrischen Partikularismus." *diesseits* 8 (26):6.

Strempel, Eckhard. 1990. „Die Freien Humanisten. Wo kommen sie her, wo gehen sie hin?" *diesseits* 4 (10):3–5.

Sühl, Klaus. 1989. „Jugendweihe, Arbeiterbewegung und Freidenkertum. Abschied und Neubeginn." *diesseits* 3 (7):33–35.

Tielmann, Rob. 1991. „Ein internationaler Humanismus ist erfolgreich. Interview." *diesseits* 5 (16):29–30.

turmdersinne. O.J. „Website." Letzter Zugriff: 2. März 2017. http://www.turmdersinne.de/.

Vaas, Rüdiger. 2013. „Die neue Schöpfungsgeschichte Gottes. Herausforderungen einer Evolutionsbiologie der Religiosität." In *Die Fruchtbarkeit der Evolution. Humanismus zwischen Zufall und Notwendigkeit*, hrsg. von Helmut Fink, 133–172. Aschaffenburg: Alibri.

Voland, Eckart. 2010. „Eine Naturgeschichte Gottes? Zur biologischen Evolution der Religiosität." In *Der neue Humanismus. Wissenschaftliches Menschenbild und säkulare Ethik*, hrsg. von Helmut Fink, 75–87. Aschaffenburg: Alibri.

Vollmer, Gerhard. 2013. *Gretchenfragen an den Naturalisten*. Aschaffenburg: Alibri.

Vowinkel, Bernd. 2010. „Auf dem Weg zum Transhumanismus? Technischer Fortschritt und Menschenbild." In *Der neue Humanismus. Wissenschaftliches Menschenbild und säkulare Ethik*, hrsg. von Helmut Fink, 135–159. Aschaffenburg: Alibri.

Walther, Christian. 2010. „Unglaube genügt." In *Humanismusperspektiven*, hrsg. von Horst Groschopp, 162–181. Aschaffenburg: Alibri.

Wätke, Marie. 2010. „Wertebildung bei Kindern. Erfahrungen in humanistischen Kindertagesstätten." In *Humanismus und junge Generation*, hrsg. von Horst Groschopp, 36–45. Aschaffenburg: Alibri.

Werner, Hendrik. 2008. „‚Ferkel'-Kinderbuch zeigt dumpfe Intoleranz." *Welt* 6. März 2008. Letzter Zugriff: 14. März 2017. https://www.welt.de/debatte/article1767399/Ferkel-Kinderbuch-zeigt-dumpfe-Intoleranz.html.

Wiedenlübbert, Matthias. 2006. „Humanistische Lebenskunde auf dem Weg zur Alltäglichkeit." *diesseits* 20 (75):5–6.

Windeler, Jürgen. 1997. „Warum ist es wichtig, sich mit Parawissenschaften zu beschäftigen?" *Der Skeptiker* 10 (4):120–124.

Wolf, Frieder O. 2007. „Angesichts des Todes. Was kann Selbstbestimmung von Menschen heißen – und was nicht?" In *Selbstbestimmung am Ende des Lebens*, hrsg. von Michael Bauer und Alexander Endreß, 13–26. Aschaffenburg: Alibri.

Wolf, Frieder O. 2008. *Humanismus für das 21. Jahrhundert*. Berlin: Humanistischer Verband Berlin-Brandenburg. Eigenverlag.

Wolf, Frieder O. 2010a. „Humanismus als Weltanschauung." In *Humanismusperspektiven*, hrsg. von Horst Groschopp, 53–67. Aschaffenburg: Alibri.

Wolf, Frieder O. 2010b. „Repräsentanz von Konfessionsfreien." In *Konfessionsfreie und Grundgesetz*, hrsg. von Horst Groschopp, 169–173. Aschaffenburg: Alibri.

Wolf, Frieder O. 2011. „Menschenwürde und Endlichkeit des Lebens. Rückfragen zu einigen elementaren Begriffen." In *Barmherzigkeit und Menschenwürde. Selbstbestimmung, Sterbekultur, Spiritualität*, hrsg. von Horst Groschopp, 34–42. Aschaffenburg: Alibri.

Wuketits, Franz M. 2008. „Laudatio auf Richard Dawkins." In *Vom Virus des Glaubens. Deschner-Preis 2007*, hrsg. von der Giordano Bruno Stiftung, 21–27. Aschaffenburg: Alibri.

Wuketits, Franz M. 2013. „Von Natur aus böse/gut? Darwins Hoffnung auf den künftigen Menschen." In *Die Fruchtbarkeit der Evolution. Humanismus zwischen Zufall und Notwendigkeit*, hrsg. von Helmut Fink, 119–132. Aschaffenburg: Alibri.

Ziese-Henatsch, Gregor. 2000. „Zwischen Wertevermittlung und Familienfeier. Besonderheiten der Jugendfeiern des HVD." *humanismus aktuell* 4 (7):63–71.

Ziese-Henatsch, Gregor. 2007. „JugendFEIER im Spannungsfeld zwischen Jugendarbeit und Adoleszenzritual." *humanismus aktuell* 11 (21):77–86.

Interviews

Die Interviews 1, 2, 3, 5, 6, 7, 8, 9, 14, 15, 17 und 20 wurden mit einem Audiogerät aufgezeichnet und anschließend transkribiert. Bei den Interviews 4, 12, 18, 19 und 23 war keine Audioaufnahme möglich. Nach den Interviews wurde deshalb jeweils ein Erinnerungsprotokoll angefertigt. Die Fragen der Interviews 21 und 22 wurden schriftlich per Email beantwortet. Für die Interviews 10, 11, 13 und 16 liegt eine Audioaufnahme vor. Sie wurden im Rahmen des theoretischen Samplings jedoch nicht als Datengrundlage ausgewählt und deshalb auch nicht transkribiert. Die Auflistung der Interviews erfolgt chronologisch nach Datum. Ausnahmen bilden Interview 8, das bereits im Rahmen der Masterarbeit des Verfassers geführt wurde, und Interview 23. Ihr Platz in der Liste dokumentiert den Zeitpunkt, an dem sie für die vorliegende Studie gesampelt wurden.

Interview 1, *HVD*-Funktionär vom 18.03.2013, 11–13 Uhr
Interview 2, *GBS*-Funktionär vom 18.03.2013, 15–17 Uhr
Interview 3, *HVD* Gruppeninterview vom 22.04.2013, 17–19 Uhr
Interview 4, *GBS*-Funktionär vom 29.04.2013, 11–12:30 Uhr
Interview 5, *HVD*-Funktionär vom 24.05.2013, 10–12 Uhr
Interview 6, *HVD*-Funktionär vom 24.05.2013, 14–16 Uhr
Interview 7, *HVD*-Funktionär vom 14.06.2013, 15–17 Uhr
Interview 8, *HVD*-Funktionär vom 20.06.2011, 10–12 Uhr
Interview 9, *GBS* Gruppeninterview vom 09.12.2013, 14–16 Uhr
Interview 10, *HVD* Gruppeninterview vom 29.09.2014, 10–11 Uhr
Interview 11, *HVD*-Funktionär vom 29.09.2014, 11–12:30 Uhr
Interview 12, *HVD*-Funktionär vom 29.09.2014, 13–14 Uhr
Interview 13, *HVD*-Funktionär vom 29.09.2014, 14–15 Uhr
Interview 14, *GBS*-Funktionär vom 30.09.2014, 10–11 Uhr

Interview 15, *HVD*-Funktionär vom 30.09.2014, 12–13 Uhr
Interview 16, *HVD*-Funktionär 30.09.2014, 14–15 Uhr
Interview 17, *HVD* Gruppeninterview vom 15.03.2015, 16–17 Uhr
Interview 18, *GBS*-Funktionär vom 16.03.2015, 21–21:30 Uhr
Interview 19, *HVD*-Funktionär vom 16.04.2015, 13–14 Uhr
Interview 20, ehemaliger *HVD*-Funktionär vom 10.09.2015, 14–17 Uhr
Interview 21, *GBS*-Funktionär vom 13.01.2016, Fragen wurden schriftlich beantwortet
Interview 22, *GBS*-Funktionär vom 21.03.2016, Fragen wurden schriftlich beantwortet
Interview 23, *HEF*-Funktionär vom 07.08.2015, 10–11 Uhr

Teilnehmende Beobachtungen

Zu allen teilnehmenden Beobachtungen wurden vom Verfasser Beobachtungsprotokolle angefertigt. Die Auflistung der teilnehmenden Beobachtungen erfolgt chronologisch.

Teilnehmende Beobachtung 1, Humanistische Schule, Fürth, 18.03.2013
Teilnehmende Beobachtung 2, Jubiläumsfeier 20 Jahre *HVD*, Stuttgart, 13.04.2013
Teilnehmende Beobachtung 3, Jugendfeier *HVD* Bayern 2013, Nürnberg, 13.07.2013
Teilnehmende Beobachtung 4, Jugendfeier *HVD* Berlin 2014, Berlin, 23.05.2014
Teilnehmende Beobachtung 5, JuHu-Treffen, Königs Wusterhausen, 02.10.2014
Teilnehmende Beobachtung 6, Jahreshauptversammlung *HVD* Bayern 2014, Nürnberg, 26.10.2014
Teilnehmende Beobachtung 7, Lichtfest *HVD* Bayern 2014, Nürnberg, 06.12.2014
Teilnehmende Beobachtung 8, Philosophisches Frühstück *HVD* Bayern inklusive Vortrag *GBS*-Funktionär, Nürnberg, 08.02.2015
Teilnehmende Beobachtung 9, Vortrag *GBS*-Vertreter auf *FES*-Seminar zum Neuen Atheismus, Dortmund, 15.03.2015
Teilnehmende Beobachtung 10, Vortrag *HVD*-Vertreter auf *FES*-Seminar zum Neuen Atheismus, Dortmund, 15.03.2015
Teilnehmende Beobachtung 11, Podiumsdiskussion *FES*-Seminar zum Neuen Atheismus, Dortmund, 15.03.2015
Teilnehmende Beobachtung 12, Jugendfeier *HVD* Brandenburg 2015, Zeuthen, 16.05.2015
Teilnehmende Beobachtung 13, *GBS* Evokids Tagung 2015, Gießen, 31.10.2015–01.11.2015
Teilnehmende Beobachtung 14, Jugendfeier 2016 Vorbereitungstreffen *HVD* Bayern, Fürth, 27.11.2015
Teilnehmende Beobachtung 15, Eigener Vortrag beim *HVD* Nordrhein-Westfalen, Dortmund, 17.02.2016
Teilnehmende Beobachtung 16, Deschner-Preisverleihung *GBS* 2016, Frankfurt a.M., 23.04.2016

Dokumente

Die Dokumente, auf die in der vorliegenden Studie verwiesen wird, wurden dem Verfasser im Rahmen von teilnehmenden Beobachtungen oder Interviews ausgehändigt. Sie werden im Folgenden alphabetisch aufgeführt.

Dokument Jugendfeier Berlin Statistiken
Dokument Personalstruktur und Mittelherkunft 2011 *HVD* Berlin-Brandenburg
Dokument Resolution Evokids-Kampagne
Dokument Staatsvertrag zwischen dem Land Niedersachsen und dem *HVD*

Emails

Die Emails, auf die in dieser Studie verwiesen wird, werden im Folgenden chronologisch nach ihrem Eingang aufgeführt.

Email vom 18.04.2013, Bundesgeschäftsstelle *HVD*
Email vom 17.03.2016, *GBS*-Beirat

Personenregister

Adler, Felix 43
Ahadi, Mina 75, 196
Altmann, Ida 41
Asad, Talal 17–21, 101, 244

Badawi, Raif 79, 197
Bauer, Michael 67, 102, 143, 147–149, 151f., 210, 219
Bradlaugh, Charles 41
Bruno, Giordano 183, 197, 224, 227
Büchner, Ludwig 42

Cancik, Hubert 139–141, 145
Cavalierie, Paola 78
Corbin, Juliet 9, 83, 86–93, 99–101, 119, 138, 215, 230

Darwin, Charles 76, 78, 135, 180, 183
Dawkins, Richard 26–29, 36, 79, 128, 190, 206
Dennett, Daniel 26–28, 36
Deschner, Karl-Heinz 71, 79, 96

Feuerbach, Ludwig 240
Fink, Helmut 34, 37, 39, 43, 55, 58, 68, 73, 78, 121, 174, 176–178, 183, 187, 191, 208
Frerk, Carsten 71, 74, 76, 203
Freud, Sigmund 112, 131, 144, 240
Fricke, Theodor 45

Glaser, Barney 83–88, 91f.
Goldner, Colin 112, 191f., 194, 198, 223
Graf, Dittmar 3, 73, 147, 171
Groschopp, Horst 3, 6f., 31, 37–47, 50, 52, 54f., 62, 65, 74, 106–108, 139f., 143, 147, 149–151, 153f., 157f., 162, 167–172, 218, 246, 251

Haeckel, Ernst 42f., 178
Haidar, Ensaf 79, 197
Harris, Sam 26–28
Heinrich, Rolf 78, 104, 124, 136, 218

Held, Elke 73, 183, 187
Henning, Max 46
Hitchens, Christopher 27f.
Holyoake, George J. 41
Huxley, Julian 79f., 183

Janosch 72, 78

Kastner, Wolfram 77
König, Ralf 39, 72, 78
Kruse, Max 72f., 76

LeDrew, Stephen 4, 26, 28, 31, 36, 100, 134, 240f., 245
Lee, Lois 11, 13, 21–26

Marx, Karl 44f., 140, 240
Matthäus-Maier, Ingrid 73, 77, 186, 195, 203f., 226
Möller, Philipp 76

Nietzsche, Friedrich 240
Nyncke, Helge 209

Ostwald, Wilhelm 43, 46

Penzig, Rudolph 46
Pfungst, Arthur 46

Quack, Johannes 4, 6–8, 12–15, 21–27, 31–33, 42, 58, 81f., 98, 194, 241, 248

Ronge, Johannes 38
Rössler, Heinrich 46

Sarma, Amardeo 228
Schmidt-Salomon, Michael 1, 3, 27, 58, 70–73, 78–81, 110–115, 127–135, 149, 174–186, 189–201, 206–212, 214, 224–227, 234–236, 245
Sievers, Max 49–51, 150
Singer, Peter 78, 223

Steffen, Herbert 1, 70–72, 74, 185 f., 205, 227
Steffen-Binot, Bibiana 72
Steiner, Rudolf 43 f.
Stöcker, Helene 46
Strauss, Anselm 9, 83–93, 99–101, 119, 138, 215, 230
Sühl, Klaus 60

Taylor, Charles 6, 18–21, 24, 33, 101, 244

Tilly, Jaques 77 f.
Toker, Arzu 75
Tschirn, Gustav 46

Volland, Eckart 73

Wille, Bruno 41, 43 f., 131, 136, 237
Wolf, Arthur 50
Wolf, Frieder Otto 70, 105, 120, 124, 130
Wolf, Gary 26 f.

Sachregister

Abbaustrategie 159, 249
Abduktion 91 f.
Aberglaube 33, 176
Agnostizismus 21, 27
Ahmadiyya Muslim Jamaat 168
Akteur 2, 4 f., 7, 18, 20 f., 25, 31 f., 34–36, 42, 44, 82, 88 f., 92, 97, 101, 113, 122, 136, 138, 143, 155, 157, 182, 189, 191, 194, 199, 211, 215, 231, 240, 244, 247 f., 250
Aktivismus 100, 125, 184, 212
Alevitische Gemeinde Deutschland 76
Alibri (Verlag) 77, 206
Alternative Heilpraktiken 58
Altruismus 75, 131, 135
American Atheists 240
American Humanist Association 240
Anerkennungskämpfe 165
Antihumanismus 125
antikirchlich 45
antireligiös 18, 22
Antisemitismus 197, 209
Arbeiterbewegung 44, 48 f., 60, 245
Arbeitermilieu 37, 52, 56, 60
Arbeitsbeschaffungsmaßnahme 61
Arbeitsteilung 147, 173, 189
Astrologie 116
Atheismus 3, 14, 27–30, 48, 51, 53–55, 60, 79, 127, 164, 200, 243
atheistische Buskampagne 29, 76
Atheistische Rechte 245
Aufbaustrategie 159, 234, 249
Aufklärung 12, 58, 75, 99, 107, 113, 118, 122,, 125, 132 f., 136–138, 141, 160, 174, 176, 180 f., 183 f., 186, 189 f., 197, 199, 206, 224, 226 f., 229, 248

Bekenntnis 3, 122, 145, 169–171, 204
Beratung 61, 65, 212
Beschneidung 72 f., 194
Bewegung 4, 28, 36, 40, 43 f., 100, 125, 156, 187, 241, 243, 245

Bildung 34, 38, 42, 46, 69, 102, 105, 128, 140 f., 150, 152 f., 162, 181, 204 f., 216, 233
Binarität 6, 16 f., 25
Biographische Übergangsfeier 153, 231, 246
Bischof 38, 203, 208, 210, 226
British Humanist Association 29, 35, 79
Buddhismus 45, 157, 175, 213
Bundesministerium für Familie, Senioren, Frauen und Jugend 209
Bundesprüfstelle für Jugendgefährdende Medien 209
Bundesrepublik Deutschland 1–11, 25, 29 f., 33 f., 37 f., 40–42, 47, 49, 51 f., 54–56, 58, 61, 64, 67, 74–77, 81, 86, 90, 93 f., 99, 101, 107 f., 113 f., 116, 118, 121, 123, 146, 151, 157, 160, 165–168, 174, 184, 189, 193, 195, 202 f., 205, 208 f., 214, 216–218, 222, 224–226, 233–241, 243–247, 249 f.
Bundeszentralstelle für Patientenverfügungen 69
Bund Freireligiöser Gemeinden Deutschlands 3, 40 f., 45 f., 48, 55–57, 60–63, 66, 93 f., 99, 102, 109, 119, 126, 139, 145 f., 151, 159, 173, 185, 213, 222, 234, 238 f., 246, 248
– Gemeinde Offenbach 159
– Gemeinde Pfalz 159
Bund für Geistesfreiheit 30, 60–62, 67, 77 f., 93
Bund sozialistischer Freidenker 50
bürgerliche Gesellschaft 38

Caritas 154
Christentum 6, 20 f., 32, 35, 37–40, 42 f., 53, 67, 71, 76, 107 f., 114, 133, 144, 153, 155, 157, 159–161, 167, 171, 175, 177, 182, 194, 196–198, 203, 209 f., 217 f., 225, 228, 238, 245
Cognitive Science of Religion 28, 190
Coming-out 27, 36

Dachverband Freier Weltanschauungsgemeinschaften 57, 62, 93
Dalai Lama 198
Darlehenskasse 40
Darwinismus 43
Deduktion 84, 91
Demokratie 12, 18, 39, 59, 68, 103, 105, 122, 133, 148–150, 166, 184
Der Atheist (Zeitschrift) 49 f.
Der Freidenker (Zeitschrift) 42, 45, 50
Der Humanist (Zeitschrift) 35, 55
Der Skeptiker (Zeitschrift) 58, 200
Desiderat 7, 37, 54, 242, 245
Det norske Hedningsamfunn 239
Deutsche Demokratische Republik 18, 32, 52–54, 59, 61, 125, 245
Deutsche Gesellschaft für Ethische Kultur 43–46
Deutsche Gesellschaft für Humanes Sterben 77
Deutsche Glaubensgemeinschaft 57
Deutsche Kommunistische Partei 56
Deutscher Bund für Mutterschutz 45 f.
Deutscher Bund für weltliche Schule und Moralunterricht 45
Deutscher Freidenkerbund 42, 45 f., 48
Deutscher Freidenker-Verband 51, 54, 56 f., 60 f., 65, 245 f.
Deutscher Monistenbund 43, 45 f., 51, 57, 178
Deutscher Volksbund für Geistesfreiheit 57
Deutschkatholiken 38–40
Diakonie 154
Diskriminierung 25, 27, 58, 105, 108 f., 114, 209, 235
Dissident 39
Dogma 38 f., 70, 80 f., 106, 115 f., 133, 138, 145, 177, 183, 192, 194, 245, 250
Drei-Säulen-Modell 49
Dritte Konfession 171

Eekboom-Gesellschaft 56
Effektiver Altruismus 74 f.
Egalitarismus 182
Eigennutz 130 f., 175 f.
Emergenz 88, 91 f., 130
Emigration 39, 52

Empirie 5 f., 8 f., 11–13, 17, 20–25, 30, 59, 80, 82–85, 88 f., 91, 93, 98 f., 115, 176–178, 240, 242–244, 247, 251
Entpolitisierung 40
Entzauberung 19, 134, 177, 183, 190
Epistemologie 27, 78, 84, 91, 119, 174, 176, 180, 189, 194, 213
Erhebung 5, 9, 47, 74, 87 f., 90, 93–95, 104, 146, 151, 173, 250
Ernst Haeckel-Medaille 53
Ethik 20, 22, 28, 43 f., 64, 78, 117, 176, 178, 180, 183, 204, 212
Ethnografie 35, 94, 97, 101, 242
Eugenik 125
Europäischer Gerichtshof für Menschenrechte 238
European Humanist Federation 34 f., 69, 73
Evangelische Kirche in Deutschland 55, 59
Evolution 43, 73, 76, 79, 81, 112, 120, 126, 128 f., 131, 175, 178–180, 190, 192, 200
Exklusivanspruch 104
Exkommunikation 38
Exploration 2, 9, 83, 85, 96, 98
Extremismus 106, 122, 145

Feiertag 76, 187, 217
Feldzugang 22, 94
Feuerbestattung 46–50
Flugschrift 44, 47 f., 201 f.
Föderalismus 55, 60, 68, 146, 149, 151, 185, 212, 238
Fondation Raif Badawi Foundation for Freedom 79
Forsa 167
Forschungsethik 96 f.
Forschungsgruppe Weltanschauungen in Deutschland 74
Fortschritt 12, 47, 80, 84, 91, 113, 115, 121 f., 129, 132 f., 136 f., 177 f., 198
found data 9, 94, 99 f., 251
Frankfurter Paulskirchenparlament 39
Freidenker 41, 43, 46, 50, 54, 56, 62, 123, 158, 165, 243, 246
Freie Akademie 56
Freie Humanisten Niedersachsen 55, 60–62
Freie Humanisten Sachsen-Anhalt 60

Freie Religionsgemeinschaft Rheinland 55
Freigeistige Aktion – Deutscher Monisten-Bund 57
Freigeistige Landesgemeinschaft Nordrhein-Westfalen 55, 60
freigeistige Organisation 1–12, 22, 24–26, 28–37, 46, 52, 54f., 57f., 61, 69, 78, 81f., 86, 88, 93–96, 99, 101f., 105, 108, 114f., 117–119, 121, 123–127, 134, 137–139, 145f., 151, 158f., 165, 173f., 184, 202, 204, 211–215, 222f., 229f., 233f., 236–249
freigeistige Szene 2f., 5, 7, 9, 29, 35, 44, 52, 71, 93, 108, 123, 132, 134, 138, 178, 234, 239, 243, 245f., 251
Freimaurerbund 45
freireligiös 3, 37–42, 44, 48, 51f., 55f., 64, 66f., 109, 154, 158f., 213, 222, 238, 246
Friedrich-Ebert-Stiftung 66, 72, 78, 185
Fundamentalismus 105–107, 111, 113, 115, 122, 166, 181f., 192, 196, 212
Funktionär 3, 9, 37, 51f., 55, 60–62, 64f., 67–74, 76, 78, 93–95, 102–104, 106, 108f., 114, 123, 125, 128, 134f., 142–144, 147f., 151, 153–155, 157–163, 165f., 172f., 177f., 182, 185–190, 192–194, 203, 205, 207, 214, 216, 219–221, 225–227, 231f., 239
Funktionsäquivalenz 104

Geisteswissenschaft 12
Gemeindehumanismus 66, 163f., 231
Gemeinschaft 2, 6, 33, 35, 38–40, 44, 50, 56, 66, 95, 109, 153f., 168, 171, 188, 211f., 217, 226, 234, 250
Gemeinschaft proletarischer Freidenker 49–51
Geschichtsschreibung 37, 58
Gesellschaftstheorie 12
Gesellschaft zur Wissenschaftlichen Untersuchung von Parawissenschaften 58, 93f., 99, 110, 115–117, 127, 136, 174, 184, 188, 201f., 211, 228, 236, 246
– SkepKon (Tagung) 58
Giordano Bruno Bund 44
Giordano Bruno Denkmal 78

Giordano Bruno Stiftung 1, 3, 34, 37, 44, 58f., 68, 70–81, 93–96, 99f., 110–115, 117, 119, 121, 127–136, 148f., 158, 173–209, 211–214, 223–229, 234–236, 239, 245f.
– Beirat 1, 72–74, 77, 183, 185–187, 191, 193, 198, 203, 208, 235f.
– Deschner-Preis 79, 190, 197
– Ethikpreis 223
– Förderkreis 1, 71, 185f., 227
– *GBS*-Kampagnen
  – Darwin-Jahr 2009 76
  – Evokids 73, 76, 78, 178, 191f., 207
  – Evolutionstag statt Christi Himmelfahrt 76
  – Gegen religiöse Diskriminierung am Arbeitsplatz! 73, 77, 201
  – Grundrechte für Menschenaffen 76, 191, 223
  – Heilig's Röckle! 77
  – Jetzt reden wir! 76
  – Mehr Netto! Mehr Freiheit! Mehr Solidarität! 77
  – Mein Ende gehört mir! 77
  – Mein Körper gehört mir! 72, 77, 187
  – Religionsfreie Zone – Heidenspaß statt Höllenqual 75, 191
  – Rettet das kleine Ferkel! 209
  – Wir haben abgeschworen! 75, 191
– *GBS*-Tagungen
  – Der neue Humanismus 78
  – Die Fruchtbarkeit der Evolution 78
  – Es gibt nichts Gutes, außer man tut es 78
  – Evokids-Tagung 78, 178
  – Frankfurter Zukunfts-Symposium 78
  – Leitkultur Humanismus und Aufklärung 78
  – Umworbene Dritte Konfession 78
  – Wissen statt Glauben 78
– Kuratorium 72, 185–187
– Regional- und Hochschulgruppen 1, 71f., 186f., 212, 227, 234
– Stifterkreis 71f., 74, 212, 227–229, 234
Glaube 20, 27f., 70, 76, 101, 128, 144f., 155–158, 160, 166f., 171, 177, 181–183,

195 f., 199 f., 204, 210, 216, 219 f., 228, 235
going native 97
Gott 3, 28, 38, 76, 114, 116, 127 f., 145, 164, 167, 176, 192, 195, 208, 210, 239
Gouvernementalität 249
Great Ape Project 78, 223
Grenzarbeit 23
Grounded Theory 7, 9, 11, 82–86, 88 f., 91–95, 98 f., 101, 119, 151, 243, 247
– axiales Kodieren 86, 88, 90, 93
– Discovery Buch 83 f.
– in-vivo-Code 87
– Kodiereinheit 87
– Kodierfamilie 88, 92
– Kodierparadigma 9, 88–90, 92–94, 98–101, 119, 230
– Konstruktivistische Grounded Theory 92
– Memo 90, 95, 98
– offenes Kodieren 86 f.
– Reflexive Grounded Theory 92
– selektives Kodieren 86, 90, 94
– theoretischer Code 87
– theoretische Sättigung 86, 90
– theoretische Sensibilität 91 f.
– theoretisches Sampling 86, 94, 97, 275
– Vorkommnis 87, 98, 103, 109
Grundgesetz der Bundesrepublik Deutschland 2, 75, 124, 136, 146 f., 168, 173, 204, 216, 247

Handlungstheorie 7, 9, 83, 88 f., 92
Haus Weitblick 74
Heiliger Rock zu Trier 38
Heilige Schrift 195
Herrschaftskritik 39 f.
Heuristik 6, 21 f., 26, 81 f., 88, 92 f., 98, 248
Homöopathie 58, 116, 136 f., 184, 201, 236
Hospiz 142, 150, 154, 157, 161
Human-Etisk Forbund 33, 94, 238 f.
Humanisierung 81, 103
Humanismus 7, 20, 57, 65, 70, 75, 79 f., 105–107, 118, 121 f., 124 f., 127 f., 134 f., 139–141, 155 f., 158, 164, 169–172, 174 f., 180, 183, 189–191, 218 f., 225–227, 232 f.
– antiker Humanismus 106, 140

– Bildungshumanismus 70
– bürgerrechtlicher Humanismus 58, 70
– Evolutionärer Humanismus 73, 79–81, 182 f., 185, 189, 206
– idealistischer Humanismus 134
– Neuer Humanismus 73
– neuzeitlicher Humanismus 139 f., 145
– offenes System 80 f.
– Praktischer Humanismus 70, 124
– Renaissancehumanismus 124, 134, 198
– theoretischer Humanismus 125
Humanisten Württemberg 62
Humanisterna 239 f.
Humanistik 44, 65, 161, 213
Humanistische Akademie Bayern 68, 73, 78, 121
Humanistische Akademie Berlin-Brandenburg 65, 78
Humanistische Akademie Deutschland 69, 139, 168
Humanistische Gemeinschaft Hessen 68
Humanistischer Pressedienst 1, 74, 206, 208, 210
Humanistischer Verband Deutschlands 1, 34 f., 37, 43, 47, 52, 55 f., 59–70, 73–75, 77 f., 93–96, 99 f., 102–115, 118–125, 128, 130, 132–134, 139–175, 180 f., 183, 185, 187–189, 204 f., 213 f., 216–222, 225–228, 230–234, 238 f., 245 f., 248, 250
– Akzeptanzstudie 167
– diesseits (Zeitschrift) 60–62, 69, 74, 94, 111, 147, 150, 167, 218
– Dong Ban Ja 157, 213
– Friedwald 65
– Hochschule für Sozialpädagogik 65
– Humanistisches Selbstverständnis 69 f., 93, 105, 141, 146, 148, 160, 169, 171, 174
– Humanistisches Zentrum Nürnberg 68
– HVD-Kampagnen
  – Gläserne Wände 148
  – Mein Ende gehört mir! 77
– HVD-Tagungen
  – Der neue Humanismus 78, 191
  – Die Fruchtbarkeit der Evolution 78
– Jugendfeier 1, 65–69, 96, 148, 150, 153, 162 f., 221, 231

- Landesverband Baden-Württemberg 62, 66
- Landesverband Bayern 62 f., 66 f., 73, 78, 121, 149–152, 157, 164, 185, 216, 220, 231
- Landesverband Berlin-Brandenburg 54, 63–69, 149, 157, 161, 216, 218, 220
- Landesverband Bremen 63, 169
- Landesverband (Groß-)Hamburg 62 f.
- Landesverband Hessen 62 f., 68
- Landesverband Mecklenburg-Vorpommern 62 f.
- Landesverband Niedersachsen 63 f., 156, 169, 231
- Landesverband Nordrhein-Westfalen 63, 66, 96 f., 164, 231
- Landesverband Rheinland-Pfalz 62 f.
- Landesverband Sachsen 62 f.
- Landesverband Sachsen-Anhalt 62 f.
- Landesverband Thüringen 62 f.
- Lebenskunde 1, 43, 49, 57, 64 f., 67, 150, 165, 205, 231, 238
- Lichtfest 68
- Modell Berlin 62, 64, 67
- Philosophisches Frühstück 68, 185
- Weltanschauungsschule 1, 43, 144, 154, 161, 164, 169 f., 172, 213, 216, 230, 232

Humanistisches Sozialwerk 67
Humanistische Union 58
Humanistische Wende 3, 7
Humanist Society 79
humanitas 140 f.
Humanität 105 f., 131, 135, 140, 145, 157, 159, 176

Idealtypus 13, 240
Ideengeschichte 8, 14, 31, 41, 107
Identität 4, 6, 60, 95, 106, 158, 234, 245, 250
Identitätspolitik 36, 95, 191, 193
Ideologie 18, 21, 28, 59, 122, 127, 149, 181, 192, 245
Immanenz 16, 19–21, 24, 33, 101, 143 f., 146, 152, 171, 232
Individualismus 1, 182
Individualität 2, 4, 6, 19, 30, 32, 34 f., 70, 95, 101–104, 108 f., 111, 121, 137, 140, 142–144, 154, 158, 160, 181, 189, 219, 244
Individuum 6, 18 f., 26, 34, 95, 112, 114, 126, 129, 131, 133, 138, 151, 181, 226, 249
Indizierungsverfahren 208
Indoktrination 194
induktiv 6, 21, 30, 83, 88, 91 f.
Inkorporation 217, 225, 237, 247 f., 250
Inquisition 183, 194
Institute for the Study of Secularism in Society and Culture, Trinity College in Hartford 14
Institut für Biologiedidaktik Gießen 73, 76
Institut für Demoskopie Allensbach 167
Institut für Secular Studies am Pitzer College 14 f.
Intellektualismus 14, 42
Interessenvertretung 58, 60, 62, 110, 116 f., 135 f., 143, 154, 168, 171, 189
Interessenvertretung für Konfessionslose Brandenburg 60
Internationaler Bund der Konfessionslosen und Atheisten 30, 58, 71, 77 f., 93 f., 99, 110, 115–117, 127, 135 f., 158, 174, 184, 188, 201 f., 211, 213, 228, 236, 246
- *IBKA*-Preis 58, 188
- Materialien und Informationen zur Zeit (Zeitschrift) 58, 71, 136, 201
Internationaler Freidenkerbund 42, 50
International Humanist and Ethical Union 55, 57, 61, 69, 79
interpretatives Paradigma 86 f.
interreligiöser Dialog 4, 100, 156, 212, 248
Interview 32, 37, 52, 62, 64–74, 80, 93–96, 102–104, 106–109, 113 f., 119–121, 123, 125, 128, 134 f., 141–149, 151, 153–155, 157–166, 172 f., 177 f., 182, 185–194, 199 f., 202–205, 207 f., 210, 214, 216, 218–222, 225–228, 231 f., 235, 239, 275, 277
- Erinnerungsprotokoll 94, 275
- Experteninterview 71, 95
- halbstandardisiertes Interview 9, 94 f.
- Interviewprotokoll 94, 96
- Leitfaden 95 f.
Intoleranz 18, 116, 136, 142

irrational 18, 27, 178, 199
Irreligion 22, 31
Islam 75, 133, 165, 196f., 209, 249f.
iterativ 83, 86

Jenseits 13, 25, 50, 83, 110f., 130, 181, 204, 207, 245
Judentum 209
jüdisch 35, 107, 133, 175, 209f.
Jugendarbeit 59, 162f.
Jugendweihe 41, 53, 55–57, 59
Jugendweihe Deutschland 58f., 93
Junge Humanistinnen und Humanisten in Deutschland 69

Kapitalismus 18, 155
karitativ 38, 203
Kinderbetreuung 150, 246
– Hort 40
– Kindergarten 67, 154, 164, 195, 203f., 225f.
– Kindertagesstätte 66, 159–161, 164, 213
– Krippe 160
Kirchenaustritt 46–48, 77, 158, 201
kirchenförmig 35, 217
Kirchensteuer 47f., 107, 116, 146, 173, 203, 222, 225f., 234
Kognitionswissenschaft 190
Kohäsion 102, 104–106, 144, 156, 211
Kolonialismus 12, 28, 135
Komitee Konfessionslos 46, 48, 246
Kommunismus 50f., 54
Kommunistische Partei Deutschlands 49f., 56
Konfession 1, 3, 33, 40, 46, 57, 64, 109, 116, 147, 159, 171f., 202, 204f., 238
konfessionsfrei 3, 57, 60, 66, 74f., 108, 114, 143f., 148, 154f., 160, 167f., 171, 189, 195, 204, 212, 219, 226, 235, 245
Konfessionskriege 217
Konstruktivismus 16f., 34, 92
Konsum 106f., 113
Kontingenz 2, 12, 17, 35, 87, 120, 137
Konversion 30
Koordinierungsrat säkularer Organisationen 34, 69, 73, 214, 240

Körperschaft des öffentlichen Rechts 1, 41, 51, 55, 63, 68, 146f., 151, 161f., 216–218, 221, 226
Körperschaftsrechte 34, 40, 51, 61, 63, 67, 109, 146, 168, 204, 218, 246, 248
Kreationismus 136, 181, 192
Kreuzzüge 113, 194
Kriegsdienstverweigerung 55
Kritische Islamkonferenz 76
Kultur 15, 38, 43, 79, 105, 109, 130f., 133, 135, 182, 190f., 198f., 209, 250f.
Kunst 44, 72, 78f., 115, 162, 174, 179f., 186, 208, 239

Laizismus 33f., 49, 58, 123f., 133, 136, 138, 165f., 173, 202–205, 211, 213, 222, 225–228, 233, 235, 239, 246, 248
Landeskirche 39, 48
Lebensfeier 66, 97, 143, 150, 153, 212, 231, 238, 240
Lebensgestaltung-Ethik-Religionskunde 64
Leitkultur 36, 118, 133, 181, 191, 248
Lesbian, Gay, Bisexual, Transgender and Queer 27f., 36
Los-von-Rom-Bewegung 38

Mahabodi-Gesellschaft 45
Marienglaube 38
Märtyrer 183
Marxismus-Leninismus 53, 56
Materialismus 42
MaxQDA 98
Medien 2, 32, 36, 54, 75, 106f., 114, 132, 186, 189, 193, 206, 211, 214, 223f., 228f., 235f.
Mem 128, 132
Menschenbild 19, 27f., 80, 102, 110, 112, 115, 117, 124, 128f., 137f., 176, 178, 180f., 190, 194, 206
Menschenrechte 18, 75f., 79, 133, 140f., 145, 175, 184, 191f., 195–199, 226
Menschenwürde 106, 121, 140f., 175, 226
Metaphysik 115, 124, 131, 135
Metasprache 3, 87
Metaweltanschauung 143–145, 147, 152, 154f., 169, 232

Sachregister

Methode 9, 21, 35, 82–86, 93–95, 98, 101, 117, 162, 170, 175, 179, 184, 200
Methodologie 9, 25, 82–85, 91, 247, 251
Migrantenorganisation 234, 250
Minderheit 25, 29, 36
Mission 107, 157, 219
Mitgliederverband 138, 146, 212, 220, 245
Mitgliedschaft 2, 12, 39, 45, 49f., 52, 56f., 63, 66, 69, 71, 100, 148, 150f., 159, 168f., 184, 186, 212, 218, 220–222, 227–229, 247
Moderne 2, 11–13, 15, 19, 32, 38, 54, 105, 120, 122, 132f., 138, 162, 178, 183, 194, 198, 244
Modernisierung 7, 12
Monismus 43, 53, 57, 177f.
Monotheismus 128, 137
Multikulturalismus 133, 181, 196, 250
Multiple Secularities 13, 15
Multiplikator 100, 220, 223, 227, 229, 234
Muslime 166, 175, 195, 203

National Secular Society 12, 41
Nationalsozialismus 7, 37, 51f., 77, 123, 125, 194, 209
Nationalstaat 16, 18, 217
Naturalismus 3, 35, 53, 80, 99, 102, 110, 112, 117, 119, 126–128, 130, 135–137, 139, 174f., 177, 180, 183, 189–191, 200, 206
Naturgesetz 120, 127, 137
Naturwissenschaft 80, 117, 120, 140, 179
Neue deutsche Bestattungskasse 51, 56
Neuer Atheismus 8, 11, 26–30, 36, 66, 72, 185, 192, 206f.
– Four Horsemen 27–30, 206
Nichtreligion 3, 6, 8, 11, 15f., 20, 22–26, 30, 93, 101, 114, 172, 184, 193, 195
Nihilismus 200
Nonreligion and Secularity Research Network 14f.
normativ 17, 21, 85

offene Gesellschaft 182f.
Öffentlichkeitsarbeit 15, 29, 46, 75, 189, 205, 223
öffentlich-rechtlicher Rundfunk 64

Ökologie 47, 190, 193
Organisation 1–3, 7, 9, 26, 29–32, 34–37, 40, 42–45, 48, 50–53, 59f., 71, 75, 77, 81, 89, 93–97, 100, 104, 108, 123, 138, 148, 150, 155–157, 159, 163f., 167f., 172, 184, 186, 188, 205, 211, 215, 217, 234, 239–241, 243, 248–250
orthodox 20, 38f., 209, 217

Pantheismus 43, 57
Papst 29, 77, 158
Parallelgesellschaft 192, 197
Parawissenschaft 136, 184
Passageritus 22, 40, 42
Patientenverfügung 69, 150
Pazifismus 55
Persönlichkeitsrecht 37, 58, 105
Petition 76f.
Pfadabhängigkeit 12, 21, 242
Pfarrer 39, 48, 109, 195, 225
Pflichtethik 176
Philosophie 14, 21, 28, 46, 73, 81, 88, 128, 135f., 140, 145, 166, 172, 174, 179f., 183, 200, 206
Pluralismus 33, 104, 107, 111, 117, 142, 182, 213, 233f., 236, 238, 248
Pluralität 55, 117, 141, 156, 167, 230, 236, 239
Politisierung 6, 12, 37, 39, 49f.
Populärwissenschaft 53
Positivismus 28, 91, 125
postmodern 28, 133, 181, 183, 196, 214, 245
Pragmatistische Sozialtheorie 92
Präimplantationsdiagnostik 73, 194
Prediger 39
Preußen 39, 41, 43, 46f.
Privilegienbündel 146
Privilegierung 107, 114, 118, 173, 211, 225, 228
Proletariat 45–48, 50, 246
Proletarische Freidenkerstimme (Zeitschrift) 51
Protestant 189
Protestantische Freunde 39f.
Prototyp 99f.
Publizistik 29, 42, 44, 189

qualitativ 9, 83–86, 90, 95f., 98, 246
quantitativ 15, 84f., 217
Quellenkritik 97

Rassenhygiene 43
Rationalismus 23, 27, 32, 39, 57f., 199, 241
Reichsarbeitsgemeinschaft der freigeistigen Verbände der deutschen Republik 48
Reichsaufsichtsamt für Privatversicherungen 47
relational 24f., 31
Relativismus 133, 191
Religionsbezogenheit 4–6, 24–26, 81f., 98, 100, 117f., 156, 191, 199, 212f.
Religionsfeindlichkeit 200
Religionsgemeinschaft 33, 46, 104, 107, 113, 124, 146, 156f., 161, 163, 182, 211, 213, 217, 219, 228, 238, 248
Religionsgemeinschaft Deutscher Unitarier 56, 61
Religionsgesellschaft 163, 168, 204, 216f., 246
Religionskritik 3, 7, 14, 27, 29–32, 36, 41f., 44f., 53, 57f., 79, 81, 106, 134, 136, 138, 157f., 183, 185, 190–194, 196, 198–201, 203, 206–208, 210, 213, 222, 224, 235, 240, 246f.
Religionskunde 33, 57, 64, 204, 238
Religionspolitik 8, 28, 33–36, 53, 58, 159, 163, 165f., 205, 213f., 216f., 225, 229f., 234, 237–239, 241, 246–249
Religionsunterricht 39, 41, 46, 49, 57, 64f., 116, 123, 159, 165f., 168, 173, 202f., 217, 222, 233, 238
Religionswissenschaft 5f., 11, 22f., 25, 83, 244
Religionswissenschaftlicher Medien- und Informationsdienst 5
religiöse Gegenwartskultur 3, 86
religiöse Gewalt 78, 116
religiöse Indifferenz 4, 24
religiöses Feld 23–25
Resolution 76, 178, 192, 207
Richard Dawkins Foundation for Reason and Science 28f.
Ritual 35f., 42, 102f., 144, 153, 180, 250
römisch-katholisch 38, 71, 75, 191, 208

Säkularisierung 6f., 11–13, 21, 32f., 53, 106f., 113f., 123f., 151, 158, 224, 241, 244, 247f.
Säkularismus 6, 17f., 21, 101, 166, 182, 197, 202
Säkularität 2f., 6, 8, 11, 13, 15–21, 23–25, 33f., 55, 60, 71, 76, 78, 80, 93, 103, 106, 109, 111, 118, 132, 136, 167, 173f., 189f., 200, 217f., 226, 244
Säkularitäts- und Nichtreligionsforschung 3, 10, 14, 26, 244
sanfter Konstruktivismus 17, 19, 21
Schlüsselkategorie 1, 102, 109, 114, 117, 119, 124, 126, 139, 144–146, 151, 156, 159, 163, 174, 180f., 188f., 201f., 204f., 211, 216–219, 232, 234, 241
Scientific Study of Nonreligion Project, University College London 15
Secularism and Nonreligion (Zeitschrift) 15
Selbstbestimmung 59, 72, 77, 99, 105, 139, 141–145, 151–154, 167, 181, 194, 198, 228
Sicherheitspolitik 250
Sinngebung 31, 102f., 109, 143, 153
sinnlos 19, 102f., 120, 129, 131, 137
So-lange-Regel 165, 205, 233
Solidarität 4, 99, 135, 142, 145
Sonnenwendfeier 46, 68
Sonntagsfeier 46
Sozialdarwinismus 43, 80, 125, 135, 174
Sozialdemokratie 6, 44, 48, 50, 54, 56, 134
Sozialdemokratische Partei Deutschlands 45, 47, 49, 51, 172
soziale Frage 44
Sozialismus 6, 48f., 53, 134, 245
Sozialistengesetz 44
Sozialistische Einheitspartei Deutschlands 52, 54, 61, 245
Sozialpraktischer Organisationstypus 3f., 8, 99f., 102, 110, 117–119, 126, 137–139, 141, 159, 174, 181, 188f., 202, 204, 211f., 215, 223, 229f., 237f., 240f., 248f.
Soziobiologie 190
Soziologie 12, 84f., 88, 92, 128, 195
Spätabsolutismus 38
Speziesismus 112, 114

Staatskirchenrecht 216
Staatsleistungen 64, 235
Staatsvertrag 64, 163
Sterbebegleitung 152
Sterbehilfe 73, 77, 181, 194, 235
Sterbekasse 45
strukturelle Isomorphie 34, 159, 249
Substanzialismus 6, 21–23
Symbolbestand 95
Szene 2–5, 7, 35, 39, 45–49, 52, 54, 61, 74, 138, 206, 243, 246 f.
Szientismus 28, 32, 53, 57, 80

Teilnehmende Beobachtung 63, 65–67, 72, 79, 93 f., 96 f., 144, 149, 185, 220, 230, 276 f.
– Beobachtungsprotokoll 9, 95, 97, 276
– Feldnotiz 97
The Diversity of Nonreligion 15
Theologie 21, 28, 38, 40, 46, 54, 65, 107, 161, 165, 182, 192, 195, 198, 204
Theoriebildung 2, 9, 81 f., 85, 98
Think Tank 75, 180, 186, 189
Tierrecht 112, 192
Toleranz 54 f., 70, 79, 106, 136, 142, 145, 156, 159, 181, 196 f., 226, 235, 250
Träger der freien Jugendhilfe 59, 146
Trägerschaft 64, 66, 154, 160, 213, 233
Transkription 96, 275
Transzendenz 2, 14, 16, 103 f., 118, 143, 145 f., 177
Trauerarbeit 159
Treuhand 51
Triangulation 35, 94, 97
turmdersinne 67, 78, 121

Überalterung 44, 56, 71, 108
Understanding Unbelief Programme, University of Kent 15
United Nations Educational, Scientific and Cultural Organization 79
United Nations-Menschenrechtsausschuss 238
Urania 32, 52 f.
Utilitarismus 176

Verband für Freidenkertum und Feuerbestattung 50 f., 246
Verband proletarischer Freidenker Deutschlands 50 f.
Verein der Freidenker für Feuerbestattung 45, 47–51
Vereinsrecht 39, 187
Verfassungsrecht 216 f., 236
Vergemeinschaftung 4, 44
Vergesellschaftung 102, 104
Vergleich 2–4, 6 f., 9, 15, 24, 31, 47, 49, 65, 75, 87 f., 94, 99, 114, 117, 137, 144, 147, 150, 167 f., 190, 211, 216–218, 229, 236, 241–243, 245, 249 f.
Verwaltungsgericht 162, 165, 170, 216–218, 221
Verzauberung 177 f.
völkisch 40, 51, 57
Volksbund für Geistesfreiheit 48
Vormärz 38

Weimarer Kartell 44–46, 48, 246
Weimarer Reichsverfassung 2, 40, 146 f., 168, 216, 246
Weimarer Republik 37, 41, 48, 57, 233
weltanschaulich-agonaler Organisationstypus 2, 9, 93, 99–101, 109 f., 116–118, 126, 137 f., 174, 188, 202, 211–215, 222, 228 f., 234, 237, 239, 246, 248 f.
Weltanschauung 2–4, 8 f., 20, 28 f., 31 f., 38, 40, 43, 47, 49, 53–56, 59, 70 f., 74, 77–81, 93, 99–101, 104, 106 f., 111, 113, 115, 117–119, 121 f., 125, 127 f., 131–134, 137–146, 149, 151–154, 158, 160–164, 166–170, 172–177, 179–185, 187–189, 192, 198, 202–205, 207, 211–214, 217, 219 f., 223, 226, 228–230, 232, 234–241, 245 f., 248–250
Weltanschauungsgemeinschaft 33–35, 51, 58, 124, 146, 154, 156, 159, 161, 163, 167–169, 171, 188, 204, 211, 213, 216–218, 220, 225–228, 233 f., 241, 246, 248 f.
Weltanschauungspflege 188, 219
Weltbild 3, 20, 27, 71, 80, 102, 110, 112–114, 119–121, 126–128, 130, 132, 136 f., 139, 156, 180 f., 183, 190, 192, 200, 212

Weltkrieg 40, 47f., 56, 60, 105, 126, 164, 222, 244, 246
weltlich 35, 43, 49, 143f., 152f., 169, 171, 180, 196, 232
Weltunion der Freidenker 56
Wertebildung 43, 104
Werte und Normen 64
wissenschaftliche Weltanschauung 43, 140
Wunderglaube 117

Zentralausschuss für Jugendweihe der *DDR* 59
Zentralkomitee der *DDR* 52f.
Zentralrat der Ex-Muslime 75, 191, 197
Zentralverband proletarischer Freidenker Deutschland 45, 48f.
Zivilgesellschaft 104, 114, 133
Zölibat 38

www.ingramcontent.com/pod-product-compliance
Lightning Source LLC
Chambersburg PA
CBHW031800220426
43662CB00007B/473